职业教育信息技术类专业创新型系列教材

信息技术应用基础
（Windows+WPS Office）

主　编　陈　萌　汤淑云　易林华

副主编　侯丽艳　曾锦璋　李永培　张国锋

科学出版社

北　京

内 容 简 介

本书采用项目引领、任务驱动的方式编写而成，知行合一，立德树人，注重对学生实践能力、创新意识和家国情怀的培养。作为全国计算机等级考试（一级）的辅导教材，本书根据《全国计算机等级考试一级 WPS Office 考试大纲（2021 年版）》的考核要求进行编写，主要内容有计算机基础知识、计算机系统知识、Windows 10 操作系统的使用、WPS 文字的使用、WPS 表格的使用、WPS 演示的使用、因特网基础与简单使用。

本书结合大量的办公应用实例，详细讲解了 WPS Office 的操作要点，方便读者掌握 WPS Office 的各种操作技巧。

本书既可作为职业院校及各类计算机培训班的 WPS Office 教学用书，也可作为计算机爱好者自学参考书。

图书在版编目（CIP）数据

信息技术应用基础：Windows+WPS Office / 陈萌，汤淑云，易林华主编. —北京：科学出版社，2022.8
（职业教育信息技术类专业创新型系列教材）
ISBN 978-7-03-072648-3

Ⅰ. ①信… Ⅱ. ①陈… ②汤… ③易… Ⅲ. ①Windows 操作系统-职业教育-教材 ②办公自动化-应用软件-职业教育-教材 Ⅳ. ①TP316.7 ②TP317.1

中国版本图书馆 CIP 数据核字（2022）第 113317 号

责任编辑：陈砺川 赵玉莲 / 责任校对：赵丽杰
责任印制：吕春珉 / 封面设计：东方人华平面设计部

科 学 出 版 社 出版
北京东黄城根北街 16 号
邮政编码：100717
http://www.sciencep.com

廊坊市都印印刷有限公司 印刷
科学出版社发行 各地新华书店经销
*
2022 年 8 月第 一 版 开本：787×1092 1/16
2023 年 8 月第二次印刷 印张：23 1/2
字数：557 000

定价：59.00 元
（如有印装质量问题，我社负责调换〈都印〉）

销售部电话 010-62136230 编辑部电话 010-62135120-1028

前 言

PREFACE

如今，信息化、数字化代表新的生产力和新的发展方向，正深刻改变世界的竞争方式和经济格局。中共中央网络安全和信息化委员会办公室印发的《提升全民数字素养与技能行动纲要》提出，展望 2035 年，基本建成数字人才强国，全民数字素养与技能等能力达到更高水平，高端数字人才引领作用凸显，数字创新创业繁荣活跃，为建成网络强国、数字中国、智慧社会提供有力支撑。

随着数据中心、信息系统、办公终端的国产化改造的逐渐推动，金山办公软件 WPS Office 作为国产可信应用软件，在各政府部门，企、事业单位大量使用，并将逐渐取代 Microsoft Office，成为国内办公软件的主流。为顺应这一趋势，全国计算机等级考试大纲也做了相应修订。本书依托"互联网+教育"大平台，在理实一体化的专业教学思想指导下，将考证要求和实际操作相结合，根据《全国计算机等级考试一级 WPS Office 考试大纲（2021 年版）》的要求，将 WPS Office 软件的各种操作以及信息技术的理论知识融为一体，并注重通过实例培养学生的创新意识及家国情怀。通过对本书的学习，学生能够掌握必备的计算机应用基础知识和基本技能，解决生产、生活和学习情景中遇到的常见问题，逐步培养良好的职业道德和职业素养，并为通过全国计算机等级考试一级打下坚实的基础。

本书共分为 7 个项目 38 个任务，全面介绍了计算机基础知识、计算机系统知识、Windows 10 操作系统的使用、WPS 文字的使用、WPS 表格的使用、WPS 演示的使用、因特网基础与简单使用。本书在融合考证知识点的同时注重对办公软件的实际应用，是一本切合学生实际水平、能深度兼容日常使用及考证辅导需求的教材，熟练掌握本书的内容能为提高学生的考证通过率和职场竞争力奠定基础。

本书由陈萌、汤淑云和易林华任主编，由侯丽艳、曾锦璋、李永培和张国锋任副主编。项目 1 由陈萌编写，项目 2 由易林华编写，项目 3 由张国锋编写，项目 4 由曾锦璋编写，项目 5 由侯丽艳编写，项目 6 由李永培编写，项目 7 由汤淑云编写。本书在编写过程中得到了很多专家的热情帮助，在此表示衷心的感谢。

由于编写时间较为仓促，编者的水平相对有限，所以书中难免存在不足之处，敬请广大读者和专家多提宝贵意见，以便及时修订和改正。

编 者

2022 年 2 月

目　录

CONTENTS

项目 1 计算机基础知识

项目背景

　　信息技术的快速发展，使计算机成为目前使用广泛的现代化工具和信息社会的重要支柱。目前，计算机在人们的工作和生活中起着重要的作用，掌握计算机尤其是微型计算机的使用方法，不仅是一项重要技能，也是一种基本素质。

能力目标

※　了解计算机的发展、特点、分类和应用。
※　掌握不同进制之间的相互转换。
※　掌握西文字符编码、汉字编码及编码间的换算。
※　了解计算机安全和多媒体技术的相关知识。
※　了解人工智能和云计算的相关知识。

素养目标

1. 奠定学生信息素养基础，引导学生明确专业的重要性及自身发展目标。
2. 培养学生爱岗敬业的精神及信息社会责任感。

任务 1.1　　计算机的发展及应用领域

任务描述

计算机是一种用于高速计算的电子计算机器，是能够按照程序自动、高速、精确地进行信息处理的现代电子设备。

计算机是 20 世纪最先进的科学技术发明之一。自 1946 年 2 月第一台计算机诞生至今，计算机及其应用已经渗透到社会的各个领域，改变了人类处理信息的方式和范围，影响了人类生活的各个方面，推动了社会的进步和科技的发展。本任务主要介绍计算机的发展、特点、分类和应用。

任务实现

1. 计算机的发展

1946 年 2 月 14 日，世界上第一台通用电子计算机——电子数字积分计算机（electronic numerical integrator and computer，ENIAC）诞生在美国宾夕法尼亚大学，如图 1-1-1 所示。它是为计算弹道和射击表面而研制的，主要元件是电子管，它使用了 17840 只电子管，占地面积达 170 平方米，重达 28 吨，每秒能完成 5000 次加法运算或 400 次乘法运算。ENIAC 的问世，使科学家们从大量的计算中解放出来，标志着电子计算机时代的到来，具有划时代的伟大意义。

图 1-1-1　世界上第一台通用电子计算机

根据计算机所采用电子元件的不同，可把计算机划分为电子管计算机，晶体管计算机，集成电路计算机，大规模、超大规模集成电路计算机。

（1）电子管计算机（1946～1958 年）

第一代计算机是电子管计算机，其逻辑元件是电子管。受当时电子技术水平的限制，运算速度为每秒几千次到几万次，内存储器容量也非常小，使用机器语言和汇编语言编写程序。第一代计算机体积庞大、造价昂贵、速度低、存储容量小、可靠性差、操作烦琐、耗电大、维护困难、不易掌握，主要应用于军事目的和科学研究。

（2）晶体管计算机（1958～1964 年）

第二代计算机是晶体管计算机，其逻辑元件是晶体管。与电子管计算机相比，晶体管计算机体积小、成本低、重量轻、功耗小、速度高、功能强、可靠性高，使用 BASIC、FORTRAN 等高级程序设计语言，其应用范围扩展到数据处理和事务管理等领域。

（3）集成电路计算机（1964～1970 年）

第三代计算机是集成电路计算机，其逻辑元件是中小规模集成电路。与晶体管计算机相比，集成电路计算机的体积、重量、功耗都进一步减小，运算速度、逻辑运算功能和可靠性都进一步得到提高。这一时期提出了结构化、模块化的程序设计思想，出现了结构化的程序设计语言 Pascal。

（4）大规模、超大规模集成电路计算机（1970 年至今）

第四代计算机是大规模、超大规模集成电路计算机，其逻辑元件是大规模、超大规模集成电路。与集成电路计算机相比，大规模、超大规模集成电路计算机的存取速度和存储容量大幅度上升，外部设备的种类和质量都有很大提高，体积、重量、功耗进一步减少。计算机正朝着微型化、智能化、网络化等方向发展，其应用范围不断向社会各个方面渗透。

2. 计算机的特点

计算机的特点主要表现在以下几个方面。

（1）运算速度快

计算机的运算速度是指计算机在单位时间内执行的指令数，可以用每秒完成多少次操作来描述，常用单位是 MIPS，即每秒处理的百万级的机器语言指令数。计算机高速运算的能力极大地提高了工作效率，把人们从浩繁的劳动中解放出来，过去用人工旷日持久才能完成的计算，计算机在很短的时间内即可完成。

（2）计算精度高

计算机采用二进制数字进行计算，因此计算精度主要由在同一时间中处理二进制数的位数（字长）决定。随着字长的增长和计算技术的不断改进，计算精度越来越高，可根据需要获得千分之一到几百万分之一，甚至更高的精度。

（3）存储容量大

计算机的存储器类似于人的大脑，可以记忆大量的数据和信息。随着微电子技术的不断发展，存储器的容量将越来越大。

（4）具有逻辑判断功能

计算机的运算器除了能够完成基本的算术运算外，还具有比较、判断等逻辑运算功能。这种能力是计算机处理逻辑推理问题的前提。

（5）具有自动控制能力

存储程序控制是计算机最突出的特点之一，是计算机能自动工作的基础。计算机在人们预先编制好的程序控制下，能自动、连续地工作，完成预定的处理任务，不需要人工干预，工作完全自动化。

（6）通用性强

计算机能广泛地应用于各个领域，同一台计算机，只要编制和运行不同的程序或连接不同的设备，就可以完成不同的任务。

3. 计算机的分类

计算机的分类方法有很多，比较常用的分类方法有以下几种。

（1）按处理数据的形态分类

按处理数据的形态分类，可以将计算机分为数字计算机、模拟计算机和混合计算机。数字计算机所处理的数据都是用"0"和"1"表示的二进制，是不连续的数字量，其运算过程按数字位进行计算，处理的结果以数字的形式输出，计算精度高、存储容量大、通用性强。模拟计算机所处理的数据是连续的，所有的处理过程均需模拟电路来实现，因为电路结构复杂，抗外界干扰能力差，所以其计算精度较低，通用性差。混合计算机则可集数字计算机和模拟计算机的优点于一身。

（2）按使用范围分类

按使用范围分类，可以将计算机分为通用计算机和专用计算机。通用计算机是指各行业、各种工作环境都能使用的计算机，其功能齐全，适应性强，目前人们所使用的大都是通用计算机。专用计算机是为解决某一特定问题而设计制造的计算机，其功能单一，拥有固定的存储程序，如控制轧钢过程的计算机、计算导弹弹道的计算机等。

（3）按性能分类

按照计算机的字长、存储容量、运算速度、外部设备等性能分类，可以将计算机分为巨型机、大型机、小型机、微型机和工作站。

① 巨型机即超级计算机，其运算速度快、存储容量大、结构复杂、价格昂贵，多用于国家高科技领域和尖端技术研究，是一个国家科研实力的体现。

② 大型机规模次于巨型机，有比较完善的指令系统和丰富的外部设备，主要用于计算机网络和大型计算中心。目前，全球绝大多数企业的数据存储在大型机上。

③ 小型机与大型机相比成本较低，维护也较容易，可用于科学计算和数据处理，也可用于生产过程自动控制和数据采集及分析处理等。

④ 微型机简称微机，俗称电脑，其特点是体积小、价格低、灵活性好、使用方便。

⑤ 工作站是一种高档的微型计算机，通常配有高分辨率的大屏显示器及大容量的内外存储器，并且具有较强的信息和高性能的图形、图像处理功能以及联网功能。

4. 计算机的应用

计算机用途广泛，归纳起来有以下几个方面。

（1）科学计算（数值计算）

科学计算即数值计算，是指应用计算机处理科学研究和工程技术中所遇到的数学计算。例如，卫星运行轨迹、气象预报、地震预测、石油勘探等涉及庞大而复杂的数学计算问题，简单的计算工具难以胜任，而用计算机来处理却非常容易。

（2）数据处理（信息处理）

数据处理的目的是从大量的数据中抽取并推导出有价值、有意义的数据。在计算机应用领域中，科学计算所占的比重很小，而通过计算机数据处理进行的信息管理已成为主要应用，如图书检索、仓库管理、财会管理、交通运输管理、技术情报管理等。

（3）实时控制（过程控制）

实时控制是指用计算机及时采集、检测被控对象运行情况的数据，按最优值迅速地对被控对象进行自动调节或自动控制。利用计算机进行实时控制，既可提高自动化水平、保证产品质量，也可减轻劳动强度、降低生产成本。因此，计算机实时控制已在机械、冶金、石油、化工、纺织、水电、航天等行业得到广泛应用。

（4）计算机辅助技术

计算机辅助技术（computer aided technology）是机械设计制造领域的高新技术，是现代设计技术和先进制造技术的典型代表。它包括了计算机辅助设计（computer aided design，CAD）、计算机辅助制造（computer aided manufacturing，CAM）、计算机辅助教学（computer aided instruction，CAI）、计算机辅助测试（computer aided test，CAT）、计算机辅助工艺规划（computer aided process planning，CAPP）、计算机辅助质量控制（computer aided quality control，CAQC）、计算机集成制造系统（computer integrated manufacturing system，CIMS）等。

（5）人工智能

人工智能（artificial intelligence，AI）研究如何让计算机去完成以往需要人的智力才能胜任的工作，也就是研究如何应用计算机的软/硬件来模拟人类某些智能行为的基本理论、方法和技术。

（6）计算机仿真

计算机仿真是用计算机科学和技术的成果建立被仿真的系统的模型，并在某些实验条件下对模型进行动态实验的一门综合性技术，被广泛应用于航空、航天、军工、船舶、电力、石油、化工等行业。

知识链接

除了上述的计算机分类方法外，还有一种从大多数日常用户的角度来进行分类的方法，这种分类方法将计算机分为台式计算机、便携式计算机、平板电脑和智能手机。

任务 1.2 ▶ 计算机中信息的表示方式

✎ 任务描述

计算机要处理多种多样的信息，如数值、字符、图形、图像和声音等，但是计算机无法直接"理解"这些信息，所以需要采用相应的数字化编码的形式对这些信息进行存储、处理和传送。通过对本任务的学习，可以了解常用数制及其相互之间的转换，以及数值、字符、图像、声音等各种丰富多彩的外部信息在计算机中的表示方法。

任务实现

1. 计算机中信息的表示方式

在计算机内部，所有的数值、字符、图形、图像、声音、视频等信息都被表示成由 0 和 1 组成的二进制编码。例如，人们输入计算机的十进制数被转换成二进制数进行计算，计算后的结果又由二进制数转换成十进制数，这些都是由计算机自动完成的。

2. 有关数制的基本概念

（1）数码

数码是数制中表示基本数值大小的不同数字符号。例如，十进制有 0、1、2、3、4、5、6、7、8、9 共 10 个数码，二进制有 0、1 共 2 个数码。

（2）数制

数制是计数的规则，指用一组固定的符号和统一的规则来表示数值的方法。在计数过程中采用进位的方法，则被称为进位计数制。进位计数制有数位、基数、位权三个要素。

（3）数位

数位是指数码在一个数中所处的位置。

（4）基数

基数是数制所使用数码的个数，常用 R 来表示。例如，二进制数码的个数为 2，所以基数为 2，即 R=2；十进制数码的个数为 10，所以基数为 10，即 R=10。

（5）位权

数制中每一固定位置对应的单位值称为位权。整数部分第 n 位数码的位权等于基数的 $n-1$ 次方，如 3 位十进制数 123，它的基数 R=10，从高位到低位的位权分别为 10^2、10^1、10^0；4 位二进制数 1011 从高位到低位的位权分别为 2^3、2^2、2^1、2^0，如表 1-2-1 和表 1-2-2 所示。

表 1-2-1 十进制数 123 的位权

数码	1	2	3
数位（n）	3	2	1
基数（R）	10	10	10
位权（R^{n-1}）	10^2	10^1	10^0

表 1-2-2 二进制数 1011 的位权

数码	1	0	1	1
数位（n）	4	3	2	1
基数（R）	2	2	2	2
位权（R^{n-1}）	2^3	2^2	2^1	2^0

（6）计算机中常用数制的后缀表示

为区分不同数制的数，约定对于任意 R 进制的数 N，记作$(N)_R$，如$(1001)_2$、$(168)_{10}$、$(376)_8$、$(56)_{16}$，分别表示二进制 1001、十进制 168、八进制 376 和十六进制 56。不用括号和下标表示的数，默认为十进制，如 387。还有一种表示方式是在数的后面加上一个大写字母，如 1001B、168D、376O 和 56H，其中 B 表示二进制，D 表示十进制，O 表示八进制，H 表示十六进制。

（7）按权展开式

任何一个数制都可以表示为各位数码本身的值与其位权的乘积之和。

例 1 $(123)_{10}=1\times10^2+2\times10^1+3\times10^0$

例 2 $(1011)_2=1\times2^3+0\times2^2+1\times2^1+1\times2^0$

例 3 $(123)_8=1\times8^2+2\times8^1+3\times8^0$

例 4 $(123)_{16}=1\times16^2+2\times16^1+3\times16^0$

例 5 $78.56D=7\times10^1+8\times10^0+5\times10^{-1}+6\times10^{-2}$

例 6 $111.011B=1\times2^2+1\times2^1+1\times2^0+0\times2^{-1}+1\times2^{-2}+1\times2^{-3}$

例 7 $111.011O=1\times8^2+1\times8^1+1\times8^0+0\times8^{-1}+1\times8^{-2}+1\times8^{-3}$

例 8 $19.48H=1\times16^1+9\times16^0+4\times16^{-1}+8\times16^{-2}$

3．计算机常用的进制数

日常生活中有很多的数制，如 1 小时等于 60 分钟的六十进制；1 年有 12 个月的十二进制；1 天有 24 小时的二十四进制等。计算机常用的数制有十进制、二进制、八进制和十六进制。

（1）十进制及其特点

① 基数 R=10，具有 0、1、2、3、4、5、6、7、8、9 共 10 个数码。

② 运算规则为"逢十进一，借一当十"。

③ 书写格式：123 或$(123)_{10}$或 123D。

（2）二进制及其特点

① 基数 R=2，具有 0、1 共 2 个数码。

② 运算规则为"逢二进一，借一当二"。

③ 书写格式：$(1010)_2$ 或 1010B。

（3）八进制及其特点

① 基数 R=8，具有 0、1、2、3、4、5、6、7 共 8 个数码。

② 运算规则为"逢八进一，借一当八"。

③ 书写格式：$(241)_8$ 或 241O。

（4）十六进制及其特点

① 基数 R=16，具有 0、1、2、3、4、5、6、7、8、9、A、B、C、D、E、F 共 16 个数码，其中 A、B、C、D、E、F 分别代表十进制数 10、11、12、13、14、15。

② 运算规则为"逢十六进一，借一当十六"。

③ 书写格式：$(2A3)_{16}$ 或 2A3H。

（5）计算机常用进制转换表

计算机常用进制转换表如表 1-2-3 所示。

表 1-2-3　计算机常用进制转换表

十进制数	二进制数	八进制数	十六进制数	十进制数	二进制数	八进制数	十六进制数
0	0	0	0	8	1000	10	8
1	1	1	1	9	1001	11	9
2	10	2	2	10	1010	12	A
3	11	3	3	11	1011	13	B
4	100	4	4	12	1100	14	C
5	101	5	5	13	1101	15	D
6	110	6	6	14	1110	16	E
7	111	7	7	15	1111	17	F

4. 非十进制数转换成十进制数

非十进制数转换为十进制数的方法是：将非十进制数按权展开，然后各项相加，得到相应的十进制数。

（1）二进制数转换成十进制数

例 9　将 $(1011)_2$ 转换为十进制数。

解：$(1011)_2=1\times2^3+0\times2^2+1\times2^1+1\times2^0=8+0+2+1=(11)_{10}$

例 10　将 111.01B 转换为十进制数。

解：$111.01B=1\times2^2+1\times2^1+1\times2^0+0\times2^{-1}+1\times2^{-2}=4+2+1+0+0.25=(7.25)_{10}$

（2）八进制数转换成十进制数

例 11　将 $(123)_8$ 转换为十进制数。

解：$(123)_8=1\times8^2+2\times8^1+3\times8^0=64+16+3=(83)_{10}$

例 12　将 111.1O 转换为十进制数。

解：111.1O$=1\times8^2+1\times8^1+1\times8^0+1\times8^{-1}=64+8+1+0.125=(73.125)_{10}$

（3）十六进制数转换成十进制数

例 13　将 $(123)_{16}$ 转换为十进制数。

解：$(123)_{16}=1\times16^2+2\times16^1+3\times16^0=256+32+3=(291)_{10}$

例 14　将 19.4H 转换为十进制数。

解：19.4H$=1\times16^1+9\times16^0+4\times16^{-1}=16+9+0.25=(25.25)_{10}$

5. 十进制整数转换成非十进制整数

十进制整数转换成非十进制整数采用"除 R 取余法"。

（1）十进制整数转换成二进制整数

将十进制整数转换成二进制整数采用"除 2 取余法"，即把十进制整数除以 2，得到商和余数，再将所得的商除以 2，再次得到新的商和余数，如此不断地用所得的商除以 2，直到商等于 0 为止，每次相除后，得到的余数为对应二进制的相应位。第一次相除得到的余数为最低位，最后一次相除得到的余数为最高位。

例 15　将 $(27)_{10}$ 转换为二进制数。

所以，$(27)_{10}=(11011)_2$ 或 $(27)_{10}$=11011B。

例 16　将 105D 转换为二进制数。

所以，105D$=(1101001)_2$ 或 105D=1101001B。

（2）十进制整数转换成八进制整数

将十进制整数转换成八进制整数采用"除 8 取余法"。

例 17　将 99D 转换为八进制数。

所以，99D$=(143)_8$ 或 99D=143O。

（3）十进制整数转换成十六进制整数

将十进制整数转换成十六进制整数采用"除 16 取余法"。

例 18 将 $(135)_{10}$ 转换为十六进制数。

```
16 | 135        余数
16 |  8      7  最低位
    |  0      8  最高位
```

所以，$(135)_{10}=(87)_{16}$ 或 $(135)_{10}=87H$。

6. 二进制数、八进制数、十六进制数之间的相互转换

二进制数的编码存在这样一个规律：n 位二进制数最多能表示 2^n 种状态，如 3 位二进制数最多能表示 $2^3=8$ 种状态，6 位二进制数最多能表示 $2^6=64$ 种状态。

（1）二进制数和八进制数之间的相互转换

1）二进制数转换为八进制数。

二进制数转换为八进制数的方法是：以小数点为分界点，整数部分的二进制数从低位到高位每 3 位分为一组，高位不足 3 位时在前面补 0；小数部分的二进制数从高位到低位每 3 位分为一组，低位不足 3 位时在后面补 0。把每组的二进制数（参照表 1-2-4）转换成八进制数。

表 1-2-4 二进制数和八进制数转换表

八进制数	0	1	2	3	4	5	6	7
二进制数	000	001	010	011	100	101	110	111

例 19 将 $(11010101.1)_2$ 转换为八进制数。

```
二进制数   011   010   101 . 100
           ↓     ↓     ↓     ↓
八进制数    3     2     5     4
```

所以，$(11010101.1)_2=(325.4)_8$ 或 $(11010101.1)_2=325.4O$。

2）八进制数转换为二进制数。

八进制数转换为二进制数的方法是：将每位八进制数转换为 3 位二进制数。

例 20 将 425.73O 转换为二进制数。

```
八进制数   4     2     5 .  7     3
           ↓     ↓     ↓    ↓     ↓
二进制数   100   010   101  111   011
```

所以，425.73O$=(100010101.111011)_8$ 或 425.73O$=100010101.111011B$。

（2）二进制数和十六进制数之间的相互转换

1）二进制数转换为十六进制数。

二进制数转换为十六进制数的方法是：以小数点为分界点，整数部分的二进制数从低位到高位每 4 位分为一组，高位不足 4 位时在前面补 0；小数部分的二进制数从高位到低位每 4 位分为一组，低位不足 4 位时在后面补 0，然后把每组二进制数（参照表 1-2-5）转换成十六进制数。

表 1-2-5　二进制数和十六进制数转换表

十六进制数	0	1	2	3	4	5	6	7
二进制数	0000	0001	0010	0011	0100	0101	0110	0111
十六进制数	8	9	A	B	C	D	E	F
二进制数	1000	1001	1010	1011	1100	1101	1110	1111

例 21　将 11010101101.11B 转换为十六进制数。

$$
\begin{array}{cccc}
二进制数 & 0110 & 1010 & 1101 \quad . \quad 1100 \\
& \downarrow & \downarrow & \downarrow \quad\quad \downarrow \\
十六进制数 & 6 & A & D \quad\quad C
\end{array}
$$

所以，11010101101.11B=(6AD.C)$_{16}$ 或 11010101101.11B=6AD.CH。

2）十六进制数转换为二进制数。

十六进制数转换为二进制数的方法是：将每一位十六进制数转换为 4 位二进制数即可。

例 22　将 (4A.7E)$_{16}$ 转换为二进制数。

$$
\begin{array}{ccccc}
十六进制数 & 4 & A \quad . & 7 & E \\
& \downarrow & \downarrow & \downarrow & \downarrow \\
二进制数 & 0100 & 1010 & 0111 & 1110
\end{array}
$$

所以，(4A.7E)$_{16}$=(1001010.0111111)$_2$ 或 (4A.7E)$_{16}$=1001010.0111111B。

◖─◗ 知识链接 ■

使用二进制来表示计算机信息有以下 3 个原因。

① 符合电学的基本原理：二进制只有 0 和 1 两个状态，能够表示 0、1 两种状态的电子器件很多，便于硬件的物理实现。

② 简易性：二进制的运算规则简单，可以简化计算机的硬件结构，提高可靠性和运算速度。

③ 逻辑性：二进制的 0、1 和逻辑代数的假（false）、真（true）相对应，有利于各种逻辑运算。

任务 1.3　计算机中字符的编码

◣ 任 务 描 述

计算机中的信息都是用二进制编码表示的，用以表示字符的二进制编码称为字符编码（character code）。本任务介绍几种计算机常用的字符编码。

任务实现

1. 西文字符编码

计算机常用的字符编码有 EBCDIC（extended binary coded decimal interchange code，广义二进制编码的十进制交换码）和 ASCII（American standard code for information interchange，美国信息交换标准代码）。微型计算机一般采用 ASCII。

ASCII 是目前国际标准化组织确定的国际标准。ASCII 有 7 位码和 8 位码两种形式。7 位码是标准的 ASCII，共有 128（2^7）个字符，包括 52 个大小写英文字母、10 个阿拉伯数字、34 个控制字符以及各种运算符、标点符号等。扩充 ASCII 字符集为 8 位码，最多可以对 256（2^8）个字符进行编码。

7 位标准 ASCII 字符集如表 1-3-1 所示。

表 1-3-1　标准 ASCII 字符集

低 4 位码 ($D_3D_2D_1D_0$)	高 3 位码（$D_6D_5D_4$）							
	000	001	010	011	100	101	110	111
0000	NUL	DLE	（space）	0	@	P	`	p
0001	SOH	DC1	!	1	A	Q	a	q
0010	STX	DC2	"	2	B	R	b	r
0011	ETX	DC3	#	3	C	S	c	s
0100	EOT	DC4	$	4	D	T	d	t
0101	ENQ	NAK	%	5	E	U	e	u
0110	ACK	SYN	&	6	F	V	f	v
0111	BEL	ETB	`	7	G	W	g	w
1000	BS	CAN	(	8	H	X	h	x
1001	HT	EM	)	9	I	Y	i	y
1010	LF	SUB	*	:	J	Z	j	z
1011	VT	ESC	+	;	K	[	k	{
1100	FF	FS	,	<	L	\	l	|
1101	CR	GS	-	=	M	]	m	}
1110	SO	RS	.	>	N	^	n	~
1111	SI	US	/	?	O	_	o	DEL

例 1　比较 5、a、D 的大小。

解：5 的 ASCII 为 $(110101)_2=(53)_{10}$

　　　　a 的 ASCII 为 $(1100001)_2=(97)_{10}$

　　　　D 的 ASCII 为 $(1000100)_2=(68)_{10}$

所以，5<D<a。

例 2　大写 A 与小写 a 之间相差多少？大写 B 与小写 b 之间相差多少？

解：A 的 ASCII 为 $(1000001)_2=(65)_{10}$

a 的 ASCII 为$(1100001)_2=(97)_{10}$
B 的 ASCII 为$(1000010)_2=(66)_{10}$
b 的 ASCII 为$(1100010)_2=(98)_{10}$

所以，大写 A 与小写 a 之间相差 32，大写 B 与小写 b 之间相差 32。

2. 汉字编码

汉字编码（Chinese character encoding）是为汉字设计的一种便于将汉字输入计算机的代码。汉字信息处理系统一般包括编码、输入、存储、编辑、输出和传输，其中编码是关键，不解决这个问题，汉字就不能进入计算机。

根据应用目的的不同，汉字编码分为汉字交换码、汉字输入码、汉字机内码和汉字字形码。

（1）汉字交换码

汉字交换码是指不同的具有汉字处理功能的计算机系统之间在交换汉字信息时所使用的代码标准。

1）国标码（国家标准代码）。

我国于 1981 年 5 月制定了国家标准《信息交换用汉字编码字符集 基本集》，代号 GB 2312—80，即国标码。该字符集共收录了 7445 个字符编码，包括 6763 个汉字和 682 个非汉字图形符号（标点符号、西文字母、图形、数码等）。6763 个汉字按其使用频率和用途，又可分为一级常用汉字 3755 个，二级次常用汉字 3008 个，其中一级常用汉字按拼音字母顺序排列，二级次常用汉字按偏旁部首排列。

国标码采用两个字节（byte，常用 B 表示）对每个汉字进行编码，每个字节各取 7 位，每个字节的最高位用 0 来代替，如表 1-3-2 所示。

表 1-3-2　国标码的格式

b7	b6	b5	b4	b3	b2	b1	b0	b7	b6	b5	b4	b3	b2	b1	b0
0	X	X	X	X	X	X	X	0	X	X	X	X	X	X	X

例如："学"的国标码为$(01010001\ 00100111)_2$，表示成十六进制为 5127H。

2）区位码。

类似于西文的 ASCII 字符集，汉字也有一个国标码表，把国标码 GB 2312—1980 中的汉字、图形符号排列在一个 94 行×94 列的阵列中，在此正方形矩阵中，每一行称为区，每一列称为位，区和位的序号范围均是 01～94。该阵列共有 94×94=8836 个位置，其中 7445 个汉字和图形符号每一个占一个位置后，还剩下 1391 个空位，这 1391 个位置空下来保留备用。

一个汉字在阵列中的位置用它所在的区码和位码的组合，即区位码来确定。区位码的形式是：高两位为区码，低两位为位码，如"广"字的区码为 25，位码为 67，它的区位码即为 2567；"东"字的区码为 22，位码为 11，它的区位码为 2211；"℃"的区位码为 0170。

实际上，区位码也是一种输入法，其最大的优点是一字一码无重码，最大的缺点是难以记忆。

3）区位码和国标码的换算关系。

区位码无法用于汉字通信，因为它可能与通信使用的控制码发生冲突，所以每个汉字的区码和位码必须分别加上十进制数 32。

具体方法是：将两位十进制数的区码和位码分别转换成十六进制数，然后再分别加上 20H（由十进制数 32 转换而来）。例如，"中"字在阵列中的位置为 54 行 48 列，其区位码为 5448，国标码是 5650H。

例 3　"学"字的区位码为 4907，求它的国标码。

解： 区码 49 转换成十六进制数为 31H

位码 07 转换成十六进制数为 07H

区位码 4907 转换成十六进制数为 3107H

国标码 = 3107H + 2020H = 5127H

例 4　"大"字的区位码为 2083，求它的国标码。

解： 区码 20 转换成十六进制数为 14H

位码 83 转换成十六进制数为 53H

区位码 2083 转换成十六进制数为 1453H

国标码=1453H+2020H=3473H

（2）汉字输入码

汉字输入码是用来将汉字输入到计算机中的一组键盘符号，也称外码。常用的汉字输入码有拼音码、五笔字型码、自然码、表形码、认知码、区位码和电报码等。一种好的编码应有编码规则简单、易学好记、操作方便、重码率低、输入速度快等优点。

根据汉字的发音进行编码的，称为音码，如全拼输入法、双拼输入法。根据汉字的字形结构进行编码的，称为形码，如五笔输入法、仓颉输入法、郑码输入法。以拼音（通常为拼音首字母或双拼）加上汉字笔画或者偏旁为编码方式的输入法，称为音形码输入法，包括音形码和形音码两类，如自然码输入法、二笔输入法。

（3）汉字机内码

汉字机内码是计算机内部存储、处理加工和传输汉字时所用的由 0 和 1 组成的代码，又称汉字 ASCII，简称内码。机内码是汉字最基本的编码，不管采用什么样的汉字输入法（如拼音输入法、五笔输入法等）来输入汉字，其机内码都是相同的。

汉字机内码的基础是国标码，采用两个字节对每个汉字机内码进行编码，每个字节各取 7 位，每个字节的最高位用 1 来代替，如表 1-3-3 所示。

表 1-3-3　机内码的格式

b7	b6	b5	b4	b3	b2	b1	b0	b7	b6	b5	b4	b3	b2	b1	b0
1	X	X	X	X	X	X	X	1	X	X	X	X	X	X	X

例如："学"的机内码为(11010001 10100111)$_2$，表示成十六进制数为 D1A7H。

机内码是变形的国标码，相当于在国标码上加了(10000000)$_2$，至十六进制数表示加上了 80H，因此机内码和国标码存在如下的换算关系：

汉字机内码=国标码+8080H

例5 "学"字的国标码是5127H，求它的机内码。

解： "学"字的机内码=5127H+8080H=D1A7H

例6 "大"字的国标码是3473H，求它的机内码。

解： "大"字的机内码=3473H+8080H=B4F3H

例7 "万"字区位码为4582，求它的机内码。

解： 区码45转换成十六进制数为2DH

位码82转换成十六进制数为52H

区位码4582转换成十六进制数为2D52H

国标码=2D52H+2020H=4D72H

"万"字的机内码=4D72H+8080H=CDF2H

（4）汉字字形码

汉字字形码是汉字的输出码，用于汉字在显示屏或打印机输出，无论汉字的笔画多少，每个汉字都可以写在同样大小的方块中。

汉字字形码通常有点阵和矢量两种表示方式。

用点阵表示字形时，根据输出汉字的要求不同，点阵的多少也不同。简易型汉字为16×16点阵，提高型汉字为24×24点阵、32×32点阵、48×48点阵等。点阵规模越大，字形越清晰美观，所占存储空间也越大。

用矢量表示字形时，存储的是描述汉字字形的轮廓特征，当要输出汉字时，通过计算机的计算，由汉字字形描述生成所需大小和形状的汉字点阵。矢量字形描述与最终文字显示的大小、分辨率无关，因此可以产生高质量的汉字输出。Windows中使用的TrueType技术就是汉字的矢量表示方式。

例8 一个16×16点阵汉字需要多少字节的存储空间？

解： 16×16/8=32（字节）

例9 用32×32点阵存储100个汉字，需要多少字节的存储空间？

解： 32×32/8×100=12800（字节）

🔗 **知识链接** ■

计算机中最小的数据单位是二进制的1位（bit）。每8个二进制位等于1字节，字节是计算机中用来表示存储容量的基本单位。计算机内存的存储容量、磁盘的存储容量都是以字节为单位表示的，并且内存是以字节为单位进行编址的。

1个ASCII占用1字节，1个汉字占用2字节。

除了用字节表示存储容量外，还有千字节（KB）、兆字节（MB）、吉字节（GB）、太字节（TB）及拍字节（PB）等计算机常用的存储单位，它们之间的换算关系如下：

1B=8bit

$1KB=2^{10}B=1024B$

$1MB=2^{20}B=1024KB=1024×1024B$

$1GB=2^{30}B=1024MB=1024×1024×1024B$

$1TB=2^{40}B=1024GB=1024×1024×1024×1024B$

$1PB=2^{50}B=1024TB=1024×1024×1024×1024×1024B$

例10 存储 2048 个汉字，需要多少存储空间？

解：2×2048/1024=4KB

一般说来，计算机在同一时间内处理的一组二进制数称为一个计算机的字，而这组二进制数的位数就是字长，是 CPU 一次能并行处理的二进制位数。字长是 CPU 的主要技术指标之一，字长总是 8 的整数倍，通常个人计算机的字长为 16 位（早期）、32 位、64 位。在其他技术指标相同时，字长越大计算机处理数据的速度就越快。

任务 1.4　计算机安全

任务描述

2007 年 1 月，突如其来的"熊猫烧香"病毒，就像在互联网世界制造了一起恐怖袭击事件，很多国家的互联网都受到了严重影响。2017 年 5 月，不法分子通过改造"永恒之蓝"工具制作了 wannacry 勒索病毒，病毒肆虐网络，再次为计算机网络安全敲响了警钟。

现在，人们对计算机的需求和依赖性越来越大，计算机安全就显得越来越重要。物理安全、系统安全、黑客攻击和病毒威胁是计算机系统面临的主要威胁。本任务主要介绍计算机病毒及其检测与清除、计算机硬件系统的安全使用。

任务实现

1. 计算机病毒的概念

计算机病毒是人为蓄意编制的、具有破坏性的程序。只有当计算机病毒在计算机内得以运行时，才具有传染性和破坏性。

2. 计算机病毒的特点

计算机病毒具有传染性、破坏性、潜伏性、隐蔽性、寄生性、针对性等特点。

（1）传染性

传染性是计算机病毒的一个重要标识，也是确定一个程序是否为计算机病毒的首要条件。计算机病毒一旦进入计算机并得以执行，就会把自身复制到内存、硬盘，甚至传染到所有文件中。网络中的病毒可传染给联网的所有计算机系统，已染病毒的硬盘、U 盘可使所有使用该盘的计算机系统受到传染。

（2）破坏性

计算机病毒的破坏性表现为占用系统资源，降低计算机系统的工作效率。破坏的程度因病毒种类的不同而差别很大：有的病毒仅干扰软件的运行而不破坏该软件；有的病毒无限制地侵占系统资源，使系统无法运行；有的病毒破坏程序或数据，使之无法恢复；有的恶性病毒破坏整个系统，使系统无法启动。

（3）潜伏性

计算机病毒进入系统后一般不会马上发作，可能在一段时间内隐藏在合法文件中，对其他系统进行传染而不被发现。一旦触发条件得到满足（如时间、日期、文件类型或某些特定数据等），便表现其破坏作用。潜伏性越好，病毒在系统中存在的时间就会越长，传染范围就会越大，破坏性也越大。

（4）隐蔽性

计算机病毒一般是经过很高编程技巧生成的且短小精悍的程序。通常附在正常程序中或磁盘较隐蔽的地方，也有个别的以隐藏文件形式出现，目的是不让用户发现它的存在。

（5）寄生性

计算机病毒一般不独立存在，而是寄生在磁盘系统区或文件中。

（6）针对性

计算机病毒一般都是针对特定的操作系统，如 Windows Server 2016、Windows 10，或者针对特定的应用程序，如 Outlook、浏览器、服务器等，具有非常强的针对性。

3. 计算机病毒的分类

计算机病毒的种类繁多，从不同的角度可以划分不同的类型，下面介绍几种较常用的分类方法。

（1）按寄生方式分类

病毒按寄生方式可分为引导型病毒、文件型病毒和混合型病毒。

引导型病毒是指寄生在磁盘引导区或主引导区的计算机病毒，如 2708 病毒、火炬病毒、小球病毒、Girl 病毒等。

文件型病毒是指能够寄生在文件中的计算机病毒。这类病毒感染可执行文件或数据文件，如 1575/1591 病毒、848 病毒（感染.com 和.exe 等可执行文件）、Macro/Concept 和 Macro/Atoms 等宏病毒（感染.doc 文件）。

混合型病毒是指具有引导型病毒和文件型病毒寄生方式的计算机病毒。这种病毒既感染磁盘的引导记录，又感染可执行文件，如 Flip 病毒、新世纪病毒、One-half 病毒等。

（2）按破坏性分类

病毒按破坏性可分为良性病毒和恶性病毒。

良性病毒并不彻底破坏系统和数据，但会大量占用 CPU 时间，增加系统开销，降低系统工作效率。这类病毒有小球病毒、1575/1591 病毒、救护车病毒、扬基病毒、Dabi 病毒等。

恶性病毒是指那些一旦发作后，就会破坏系统或数据，造成计算机系统瘫痪的计算机病毒。这类病毒有黑色星期五病毒、火炬病毒、米开朗基罗病毒等。

（3）按链接方式分类

病毒按链接方式可分为源码型病毒、嵌入型病毒、外壳型病毒和操作系统型病毒。

源码型病毒攻击高级语言编写的程序，该病毒在高级语言所编写的程序编译前插入到源程序中，经编译成为合法程序的一部分。若不进行编译和链接，病毒就无法传染扩散。

嵌入型病毒是将自身嵌入到现有程序中，把计算机病毒的主体程序与其攻击的对象以插入的方式链接。这种计算机病毒是难以编写的，一旦侵入程序体后也较难消除。

外壳型病毒寄生在宿主程序的前面或后面，并修改程序的第一个执行指令，使病毒先于宿主程序执行，并随着宿主程序的使用而传染扩散。目前流行的文件型病毒几乎都是外壳型病毒。

操作系统型病毒用它自己的程序意图加入或取代部分操作系统进行工作，具有很强的破坏力，可以导致整个系统的瘫痪。大麻病毒就是典型的操作系统型病毒。

（4）按激活时间分类

病毒按激活时间可分为定时病毒和随机病毒。

定时病毒仅在某一特定时间才发作。随机病毒一般不由时钟来激活，具有随机性，没有一定的规律。

4. 计算机病毒的传染途径

计算机病毒有两种主要的传染途径：一是通过移动存储设备传染，如光盘、U盘、移动硬盘等；二是通过计算机网络传染，经这种途径的病毒传染能力更强，破坏力更大。

5. 计算机病毒的预防

鉴于计算机新病毒的不断出现，检测和清除病毒的方法和工具总是落后一步，预防病毒就显得更加重要了。

计算机用户应该养成以下良好的用机习惯。

1）注意对系统文件、重要可执行文件和数据进行写保护。

2）不使用来历不明的程序或数据。

3）尽量不用移动硬盘、U盘进行系统引导。

4）不轻易打开来历不明的电子邮件。

5）使用新的计算机系统或软件时，要先杀毒后使用。

6）备份系统和参数，建立系统的应急计划等。

7）专机专用。

8）安装杀毒软件。

9）分类管理数据。

6. 计算机病毒的检测和清除

随着计算机病毒的日益增多和破坏性的不断增强，反病毒技术也在迅速发展。检测并清除计算机病毒的方法有很多，常用的方法是使用杀毒软件。

目前流行的杀毒软件主要有百度杀毒、腾讯电脑管家、小红伞（Avira）、卡巴斯基、金山毒霸、360杀毒、迈克菲等。

因为杀毒软件是对已知病毒进行特征分析后编制的，因此具有被动性和滞后性，只能检测并清除已经认识的病毒，对于新出现的病毒或某些病毒的变种则无能为力。所以，杀毒软件需要不断升级，清除病毒时也应选择最新版本的杀毒软件。

除使用杀毒软件之外，还可以使用防病毒卡进行病毒的防治。防病毒卡是病毒防护的硬件产品，将病毒防护程序固化，就成为防病毒卡，如瑞星卡、求真卡等。防病毒卡对一定范围内新出现的病毒具有防护能力，但不具备消除能力，携带和升级也没有杀毒软件方便。

7. 计算机硬件系统的安全使用

1）计算机合适的工作温度在15~35℃之间，相对湿度一般不能超过80%。
2）计算机一般使用220V、50Hz的交流电源，计算机工作时供电不能间断。
3）注意正常开、关机。开机时，先开外部设备，再开主机；关机时，先关主机，再关外部设备。
4）注意正确使用设备，不随意搬动工作中的计算机，不强行插拔移动设备等。
5）保持计算机使用环境的清洁。
6）计算机应避免强磁场的干扰。

知识链接

防火墙（firewall）是一种用来加强网络之间访问控制、防止外部网络用户以非法手段通过外部网络进入内部网络访问内部网络资源，保护内部网络操作环境的特殊网络设备。防火墙具有很好的保护作用，入侵者必须首先穿越防火墙的安全防线，才能接触目标计算机。

防火墙可以是一种硬件、固件或者是架设在一般硬件上的一套软件。例如，专用防火墙设备是硬件形式的防火墙；包过滤路由器是嵌有防火墙固件的路由器；代理服务器等软件是软件形式的防火墙。

任务 1.5 多媒体技术

任务描述

多媒体技术的发展改变了计算机的使用领域，使计算机由办公室、实验室中的专用品变成了信息社会的普通工具，并广泛应用于工业生产管理、学校教育、公共信息咨询、商业广告、军事指挥与训练、家庭生活与娱乐等领域。本任务介绍多媒体技术的概念、特点、应用及多媒体信息的文件格式。

任务实现

1. 媒体、多媒体及多媒体技术的概念

（1）媒体

媒体（medium）是指传播信息的媒介，通俗的说法是宣传的载体或平台，如日常生活中的报纸、杂志、广播、电影和电视等。报纸和杂志以文字、图形等作为媒体；广播以声音作为媒体；电影和电视以文字、声音、图形和图像作为媒体。

媒体在计算机领域中有两种含义：一是承载信息的载体，如磁盘、光盘和半导体存储器等；二是传播信息的载体，如数字、文字、声音、图像等。多媒体技术中的媒体指的是传播信息的载体。

（2）多媒体

多媒体（multimedia）是融合两种或两种以上媒体的人机交互式信息交流和传播媒体，是计算机和视频技术的结合，一般理解为多种媒体的综合。使用的媒体包括文字、图片、声音（包含音乐、语音旁白、特殊音效）、动画和影片等。

（3）多媒体技术

多媒体技术是指利用计算机交互式综合技术和数字通信技术，将各种信息媒体综合为一体，使它们建立起逻辑联系，集成为一个交互系统，并进行加工处理的技术。

2. 多媒体的特性

与传统媒体相比，多媒体具有以下特性。

（1）数字化

数字化是指多媒体中的各种媒体都是以数字形式存放在计算机中的。

（2）集成性

集成性是指将多媒体信息有机地组织在一起，使文字、声音、图形、图像一体化，综合表达某个完整信息。集成性不仅是指各种媒体的集成，还包含多媒体信息的集成及多种技术的系统的集成。

（3）交互性

交互性是指用户可以与计算机的多种信息媒体进行交互操作，从而为用户提供更加有效的控制和使用信息的手段。没有交互性的系统不是多媒体系统。

（4）实时性

实时性是指当用户给出操作命令时，相应的多媒体信息都能够得到实时控制。

（5）多样性

多样性是指信息媒体的多样化和媒体处理方式的多样化。多媒体计算机可以综合处理文本、图形、图像、声音和视频等多种形式的信息媒体，能对输入的信息加以变换、创作和加工。

集成性、交互性和实时性是多媒体最重要的特性，是其精髓所在。

3. 多媒体技术的应用

多媒体技术已成为信息社会的主导技术之一，其典型的应用有以下几方面。

（1）教育培训

多媒体教学是多媒体的主要应用对象，利用多媒体技术编制的教学、测试和考试课件能创造出图文并茂、绘声绘色、生动逼真的教学环境和交互式学习方式，从而大大激发学生的学习积极性和主动性，提高教学质量。

（2）信息咨询

公司、企业、学校、政府部门甚至个人都可以建立自己的信息网站，进行自我展示并提供信息服务。旅游、邮电、交通、商业、气象等公共信息都可存放在多媒体系统中，向公众提供多媒体咨询服务。

（3）家庭娱乐

音乐、影视、游戏等家庭娱乐是多媒体技术应用较广的领域。

（4）电子出版物

电子出版物不仅包括只读光盘这种有形载体，还包括在网络上传播的网络电子出版物这种无形载体。

（5）广播电视、通信领域

目前，多媒体技术在广播电视、通信领域的应用已经取得许多新进展，多媒体会议系统、多媒体交互电视系统、多媒体电话、远程教学系统和公共信息查询等一系列应用正改变着我们的生活。

（6）网络及通信

多媒体通信技术可以把电话、电视、图文传真、音响、摄像机等各类电子产品与计算机融为一体，完成多媒体信息的网络传输、音频播放和视频显示。

目前，多媒体技术正向着高分辨率、高速度、操作简单、高维化、智能化和标准化的方向发展，它将集娱乐、教学、通信、商务等功能于一体。多媒体技术的应用几乎渗透到社会生活的方方面面。

4. 多媒体信息的文件格式

（1）图像文件格式

常见的图像文件格式有 BMP、WMF、GIF、JPEG、TIFF、PSD、CDR、PNG、SVG等，如表 1-5-1 所示。

表 1-5-1　常见的图像文件格式

文件格式	扩展名	说明
BMP	.bmp	个人计算机上最常用的位图格式，有压缩和不压缩两种形式。该格式在 Windows 环境下相当稳定，在文件大小没有限制的场合中运用极为广泛
WMF	.wmf	Windows 图元文件，具有文件短小、图案造型化的特点。Microsoft Office 的剪贴画就是该格式的图像文件

续表

文件格式	扩展名	说明
GIF	.gif	在各种平台的各种图形处理软件上均可处理经过压缩的图形格式，支持多图像文件和动画文件
JPEG	.jpg .jpeg	一种流行的图形文件压缩格式，可以大幅度地压缩静态图形文件。对于同一幅画面，JPG 格式存储的文件大小是其他类型图形文件大小的 1/10～1/20。由于 JPEG 是有损压缩，压缩过程中有些数据会丢失，可能会造成图形质量下降
TIFF	.tif .tiff	苹果机中广泛使用的图像格式
PSD	.psd	Photoshop 的标准文件格式。用 PSD 格式保存图形时，图形没有经过压缩，当图层较多时，会占用很大的存储空间
CDR	.cdr	CorelDraw 软件使用的一种图形文件保存格式
PNG	.png	便携式网络图形，是一种无损压缩的位图图形格式
SVG	.svg	目前十分火热的图形文件格式，是可缩放的矢量图形

（2）音频文件格式

常见的音频文件格式主要有 WAV、VOC、MP3、MIDI 等，如表 1-5-2 所示。

表 1-5-2　常见的音频文件格式

文件格式	扩展名	说明
WAV	.wav	微软公司开发的用于保存 Windows 平台的音频信息资源，被 Windows 平台及其应用程序所支持
VOC	.voc	Creative 公司波形音频文件格式，也是声霸卡（sound blaster）使用的音频文件格式
MP3	.mp3	利用 MPEG Audio Layer 3 的技术，将音乐以 1∶10 甚至 1∶12 的压缩率，压缩成容量较小的文件，是使用用户最多的有损压缩数字音频格式
MIDI	.mid	由全球的数字电子乐器制造商建立起来的一个通信标准，以规定计算机音乐程序、电子合成器和其他电子设备之间交换信息与控制信号的方法。按照 MIDI 标准，可用音序器软件编写或由电子乐器生成 MIDI 文件

（3）视频文件格式

常见的视频文件格式主要有 AVI、MPEG、MOV、RM、ASF、WMV 等，如表 1-5-3 所示。

表 1-5-3 常见的视频文件格式

文件格式	扩展名	说明
AVI	.avi	一种音视频交叉记录的数字视频文件格式，一般采用帧内有损压缩，可以用一般的视频编辑软件如 Adobe Premiere 进行再编辑和处理。这种文件格式的优点是图像质量好，可以跨平台使用，缺点是文件体积较大
MPEG	.mpeg .mpg .dat	家庭使用的 VCD、SVCD 和 DVD 使用的就是 MPEG 格式文件

续表

文件格式	扩展名	说明
MOV	.mov	Apple 公司开发的一种视频文件格式，默认的播放器是 Quick Time Player，具有较高的压缩比和较好的视频清晰度，并且可以跨平台使用
RM	.rm	RealNetworks 公司开发的一种流媒体文件格式，是目前主流的网络视频文件格式，使用的播放器为 RealPlayer
ASF	.asf	微软公司前期的流媒体格式，采用 MPEG-4 压缩算法
WMV	.wmv	微软公司推出的采用独立编码方式的视频文件格式，是目前应用最广泛的流媒体视频格式之一

5. 多媒体软件

市场上流行的多媒体软件很多，Photoshop、Flash、Authorware、ToolBook、Director 等是目前常用的多媒体软件。目前，国产多媒体软件也得到了广泛的应用，常见的有爱剪辑、格式工厂、福昕、抖音等。

⊝━━◯ 知识链接 ■

1. A/D 转换器和 D/A 转换器

A/D 转换器即模数转换器，简称 ADC，是一个将模拟信号转换为数字信号的电子元件。

D/A 转换器即数模转换器，简称 DAC，是将二进制数字量形式的离散信号转换成以标准量（或参考量）为基准的模拟量的器件。

使用模数转换器可将音频信号数字化。

2. 数字音频的数据速率

数据速率是指单位时间内传输的信息量（比特数），它与信息在计算机中的实时传输有直接关系。未经压缩的数字音频数据速率可按如下公式计算：

$$数据速率（bit/s）=采样频率（Hz）×量化位数（bit）×声道数$$
$$数据量=数据速率×时间$$

① 采样频率是指一秒钟内采样的次数。采样频率越高，数字化后声波就越接近于原来的波形，即声音的保真度越高，但量化后声音信息的存储量也越大。

② 量化位数越高，信号的动态范围越大，数字化后的音频信号就越可能接近原始信号，但所需要的存储空间也越大。

例 若对音频信号以 10kHz 采样率、16 位量化精度进行数字化，则每分钟的双声道数字化声音信号产生的数据量约为多少？

解： 数据速率=10000Hz×16bit×2=320000bit/s

数据量=320000bit/s×60s=19200000bit=2400000B≈2.3MB

所以，每分钟的双声道数字化声音信号产生的数据量约为 2.3MB。

任务 **1.6** 人 工 智 能

任务描述

随着第四次工业革命的来临，人工智能已经从科幻走入现实，从1956年首次提出以来，人工智能的发展历经沉浮。随着近年来算法技术的发展，人工智能的核心算法得到了突破，再加上云计算和大数据的发展和技术支撑，人工智能终于在21世纪的第二个十年里迎来了质的飞跃，成为全球瞩目的科技焦点。通过本任务的学习，可以了解人工智能的发展、关键技术、创新应用及展望。

任务实现

1. 人工智能的发展

（1）什么是人工智能

人工智能是研究、开发用于模拟、延伸和扩展人类智力活动的理论、方法、技术及应用系统的一门新的技术科学，是计算机科学的一个分支。它企图了解智能的实质，并生产出一种新的能以人类智能相似的方式做出行动的智能机器，目前已应用于机器人、智能控制、自动化技术、语言和图像理解等领域。

（2）人工智能的起源与历史

人工智能始于20世纪50年代，至今大致分为以下三个发展阶段。

第一阶段（20世纪50年代～80年代）。这一阶段人工智能刚诞生，基于抽象数学推理的可编程数字计算机已经出现，符号主义（symbolism）快速发展，但由于很多事物不能形式化表达，建立的模型存在一定的局限性。此外，随着计算任务的复杂性不断加大，人工智能发展一度遇到瓶颈。

第二阶段（20世纪80年代～90年代末）。在这一阶段，专家系统得到快速发展，数学模型有了重大突破，但由于专家系统在知识获取、推理能力等方面的不足，以及开发成本高等原因，人工智能的发展又一次进入低谷期。

第三阶段（21世纪初至今）。随着大数据的积聚、理论算法的革新、计算能力的提升，人工智能在很多应用领域取得了突破性进展，迎来了又一个繁荣时期。人工智能发展历程如图1-6-1所示。

（3）我国人工智能产业发展政策

人工智能作为一项引领未来的战略技术，发达国家纷纷在新一轮国际竞争中争取掌握主导权。我国高度重视人工智能发展，围绕人工智能已陆续出台一系列产业发展的规划及政策，对人工智能核心技术、技术顶尖人才、标准规范等进行部署，加快促进人工智能技术和产业发展。主要科技企业不断加大资金和人力投入，抢占人工智能发展制高点。对于我国而言，人工智能的发展是一个历史性的战略机遇，对缓解未来人口老龄化压力、应对可持续发展挑战以及促进经济结构转型升级至关重要。

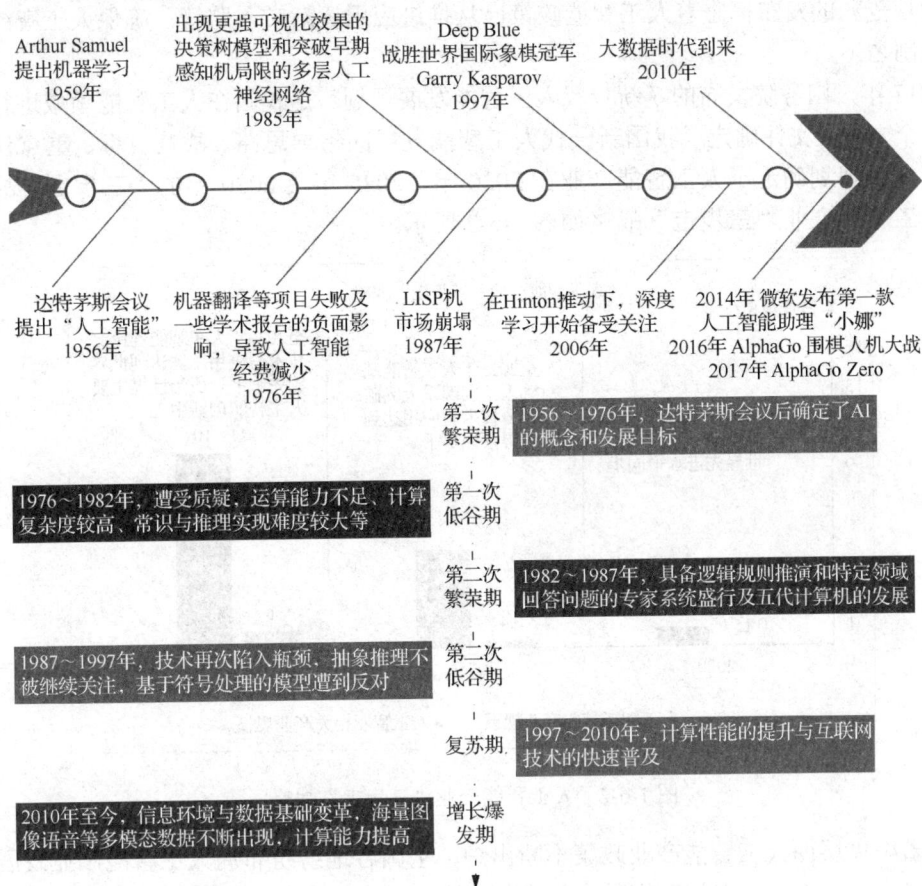

图 1-6-1　人工智能发展历程

2015 年 5 月国务院出台的《中国制造 2025》提出着力发展智能装备和智能产品，推进生产过程智能化。随后人工智能相关政策进入密集出台期，2016 年 3 月十二届全国人大四次会议通过《中华人民共和国国民经济和社会发展第十三个五年规划纲要》，将人工智能写入"十三五"规划纲要。2016 年之后，国务院、国家发展和改革委员会、工业和信息化部、科学技术部等多部门出台了多个人工智能相关规划及工作方案以推动人工智能的发展。2017 年 10 月，人工智能被写进十九大政府工作报告，推动了互联网、大数据、人工智能和实体经济深度融合；2017 年 12 月工业和信息化部发布《促进新一代人工智能产业发展三年行动计划（2018—2020 年）》，重点发展神经网络芯片，夯实人工智能产业发展的软/硬件基础；2020 年 7 月国家标准化管理委员会等五部门发布的《国家新一代人工智能标准体系建设指南》明确指出：到 2023 年，初步建立人工智能标准体系，重点研制数据、算法、系统、服务等重点急需标准，并率先在制造、交通、金融、安防、家居、养老、环保、教育、医疗健康、司法等重点行业和领域进行推进；2021 年 9 月，国家新一代人工智能治理专业委员会发布《新一代人工智能伦理规范》，旨在将伦理道德融入人工智能全生命周期，为从事人工智能相关活动的自然人、法人和其他相关机构等提供伦理指引。《新一代人工智能伦理规范》的发布标志着人工智能政策已从推进应用逐渐转入监管，确保人工智能处于人类控制之下。

2017 年，国务院发布的《新一代人工智能发展规划》是我国在人工智能领域进行部署的第一个文件。文件确定了我国新一代人工智能发展的指导思路、战略目标、重点任务和保障措施，规划确定了人工智能产业在 2020 年、2025 年及 2030 年的"三步走"战略目标。人工智能产业"三步走"战略如图 1-6-2 所示。

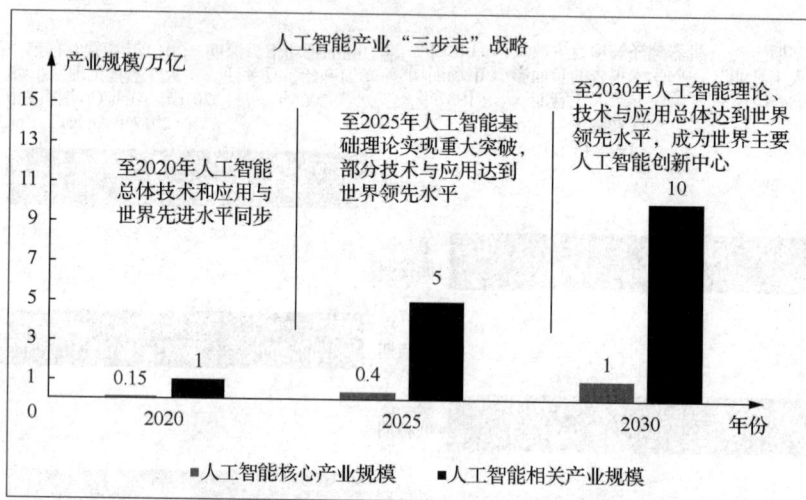

图 1-6-2　人工智能产业"三步走"战略

随着中央层面人工智能产业政策不断出炉，全国各地纷纷布局人工智能产业发展，各省市相继出台适合本地发展环境的人工智能"十四五"相关规划，推动人工智能与实体经济的深度融合。

2. 人工智能技术简述

（1）人工智能技术整体架构

人工智能技术日益成熟，应用范围不断扩大，产业正在逐步形成、不断丰富，相应的商业模式也在持续演进和多元化。总的来看，人工智能技术整体架构可分为基础层、技术层和应用层三个层面，如图 1-6-3 所示。

1）基础层。基础层包括硬件和计算能力平台。硬件主要包括 CPU、GPU 等通用芯片，深度学习、类脑等 AI 芯片以及传感器、存储器等感知存储硬件，主导厂商主要为云计算服务提供商、传统芯片厂商以及新兴 AI 芯片厂商。目前该层级的主要参与者是 Nvidia、Mobileye 和英特尔在内的国际科技巨头，中国在基础层的实力相对薄弱，国内企业从 AI 专用芯片及嵌入式领域实现突围。中国目前有超 20 家企业投入 AI 芯片的研发，代表性企业有华为海思、紫光展锐、中科寒武纪、北京比特大陆等。

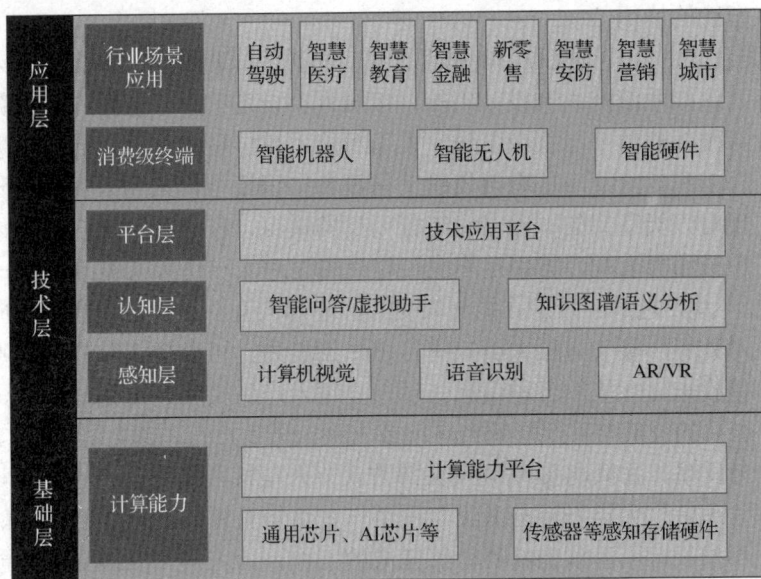

图 1-6-3　人工智能技术整体架构

计算能力平台可细分为开放平台、应用软件等。开放平台主要指面向开发者的机器学习开发及基础功能框架；应用软件主要包括计算机视觉、自然语言处理、人机交互等软件工具以及应用这些工具开发的相关应用软件。

2）技术层。技术层解决具体类别问题。这一层级主要依托运算平台和数据资源进行海量识别训练和机器学习建模，开发面向不同领域的应用技术，包括语音识别、自然语言处理、计算机视觉和机器学习技术，有感知智能和认知智能两个阶段。其中，感知智能阶段通过传感器、搜索引擎和人机交互等实现人与信息的连接，获得建模所需的数据，如语音识别、图像识别、自然语音处理和生物识别等；认知智能阶段对获取的数据进行建模运算，利用深度学习等类人脑的思考功能得出结果，如机器学习、预测类 API（application program interface，应用程序接口）和人工智能平台等。在此基础上，人工智能才能够掌握"看"与"听"的基础性信息输入与处理能力，才能向用户层面演变出更多的应用型产品。我国人工智能技术在近年来发展迅速，目前发展主要聚焦于计算机视觉、语音识别和语言技术处理领域。除了 BATJ 在内的科技企业外，还出现了科大讯飞、商汤、依图、旷视等诸多独角兽公司。

3）应用层。应用层解决实践问题。人工智能技术针对行业提供相应的产品、服务和解决方案，其核心是商业化。应用层企业将人工智能技术集成到自己的产品和服务，从特定行业或场景（金融、安防、交通、医疗、制造、机器人等）切入。从全球来看，Meta（原Facebook）、苹果将重心集中在了应用层，先后在语音识别、图像识别，智能助力等领域进行了布局。目前，应用层的企业规模和数量在我国人工智能层级分布中占比最大。应用层按照对象不同，可分为消费级终端应用以及行业场景应用两部分。消费级终端包括智能机器人、智能无人机以及智能硬件三个方向；行业场景应用主要是对接各类外部行业的 AI应用场景。

（2）人工智能的特征

1）由人类设计，为人类服务，本质为计算，基础为数据。从根本上说，人工智能系统必须以人为本，这些系统是人类设计出的、按照人类设定的程序逻辑或软件算法、通过人类发明的芯片等硬件载体来运行或工作。人工智能本质体现为计算，通过对数据的采集、加工、处理、分析和挖掘，形成有价值的信息流和知识模型，来为人类提供延伸人类能力的服务，来实现对人类期望的一些"智能行为"的模拟，在理想情况下必须体现服务人类的特点，而不应该伤害人类，特别是不应该有目的性地做出伤害人类的行为。

2）能感知环境，能产生反应，能与人交互，能与人互补。人工智能系统应能借助传感器等器件产生对外界环境（包括人类）进行感知的能力，可以像人一样通过听觉、视觉、嗅觉、触觉等接收来自环境的各种信息，对外界输入产生文字、语音、表情、动作（控制执行机构）等必要的反应，甚至影响到环境或人类。借助按钮、键盘、鼠标、屏幕、手势、体态、表情、力反馈、虚拟现实/增强现实等方式，人与机器间可以产生交互与互动，使机器设备越来越"理解"人类乃至与人类共同协作、优势互补。这样，人工智能系统能够帮助人类做人类不擅长、不喜欢但机器能够完成的工作，而人类则去做更需要创造性、洞察力、想象力、灵活性、多变性乃至用心领悟或需要感情的一些工作。

3）有适应特性，有学习能力，有演化迭代，有连接扩展。人工智能系统在理想情况下应具有一定的自适应特性和学习能力，即具有一定的随环境、数据或任务变化而自适应调节参数或更新优化模型的能力；并且能够在此基础上通过与云端、人、物越来越广泛深入地进行数字化连接扩展，实现机器客体乃至人类主体的演化迭代，以使系统具有适应性、灵活性、扩展性，来应对不断变化的现实环境，从而实现人工智能系统在各行各业更广泛的应用。

（3）人工智能关键技术

人工智能领域主要包含机器学习、知识图谱、自然语言处理、人机交互、计算机视觉、生物特征识别、AR/VR（augmented reality，增强现实/virtual reality，虚拟现实）7 个关键技术。

1）机器学习。机器学习可以看作人工智能的一个子集，其核心是"学习"，而不是通过人来教会机器完成某项工作。机器学习系统是通过大量的样本对计算机进行训练，从而使机器获取解决问题的能力，而不是直接告诉机器解决某个问题的方法。机器学习是一门涉及统计学、系统辨识、逼近理论、神经网络、优化理论、计算机科学、脑科学等诸多领域的交叉学科，研究计算机怎样模拟或实现人类的学习行为，以获取新的知识或技能，重新组织已有的知识结构使之不断改善自身的性能，是人工智能技术的核心。基于数据的机器学习是现代智能技术中的重要方法之一，研究从观测数据（样本）出发寻找规律，利用这些规律对未来数据或无法观测的数据进行预测。

2）知识图谱。构建知识图谱的主要目的是获取大量的、让计算机可读的知识，经过知识沉淀的机器智能使得知识工作自动化成为现实，知识将成为比数据更重要的资产。在互联网飞速发展的今天，知识大量存在于非结构化的文本数据、大量半结构化的表格和网页以及生产系统的结构化数据中。知识图谱本质上是结构化的语义知识库，是一种由节点和边组成的图数据结构，以符号形式描述物理世界中的概念及其相互关系，其基本组成单位是"实体—关系—实体"三元组，以及实体及其相关属性值对。不同实体之间通过关系相互联结，构成网状的知识结构。在知识图谱中，每个节点表示现实世界的实体，每条边为实体与实体之间的关系。通俗地讲，知识图谱就是把所有不同种类的信息连接在一起而得到的一个关系网络，提供了从关系的角度去分析问题的能力。

3）自然语言处理。自然语言处理是计算机科学领域与人工智能领域中的一个重要方向，研究能实现人与计算机之间用自然语言进行有效通信的各种理论和方法，涉及的领域较多，主要包括机器翻译、机器阅读理解和问答系统等。

① 机器翻译。机器翻译是指利用计算机技术实现从一种自然语言到另外一种自然语言的翻译过程。基于统计的机器翻译方法突破了之前基于规则和实例翻译方法的局限性，使翻译性能得到巨大提升。基于深度神经网络的机器翻译在日常口语等一些场景的成功应用已经显现出了巨大的潜力。随着上下文的语境表征和知识逻辑推理能力的发展，自然语言知识图谱不断补充，机器翻译将会在多轮对话翻译及篇章翻译等领域取得更大进展。

② 机器阅读理解。阅读理解能力是人类认知环节最关键的能力之一，也是汲取知识的主要能力。机器阅读是指利用计算机技术实现机器对文本篇章的理解，并且回答与篇章相关问题的过程，更注重于对上下文的理解以及对答案精准程度的把控。随着 MCTest 数据集的发布，机器阅读理解受到更多关注，取得了快速发展，相关数据集和对应的神经网络模型层出不穷。机器阅读理解技术在智能客服、产品自动问答等相关领域发挥重要作用，进一步提高了问答与对话系统的精度。

③ 问答系统。由于机器学习与自然语言处理技术的显著进步和大规模知识库以及海量网络信息的出现，自动问答系统正在走向日常工作和生活中。问答系统分为开放领域的对话系统和特定领域的问答系统。问答系统技术是指让计算机像人类一样用自然语言与人交流的技术。人们可以向问答系统提交用自然语言表达的问题，系统会返回关联性较高的答案。

4）人机交互。人机交互主要研究人和计算机之间的信息交换，主要包括人到计算机和计算机到人的两部分信息交换，是人工智能领域重要的外围技术。人机交互是与认知心理学、人机工程学、多媒体技术、虚拟现实技术等密切相关的综合学科。传统的人与计算机之间的信息交换主要依靠交互设备进行，主要包括键盘、鼠标、操纵杆、数据服装、眼动跟踪器、位置跟踪器、数据手套、压力笔等输入设备，以及打印机、绘图仪、显示器、头盔式显示器、音箱等输出设备。人机交互技术除了传统的基本交互和图形交互外，还包括语音交互、情感交互、体感交互及脑机交互等技术。

5）计算机视觉。计算机视觉是人工智能领域最热门的研究领域之一，是一门研究如何使机器"看"的科学，更进一步地说，就是指用摄影机和计算机代替人眼对目标进行识别、跟踪和测量等，并进一步做图形处理，使计算机处理成为更适合人眼观察或传送给仪器检测的图像。作为一个科学学科，计算机视觉研究相关的理论和技术，试图建立能够从图像或者多维数据中获取"信息"的人工智能系统。

计算机视觉使用计算机模仿人类视觉系统，让计算机拥有类似人类提取、处理、理解和分析图像以及图像序列的能力。自动驾驶、机器人、智能医疗等领域均需要通过计算机视觉技术从视觉信号中提取并处理信息。近来随着深度学习的发展，预处理、特征提取与算法处理渐渐融合，形成端到端的人工智能算法技术。根据解决的问题，计算机视觉可分为计算成像学、图像理解、三维视觉、动态视觉和视频编/解码五大类。

6）生物特征识别。生物特征识别技术是指通过个体生理特征或行为特征对个体身份进行识别认证的技术。从应用流程看，生物特征识别通常分为注册和识别两个阶段。注册阶段通过传感器对人体的生物表征信息进行采集，如利用图像传感器对指纹和人脸等光学信息、利用麦克风对说话声等声学信息进行采集，利用数据预处理以及特征提取技术对采集的数据进行处理，得到相应的特征并进行存储。

识别阶段采用与注册阶段一致的信息采集方式对待识别人进行信息采集、数据预处理和特征提取，然后将提取的特征与存储的特征进行比对分析，完成识别。从应用任务看，生物特征识别一般分为辨认与确认两种任务，辨认是指从存储库中确定待识别人身份的过程，是一对多的问题；确认是指将待识别人信息与存储库中特定单人信息进行比对，确定身份的过程，是一对一的问题。

生物特征识别技术涉及的内容十分广泛，包括指纹、掌纹、人脸、虹膜、指静脉、声纹、步态等多种生物特征，其识别过程涉及图像处理、计算机视觉、语音识别、机器学习等多项技术。目前生物特征识别作为重要的智能化身份认证技术，在金融、公共安全、教育、交通等领域得到广泛的应用。

7）VR/AR。虚拟现实（VR）/增强现实（AR）是以计算机为核心的新型视听技术。结合相关科学技术，在一定范围内生成与真实环境在视觉、听觉、触感等方面高度相似的数字化环境。用户借助必要的装备与数字化环境中的对象进行交互，相互影响，获得近似真实环境的感受和体验，通过显示设备、跟踪定位设备、触力觉交互设备、数据获取设备、专用芯片等实现。

VR/AR从技术特征角度，按照不同处理阶段，可以分为获取与建模技术、分析与利用技术、交换与分发技术，展示与交互技术以及技术标准与评价体系五个方面。

目前VR/AR面临的挑战主要体现在智能获取、普适设备、自由交互和感知融合四个方面。在硬件平台与装置、核心芯片与器件、软件平台与工具、相关标准与规范等方面存在系列科学技术问题。总体来说，VR/AR呈现虚拟现实系统智能化、虚实环境对象无缝融合、自然交互全方位与舒适化的发展趋势。

3. 人工智能创新应用及展望

作为新一轮产业变革的核心驱动力，人工智能在催生新技术、新产品的同时，对传统行业也具备较强的赋能作用，人工智能与行业领域的深度融合将改变甚至重新塑造传统行业，能够引发经济结构的重大变革，实现社会生产力的整体跃升。人工智能将人从枯燥的劳动中解放出来，越来越多的简单性、重复性、危险性任务由人工智能系统完成，在减少人力投入，提高工作效率的同时，还能够比人类做得更快、更准确；人工智能还可以在教育、医疗、养老、环境保护、城市运行、司法服务等领域得到广泛应用，能够极大提高公共服务精准化水平，全面提升人民生活品质；同时，人工智能可帮助人类准确感知、预测、预警基础设施和社会安全运行的重大态势，及时把握群体认知及心理变化，主动做出决策反应，显著提高社会治理能力和水平，同时保障公共安全。人工智能主要有以下应用场景。

（1）AI+智能制造

智能制造是基于新一代信息通信技术与先进制造技术深度融合，贯穿于设计、生产、管理、服务等制造活动的各个环节，具有自感知、自学习、自决策、自执行、自适应等功能的新型生产方式。智能制造对人工智能的需求主要表现在以下三个方面。

1）智能装备，包括自动识别设备、人机交互系统、工业机器人以及数控机床等具体设备，涉及跨媒体分析推理、自然语言处理、虚拟现实智能建模及自主无人系统等关键技术。

2）智能工厂，包括智能设计、智能生产、智能管理以及集成优化等具体内容，涉及跨媒体分析推理、大数据智能、机器学习等关键技术。

3）智能服务，包括大规模个性化定制、远程运维以及预测性维护等具体服务模式，涉及跨媒体分析推理、自然语言处理、大数据智能、高级机器学习等关键技术。例如，现有涉及智能装备故障问题的纸质化文件，可通过自然语言处理，形成数字化资料，再通过非结构化数据向结构化数据的转换，形成深度学习所需的训练数据，从而构建设备故障分析的神经网络，为下一步故障诊断、优化参数设置提供决策依据。

（2）AI+智能家居

参照工业和信息化部会同国家标准化管理委员会印发的《智慧家庭综合标准化体系建设指南》，智能家居是智慧家庭的产品之一。受产业环境、价格、消费者认可度等因素影响，我国智能家居行业经历了漫长的探索期。至2010年，随着物联网技术的发展以及智慧城市概念的出现，智能家居概念逐步有了清晰的定义并随之涌现出各类产品，软件系统也经历了若干轮升级。智能家居以住宅为平台，基于物联网技术，由硬件（智能家电、智能硬件、安防控制设备、家具等）、软件系统、云计算平台构成的家居生态圈，实现人远程控制设备、设备间互联互通、设备自我学习等功能，并通过收集、分析用户行为数据为用户提供个性化生活服务，使家居生活安全、节能、便捷。

（3）AI+智能金融

人工智能的飞速发展将对身处服务价值链高端的金融业带来深刻影响，人工智能逐步成为决定金融业沟通客户、发现客户金融需求的重要因素。人工智能技术在金融业中可以用于服务客户，支持授信、各类金融交易和金融分析中的决策，并用于风险防控和监督，将大幅改变金融业现有格局，金融服务将会更加个性化与智能化。

智能金融对于金融机构的业务部门来说，可以帮助获客，精准服务客户，提高工作效率；对于金融机构的风控部门来说，可以提高风险控制，增加安全性；对于用户来说，可以实现资产优化配置，体验到金融机构更加完美的服务。

人工智能在金融领域的应用主要包括智能获客、依托大数据对金融用户进行画像、身份识别等。

（4）AI+智能交通

智能交通系统（intelligent transportation system，ITS）是通信、信息和控制技术在交通系统中集成应用的产物。ITS借助现代科技手段和设备，将各核心交通元素联通，实现信息互通与共享以及各交通元素的彼此协调、优化配置和高效使用，形成了一个人、车和交通的高效协同环境，建立安全、高效、便捷和低碳的交通。例如，通过交通信息采集系统采集道路中的车辆流量、行车速度等信息，信息分析处理系统处理后形成实时路况，决策系统据此调整道路红绿灯时长，调整可变车道或潮汐车道的通行方向等，通过信息发布系统将路况推送到导航软件和广播中，让人们合理规划行驶路线。通过电子不停车收费（electronic toll collection，ETC），实现对通过 ETC 入口站车辆身份及信息的自动采集、处理、收费和放行，有效提高了通行能力、简化收费管理、降低环境污染。

ITS 应用最广泛的是日本，其次是美国、欧洲。我国的智能交通系统近几年也发展迅速，在北京、上海、广州、杭州等大城市已经建设了先进的智能交通系统；其中，北京建立了道路交通控制、公共交通指挥与调度、高速公路管理和紧急事件管理四大 ITS；广州建立了交通信息共用主平台、物流信息平台和静态交通管理系统三大 ITS。

（5）AI+智能安防

智能安防技术是一种利用人工智能对视频、图像进行存储和分析，从中识别安全隐患并对其进行处理的技术。智能安防与传统安防的最大区别在于智能化，传统安防对人的依赖性比较强，非常耗费人力，而智能安防能够通过机器实现智能判断，从而尽可能实现实时的安全防范和处理。

当前，高清视频、智能分析等技术的发展，使得安防从传统的被动防御向主动判断和预警发展，行业也从单一的安全领域向多行业应用发展，进而提升生产效率并提高生活智能化程度，为更多的行业和人群提供可视化及智能化方案。用户面对海量的视频数据，已无法简单利用人海战术进行检索和分析，需要采用人工智能技术作为专家系统或辅助手段，实时分析视频内容、探测异常信息、进行风险预测。从技术方面来讲，目前国内智能安防分析技术主要集中在以下两大类。

1）采用画面分割、前景提取等方法对视频画面中的目标进行挑取检测，通过不同的规则来区分不同的事件，从而实现不同的判断并产生相应的报警联动等，如区域入侵分析、打架检测、人员聚集分析、交通事件检测等。

2）利用模式识别技术，对画面中特定的物体进行建模，并通过大量样本进行训练，从而达到对视频画面中的特定物体进行识别，如车辆检测、人脸检测、人头检测（人流统计）等应用。

智能安防目前涵盖众多的领域，如街道社区、道路、楼宇建筑、机动车辆的监控，移动物体监测等。今后智能安防还要解决海量视频数据分析、存储控制及传输问题，将智能视频分析技术、云计算及云存储技术结合起来，构建智慧城市下的安防体系。

（6）AI+智能医疗

人工智能的快速发展，为医疗健康领域向更高的智能化方向发展提供了非常有利的技术条件。近几年，智能医疗在辅助诊疗、疾病预测、医疗影像辅助诊断等方面发挥重要作用。

在辅助诊疗方面，通过人工智能技术可以有效提高医护人员的工作效率，提升一线全科医生的诊断治疗水平。例如，利用智能语音技术可以实现电子病历的智能语音录入，利用智能影像识别技术可以实现医学图像自动读片，利用智能技术和大数据平台构建辅助诊疗系统。

在疾病预测方面，人工智能借助大数据技术可以进行疫情监测，及时有效地抑制并防止疫情的进一步扩散和发展。以流感为例，很多国家都有规定，当医生发现新型流感病例时需告知疾病预防控制中心（疾控中心）。因为人们可能患病不及时就医、信息传达回疾控中心需要时间，所以，通告新流感病例时往往会有一定的延时，而人工智能通过疫情监测能够有效缩短响应时间。

在医疗影像辅助诊断方面，影像判读系统的发展是人工智能技术的产物。早期的影像判读系统主要靠人手工编写判定规则，存在耗时长、临床应用难度大等问题，从而未能得到广泛推广。影像组学是通过医学影像对特征进行提取和分析，为患者预前和预后的诊断和治疗提供评估方法和精准诊疗决策。这在很大程度上简化了人工智能技术的应用流程，节约了人力成本。

（7）AI+智能物流

传统物流企业在利用条形码、射频识别技术、传感器、全球定位系统等方面优化改善运输、仓储、配送装卸等物流业基本活动，同时也在尝试使用智能搜索、推理规划、计算机视觉以及智能机器人等技术，实现货物运输过程的自动化运作和高效率优化管理，提高物流效率。例如，在仓储环节，利用大数据智能通过分析大量历史库存数据，建立相关预测模型，实现物流库存商品的动态调整。大数据智能也可以支撑商品配送规划，进而实现物流供给与需求匹配、物流资源优化与配置等。在货物搬运环节，加载计算机视觉、动态路径规划等技术的智能搬运机器人（如搬运机器人、货架穿梭车、分拣机器人等）得到广泛应用，大大减少了订单出库时间，使物流仓库的存储密度、搬运速度、拣选精度均有大幅度提升。

（8）AI+城市大脑

城市大脑是人工智能技术在城市领域应用的集大成者。城市大脑是利用人工智能技术，将散布在城市各个角落的数据连接起来，通过对大量数据的分析和整合，对城市进行全域的即时分析、指挥、调动、管理，从而实现对城市的精准分析、整体研判、协同指挥。据不完全统计，从最早2016年杭州联合阿里云建设的"城市数据大脑"以来，共有多座城市开展"城市大脑"建设，包括北京、西安、重庆等。

目前，城市大脑对城市最突出的贡献在于治理城市"交通病"，城市大脑将所有人、车数据都接入系统，通过人工智能分析技术，把庞大的数据转化为科学合理的业务模型，就此形成了城市交通实时视图，以此来完成城市交通系统的调度和管理。除此之外，城市大脑在城市的空间布局和设施配置、事件预警网络和协同治理体系建立、政务服务管理体系的创新、快速反应安全防控机制的完善以及大气污染防治等方面表现不俗。

（9）AI+5G

2019年，国内5G牌照正式发放，标志着中国正式进入5G商用元年，5G部署步伐加快带动各行各业焕发新的动能，带动相关新兴技术飞速发展。AI和5G两者不期而遇，相互融合，相互促进，共同带来社会经济和人民生活巨大改变。5G为AI提供随需而变的网络，帮助实现在整个 AI 架构上把边缘利用起来的可能，带动全面的智能升级，让智能无处不在。随着 5G 的普及，AI 将成为 5G 下一代发展中所面临的根本性需求，AI 让 5G 变得更加智慧，在部署规划、运行维护等方面实现高度的自动化和智能化。5G 和 AI 的交融发展，将持续创造巨大价值，释放个人潜能、丰富家庭生活、激发组织创新。

知识链接

1．BATJ

BATJ 指的是四大公司：B 代表百度，A 代表阿里巴巴，T 代表腾讯，J 代表京东。

2．独角兽公司

独角兽公司一般指成立不超过 10 年，估值超过 10 亿美元，少部分估值超过 100 亿美元的企业。

3．GPU、DSP、FPGA、ASIC

GPU：图形处理单元；DSP：数字信号处理器；FPGA：现场可编程门阵列；ASIC：专用集成电路。

4．传统机器学习

传统机器学习是指从一些观测（训练）样本出发，试图发现不能通过原理分析获得的规律，实现对未来数据行为或趋势的准确预测。

5．深度学习

深度学习是一种研究信息的最佳表示及其获取方法的技术，在神经网络或信息网络的情况下是对基于深层结构或网络表示的输入输出间映射进行机器学习的过程。深度学习又称为深度神经网络（指层数超过 3 层的神经网络）。

任务 1.7 云 计 算

任务描述

云计算被看作继个人计算机、移动互联网变革之后的第三次信息技术（information technology，IT）浪潮，已成为信息产业发展的重要支撑。云计算是助力企业数字化转型的核心驱动力，它推动了企业生产方式和商业模式的根本性改变，引发了整个产业变革。

云计算以其强大的弹性和高可拓展性，实现 IT 资源的规模效应最大化。云计算是数字时代的基础设施和智能引擎。在不远的未来，廉价供给和按需获取的 IT 资源将成为企业的标配，大数据将成为每个企业都付得起的服务。云计算带给中国的不仅是技术和理念的变革，更是产业结构和社会生产力的变革。

任 务 实 现

1. 云计算机的发展及相关技术背景

（1）什么是云计算

云计算概念最早起源于产业界内的大型 IT 企业。2006 年 Amazon 推出了云计算产品 EC2（elastic computer cloud，弹性计算云）；2007 年，IBM、Google 将公司内部进行的一些分布式计算项目称为云计算，云计算的概念由此在业界流行开来。此后随着产业界各企业的广泛参与，云计算概念和范围不断扩大。云计算是一种通过网络将可伸缩、弹性的共享物理和虚拟资源池以按需自服务的方式供应和管理的模式。资源池包括服务器、操作系统、网络、软件、应用和存储设备等。云计算的基本特征、服务模式和部署方式如图 1-7-1 所示。

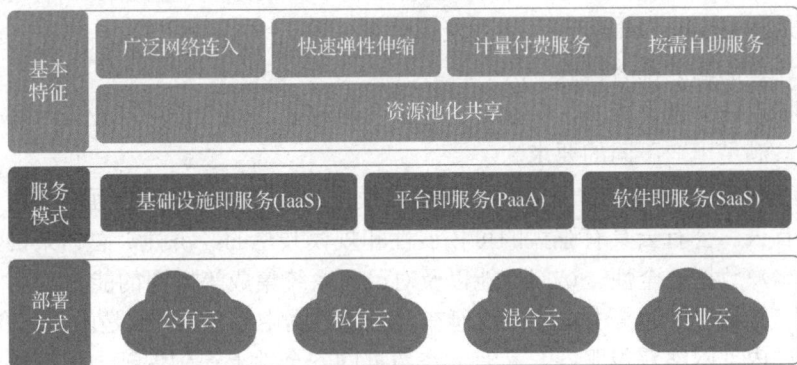

图 1-7-1　云计算的基本特征、服务模式和部署方式

（2）云计算的基本特征

1）快速弹性伸缩。快速弹性伸缩是指根据需要向上或向下扩展资源的能力。对用户来说，云计算的资源数量没有界限，他们可按照需求购买任何数量的资源。

2）计量付费服务。在可计量付费服务下，由云计算供应商控制和监测云计算服务的各方面使用情况。这对于计费、访问控制、资源优化、容量规划和其他任务具有重要的意义。

3）按需自助服务。云计算的按需服务和自助服务意味着用户可以在需要时直接使用云计算服务，而不必与服务供应商进行人工交互。

4）广泛网络连入。广泛网络连入意味着供应商的资源可以通过互联网获取，并可以通过瘦客户端或富客户端以标准机制访问。

5）资源池化共享。资源池化共享允许云计算供应商通过多用户共享模式服务于用户。物理和虚拟资源可根据用户需求进行分配和重新分配。资源池具有地点独立性，客户一般无法控制或了解所提供资源的确切位置，但可以在高端提取层面（如地区、国家或数据中心）指定位置。

（3）云计算的三大服务模式

云计算的服务模式一直在不断进化，但目前业界普遍接受的分类方式是美国国家标准与技术研究院提出的云计算三大服务模式：IaaS、PaaS、SaaS。

1）IaaS（infrastructure as a service，基础设施即服务）。

IaaS 将处理能力、存储、网络和其他计算资源等基础设施作为一种服务提供给用户，使用户可以在其上部署和运行包括操作系统和应用在内的任意软件。典型的 IaaS 有 AWS、阿里云提供的弹性主机服务。

2）PaaS（platform as a service，平台即服务）。

PaaS 将语言、操作系统和软件工具等支撑平台，作为一种服务提供给用户使用，使用户能把自己获取过创建的应用部署到该平台上。典型的 PaaS 有 Google 提供的 Google App Engine 平台服务。

3）SaaS（software as a service，软件即服务）。

SaaS 是一种通过互联网提供软件的模式。用户不必购买软件，而是向提供商租用软件，且无须对软件进行维护，服务提供商会负责管理和维护软件。典型的 SaaS 有用友公司的云 ERP（enterprise resource planning，企业资源计划）等。

（4）云计算的四大部署模式

云计算拥有四大部署模式，分别是公有云、私有云、混合云和行业云，每一种都具备独特的功能，满足用户不同的要求。

1）公有云。公有云是放在互联网上供用户使用的云服务，大部分互联网公司提供的云服务属于公有云。公有云具有强大的可拓展性和规模共享的经济性。总体来讲，公有云还需要加强对客户数据安全性、访问性能以及对已有系统集成等方面的能力。

2）私有云。私有云通常由企业或政府在自己的数据中心建立，或是由运营商建设托管，内部用户通过内部网络获得服务。私有云在数据的安全性上得到保证，但可拓展性、规模效益较公有云相比存在一定的劣势。

3）行业云。行业云通常由垂直行业内起主导作用的企业/机构建立和维护，以公开或半公开的方式向行业内企业或公众提供服务。例如，医疗云可以为不同的医疗机构提供病情数据和治疗方案等；智慧城市云可以为交通部门或市民提供 GIS（geographic information system，地理信息系统）能力和实时交通信息等。

4）混合云。混合云是两种或两种以上的云计算模式的混合体，如公有云和私有云混合。它们相互独立，但在云的内部又相互结合，可以发挥出所混合的多种云计算模型各自的优势。

（5）我国云计算产业发展政策

云计算具有快速弹性，低成本等特点，能够推动 IT 资源按需供给，促进 IT 资源充分利用，有利于分享信息知识和创新资源，降低全社会创业成本，培育形成新产业和新消费热点。云计算已成为推动制造业与云联网融合的关键要素，是推进制造强国、网络强国战略的重要驱动力量，也为大众创业、万众创新提供基础平台，对中国经济转型升级具有重要意义。另外，当前全球云计算正快速发展，中国面临着巨大的机遇。我国高度重视云计算产业发展，在国家层面和地方层面出台了多项政策支持云计算产业发展，推动云计算产业发展。

国家层面，早在 2012 年 9 月，科学技术部就发布了《中国云科技发展"十二五"专项规划》，这是我国政府层面云计算首个专项规划，详细规划了"十二五"期间云计算的发展目标、任务和保障措施。

2015 年 1 月，国务院发布《关于促进云计算创新发展培育信息产业新业态的意见》提出，到 2020 年，云计算成为我国信息化重要形态和建设网络强国的重要支撑，并提出一系列发展和保障措施。

2015 年 7 月，《国务院关于积极推进"互联网+"行动的指导意见》提出，要实施云计算工程，大力提升公有云服务能力，引导行业信息化应用向云计算平台迁移，加快内容分发网络建设，优化数据中心布局。

2017 年 4 月，《云计算发展三年行动计划（2017—2019 年）》，引导软件企业开发各类 SaaS 应用，积极培育新业态新模式，加快面向云计算的转型升级。

2018 年 7 月，工业和信息化部印发了《推动企业上云实施指南（2018—2020 年）和《扩大和升级信息消费三年行动计划（2018—2020 年）》，明确了 2020 年全国新增上云企业 100 万家的目标。

2019 年 7 月，国家互联网信息办公室等四部门发布《云计算服务安全评估办法》，批准云计算服务安全评估结果，协调处理云计算服务安全评估有关重要事项。

2020 年 4 月，国家发展改革委和中央网信办印发了《关于推进"上云用数赋智"行动培育新经济发展实施方案》，支持在具备条件的行业领域和企业范围探索云计算、大数据、人工智能等新一代数字技术应用和集成创新。

2021 年 7 月，工业和信息化部印发《新型数据中心发展三年行动计划(2021—2023 年)》，明确用 3 年时间，加速传统数据中心与网络、云计算融合发展，基本形成布局合理、技术先进、绿色低碳、算力规模与数字经济增长相适应的新型数据中心发展格局。

2. 云计算关键技术

云计算是一种以数据和处理能力为中心的密集型计算模式，它融合了多项信息通信技术，是传统技术"平滑演进"的产物。关键技术主要有分布式存储技术、虚拟化技术、并行编程技术、海量数据管理技术。

（1）分布式存储技术

分布式存储技术是一种数据存储技术，通过网络使用每台机器上的磁盘空间，并将这些分散的存储资源构成一个虚拟的存储设备，数据分散地存储在网络中的各个角落。所以，分布式存储技术并不是每台计算机都存放完整的数据，而是把数据切割后存放在不同的计算机中。分布式存储与传统的网络存储并不完全一样，传统的网络存储系统采用集中的存储服务器存放所有数据，存储服务器成为系统性能的瓶颈，不能满足大规模存储应用的需要。分布式网络存储系统采用可扩展的系统结构，利用多台存储服务器分担存储负荷，利用位置服务器定位存储信息，不但提高了系统的可靠性、可用性和存取效率，还易于扩展。分布式存储技术示意图如图 1-7-2 所示。

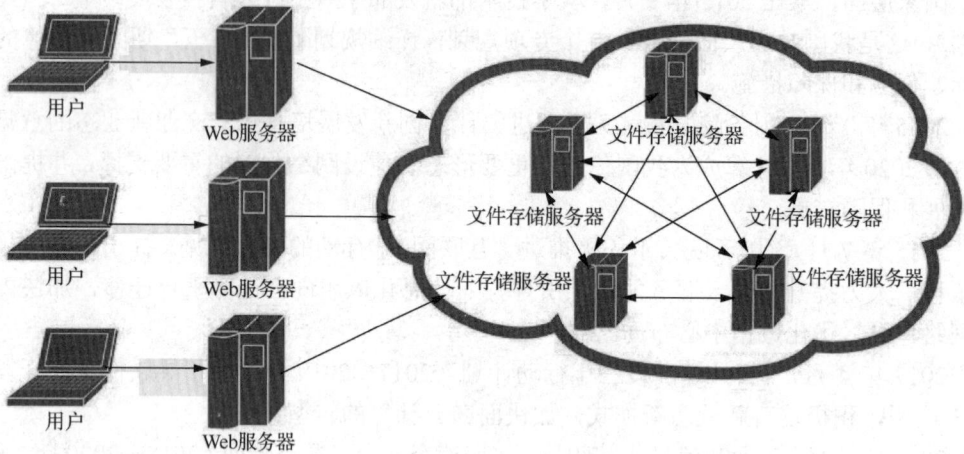

图 1-7-2　分布式存储技术示意图

当前，分布式存储有多种实现技术，如 HDFS（hadoop distributed file system，Hadoop 分布式文件系统）、Ceph（这是一种为优秀的性能、可靠性和可扩展性而设计的统一的、分布式文件系统，其命名与一只香蕉色的蛞蝓宠物有关）、GFS（google file system，谷歌文件系统）、Swift（一种高度可用、分布式、最终一致性的对象存储系统）等。在实际工作中，为了更好地引入分布式存储技术，我们需要了解各种分布式存储技术的特点，以及各种技术的适用场景。存储根据其类型，可分为块存储、对象存储和文件存储。在主流的分布式存储技术中，HDFS/GFS 属于文件存储，Swift 属于对象存储，而 Ceph 可支持块存储、对象存储和文件存储，故称为统一存储。

（2）虚拟化技术

虚拟化技术是云计算最重要的核心技术之一，它为云计算服务提供基础架构层面的支撑，是 ICT 服务快速走向云计算的最主要驱动力。可以说，没有虚拟化技术也就没有云计算服务的落地与成功。随着云计算应用的持续升温，业内对虚拟化技术的重视也提到了一个新的高度。虚拟化是云计算的重要组成部分。

虚拟化的目的就是对 IT 基础设施进行简化，可以简化对资源以及对资源管理的访问。现在主流的虚拟化技术有 CPU 虚拟化、网络虚拟化、服务器虚拟化、存储虚拟化和应用虚拟化。下面主要介绍这几种虚拟化技术的基本原理。

1）CPU 虚拟化。

通俗来讲，CPU 虚拟化就是用单个 CPU 模拟出多个并行的 CPU，允许一个平台同时运行多个操作系统，并且应用程序都可以在相互独立的空间内运行而互不影响，从而显著提高计算机的工作效率。

CPU 的虚拟化技术是一种硬件方案，原因是纯软件虚拟化解决方案存在很多限制。"客户"操作系统很多情况下是通过 VMM（virtual machine monitor，虚拟机监视器）来与硬件进行通信，由 VMM 来决定其对系统上所有虚拟机的访问。在纯软件虚拟化解决方案中，VMM 在软件套件中的位置是传统意义上操作系统所处的位置，如处理器、内存、存储、显卡和网卡等的接口，模拟硬件环境。这种转换必然会增加系统的复杂性。支持虚拟技术的 CPU 带有特别优化过的指令集来控制虚拟过程，通过这些指令集，VMM 会很容易提高性能，相比软件的虚拟实现方式会很大程度上提高性能。

2）网络虚拟化。

网络虚拟化是目前业界关于虚拟化细分领域界定最不明确、存在争议较多的一个概念。微软的"网络虚拟化"是指虚拟专用网络（virtual private network，VPN）。VPN 对网络连接的概念进行了抽象，允许远程用户访问组织的内部网络，就像物理上连接到该网络一样。网络虚拟化可以帮助保护 IT 环境，防止来自 Internet 的威胁。思科（Cisco）则认为，在理论上，网络虚拟化能将任何基于服务的传统客户端/服务器安置到网络上，这意味着可以让路由器和交换机执行更多的服务。现在网络虚拟化依然处于初期的萌芽阶段，但在人类对网络信息化需求飞速增长的现在，我们有理由相信它的突破和成长将是飞速的。

3）服务器虚拟化。

与网络虚拟化不同，服务器虚拟化是虚拟化技术最早细分出来的子领域。根据 2006 年 2 月 Forrester Research 的调查，全球范围的企业对服务器虚拟化的认知率达到了 75%，三分之一的企业已经在使用或者准备部署服务器虚拟化。由于服务器虚拟化发展时间长，应用广泛，所以很多时候人们几乎把服务器虚拟化等同于虚拟化。关于服务器虚拟化的概念，虽然各个厂商有自己不同的定义，但其核心思想是一致的，即它是一种方法，能够通过区分资源的优先次序并随时随地能将服务器资源分配给最需要它们的工作负载来简化管理和提高效率，从而减少为单个工作负载峰值而储备的资源。

4）存储虚拟化。

存储虚拟化是把多个存储介质模块，如硬盘、磁盘阵列（redundant arrays of independent disks，RAID）通过一定的手段集中管理起来，所有的存储模块在一个存储池中得到统一管理，从主机和工作站的角度，看到的就不是多个硬盘，而是一个分区或者卷，就好像是一个超大容量的硬盘。这种可以将多种、多个存储设备统一管理起来，为使用者提供大容量、高数据传输性能的存储系统，就称为存储虚拟化。

随着信息业务的不断运行和发展，存储系统网络平台已经成为一个核心平台，大量高价值数据积淀下来，围绕这些数据的应用对平台的要求也越来越高，不只包括存储容量，还包括数据访问性能、数据传输性能、数据管理能力、存储扩展能力等多个方面。这样的需求刺激了各种新技术的出现，比如磁盘性能越来越好、容量越来越大。但是在对超大容量的数据进行处理时，单个磁盘不能满足需要，这样的情况下存储虚拟化技术就发展起来了。在这个发展过程中也有几个阶段和几种应用。首先是 RAID 技术，指将多个物理磁盘通过一定的逻辑关系集合起来，成为一个大容量的虚拟磁盘。随着数据量不断增加和对数据可用性要求的不断提高，存储区域网（storage area network，SAN）技术应运而生。SAN 的广域化则旨在将存储设备实现成为一种公用设施，任何人员、任何主机都可以随时随地获取各自想要的数据。虽然一些相关的标准还没有最终确定，但是存储设备公用化、存储网络广域化是一个不可逆转的潮流。

5）应用虚拟化。

应用虚拟化是将应用程序与操作系统进行解耦合，为应用程序提供了一个虚拟的运行环境。在这个环境中，不仅包括应用程序的可执行文件，还包括应用程序运行时所需的运行环境。从本质上来说，应用虚拟化就是把应用最底层的系统和硬件的依赖抽象出来，可以解决版本不兼容等问题。

应用虚拟化，采用类似虚拟终端的技术，把应用程序的人机交互逻辑（应用程序界面、键盘及鼠标的操作、音频输入/输出、读卡器、打印输出等）与计算逻辑隔离开来。在用户访问一个服务器虚拟化后的应用时，用户计算机只需要把人机交互逻辑传送到服务器端，服务器端为用户开设独立的会话空间，应用程序的计算逻辑在这个会话空间中运行，把变化后的人机交互逻辑传送给客户端，并且在客户端相应设备展示出来，从而使用户获得如同运行本地应用程序一样的访问感受。

（3）并行编程技术

从本质上讲，云计算是一个多用户、多任务、支持并发处理的系统，高效、简捷、快速是其核心理念，它旨在通过网络把强大的服务器计算资源方便地分发到终端用户手中，同时保证低成本和良好的用户体验。在这个过程中，编程模式的选择至关重要。分布式并行编程模式创立的初衷是更高效地利用软/硬件资源，让用户更快捷地使用应用或服务。在分布式并行编程模式中，后台复杂的任务处理和资源调度对于用户来说是透明的，这样用户体验能够大大提升。

MapReduce（映射化简）是 Google 开发的 Java、Python、C++编程模型，主要用于大规模数据集（大于 1TB）的并行运算，是当前云计算主流并行编程模式之一，作为一种分布式海量数据处理的编程框架，已经得到业界的广泛关注。随着 Hadoop 的普及，MapReduce 目前已经成为海量数据处理的最基础但也是最重要的方法之一。MapReduce 模式的原理是将要执行的任务分解成 Map（映射）和 Reduce（化简）的方式自动分成多个子任务，先通过 Map 程序将数据切割成不相关的区块，分配（调度）给大量计算机处理，达到分布式运算的效果，再通过 Reduce 程序将结果汇整输出。

（4）海量数据管理技术

处理海量数据是云计算的一大优势。如何处理则涉及很多层面的东西，因此高效的数据处理技术是云计算不可或缺的核心技术之一。Google 的 Bigtable（BT）数据管理技术和 Hadoop 团队开发的开源数据管理模块 HBase 是业界比较典型的大规模数据管理技术。

1）Bigtable 数据管理技术。

Bigtable 是非关系的数据库，与传统的关系数据库不同，它把所有数据都作为对象来处理，形成一个巨大的表格，用来分布存储大规模结构化数据。Bigtable 的设计目的是可靠地处理 PB 级别的数据，并且能够部署到上千台机器上。

2）开源数据管理模块 HBase。

HBase 是 Apache 的 Hadoop 项目的子项目，定位于分布式、面向列的开源数据库。HBase 与一般的关系数据库不同，是一个适合于非结构化数据存储的数据库，而且是基于列而不是基于行的模式。作为高可靠性分布式存储系统，HBase 在性能和可伸缩方面都有比较好的表现。利用 HBase 技术，可在廉价 PCServer 上搭建起大规模结构化存储集群。

知识链接

1. HDFS

Hadoop 分布式文件系统（HDFS）是指被设计成适合运行在通用硬件（commodity hardware）上的分布式文件系统（distributed file system）。

2. VMM（virtual machine monitor，虚拟机监视器）

一般指虚拟机监视程序。监控系统行为是虚拟机系统的核心任务。监控系统可用于调度任务、负载均衡、向管理员报告软/硬件故障，并广泛控制系统的使用情况。

项 目 小 结

本项目通过 7 个任务的学习，使读者能了解计算机的发展、特点、分类和应用；能熟悉不同进制之间的相互转换；能掌握西文字符、汉字编码及编码间的换算；能掌握计算机系统的组成以及硬件、软件系统的组成和功能；能了解计算机安全、多媒体技术、人工智能以及云计算的相关知识。

本项目涉及的内容只是计算机知识中很少的一部分，如需了解更多的计算机知识，还需继续深入学习，以便让它能更好地为今后的生活、学习服务。

思 考 与 练 习

选择题

1. 世界上第一台通用电子计算机诞生于（   ）。
   A. 1943 年　　　　B. 1951 年　　　　C. 1946 年　　　　D. 1950 年
2. 下列的英文缩写和中文名称的对照中，错误的是（   ）。
   A. CAD——计算机辅助设计　　　　B. CAM——计算机辅助制造
   C. CIMS——计算机集成管理系统　　D. CAL——计算机辅助教学
3. 办公室自动化（OA）是计算机的一项应用，按计算机应用的分类，它属于（   ）。
   A. 科学计算　　B. 实时控制　　C. 辅助设计　　D. 信息处理
4. 英文缩写 CAI 的中文意思是（   ）。
   A. 计算机辅助教学　　　　　　　　B. 计算机辅助制造
   C. 计算机辅助设计　　　　　　　　D. 计算机辅助管理
5. 计算机的主要特点是（   ）。
   A. 速度快、存储容量大、性能价格比低
   B. 速度快、性能价格比低、程序控制

C．速度快、存储容量大、可靠性高

D．性能价格比低、功能全、体积小

6．人们把以（　　）为硬件基本电子器件的计算机系统称为第三代计算机。

A．电子管　　　　　　　　　　　　B．小规模集成电路

C．大规模集成电路　　　　　　　　D．晶体管

7．计算机之所以能按人们的意志自动进行工作，主要是因为采用了（　　）。

A．二进制数制　　　　　　　　　　B．高速电子元件

C．存储程序控制　　　　　　　　　D．程序设计语言

8．二进制整数 1001001 转换成十进制数是（　　）。

A．72　　　　　　B．75　　　　　　C．71　　　　　　D．73

9．长为 7 位的无符号二进制整数能表示的十进制数值范围是（　　）。

A．0～256　　　　B．0～128　　　　C．0～255　　　　D．0～127

10．一个字节的二进制位能表示的最大的无符号整数等于十进制整数（　　）。

A．127　　　　　　B．255　　　　　　C．128　　　　　　D．256

11．在一个非零无符号二进制整数之后去掉一个 0，则此数的值为原数的（　　）倍。

A．4　　　　　　　B．1/2　　　　　　C．2　　　　　　　D．1/4

12．按照数的进位制概念，下列各数中正确的八进制数是（　　）。

A．8707　　　　　B．1101　　　　　C．4109　　　　　D．10BF

13．已知 a=00111000B 和 b=2FH，则两者比较的不等式正确的是（　　）。

A．a>b　　　　　　B．a<b　　　　　　C．a=b　　　　　　D．不能比较

14．现代计算机中采用二进制数制是因为二进制数的优点是（　　）。

A．代码表示简短，易读

B．物理上容易实现且简单可靠，运算规则简单，适合逻辑运算

C．容易阅读，不易出错

D．只有 0，1 两个符号，容易书写

15．在标准 ASCII 表中，已知英文字母 A 的十进制码值是 65，英文字母 a 的十进制码值是（　　）。

A．95　　　　　　B．97　　　　　　C．96　　　　　　D．91

16．已知字符 A 在 ASCII 是 01000001B，ASCII 为 01000111B 的字符是（　　）。

A．D　　　　　　　B．F　　　　　　　C．E　　　　　　　D．G

17．已知三个字符为：a、Z 和 8，按它们的 ASCII 升值排序，结果是（　　）。

A．8，a，Z　　　　B．a，Z，8　　　　C．a，8，Z　　　　D．8，Z，a

18．GB 2312—80 把汉字分成（　　）等级。

A．简化字和繁体字共两个

B．一级汉字、二级汉字、三级汉字共三个

C．一级常用汉字、二级次常用汉字共两个

D．常用字、次常用字、罕见字共三个

19. 根据 GB 2312—1980 的规定，一个汉字的机内码的码长是（　　）。

　　A. 8bit　　　　　　　B. 16bit　　　　　　C. 12bit　　　　　　D. 24bit

20. 下列叙述中，正确的是（　　）。

　　A. 一个字符的标准 ASCII 占 1B 的存储量，其最高位二进制总为 0

　　B. 大写英文字母的 ASCII 值大于小写英文字母的 ASCII 值

　　C. 同一个英文字母（如字母 A）的 ASCII 和它在汉字系统下的全角内码是相同的

　　D. 标准 ASCII 表的每一个 ASCII 都能在屏幕上显示成一个相应的字符

21. 存储 1 个汉字的机内码需 2B，其前后两个字节的最高位二进制值依次分别是（　　）。

　　A. 1 和 1　　　　　　B. 1 和 0　　　　　　C. 0 和 1　　　　　　D. 0 和 0

22. 下列关于计算机病毒的叙述中，错误的是（　　）。

　　A. 计算机病毒具有潜伏性

　　B. 计算机病毒具有传染性

　　C. 感染过计算机病毒的计算机具有对该病毒的免疫性

　　D. 计算机病毒是一个特殊的寄生程序

23. 计算机安全是指计算机资产安全，即（　　）。

　　A. 计算机信息系统资源不受自然有害因素的威胁和危害

　　B. 信息资源不受自然和人为有害因素的威胁和危害

　　C. 计算机硬件系统不受人为有害因素的威胁和危害

　　D. 计算机信息系统资源和信息资源不受自然和人为有害因素的威胁和危害

24. 为防止计算机病毒传染，应该做到（　　）。

　　A. 无病毒的 U 盘不要与来历不明的 U 盘放在一起

　　B. 不要复制来历不明 U 盘中的程序

　　C. 长时间不用的 U 盘要经常格式化

　　D. U 盘中不要存放可执行程序

25. 计算机病毒的危害表现为（　　）。

　　A. 能造成计算机芯片的永久性失效

　　B. 使磁盘霉变

　　C. 影响程序运行，破坏计算机系统的数据与程序

　　D. 切断计算机系统电源

26. 以.wav 为扩展名的文件通常是（　　）。

　　A. 文本文件　　　　　　　　　　　　B. 音频信号文件

　　C. 图像文件　　　　　　　　　　　　D. 视频信号文件

27. 计算机病毒最重要的特点是（　　）。

　　A. 可执行　　　　B. 可传染　　　　C. 可保持　　　　D. 可复制

28. 人工智能始于 20 世纪（　　）。

　　A. 40 年代　　　　B. 50 年代　　　　C. 60 年代　　　　D. 70 年代

29. 早在（　　　）年，图灵在《计算机器与智能》中阐述了对人工智能的思考。

    A. 1950　　　　　　B. 1960　　　　　　C. 1970　　　　　　D. 1980

30. 下面哪项技术不属于云计算的核心技术？（　　　）

    A. 分布式存储技术　　　　　　　　B. 虚拟化技术

    C. 并行编程技术　　　　　　　　　D. 互联网技术

31. 在云计算中，基础设施即服务的简写是（　　　）。

    A. IaaS　　　　　　B. PaaS　　　　　　C. SaaS　　　　　　D. YaaS

32. 在云计算中，平台即服务的简写是（　　　）。

    A. IaaS　　　　　　B. PaaS　　　　　　C. SaaS　　　　　　D. YaaS

33. 在云计算中，软件即服务的简写是（　　　）。

    A. IaaS　　　　　　B. PaaS　　　　　　C. SaaS　　　　　　D. YaaS

项目2 计算机系统知识

项目背景

计算机系统由硬件系统和软件系统组成。硬件是计算机赖以工作的实体，相当于人的身躯；软件是计算机的精髓，相当于人的思维和灵魂。它们共同协作运行应用程序并处理各种实际问题。

能力目标

※ 了解计算机的系统组成。

※ 认识计算机的硬件系统。

※ 认识计算机的软件系统。

素养目标

1. 培养学生勤学好求、自主研究的能力。

2. 培养学生的创新精神和实践意识，引导学生对知识进行拓展，将理论与实际相结合，发现并解决实际问题。

任务 2.1 计算机的系统组成

任务描述

一个完整的计算机系统由硬件系统和软件系统两大部分组成。硬件系统是构成计算机系统的各种物理设备的总称，是计算机系统的物质基础。软件系统是为运行、管理和维护计算机而编制的程序和各种文档的总和。硬件没有软件的支持就无法实现信息处理任务，软件则要依赖硬件来执行，它们之间相辅相成，缺一不可。

任务实现

1. 认识计算机的基本结构

虽然各种计算机在性能和用途等方面都有所不同，但是其基本结构都遵循冯·诺依曼体系结构，因此人们便将符合这种设计的计算机称为冯·诺依曼计算机。

冯·诺依曼体系结构总结起来有以下三点。

1）计算机由运算器、控制器、存储器、输入设备和输出设备五个部分组成，并规定了这五个部分的基本功能。

2）采用二进制作为数字计算机的数制基础。

3）预先编制程序，然后由计算机按照人们事前制定的顺序加以执行，即"存储程序"的工作原理。

自第一台计算机诞生至今，虽然计算机的设计和制造技术都有很大的发展，但仍没有脱离冯·诺依曼计算机的基本思想。

冯·诺依曼计算机五个组成部分的相互关系如图 2-1-1 所示。计算机工作的核心是控制器、运算器和存储器三个部分。其中，控制器是计算机的指挥中心，它根据程序执行每一条指令，并向存储器、运算器以及输入/输出设备发出控制信号，控制计算机自动地、有条不紊地进行工作；运算器是在控制器的控制下对存储器里所提供的数据进行各种算术运算（加、减、乘、除）、逻辑运算（与、或、非）和其他处理（存数、取数等），控制器与运算器构成了中央处理器（central processing unit，CPU），被称为"计算机的心脏"；存储器是计算机的记忆装置，以二进制的形式存储程序和数据；输入设备是计算机中重要的人机接口，用于接收用户输入的命令和程序等信息，并负责将命令转换成计算机能够识别的二进制代码，并放入内存中；输出设备用于将计算机处理的结果以人们可以识别的信息形式输出，常用的输出设备有显示器和打印机等。

（1）运算器

运算器（arithmetic unit，AU）是计算机处理数据、形成信息的加工厂，对二进制数码进行算术运算或逻辑运算，也称其为算术逻辑部件（arithmetic and logic unit，ALU）。算术运算是指数的加、减、乘、除以及乘方、开方等数学运算；逻辑运算则是指逻辑变量之间的运算，即通过与、或、非等基本操作对二进制数进行逻辑判断。

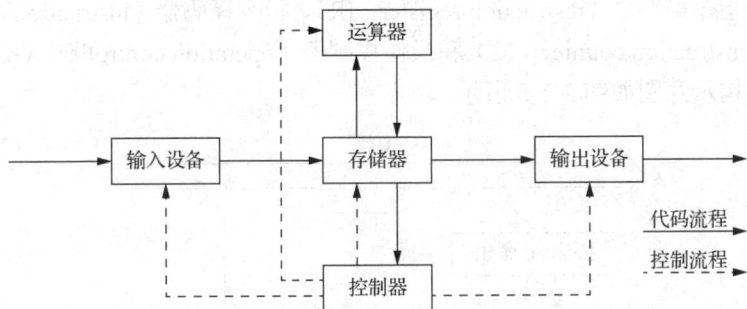

图 2-1-1　冯·诺依曼计算机五个组成部分及相互关系

　　计算机之所以能完成各种复杂操作，最根本的原因是运算器的运行。参加运算的数全部在控制器的统一指挥下从内存储器中取出并送到运算器，由运算器完成运算任务。

　　因为在计算机内，各种运算均可归结为相加和移位这两个基本操作，所以，运算器的核心是加法器（adder）。为了能将操作数暂时存放，能将每次运算的中间结果暂时保留，运算器还需要若干个寄存数据的寄存器（register）。若一个寄存器既保存本次运算的结果又参与下次的运算，它的内容就是多次累加的和，这样的寄存器又称累加器（accumulator，AL）。

　　运算器的处理对象是数据，处理的数据来自存储器，处理后的结果通常送回存储器或暂存在运算器中。运算器的性能指标是衡量整个计算机性能的重要因素之一，与运算器相关的性能指标包括计算机的字长和运算速度。

　　字长：计算机运算部件一次能同时处理的二进制数据的位数。作为数据，字长越长，则计算机的运算精度就越高；作为指令，字长越长，则计算机的处理能力就越强。目前普遍使用的 Intel 和 AMD 微处理器为 32 位或 64 位字长，意味着该类型的微处理器可以并行处理 32 位或 64 位二进制数的算术运算和逻辑运算。

　　运算速度：计算机每秒所能执行加法指令的数目。常用百万次/秒来表示。这个指标能直观地反映机器的速度。

　　（2）控制器

　　控制器（control unit，CU）是计算机的心脏，由它指挥计算机各个部件自动、协调地工作。控制器的基本功能是根据程序计数器中指定的地址从内存取出一条指令，对指令进行译码，再由操作控制部件有序地控制各部件完成操作码规定的功能。控制器也记录操作中各部件的状态，使计算机能有条不紊地自动完成程序规定的任务。

　　从宏观上看，控制器的作用是控制计算机各部件协调工作。从微观上看，控制器的作用是按一定顺序产生机器指令以获得执行过程中所需要的全部控制信号，这些控制信号作用于计算机的各个部件以使其完成某种功能，从而达到执行指令的目的。所以，对控制器而言，真正的作用是对机器指令执行过程的控制。

控制器由指令寄存器（instruction register，IR）、指令译码器（instruction decoder，ID）、指令计数器（instruction counter，IC）和操作控制器（operation controller，OC）4 个部件组成。控制器结构示意图如图 2-1-2 所示。

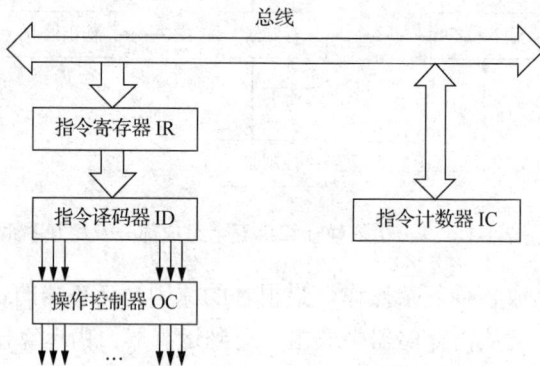

图 2-1-2　控制器结构示意图

IR 用以保存当前执行或即将执行指令的代码；ID 用来解析和识别 IR 中存放指令的性质和操作方法；OC 则根据 ID 的译码结果，产生在该指令执行过程中所需的全部控制信号和时序信号；IC 总是保存下一条要执行的指令地址，从而使程序可以自动、持续地运行。

1）机器指令。

为了让计算机按照人的意愿正确运行，必须设计一系列计算机可以真正识别和执行的语言——机器指令。机器指令是一个按照一定格式构成的二进制代码串，它用来描述计算机可以理解并执行的基本操作。计算机只能执行指令，并被指令所控制。

机器指令通常由操作码和操作数两部分组成。操作码指明指令所要完成操作的性质和功能；操作数指明指令操作码执行时的操作对象。操作数的形式可以是数据本身，也可以是存放数据的内存单元地址或寄存器名称。

操作数又分为源操作数和目的操作数，源操作数指明参加运算的操作数来源，目的操作数指明保存运算结果的存储单元地址或寄存器名称。

指令的基本格式如下所示。

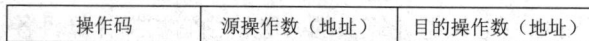

操作码	源操作数（地址）	目的操作数（地址）

2）指令的执行过程。

计算机的工作过程就是按照控制器的控制信号自动有序地执行指令的过程。指令是计算机正常工作的前提。所有程序都是由指令序列组成的。一条机器指令的执行需要取指令、分析指令、生成控制信号、执行指令、重复执行，具体如下。

① 取指令：以当前程序计数器的内容为存储单元地址，从存储器中读取当前要执行的指令，并把它存放到指令寄存器 IR 中。同时自动更新指令计数器 IC 的内容。

② 分析指令：指令译码器 ID 分析该指令（称为译码）。

③ 生成控制信号：操作控制器根据指令译码器 ID 的输出（译码结果），按一定的顺序

产生执行该指令所需的所有控制信号。

④ 执行指令：在控制信号的作用下，计算机各部分完成相应的操作，实现数据的处理和结果的保存。

⑤ 重复执行：计算机根据新的指令地址，重复执行上述 4 个过程，直至程序结束。

控制器和运算器是计算机的核心部件，这两部分合称为中央处理器（CPU），在微型计算机中通常也称作微处理器（micro processing unit，MPU）。微型计算机的发展与微处理器的发展是同步的。

（3）存储器

存储器是用来存储程序和数据的记忆装置，是计算机中各种信息的存储和交流中心。存储器有取数和存数功能。从存储器中取出原记录内容而不破坏其信息，这种取数操作称为存储器的"读"；把原来保存的内容抹去，重新记录新的内容，这种存数操作称为存储器的"写"。

存储器分为内存储器和外存储器两大类。CPU 能直接访问内存储器中的数据，不能直接访问外存储器中的数据，外存储器中的数据只有先调入内存中才能被 CPU 访问、处理。

（4）输入设备

输入设备是用来向计算机输入数据和信息的设备，是用户和计算机系统之间进行信息交换的主要装置之一，用于把原始数据和处理这些数据的程序输入到计算机中。常见的输入设备有键盘、鼠标、摄像头、扫描仪、光笔、手写输入板、游戏杆、语音输入装置等。

（5）输出设备

输出设备是计算机的终端设备，用于接收计算机数据的输出，也可以将各种计算结果数据或信息以数字、字符、图像、声音等形式表示出来。常见的输出设备有显示器、打印机、绘图仪、影像输出系统、语音输出系统、磁记录设备等。

2. 了解计算机的工作原理

计算机之所以能够按照人们的安排自动运行，是因为采用了"存储程序"的工作原理。这一原理是由冯·诺依曼提出的，该原理确立了现代计算机的基本组成和工作方式。

根据冯·诺依曼体系结构，计算机内部以二进制的形式表示和存储指令及数据，要让计算机工作，就必须先把程序编写出来，然后将编写好的程序和原始数据存入存储器中，接下来计算机在不需要人员干预的情况下，自动逐条读取并执行指令，因此，计算机只能执行指令并被指令所控制。

指令是指挥计算机工作的指示和命令，程序是一系列按一定顺序排列的指令，每条指令通常是由操作码和操作数两部分组成。操作码表示运算性质，操作数指参加运算的数据及其所在的单元地址。执行程序和指令的过程就是计算机的工作过程。

计算机执行一条指令时，首先是从存储单元地址中读取指令，并把它存放到 CPU 内部的指令寄存器暂存；然后由指令译码器分析该指令（译码），即根据指令中的操作码确定计算机应进行的操作；最后是执行指令，即根据指令分析结果，由控制器发出完成操作所需的一系列控制电位，指挥计算机有关部件完成这一操作，同时还为读取下一条指令做好准备，重复执行上述过程，直至执行到指令结束。

任务 2.2 计算机的硬件系统

任务描述

硬件是计算机的物质基础，没有硬件就不能称为计算机。个人使用的计算机通常被称作微机，俗称电脑，其准确的称谓是微型计算机系统，是由大规模集成电路组成的且体积较小的电子计算机。微型计算机的硬件系统主要包括主板、中央处理器、存储器、输入设备、输出设备、总线等。本任务主要介绍微型计算机的硬件系统。

任务实现

1. 主板

主板，又称主机板（mainboard）、系统板（systemboard）或母板（motherboard），安装在机箱内，是微机最基本也是最重要的核心部件。主板一般为矩形电路板，上面安装了组成计算机的主要电路系统，主板上有 BIOS 芯片、CPU 插座、内存插槽、键盘和鼠标接口、PCI 扩展槽、AGP 扩展槽、指示灯插接件、主板及插卡的直流电源供电接插件等元件。主板实物图如图 2-2-1 所示。

图 2-2-1　主板实物图

主板的类型和档次决定整个微机系统的类型和档次，主板的性能影响着整个微机系统的性能。比较著名的主板品牌有华硕、微星、技嘉等。

2. 中央处理器

中央处理器（CPU）是一块超大规模的集成电路，是计算机的核心部件，又称为微处理器，主要包括运算器和控制器两大部件。Intel 公司系列处理器和国产华为鲲鹏 920 处理器如图 2-2-2 所示。

图 2-2-2　Intel 公司系列处理器和国产华为鲲鹏 920 处理器

在微型计算机中，计算机的所有操作都受 CPU 控制，CPU 要根据指令的功能，产生相应的操作控制信号，发给相应的部件，从而控制这些部件按指令的要求进行动作。CPU 可以直接访问内存储器，并和内存储器一起构成计算机的主机。

CPU 的性能指标直接决定了微机系统的性能指标，而 CPU 的性能主要体现在其运行程序的速度上，影响运算速度的性能指标包括时钟主频、字长、高速缓冲存储器（cache）容量等。

时钟主频是指 CPU 的时钟频率，是微型计算机性能的一个重要指标，它的高低在一定程度上决定了计算机速度的高低。主频以吉赫兹（GHz）为单位，一般来说，主频越高，速度越快。由于微处理器发展迅速，微型计算机的主频也在不断地提高。目前的主流微处理器 Intel Corei3/i5/i7/i9 系列和 AMD Ryzen 系列的主频基本都在 3～4GHz。

3. 存储器

存储器根据其在计算机系统中的作用可分为内存储器和外存储器，其用途和特点如表 2-2-1 所示。

表 2-2-1　存储器的用途和特点

名称	简称	用途	特点
内存储器（主存储器）	内存、主存	存放当前运行的程序和数据	存取速度较快，存储容量不大，成本较高
外存储器（辅助存储器）	外存、辅存	存放暂时不用的程序和数据，如系统程序、大型数据文件及数据库等	存储容量大，成本低

（1）内存储器

微型计算机的内存储器由半导体器件构成，从使用功能上可分为随机存储器和只读存储器。

1）随机存储器（random access memory，RAM），也称读写存储器。RAM 中存放着当前运行的程序、数据、中间结果和与外存交换的数据，CPU 根据需要能直接读/写 RAM 中的内容。RAM 具有以下两个主要特点。

① RAM 中的信息既可以读出，也可以写入。读出时并不损坏原来存储的内容，只有写入时才修改原来所存储的内容。

② 一旦断电，RAM 中的信息立即消失，且无法恢复。由于这一特性，RAM 又称为临时存储器。

RAM 可分为动态随机存储器（dynamic RAM）和静态随机存储器（static RAM），其用途和特点如表 2-2-2 所示。

表 2-2-2　动、静态随机存储器的用途及特点

名称	简称	用途	特点
动态随机存储器	DRAM	用作内存	（相对于 SRAM 而言）集成度高，价格低，存取速度慢，需要定期刷新才能保存信息
静态随机存储器	SRAM	用作高速缓冲存储器	集成度低，价格高，存取速度快，存储容量小，不需要定期刷新

高速缓冲存储器（cache）是内存与 CPU 交换数据的缓冲区，处于中央处理器与内存储器之间（有的制作在 CPU 芯片内部），用于解决 CPU 与内存速度不匹配的问题。

2）只读存储器（read only memory，ROM）。ROM 的特点是只能做读出操作不能做写入操作。ROM 中的信息是采用掩膜技术由厂家一次性写入的，用来存放专用的、固定的程序和数据（如常驻内存的监控程序、基本输入/输出系统等），因而 ROM 中的信息是永久性的，不会因断电而丢失。

随着半导体技术的不断发展，出现了多种形式的 ROM，如可编程只读存储器（PROM）、可擦编程只读存储器（EPROM）、掩膜型只读存储器（MROM）等。

（2）外存储器

外存储器，是指除内存及 CPU 缓存以外的储存器。外存储器存储容量大、价格较低、能长期保存信息。CPU 不能直接访问外存，外存中的信息必须调入内存后才能被 CPU 访问，存取速度比内存慢。常见的外存储器有硬盘、光盘、U 盘、移动硬盘、SD 卡等。

1）硬盘是计算机主要的存储媒介之一，由一个或多个铝制或玻璃制的碟片组成，这些碟片表面覆盖着铁磁性材料。绝大多数硬盘都是固定硬盘，被永久性地密封固定在硬盘驱动器中。硬盘的正面和背面如图 2-2-3 所示。

图 2-2-3　硬盘的正面和背面

硬盘通常由重叠的一组盘片构成，每个盘面都被划分为数目相等的磁道，并从外圈的

0 开始编号，具有相同编号的磁道形成一个圆柱，称之为磁盘的柱面。磁盘的柱面数与一个盘单面上的磁道数相等。无论是双盘面还是单盘面，每个盘面都有一个磁头，所以，盘面数等于磁头数。磁盘驱动器在向磁盘读取和写入数据时，以扇区为单位，每个扇区可以存放 512B 的信息。因此，硬盘的容量=柱面数×磁头数×扇区数×512B。

2）光盘是利用激光原理进行读、写的设备，可以存放各种文字、声音、图形、图像和动画等多媒体数字信息。光盘凭借其大容量得以广泛使用，较为常见的 CD、VCD、DVD 都是光盘。

光盘有只读型光盘、一次写入型光盘和可重写型光盘三类。

① 只读型光盘。盘片上的信息只能读出，不能写入，如 CD-ROM、DVD-ROM、CD-Video、DVD-Video 等。DVD-ROM 及其驱动器如图 2-2-4 所示。

② 一次写入型光盘。可以写入信息，但只能写入一次，写入的信息只能读出，不能修改或删除，如 CD-R、DVD-R、DVD+R 等。

③ 可重写型光盘。功能与磁盘相似，可以多次对其进行读/写操作，如 CD-RW、DVD+RW、DVD-RW、DVD-RAM 等。

图 2-2-4　DVD-ROM 及其驱动器

CD 盘片的最大容量约为 700MB，DVD 盘片单面容量 4.7GB，最多能刻录约 4.59GB 的数据（因为 DVD 的 1GB=1000MB，而硬盘的 1GB=1024MB），双面容量 8.5GB，最多约能刻 8.3GB 的数据。

3）优盘（U 盘）如图 2-2-5 所示，全称是 USB 闪存驱动器（USB flash disk），是一种使用 USB 接口的无须物理驱动器的微型高容量移动存储产品，通过 USB 接口与计算机连接，实现即插即用。

U 盘容量有 4GB、8GB、16GB、32GB、64GB、128GB、256GB、512GB、1TB 等，其优点是小巧便于携带、存储容量大、价格便宜、性能可靠。

4）移动硬盘（mobile hard disk）是以硬盘为存储介质，与计算机之间交换大容量数据，强调便携性的存储产品，如图 2-2-6 所示。市场中的移动硬盘能提供 500GB、1TB、2TB、3TB、4TB、6TB、8TB、10TB、12TB 等容量。

图 2-2-5　U 盘　　　　　　　　图 2-2-6　移动硬盘

5）SD（secure digital memory）卡即安全数码卡，是一种基于半导体快闪记忆器的新一代记忆设备。它被广泛地应用于便携式装置上，如智能手机、数码相机、个人数码助理

（PDA）和多媒体播放器等。

4. 输入设备

输入设备（input device）是用户和计算机系统之间进行信息交换的主要装置之一。键盘、鼠标、摄像头、扫描仪、传真机、条形码阅读器、光笔、手写输入板、游戏杆、麦克风、录音笔等都属于输入设备。

1）键盘（keyboard）是常用的输入设备，它由一组开关矩阵组成，包括数字键、字母键、符号键、功能键及控制键等。标准的 104 键键盘如图 2-2-7 所示。每一个按键在计算机中都有它的唯一代码，当按下某个键时，键盘接口将该键的二进制代码送入计算机主机中，并将按键字符显示在显示器屏幕上。

2）鼠标是一种手持式坐标定位部件，使用它可以在屏幕上快速准确地移动和定位坐标。因其形似老鼠而得名鼠标，标准名称是鼠标器，英文名 mouse，如图 2-2-8 所示。

图 2-2-7　标准的 104 键键盘　　　　　图 2-2-8　鼠标

鼠标器的分类如下。

① 按其工作原理，可分为机械鼠标、光机鼠标（光学机械鼠标）和光电鼠标。

② 按外形，可分为两键鼠标、三键鼠标、滚轴鼠标和感应鼠标。

③ 按接口类型，可分为串口鼠标、PS/2 鼠标、总线鼠标和 USB 鼠标。

3）其他输入设备。传真机、扫描仪、条形码阅读器等是扫描输入设备，如图 2-2-9 所示。麦克风、录音笔等是语音输入设备。

（a）传真机　　　　　　　（b）扫描仪　　　　　　（c）条形码阅读器

图 2-2-9　常见扫描输入设备

5. 输出设备

输出设备（output device）是计算机的终端设备，其功能是将内存中计算机处理后的信息以能为人或其他设备所接受的形式输出。常见的输出设备有显示器、打印机、绘图仪、音箱、耳机、投影仪等。

1）显示器（display device）又称监视器，是实现人机对话的主要工具。它既可以显示键盘输入的命令或数据，也可以显示计算机数据处理的结果。

显示器的分类如下。

① 按所用的显示器件，可分为阴极射线管（CRT）显示器（图2-2-10）、液晶（LCD）显示器（图2-2-11）和等离子体显示屏（PDP）。CRT显示器多用于各种仪表，LCD显示器和PDP主要用于笔记本电脑。

图 2-2-10　CRT 显示器

图 2-2-11　LCD 显示器

② 按所显示的信息内容，可分为字符显示器和图形显示器。

③ 按所显示的颜色，可分为单色（黑白）显示器和彩色显示器。

分辨率是衡量显示器的一个重要指标。通常情况下，图像的分辨率越高，所包含的像素就越多，图像就越清晰，印刷的质量也就越好，但文件占用的存储空间也会越大。

2）打印机能将计算机处理的结果以字符、图形等形式记录在纸上，以便长期保存。

打印机的分类如下。

① 按打印工作方式，可分为串行式打印机和并行式打印机。

② 按打印原理，可分为击打式打印机和非击打式打印机。击打式打印机又分为字模式打印机和针式打印机（又称点阵式打印机，如图 2-2-12 所示）；非击打式打印机又分为喷墨打印机、激光打印机、热敏打印机和静电打印机。当前较流行的打印机是喷墨打印机（图 2-2-13）和激光打印机（图 2-2-14）。

图 2-2-12　针式打印机

图 2-2-13　喷墨打印机

图 2-2-14　激光打印机

3）其他输出设备。绘图仪是一种图形输出设备，可将计算机的输出信息以图形的形式输出，如图 2-2-15 所示。音箱或耳机是语音输出设备。投影仪又称投影机，是微型计算机输出视频的重要设备，如图 2-2-16 所示。

图 2-2-15　绘图仪　　　　　　图 2-2-16　投影仪

6. 总线

通常意义上所说的总线（bus）是 CPU、内存、输入、输出设备等各个部件之间传送信息的公共通道。按照所传输的信息种类，总线可分为数据总线（data bus，DB）、地址总线（address bus，AB）和控制总线（control bus，CB），分别用来传输数据、地址和控制信号。

✂ 知识链接 ■

1）外存储器、输入设备和输出设备构成外部设备，简称外设。

2）磁盘驱动器、网络设备既是输入设备又是输出设备。

3）微型计算机系统的主要性能指标主要有字长、时钟主频、存储容量、运算速度、存储周期等。

① 字长。CPU 在单位时间内能一次处理的二进制数的位数叫字长。字长越长，处理数据的速度越快，计算机的硬件代价也相应地增大。字长为 8 的整数倍。目前微型计算机的字长以 32 位为主，小型机、网络服务器和大型机以 64 位为主。

② 时钟主频。时钟主频简称主频，用来表示 CPU 的运算速度，单位有 MHz、GHz 等。时钟主频越高，CPU 处理数据的速度越快。

③ 存储容量。存储容量是指一个内存储器或外存储系统所能存储的信息总量。以位数或字节数计量。存储容量的单位有 B、KB、MB、GB、TB 等。

④ 运算速度。运算速度是指每秒钟所能执行的指令条数，其单位是 MIPS（百万条指令每秒）。运算速度是评价计算机性能的重要指标。微机一般采用时钟主频来描述运算速度。

⑤ 存储周期。存储周期是指存储器连续启动两次写操作（或读操作）所需间隔的最小时间，单位以纳秒（ns）度量。内存的存取周期一般为 60～120ns。存储周期越短，则存取速度越快。

此外，可靠性、可用性、可维护性、兼容性、性能价格比、安全性等也都是计算机的技术指标。

任务 2.3　计算机的软件系统

任务描述

软件系统是为运行、管理和维护计算机而编制各种程序、数据和文档的总称。

只有硬件部分，还未安装任何软件系统的计算机叫作裸机，裸机只能识别由 0 和 1 组成的机器代码。没有软件系统的计算机是无法高效工作的，计算机的功能不仅仅取决于硬件系统，在更大程度上是由所安装的软件系统决定的。硬件系统和软件系统互相依赖，不可分割。

任务实现

1. 软件概念

软件是计算机的灵魂。软件是用户与硬件之间的接口，用户通过软件使用计算机硬件资源。

（1）程序

程序是按照一定顺序执行的能够完成某一任务的指令集合。计算机的运行要有时有序、按部就班，需要程序控制计算机的工作流程，实现一定的逻辑功能，完成特定的设计任务。Pascal 之父、结构化程序设计的先驱 Niklaus Wirth 对程序有更深层的剖析，他认为"程序=算法+数据结构"。其中，算法是解决问题的方法，数据结构是数据的组织形式。人在解决问题时一般分为分析问题、设计方法和求出结果三个步骤。相应地，计算机解题也要完成模型抽象、算法分析和程序编写三个过程。不同的是计算机所研究的对象仅限于它能识别和处理的数据。因此，数据的算法和结构直接影响计算机解决问题的正确性和高效性。

（2）程序设计语言

在日常生活中，人与人之间交流思想一般是通过自然语言进行的，自然语言是由字、词、句、段、篇等语言元素构成的。人与计算机之间的"沟通"，或者说人们让计算机完成某项任务，也需用一种语言，这就是计算机语言，也称为程序设计语言，它由单词、语句、函数和程序文件等组成。程序设计语言是软件的基础和组成。随着计算机技术的不断发展，计算机所使用的"语言"也在快速地发展，并形成了一种体系。

1）机器语言。

在计算机中，指挥计算机完成某个基本操作的命令称为指令。所有指令的集合称为指令系统，直接用二进制代码表示指令系统的语言称为机器语言。

机器语言是唯一能被计算机硬件系统理解和执行的语言。因此，它的处理效率高，执行速度快，且无须"翻译"。但机器语言的编写、调试、修改、移植和维护都非常烦琐，程序员要记忆几百条二进制指令，这限制了计算机的发展。

2）汇编语言。

为了克服机器语言的缺点，人们想到直接使用英文单词或缩写代替晦涩难懂的二进制代码进行编程，从而出现了汇编语言。

汇编语言是一种把机器语言"符号化"的语言。它和机器语言的实质相同，都直接对硬件进行操作，但汇编语言使用助记符描述程序，如 ADD 表示加法指令，MOV 表示传送指令等。汇编语言指令和机器语言指令基本是一一对应的。

相对机器指令，汇编指令更容易掌握。但计算机无法自动识别和执行汇编语言，必须进行翻译，即使用语言处理软件将汇编语言翻译成机器语言（目标程序），再链接成可执行程序在计算机中执行。

3）高级语言。

汇编语言虽然比机器语言前进了一步，但使用起来仍然很不方便，编程仍然是一种极其烦琐的工作，而且汇编语言的通用性差。人们继续寻找一种更加方便的编程语言，于是出现了高级语言。

高级语言是最接近人类自然语言和数学公式的程序设计语言，它基本脱离了硬件系统，如 Pascal 语言中采用 write 和 read 分别表示写入和读出操作，采用"+、-、*、÷"分别表示加、减、乘、除。目前常用的高级语言有 C++、C、Java、Python 等。

下面是一个简单的 C 语言程序。该程序提示用户从键盘输入一个整数，然后在屏幕上将用户输入的数字显示出来。这样的程序比汇编语言好理解。

```
#include <stdio.h>
main()
{
    int Number;
    printf("input a Number");
    scanf(&Number) :
    printf(" The Number is %d\n",Number);
}
```

很显然，用高级语言编写的源程序在计算机中不能直接执行，必须将其翻译成机器语言程序。通常有编译方式和解释方式两种翻译方式。

编译方式是将高级语言源程序整个编译成目标程序，然后通过链接程序将目标程序链接成可执行程序的方式。将高级语言源程序翻译成目标程序的软件称为编译程序，这种翻译过程称为编译。编译经过词法分析、语法分析、语义分析、中间代码生成、代码优化、目标代码生成 6 个环节，才能生成对应的目标程序，目标程序还不能直接执行，还须经过链接和定位生成可执行程序后才能执行。

解释方式是将源程序逐句翻译、逐句执行的方式，解释过程不产生目标程序，基本上是翻译一行执行一行，边翻译边执行。如果在解释过程中发现错误就给出错误信息，并停止解释和执行，如果没有错误就解释执行到最后。常见的解释型语言有 Pyhon 语言。

无论是编译方式还是解释方式，其作用都是将高级语言编写的源程序翻译成计算机可以识别和执行的机器指令。它们的区别在于：编译方式是将源程序经编译、链接得到可执行程序文件后，就可脱离源程序和编译程序而单独执行，所以编译方式的效率高，执行速度快；而解释方式在执行时，源程序和解释程序必须同时参与才能运行，由于不产生目标文件和可执行程序文件，解释方式的效率相对较低，执行速度慢。

　　2. 软件系统及其组成

　　计算机软件分为系统软件（system software）和应用软件（application software）两大类。

（1）系统软件

　　系统软件是指控制和协调计算机及外部设备，支持应用软件开发和运行的软件。系统软件的主要功能是调度、监控和维护计算机系统；负责管理计算机系统中各独立硬件，使它们协调工作。系统软件使得底层硬件对计算机用户是透明的，用户在使用计算机时无须了解硬件的工作过程。

　　系统软件主要包括操作系统（operating system，OS）、语言处理系统、数据库管理系统和系统辅助处理程序等。其中最主要的是操作系统，它提供了一个软件运行的环境，所有应用软件都是在系统软件上运行的。如在微型计算机中使用最为广泛的微软公司的Windows 操作系统。操作系统可以直接支持用户使用计算机硬件，也支持用户通过应用软件使用计算机。如果用户需要使用系统软件，如语言处理系统和工具软件，也要通过操作系统提供支持。

　　系统软件主要分为以下几类。

　　1）操作系统。系统软件中最重要且最基本的是操作系统。它是最底层的软件，控制所有计算机上运行的程序并管理整个计算机的软/硬件资源，是计算机裸机与应用程序及用户之间的桥梁，没有它，用户无法使用其他软件或程序。常用的操作系统有 Windows、Linux、UNIX、MacOS 等。目前，国产操作系统也逐步发展壮大，常用的有 UOS、优麒麟、起点等。

　　操作系统作为掌控计算机的控制和管理中心，其自身必须是稳定和安全的，即操作系统自己不能出现故障。操作系统要确保自身的正常运行，还要防止非法操作和入侵。

　　2）语言处理系统。语言处理系统是系统软件的另一大类型。早期的第一代和第二代计算机所使用的编程语言一般是由计算机硬件厂家随机器配置的。随着编程语言发展到高级语言，语言系统开始成为用户可选择的一种产品化的软件，它也是最早开始商品化和系统化的软件。

　　3）数据库管理系统。数据库（database）管理系统是应用最广泛的软件。用于建立、使用和维护数据库，把各种不同性质的数据组织起来，以便能够有效地进行查询，检索并管理这些数据是运用数据库的主要目的。

　　4）系统辅助处理程序。系统辅助处理程序主要是指一些为计算机系统提供服务的工具软件和支撑软件，如编辑程序、调试程序、系统诊断程序等，这些程序主要是为了维护计算机系统的正常运行，方便用户在软件开发和实施过程中的应用，如 Windows 系统中的磁盘整理工具程序等。实际上，Windows 和其他操作系统都有附加的实用工具程序，因而随着操作系统功能的延伸，已很难严格划分系统软件和系统服务软件，这种对系统软件的分类方法也在变化之中。

（2）应用软件

应用软件是用户可以使用的各种程序设计语言，以及用各种程序设计语言编制的应用程序的集合，分为应用软件包和用户程序。应用软件包是利用计算机解决某类问题而设计的程序的集合，供多用户使用。

在计算机软件中，应用软件使用得最多。应用软件是用于实现用户的特定领域、特定问题的应用需求而非解决计算机本身问题的软件，常用的应用软件有以下几类。

1）办公软件套件。办公软件是日常办公需要的一些软件，它一般包括文字处理软件、电子表格处理软件、演示文稿制作软件、个人数据库、个人信息管理软件等。常见的办公软件套件有微软公司的 Microsoft Office 和金山公司的 WPS 等。

2）多媒体处理软件。多媒体技术已经成为计算机技术的一个重要方面，因此多媒体处理软件是应用软件领域中一个重要的分支。多媒体处理软件主要包括图形处理软件、图像处理软件、动画制作软件、音频视频处理软件、桌面排版软件等，如 Adobe 公司的 Illustrator、Photoshop、Flash、Premiere 和 Pagemaker，Corel 公司的会声会影等，以及国产的爱剪辑、格式工厂、福昕、抖音等。

3）Internet 工具软件。随着计算机网络技术的发展和 Internet 的普及，涌现了许多基于 Internet 环境的应用软件，如 Web 服务器软件、Web 浏览器、文件传送工具 FTP，远程访问工具 Telnet、下载工具迅雷等。

项 目 小 结

本项目通过 3 个任务的学习，使读者能熟悉计算机的基本结构和工作原理；能认识计算机的硬件系统和软件系统；能了解微机常用主板、中央处理器、存储器、输入设备、输出设备、总线等硬件；能了解软件和概念和常用的各种软件。

思考与练习

选择题

1. 计算机之所以能按人们的意志自动进行工作，主要是因为采用了（   ）。
   A．二进制数制　　　　　　　　　　B．高速电子元件
   C．存储程序控制　　　　　　　　　D．程序设计语言
2. 组成计算机指令的两部分是（   ）。
   A．数据和字符　　　　　　　　　　B．操作码和地址码

C．运算符和运算数　　　　　　　　D．运算符和运算结果

3．为了提高软件开发效率，开发软件时尽量采用（　　）。

    A．机器语言　　　B．高级语言　　　C．汇编语言　　　D．程序设计语言

4．将目标程序（.obj）转换成可执行文件（.exe）的程序称为（　　）。

    A．编辑程序　　　B．编译程序　　　C．链接程序　　　D．汇编程序

5．用高级程序设计语言编写的程序，要转换成等价的可执行程序，必须经过（　　）。

    A．汇编　　　　　B．编辑　　　　　C．解释　　　　　D．编译和链接

6．以下属于高级语言的有（　　）。

    A．机器语言　　　B．C 语言　　　　C．汇编语言　　　D．以上都是

7．计算机指令主要存放在（　　）。

    A．CPU　　　　　B．内存　　　　　C．硬盘　　　　　D．键盘

8．下列各类计算机程序语言中，（　　）不是高级程序设计语言。

    A．Visual Basic　　　　　　　　　B．FORTRAN 语言

    C．Pascal 语言　　　　　　　　　　D．汇编语言

9．一个完整的计算机系统是指（　　）。

    A．主机、键盘、鼠标器和显示器　　B．硬件系统和操作系统

    C．主机和它的外部设备　　　　　　D．软件系统和硬件系统

10．下列叙述中，错误的是（　　）。

    A．计算机硬件主要包括主机、键盘、显示器、鼠标器和打印机五大部件

    B．计算机软件分系统软件和应用软件两大类

    C．CPU 主要由运算器和控制器组成

    D．内存储器中存储当前正在执行的程序和处理的数据

11．用来存储当前正在运行的应用程序和其相应数据的存储器是（　　）。

    A．RAM　　　　　B．硬盘　　　　　C．ROM　　　　　D．CD-ROM

12．下列不能用作存储容量单位的是（　　）。

    A．B　　　　　　　B．GB　　　　　　C．MIPS　　　　　D．KB

13．目前，在市场上销售的微型计算机中，标准配置的输入设备是（　　）。

    A．键盘+CD-ROM 驱动器　　　　　B．鼠标器+键盘

    C．显示器+键盘　　　　　　　　　D．键盘+扫描仪

14．在 CPU 中，除了有内部总线和必要的寄存器外，还有两大部件分别是运算器和
（　　）。

    A．控制器　　　　B．存储器　　　　C．cache　　　　　D．编辑器

15．下列软件中，不是操作系统的是（　　）。

    A．Linux　　　　　B．UNIX　　　　　C．MS-DOS　　　　D．WPS

16. 在 CD 光盘上标记有"CD-RW"字样，此标记表明这光盘（　　　）。

    A. 只能写入一次，可以反复读出的一次性写入光盘

    B. 可多次擦除型光盘

    C. 只能读出，不能写入的只读光盘

    D. RW 是 read and write 的缩写

17. 下列叙述中，正确的是（　　　）。

    A. 字长为 16 位表示这台计算机最大能计算一个 16 位的十进制数

    B. 字长为 16 位表示这台计算机的 CPU 一次能处理 16 位二进制数

    C. 运算只能进行算术运算

    D. SRAM 的集成度高于 DRAM

18. 下面有关优盘的描述中，错误的是（　　　）。

    A. 优盘有基本型、增强型和加密型三种

    B. 优盘的特点是重量轻、体积小

    C. 优盘多固定在相机内，不便携带

    D. 断电后，优盘还能保持存储的数据不丢失

19. 下列叙述中，正确的是（　　　）。

    A. CPU 能直接读取硬盘上的数据

    B. CPU 能直接与内存储交换数据

    C. CPU 由存储器、运算器和控制器组成

    D. CPU 主要用来存储程序和数据

20. 下列有关总线的描述不正确的是（　　　）。

    A. 总线分为内部总线和外部总线

    B. 内部总线也称为片总线

    C. 总线的英文就是 bus

    D. 总线体现在硬件就是计算机主板

21. 微型计算机的技术指标主要是指（　　　）。

    A. 所配备的系统软件的优劣

    B. CPU 的主频和运算速度、字长、内存容量和存取速度

    C. 显示器的分辨率、打印机的配置

    D. 硬盘容量的大小

22. 下面关于随机存储器（RAM）的叙述中，正确的是（　　　）。

    A. 存储在 SRAM 或 DRAM 中的数据在断电后将全部丢失且无法恢复

    B. SRAM 的集成度比 DRAM 高

    C. DRAM 常用来作 cache

    D. DRAM 的存取速度比 SRAM 快

23．微型计算机存储器系统中的 cache 是（   ）。

    A．只读存储器   B．高速缓冲存储器

    C．可编程只读存储器   D．可擦除可再编程只读存储器

24．下列叙述中，错误的是（   ）。

    A．硬盘在主机箱内，它是主机的组成部分

    B．硬盘属于外部存储器

    C．硬盘驱动器既可作输入设备又可作输出设备用

    D．硬盘与 CPU 之间不能直接交换数据

项目 3　Windows 10 操作系统的使用

项目背景

操作系统是计算机最基本的系统软件，是管理和控制计算机硬件与软件资源的计算机程序，任何其他软件都必须在操作系统的支持下才能运行。操作系统的种类相当多，比较有影响力的操作系统有 Windows、Linux、UNIX、OS/2、MacOS 等。本项目以 Windows 10 为例来介绍操作系统的基本使用方法。

能力目标

※　了解操作系统的基本功能和作用，熟悉 Windows 10 的特点，掌握 Windows 10 的基本操作和应用。

※　理解文件和文件夹的概念，掌握文件、文件夹、库的创建与删除、复制与移动、重命名、属性的设置、查找等操作。

※　掌握对桌面外观、基本的网络配置，掌握文件、磁盘、显示属性的查看、设置等操作。

※　掌握中文输入法的安装、删除和选用，会熟练使用一种汉字（键盘）输入方法。

素养目标

1. 培养学生勤学好求、自主研究的能力。

2. 通过多人合作完成既定任务，引导学生认识到分工合作的重要性，培养学生的合作意识。

任务 3.1 Windows 10 操作系统入门

任 务 描 述

Windows 10 是由微软公司开发的操作系统，于 2015 年 7 月 29 日在美国正式发行，可供家庭及商业工作环境、笔记本电脑、平板电脑、多媒体中心等使用。Windows 10 包括家庭版、专业版、企业版、教育版、专业工作站版、物联网核心版 6 种版本，各种版本的功能和价格各不相同，专业版的功能最为全面，但价格也最贵。

任 务 实 现

1. Windows 10 的主要特点

Windows 10 的主要特点如下。

（1）生物识别技术

Windows 10 新增的 Windows Hello 功能带来一系列对于生物识别技术的支持。除了常见的指纹扫描外，系统还能通过面部或虹膜扫描进行登录验证。当然，需要使用新的 3D 红外摄像头来获取这些新功能。

（2）新的 Microsoft Edge 浏览器

为了追赶 Chrome 和 Firefox 等热门浏览器，微软淘汰掉了老旧的 IE，带来了 Edge 浏览器。Edge 浏览器虽然尚未发展成熟，但也带来了诸多的便捷功能，比如和 Cortana 的整合以及快速分享功能。

（3）兼容性增强

能运行 Windows 7 操作系统的计算机就能流畅地运行 Windows 10 操作系统。Windows 10 操作系统针对固态硬盘、生物识别、高分辨率屏幕等硬件都进行了优化支持与完善。

（4）安全性增强

除了继承旧版 Windows 操作系统的安全功能之外，Windows 10 还引入 Windows Hello、Microsoft Passport、Device Guard 等安全功能。

（5）新技术融合

Windows 10 操作系统在易用性、安全性等方面进行了深入的改进与优化；针对云服务、智能移动设备、自然人机交互等新技术进行了融合。

2. Windows 10 的运行环境

Windows 10 的基本运行环境要求如下。

① 最低配置为 1GHz 及以上的 CPU 或系统单芯片（SoC），1GB（32 位）或 2GB（64 位）的 RAM，16GB（32 位操作系统）或 20GB（64 位操作系统）的硬盘空间。

② DirectX 9 或更高版本（包含 WDDM 1.0 驱动程序）显卡。

3. Windows 10 的安装

（1）安装 Windows 10 前的准备工作

① 查找产品密钥。在 Windows 10 包装盒内的安装光盘盒上找到产品密钥。

② 备份文件。可将文件备份到外部硬盘或 U 盘，或者网络文件夹。

③ 下载并运行免费的 Windows 10 升级顾问，它会帮用户找出计算机硬件、设备或程序的所有潜在兼容性问题，这些问题可能会影响 Windows 10 的安装。

④ 决定要安装 32 位还是 64 位版本的 Windows 10。

⑤ 更新、运行然后关闭防病毒程序。安装 Windows 10 后，记得重新启动防病毒程序，或安装适用于 Windows 10 的新防病毒程序。

（2）通过安装光盘完成安装

① 把 Windows 10 安装光盘放入光驱，启动计算机。系统自动启动，出现"Windows 安装程序"窗口，如图 3-1-1 所示，选择相关选项后单击"下一步"按钮。

② 在如图 3-1-2 所示的"适用的声明和许可条款"界面，选中"我接受许可条款"复选框，单击"下一步"按钮。

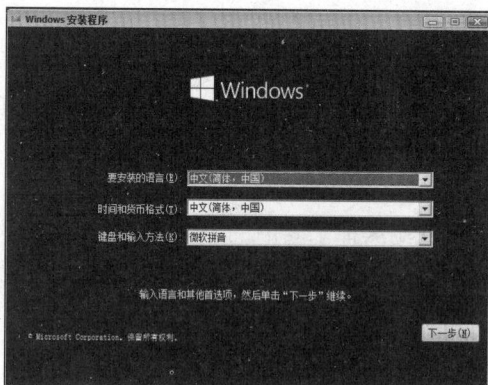

图 3-1-1　Windows 10 安装选项

图 3-1-2　勾选接受许可条款

③ 在如图 3-1-3 所示的"你想执行哪种类型的安装？"界面，选择"自定义"选项。

④ 在如图 3-1-4 所示的"你想将 Windows 安装在哪里？"界面，选择"驱动器 0 未分配的空间"选项后单击"下一步"按钮。

⑤ 选择要更改的分区及要执行的格式化选项，然后按照说明进行后续安装操作。

⑥ 等待一段时间后，安装完成，计算机会自动重启并进入"设置 Windows"界面，输入用户名以及设置初始用户账户。

⑦ 系统设置完毕，计算机自动重启后进入操作系统。

（3）通过 U 盘引导完成安装

① 插入 U 盘（需提前购买或提前制作好）。

② 通过 BIOS 设置计算机从 USB 启动，在显示屏出现品牌标识的时候按 Delete、F2、Esc 等键进入 BIOS 设置界面。在 BIOS 设置中找到 Boot 相关设置选项，将 USB 或 Removable 选项设置为第一启动选项，最后按 F10 键保存并退出即可（不同计算机的操作方法存在差

异，可在网上搜索对应型号的具体操作方法）。

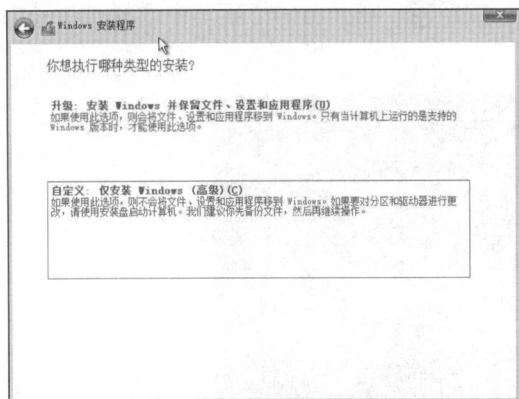

图 3-1-3　选择安装类型

图 3-1-4　选择安装位置

③ 设置完成后，按 F10 键并单击 OK 按钮，即可完成保存设置并重启计算机。

④ 重启后进入"Windows 安装程序"窗口，后续安装步骤与通过光盘安装相同。

4. Windows 10 的启动和退出

使用操作系统时，要按照正常的步骤进行启动与退出操作。

1）若计算机中安装了 Windows 10 操作系统，打开计算机电源，计算机会自动启动 Windows 10 系统，启动成功后，屏幕上出现如图 3-1-5 所示系统桌面。

图 3-1-5　Windows 10 系统桌面

2）关闭或重启计算机时，为了避免系统运行时重要数据丢失，必须单击 ▦ 按钮，打开如图 3-1-6 所示的"开始"菜单，单击"关机"按钮 ⏻，在弹出的子菜单中选择"注销"、"锁定"或"重新启动"等选项。

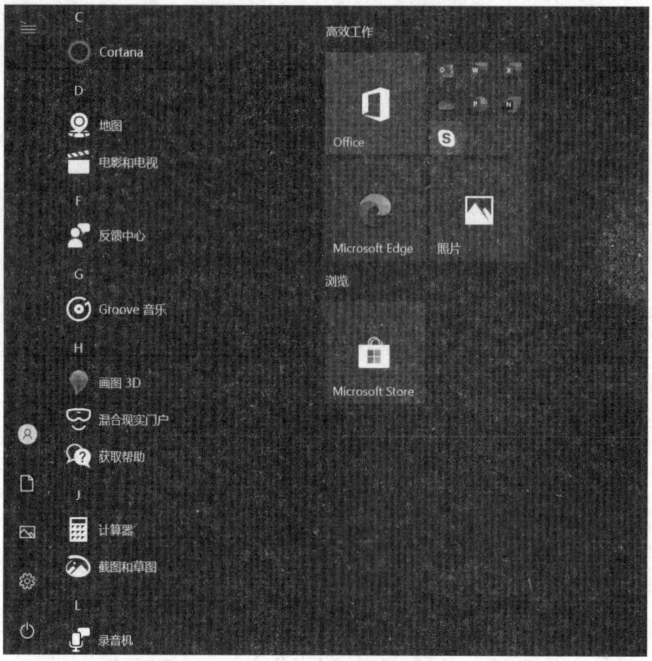

图 3-1-6 "开始"菜单

5. 认识 Windows 10 系统桌面

Windows 10 操作系统正常启动后，用户首先看到的就是 Windows 10 的桌面，用户和计算机通过桌面进行交流，桌面上面可以存放用户经常用到的应用程序和文件夹图标，用户可以根据自己的需要在桌面上添加各种快捷图标，使用时双击该图标就能够快速启动相应的程序或文件。

（1）桌面

Windows 10 系统桌面如图 3-1-5 所示。

（2）桌面图标

桌面上各种形象的小型图片称为图标。双击这些图标，就可以直接运行对应的程序，打开对应的文件夹、文件等，而不用知道程序具体位置。一般软件安装完成后快捷图标会自动在桌面生成，用户也可以根据需要自己手动创建。

Windows 10 安装之后，用户可以在桌面背景上右击，在弹出的快捷菜单中选择"个性化"命令，在弹出的对话框中进行个性化设置。

① 此电脑 ▦：打开"此电脑"窗口，用户可以管理本地计算机的资源，进行磁盘、文件或文件夹操作，也可以对磁盘进行格式化，对文件或文件夹进行移动、复制、删除、重命名等操作，还可以通过控制面板设置计算机的软/硬件环境。

⑤ 回收站 ■：回收站可以暂时存储用户已删除的文件和文件夹。在未清空回收站之前，这些已删除的文件和文件夹并未从硬盘上删除；当回收站存放满以后，将自动删除那些最早进入回收站的文件和文件夹，以存放最近删除的文件和文件夹。用户可以利用回收站来恢复误删的文件和文件夹，也可以清空回收站，以释放磁盘空间。

（3）任务栏

任务栏是位于桌面最下方的长条区域，它显示了系统正在运行的程序、打开的窗口、当前时间等内容。

每次启动一个应用程序或打开一个窗口后，任务栏上就有代表该程序或窗口的一个任务按钮，将光标悬停在任务按钮上，会出现一个缩略图，可以直接从缩略图上终止应用程序或关闭窗口。关闭窗口后，该按钮消失。单击任务栏上的图标，即可快速打开对应文件；右击图标，可以进行"关闭窗口"或"将此程序锁定到任务栏"等操作。

任务栏的右侧一般显示时钟、音量、网络连接等信息。默认状态下，大部分的通知区图标都隐藏在 ∧ 按钮里，如果需要显示图标，单击此按钮后，选择"自定义"，在弹出的窗口中找到要设置的图标，选择"显示图标和通知"命令即可。任务栏最右侧的半透明长方形是"显示桌面"按钮，单击此按钮可以将所有打开的窗口最小化。

（4）"开始"菜单

任务栏的最左边 ■ 是"开始"按钮，单击它就会弹出"开始"菜单；或者在键盘上按Windows 徽标键 ■ ，也可以打开"开始"菜单。菜单是计算机程序、文件夹和应用设置的主门户，之所以称之为"菜单"，是因为它提供了一个选项列表，"开始"的含义，在于它通常是用户要启动或打开某项内容的位置。

"开始"菜单左侧显示的是用户的常用应用程序、所有程序及搜索框；右侧显示的是指向特定文件夹的相关命令，如"文档""图片""音乐""游戏"等，通过这些命令用户可以实现对计算机的操作与管理。

🔗 **知识链接** ▪

　　找到经常使用的应用程序，然后右击该应用程序图标，在弹出的快捷菜单中选择"固定到「开始」屏幕"命令，该应用程序就会出现在"开始"菜单中；若要移除"开始"菜单中的程序，右击相应程序图标，在弹出的快捷菜单中选择"从「开始」屏幕取消固定"命令即可。

（5）Windows 10 的窗口

窗口是用户界面中最重要的部分。它是屏幕上与一个应用程序相对应的矩形区域，每当用户开始运行一个应用程序时，应用程序就创建并显示一个窗口；当用户操作窗口中的对象时，程序会做出相应反应。用户通过关闭一个窗口来终止一个程序的运行；通过选择相应的应用程序窗口来选择相应的应用程序。下面以图 3-1-7 所示的"此电脑"窗口为例进行介绍。

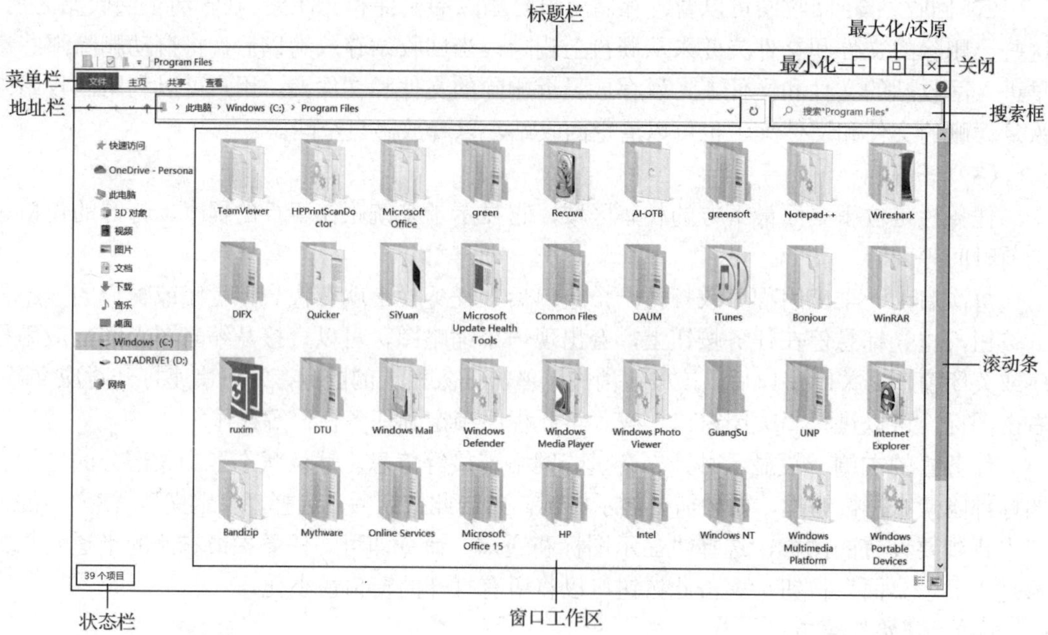

图 3-1-7　窗口介绍

窗口一般包含以下几部分。

1）标题栏。在窗口顶部显示应用程序或文档名的水平栏，拖动标题栏可以在桌面上任意移动窗口。活动窗口的标题栏突出显示。双击标题栏可以最大化窗口或由最大化状态恢复到原来大小。标题栏右侧的 3 个按钮分别是"最小化"按钮、"最大化/还原"按钮、"关闭"按钮。

2）菜单栏。按照程序功能分组排列的按钮集合，在标题栏下的水平栏。

3）地址栏。显示当前所在的地址路径，可以直接在此输入地址路径来运行指定程序或打开指定文件。

4）搜索框。输入想要搜索的文件或文件夹名称，系统会自动在当前位置及以下的所有文件夹内搜索具有相似名称的文件或文件夹。

5）窗口工作区。用于显示应用程序界面或文件中的全部内容。

6）状态栏。位于窗口的底部，显示当前操作的状态信息。

7）滚动条。在当前窗口不能完全显示相关内容时，将出现垂直滚动条或水平滚动条，用于滚动显示窗口工作区中的内容。

（6）Windows 10 的菜单

Windows 10 操作系统中，菜单分成两类，即右键快捷菜单和下拉菜单。

用户在文件、桌面空白处、窗口空白处、盘符等区域上右击，即可弹出快捷菜单。快捷菜单中包含对选择对象的操作命令，如图 3-1-8 所示。

用户只需单击不同的菜单，即可弹出相应的下拉菜单。例如，在"此电脑"窗口中单击"文件"菜单，即可弹出一个下拉菜单，如图 3-1-9 所示。

图 3-1-8　快捷菜单

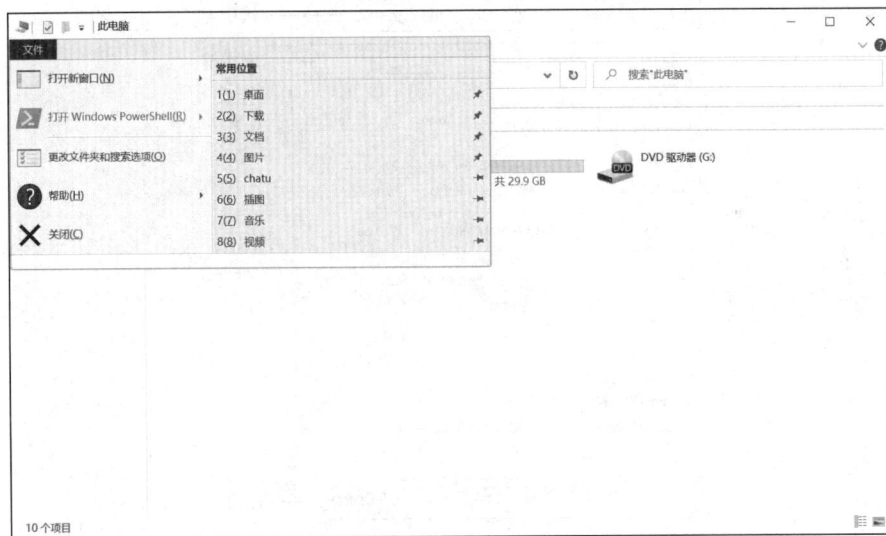

图 3-1-9　"文件"的下拉菜单

一些下拉菜单的命令表现形式不同,不同表现形式的下拉菜单命令说明如表 3-1-1 所示。

表 3-1-1　不同表现形式的下拉菜单命令说明

命令形式	说明
黑色字符	正常的命令,表示可以选取
灰色字符	无效的命令,表示当前不能选择该命令
名称后带"..."	选择此类命令,会弹出相应的对话框,要求用户输入信息或改变设置
名称后带"▶"	表示级联菜单,当鼠标指针指向它时,会自动弹出下一级子菜单

续表

命令形式	说明
分隔线	菜单项之间的分隔线条，通常按功能进行分组显示
名称后带组合键	可以在不打开菜单的情况下，通过键盘直接按下组合键执行相应菜单命令
名称前带"●"	表示可选项，在分组菜单中，同时只可能有且只有一个选项被选中，被选中的选项前带有"●"标记
名称前带"√"	选项标记，该命令正在起作用

（7）Windows 10 对话框

在 Windows 10 操作系统中，对话框是用户和计算机进行交流的中间桥梁。用户通过对话框的提示和说明，可以进行进一步操作。

一般情况下，对话框中包含选项卡、文本框和按钮，如图 3-1-10 所示。

① 选项卡。选项卡根据功能进行分页，实现页面的切换操作。

② 文本框。文本框可以让用户输入和修改文本信息。

③ 按钮。按钮在对话框中用于执行某项命令，单击按钮可实现某项功能。

图 3-1-10   "本地磁盘(C:)属性"对话框

任务 3.2 Windows10 操作系统的文件管理

任务描述

本学期张老师担任了 2201 班的班主任，计算机里存储了许多有关班级工作的文件。文件多了，查找起来比较麻烦，为了减少查找时间，张老师要对这些文件进行归纳和整理，以便日后工作的开展。"2201 班文件"如图 3-2-1 所示。

图 3-2-1 "2201 班文件"显示

任务实现

归纳和整理文件及文件夹，必须先认识 Windows 10 系统提供的两种重要的管理工具，即"此电脑"和"库"。

1. 此电脑

在 Windows 10 中，全新的"此电脑"取代了以往的 Windows 操作系统中"计算机"的功能，它提供了一种快速访问计算机资源的途径，用户可以像在网络上浏览网页一样实现对本地资源的管理。"此电脑"窗口如图 3-2-2 所示。

2. 库

在 Windows 10 中，系统引入了一个"库"工具，窗口如图 3-2-3 所示。库是一个强大的文件管理器，可以包含各种各样的子库与文件等，也可以对这些文件进行浏览、组织、管理和搜索。但是，其本质上跟文件夹有很大的不同，在文件夹中保存的文件或者子文件夹，都是存储在同一个地方的，而在库中存储的文件则可以来自于不同位置、不同分区甚至是家庭网络的不同计算机中。

"库"是个有些虚拟的概念。把文件（夹）收纳到"库"中并不是将文件真正复制到"库"这个位置，而是在"库"这个功能中"登记"了这些文件（夹）的位置来由 Windows 管理。因此，收纳到"库"中的内容除了它们自占用的磁盘空间之外，几乎不会再额外占用磁盘空间，删除"库"及其内容时，也并不会影响到那些真实的文件。

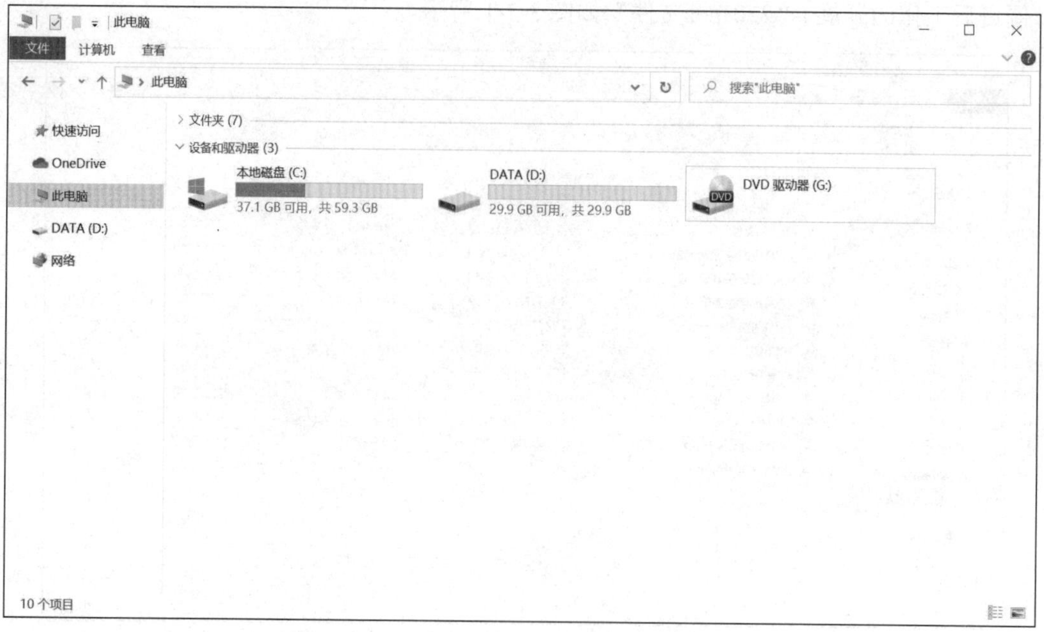

图 3-2-2　"此电脑"窗口

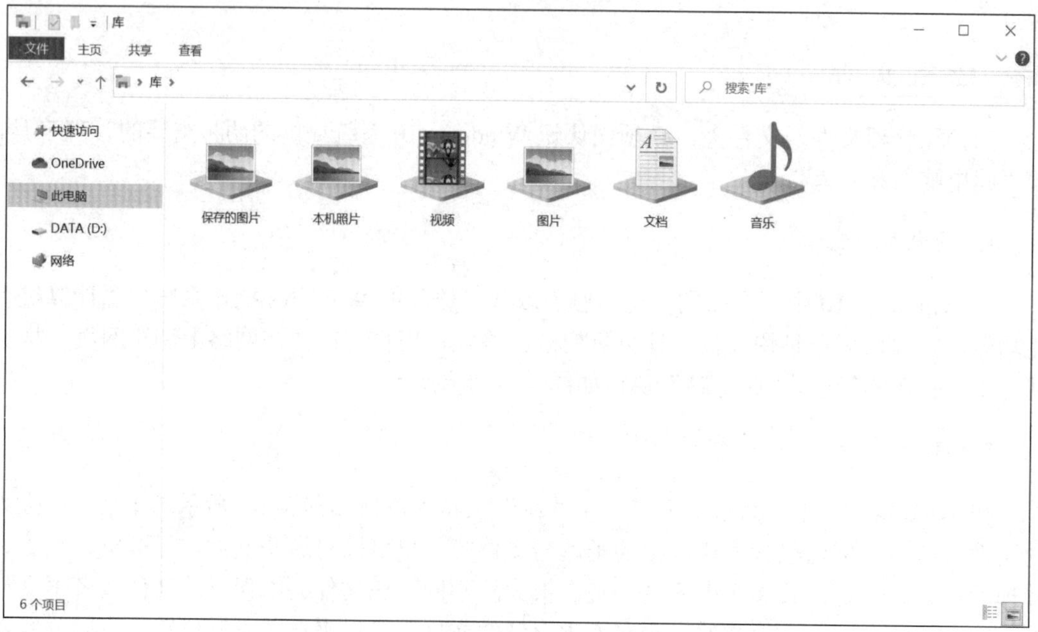

图 3-2-3　"库"窗口

3. 文件/文件夹的基本操作

文件是文字、声音、图像等信息的集合，是用户存储、查找和管理信息的一种方式。
文件夹是 Windows 在磁盘上管理文件的组织形式和实体。文件夹中除存放文件外，还可以存放其他文件夹——子文件夹。

（1）创建文件夹

仔细观察张老师的"2201班文件"，发现文件较多且存放位置随意，时间长了可能就会出现无法快速找到文件的问题。因此，可先建立用于归类的文件夹，以便日后的快速查找。

创建新文件夹的方法如下。

方法一：双击工具栏中的"新建文件夹"按钮，可以在指定的位置新建一个文件夹，其缺省的名字为"新建文件夹"。

方法二：右击窗口中的空白区域，在弹出的快捷菜单中选择"新建"→"文件夹"命令，如图 3-2-4 所示。

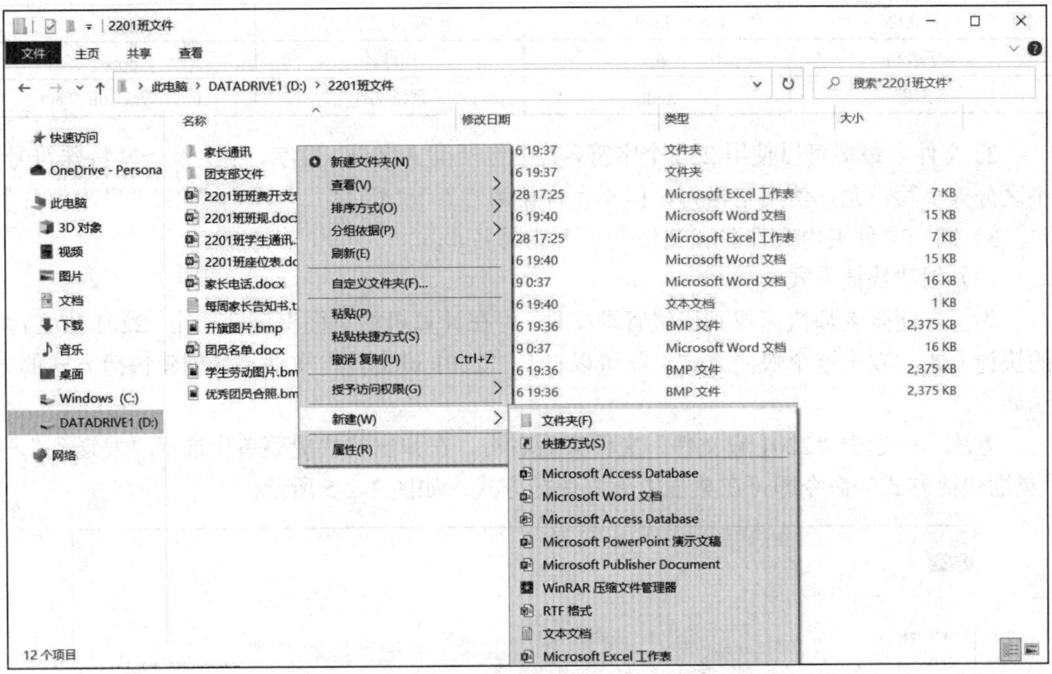

图 3-2-4 创建文件夹

（2）更改文件或文件夹名称

根据张老师存储的文件，整理时可以增加 2 个新文件夹，分别命名为"班级资料"和"学生照片"。此外，文件"每周家长告知书.txt"的名称过于生硬，可重命名为"给家长的一封信.txt"。

以"班级资料"为例，更改文件夹名称方法如下。

方法一：单击选中需要更改名称的"新建文件夹"，选择"文件"→"重命名"命令，将文件名更改为"班级资料"。

方法二：右击需要更改名称的"新建文件夹"，在弹出的快捷菜单中选择"重命名"命令，将文件名更改为"班级资料"。

用同样的方法完成文件夹"学生照片"和文件"给家长的一封信.txt"名称的更改。

（3）文件命名原则

1）一个完整的文件名称必须包含文件名和扩展名。文件名可以自行命名，扩展名则根据该文件使用的编辑软件命名。常见文件类型及扩展名如表 3-2-1 所示。

表 3-2-1　常见文件类型及扩展名

文件类型	扩展名	文件类型	扩展名
可执行文件	.exe、.com	图形文件	.bmp、.gif、.jpg、.pic、.tif
模板文件	.dot	批处理文件	.bat
文本文件	.txt	压缩文件	.zip、.rar、.arj
声音文件	.wav、.mid、.mp3	动画文件	.mov、.swf
网页文件	.htm、.html、.asp	Word 文档	.docx
电子表格	.xlsx	幻灯片	.pptx
数据库	.mdb	系统文件	.int、.sys、.dll、.adt

2）文件名最多可以使用 255 个字符，其中包括英文字母、数字、中文及一些特殊符号，不区分大小写，允许使用空格符，但不允许使用"？""*""""""<"">""|""/""\"":"。

3）同一文件夹内文件名和文件夹名不能同名。

（4）创建快捷方式

为了方便张老师快速找到班级管理文件，可在计算机的桌面上创建一个"2201 班文件"的快捷方式，双击这个快捷方式，就可以打开"2201 班文件"文件夹。创建快捷方式的方法如下。

方法一：选中"2201 班文件"文件夹后右击，在弹出的快捷菜单中选择"发送到"→"桌面快捷方式"命令即可在桌面上建立快捷方式，如图 3-2-5 所示。

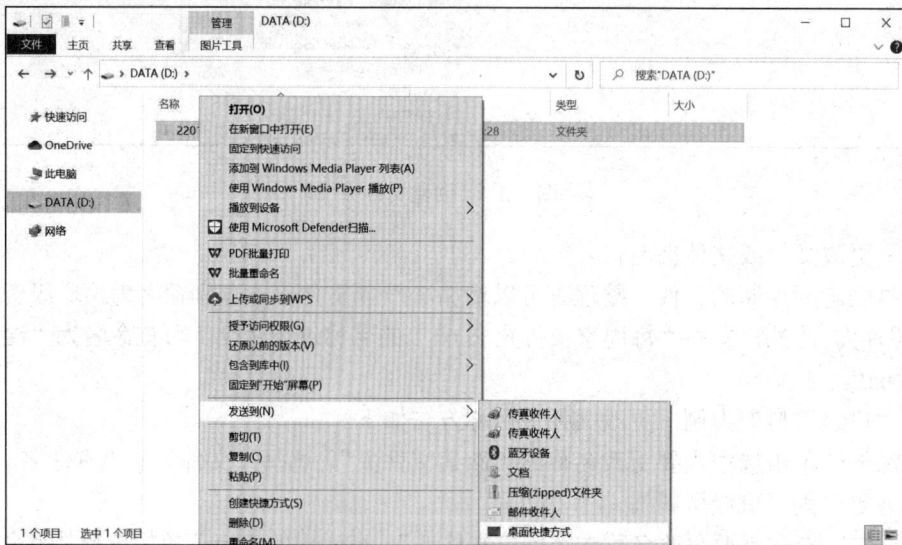

图 3-2-5　创建桌面快捷方式

方法二：选中"2201 班文件"文件夹后右击，在弹出的快捷菜单中选择"创建快捷方式"命令，再将刚创建的"2201 班文件"快捷方式移动到桌面上。

（5）复制与移动文件或文件夹

对"2201 班文件"文件夹里的文件进行整理，将相关文件存放到统一的文件夹中，如将"2201 班班费开支表""2201 班学生通讯""2201 班班规""2201 班座位表"移动到"班级资料"文件夹；将"2201 班学生通讯"复制一份到"家长通讯"文件夹。

具体操作步骤如下。

1）选择要复制或移动的文件或文件夹，如"2201 班班费开支表""2201 班学生通讯""2201 班班规""2201 班座位表"4 个文件。

2）复制文件或文件夹时，可按键盘上的 Ctrl+C 快捷键复制；或是右击，在弹出的快捷菜单中选择"复制"命令。移动文件或文件夹时，按键盘上的 Ctrl+X 快捷键剪切，或是右击，在弹出的快捷菜单中选择"剪切"命令。

3）进入目标文件夹，如"班级资料"后，按键盘上的 Ctrl+V 快捷键粘贴；或是右击，在弹出的快捷菜单中选择"粘贴"命令，即可将选择的文件或文件夹复制或移动到所选择的位置。

复制和移动的区别在于，进行复制操作后源文件不会发生变化，源文件与复制文件同时存在；移动操作以后源文件消失，只在目标文件夹中出现。

用同样的方法帮助张老师将"升旗图片""学生劳动图片""优秀团员合照"移动到"学生照片"文件夹；将"给家长的一封信""家长电话"移动到"家长通讯"文件夹；将"团员名单"移动到"团支部文件"文件夹；将"优秀团员合照"复制一份到"团支部文件"文件夹。整理后的"2201 班文件"文件夹如图 3-2-6 所示。

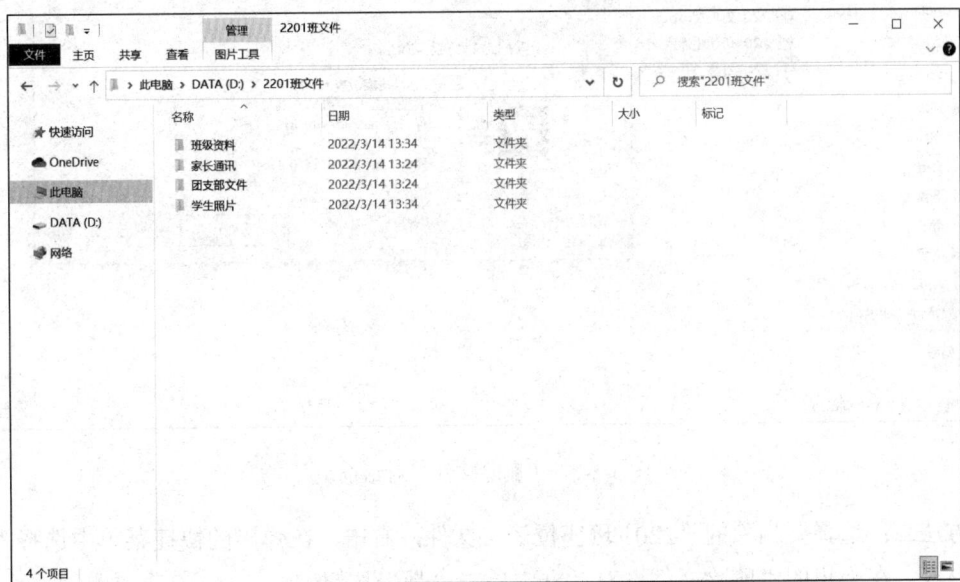

图 3-2-6 整理后的"2201 班文件"文件夹

（6）选择多个文件或文件夹

选择多个文件或文件夹的不同操作方法如下。

1）选择相邻的文件或文件夹：可以按住鼠标左键并移动，拉出一个矩形框，框里面的文件或文件夹都会被选定；也可以在选择第一个文件或文件夹后，按住键盘上的 Shift 键不放，再选择最后一个文件或文件夹，即可将第一个到最后一个之间的所有文件或文件夹都选定。

2）选择不相邻的文件或文件夹：按住键盘上的 Ctrl 键不放，单击要选择的文件或文件夹。

3）选择所有的文件或文件夹：选择菜单栏上的"编辑"→"全选"命令，或直接按 Ctrl+A 快捷键，即可选择所有文件或文件夹。

（7）删除和恢复文件或文件夹

半个学期过去了，张老师准备给学生换下新座位，所以他要删除"班级资料"文件夹中的"2201 班座位表"文件，重新编排一份。删除文件或文件夹的操作方法如下。

方法一：选择要删除的"2201 班座位表"文件，按键盘上的 Delete 键，在弹出的"删除文件"对话框中单击"是"按钮，如图 3-2-7 所示。文件或文件夹会被从当前文件夹中删除并暂时存放到回收站中。

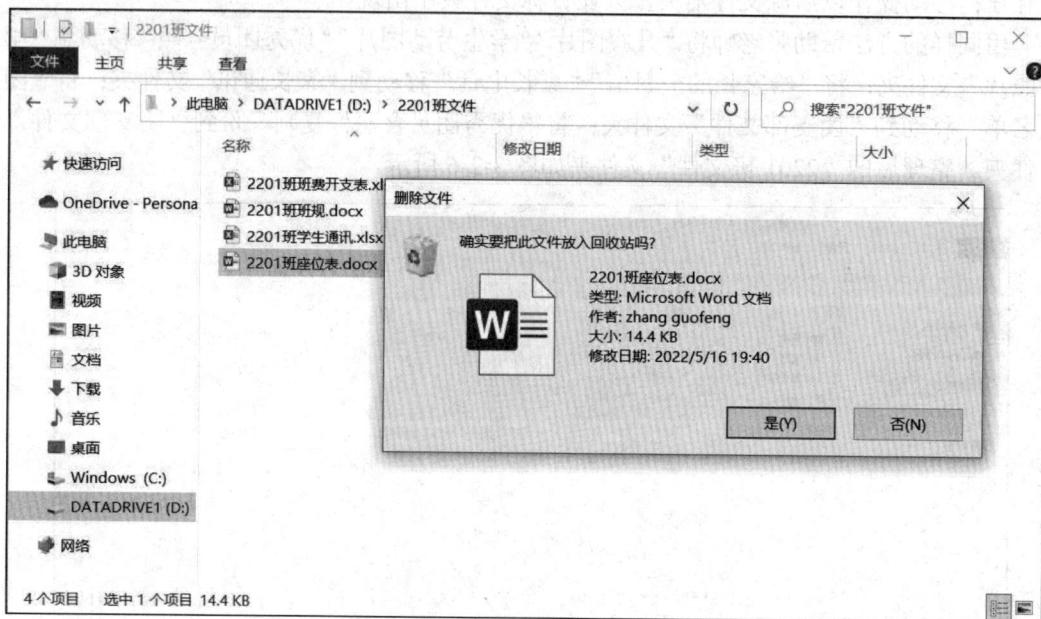

图 3-2-7　"删除文件"对话框

方法二：选择要删除的"2201 班座位表"文件，右击，在弹出的快捷菜单中选择"删除"命令，在弹出的"删除文件"对话框中单击"是"按钮。

若不小心删除了不该删的文件或文件夹，可以进入回收站，在回收站中选定该文件或文件夹，单击菜单栏上的"文件"→"还原此项目"按钮；或右击，在弹出的快捷菜单中选择"还原"命令，即可将此文件或文件夹还原到原来的文件夹中。

文件被删除后只是暂时存放在回收站里，实际上仍占用原磁盘空间，若要彻底将文件或文件夹从计算机中删除，必须进入"回收站"窗口中右击，在弹出的快捷菜单中选择"清空回收站"命令，才会真正将文件或文件夹从计算机中删除。

若想直接将文件或文件夹从计算机中删除，而不放入回收站时，可以直接使用 Shift+Delete 快捷键。在使用此快捷键时，请先确认文件或文件夹真的不需要了，因为一旦删除后，文件或文件夹就无法再恢复。

------- ① 注意 -------

Windows 10 在删除文件或文件夹时，默认是没有删除提示的，为了防止误删除，可右击桌面上的"回收站"图标，在弹出的快捷菜单中选择"属性"命令，在弹出的"回收站属性"对话框中选中"显示删除确认对话框"复选框，这样在删除文件或文件夹时会弹出删除提示。

（8）查看或更改文件或文件夹的属性

张老师打开文件或文件夹进行编辑，在保存的时候，却发现文件或文件夹无法保存，这可能是因为该文件或文件夹的属性是"只读"。若要解决上述问题，可在文件或文件夹上右击，在弹出的快捷菜单中选择"属性"命令，打开属性对话框，在"常规"选项卡下取消选中"只读"复选框，再单击"确定"按钮即可，如图 3-2-8 所示。

图 3-2-8 所示的"常规"选项卡界面其他部分说明如下。

① 显示文件类型和打开方式。单击"更改"按钮可以更改打开该文件的程序。

② 显示该文件的存储位置、大小、占用空间等信息。

③ 显示该文件的创建时间、修改时间、访问时间等信息。

④ 文件的属性，单击"高级"按钮可以更改文件的属性，文件的属性有以下三种。

● 只读：只能读取数据而不能任意修改其内容。

● 隐藏：将文件隐藏起来，不显示该文件。

● 存档：表示该数据在修改后，尚未被操作系统备份保存，若被操作系统备份过，则该文件就不具有此属性。

有时候我们只能看到文件名称，看不见该文件的扩展名，这是因为 Windows 10 系统将扩展名隐藏了。可以在"此电脑"窗口单击"查看"标签，选中"文件扩展名"复选框后即可看到每个文件的扩展名，如图 3-2-9 所示。

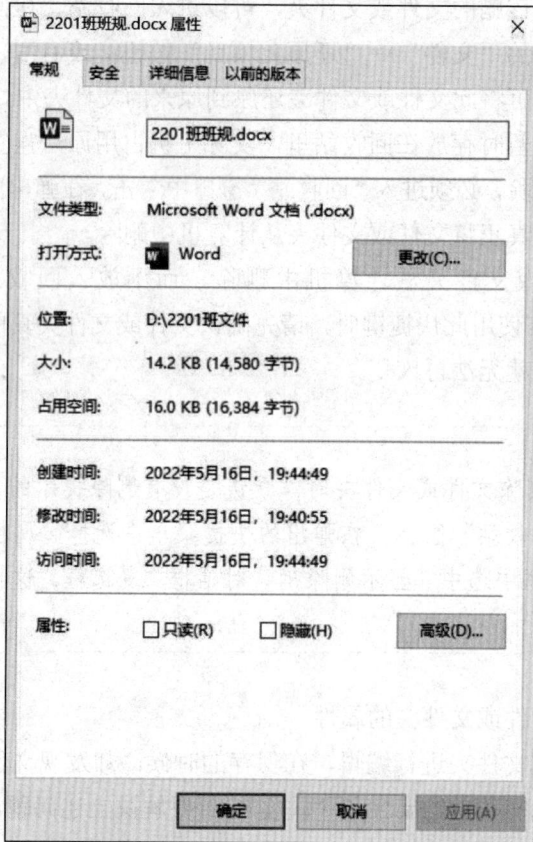

图 3-2-8　属性对话框"常规"选项卡

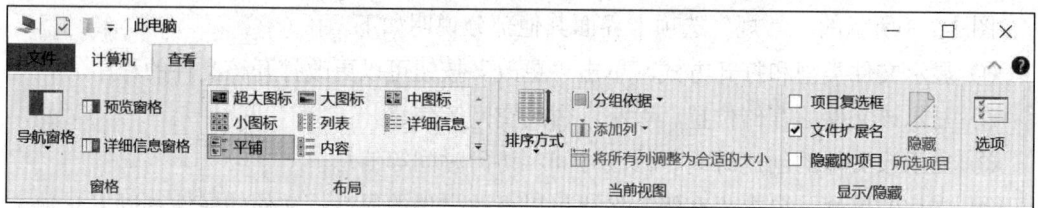

图 3-2-9　"文件夹选项"对话框"查看"选项卡

（9）文件或文件夹的查找

忘记某一文件存放在哪个文件夹时，可以用搜索工具快速地查找到所要的文件或文件夹。具体操作步骤如下。

打开"此电脑"窗口，在图 3-2-10 右上角的搜索框中输入需要搜索的文件或文件夹的名称，系统进行搜索，并将符合搜索条件的文件或文件夹在窗口工作区显示出来。

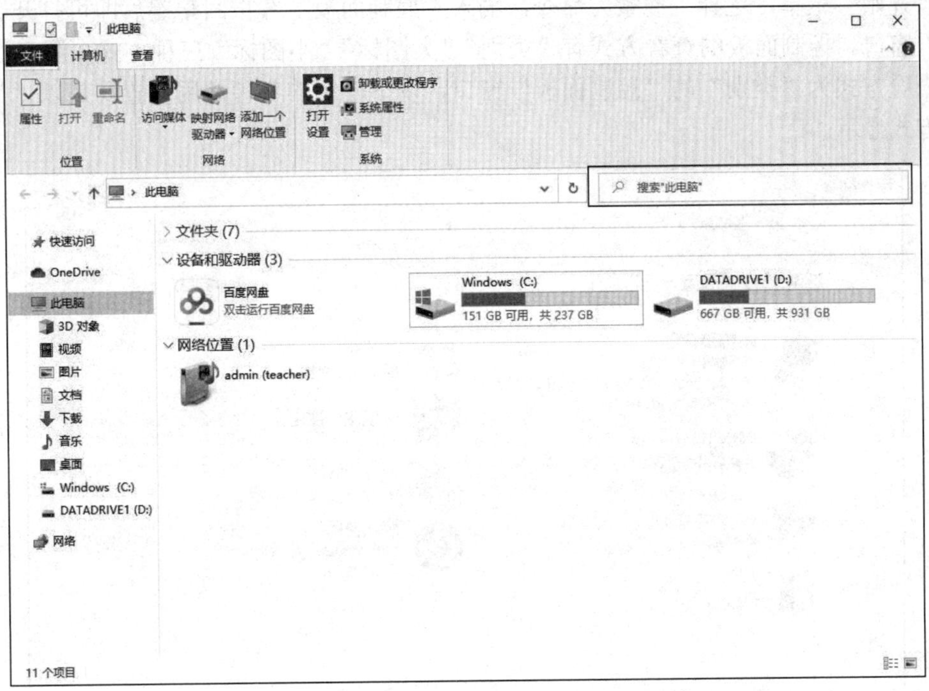

图 3-2-10　"此电脑"窗口的搜索框

在查找文件或文件夹时，如果只知道文件或文件夹某部分的名称，则可以使用通配符来进行文件或文件夹的模糊查找。"？"代表有且只有 1 个任意字母或汉字，"*"代表连续的任意个字母或汉字。

例如，在文件夹中有 5 个文件，文件名分别为 qq、qu.123、aqc.123、qbq.123、aa.qq，查找时输入"q*.*"，可能会找到 qq、qu.123、qbq.123，查找时输入"？q*"，可能会找到 qq、aqc.123。

任务 3.3　Windows 10 操作系统的程序和任务管理

任 务 描 述

张老师在安装并使用 Windows 10 操作系统一段时间后，他想让自己的计算机更加个性化，所以他按照自己的使用习惯改变了一些系统环境设置。

任 务 实 现

1. 控制面板

要快速打造与众不同的计算机工作环境，可以通过设置控制面板的相关项目来实现。

单击"开始"菜单，选择"搜索"命令，输入"控制面板"并按回车键后即可打开"控制面板"窗口。控制面板的查看方式有"类别""大图标""小图标"三种方式。图 3-3-1 所示是查看方式为"类别"的"控制面板"窗口，以下介绍的各种常用设置均是以"类别"查看方式显示。

图 3-3-1　查看方式为"类别"的"控制面板"窗口

2. 桌面的基本设置

（1）桌面个性化

一个漂亮的桌面不仅赏心悦目，而且在一定程度上还可以提高使用者的学习和工作效率。Windows 10 给我们提供了方便快捷的个性化桌面设置。在控制面板上选择"外观和个性化"→"个性化"命令；或在桌面右击，在弹出的快捷菜单中选择"个性化"命令，均可打开如图 3-3-2 所示的窗口。

Windows 10 提供了一些带有 Aero 特效的主题，单击各种主题图标，可以快速改变桌面外观，还可以联机获取更多主题。假如对提供或下载的主题不满意，可单击选择搜索框下方的"背景""颜色""锁屏界面""主题"等选项进行更深入的调整。

不同的人对计算机的显示有不同的要求，选择"外观和个性化"→"显示"命令，出现如图 3-3-3 所示窗口，选择搜索框下方的"显示"命令，可设置显示器的分辨率和颜色。分辨率越高，可显示的内容就越多，最好的办法是通过显示的比例来设置相对应的分辨率。

图 3-3-2 个性化设置窗口

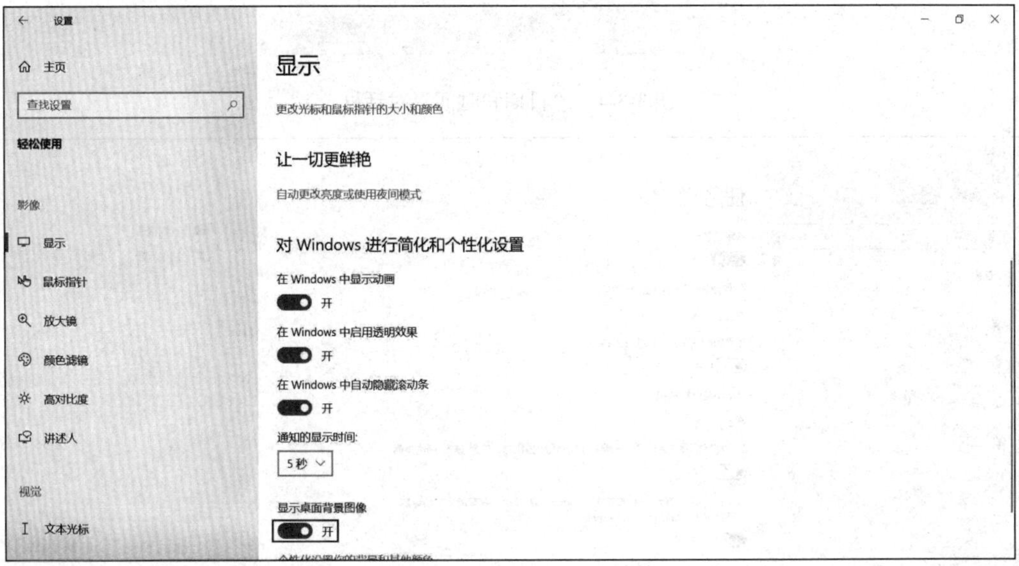

图 3-3-3 显示设置窗口

（2）调整日期和时间

在控制面板上选择"时钟和区域"→"日期和时间"命令，打开如图 3-3-4 所示对话框，在"日期和时间"选项卡中可以设置日期、时间和时区。"Internet 时间"选项卡可以设置"与 Internet 时间服务器同步"功能，以确保系统时间的准确性。

（3）调整任务栏和"开始"菜单

张老师发现 Windows 10 系统默认的任务栏不符合他的使用习惯，缺少一些常用的按钮，如 QQ 好友发来信息时没有明显的提醒，因此他要对任务栏进行一些设置。

在桌面任务栏上右击，在弹出的快捷菜单中选择"属性"命令，打开如图 3-3-5 所示窗口。

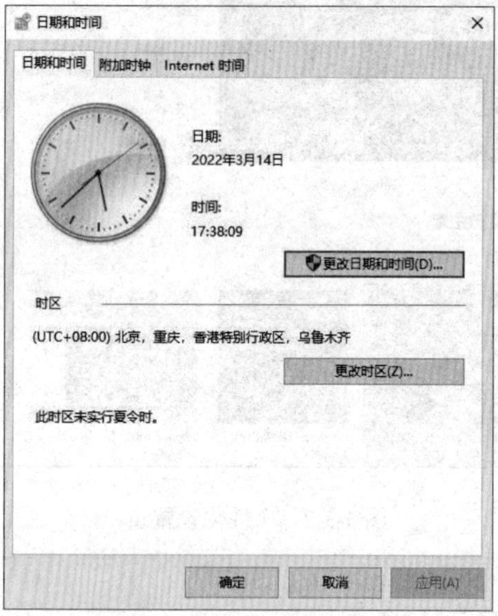

图 3-3-4 "日期和时间"对话框

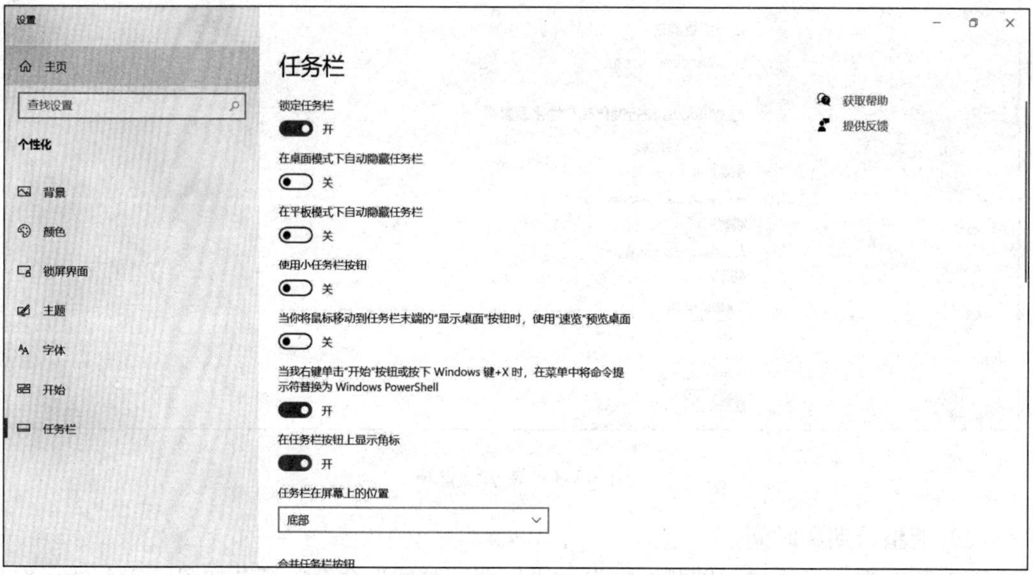

图 3-3-5 任务栏设置窗口

任务栏的设置主要有以下几种。

① 锁定任务栏：将任务栏锁定在桌面当前位置，同时还锁定显示在任务栏上任意工具栏的大小和位置。

② 在桌面（平板）模式下自动隐藏任务栏：打开开关，相应模式下的任务栏被隐藏，在屏幕边缘只显示一条细线。当光标移动到这条细线时，任务栏恢复显示；当光标移开时，任务栏消失。

③ 使用小任务栏按钮：打开此开关，任务栏上的图标会缩小显示，可以显示更多的应用程序按钮。

④ 任务栏在屏幕上的位置：Windows 10 系统去除了通过拖曳任务栏来调整位置的方式，通过下拉列表可选择"靠左""顶部""靠右""底部"等。

⑤ 通知区域：单击"选择哪些图标显示在任务栏上"按钮，可以设置显示在任务栏的任务图标，单击"打开或关闭系统图标"按钮可以设置显示在任务栏的系统图标。

⑥ 合并任务栏按钮：当任务栏的应用程序很多时，可以合并隐藏图标给任务栏留出更多空间。有"始终合并隐藏图标""当任务栏被占满时合并""从不合并"3 种样式。

3. 程序和功能

张老师想删除计算机中的一些软件，释放更多的硬盘空间来安装新软件，这时可以在控制面板上选择"程序"→"程序和功能"命令，打开如图 3-3-6 所示窗口。选中要删除的程序后，右击选择"卸载"命令，即可打开程序卸载向导，按卸载向导提示，即可卸载程序。

图 3-3-6 "程序和功能"窗口

当窗口中显示的程序太多时，可以在右上角的搜索框中输入要删除的程序名称关键词或单击"名称"右边的下拉按钮，选中程序开头字母复选框，即可快速找到要删除的程序。

4. 添加设备和打印机

张老师新买了一台打印机准备连接到计算机上,用来打印学生的成绩单和家庭报告书。添加设备和打印机的具体操作为: 在控制面板上选择"硬件和声音"→"设备和打印机"命令,打开如图 3-3-7 所示的"设备和打印机"窗口,添加打印机和其他设备。

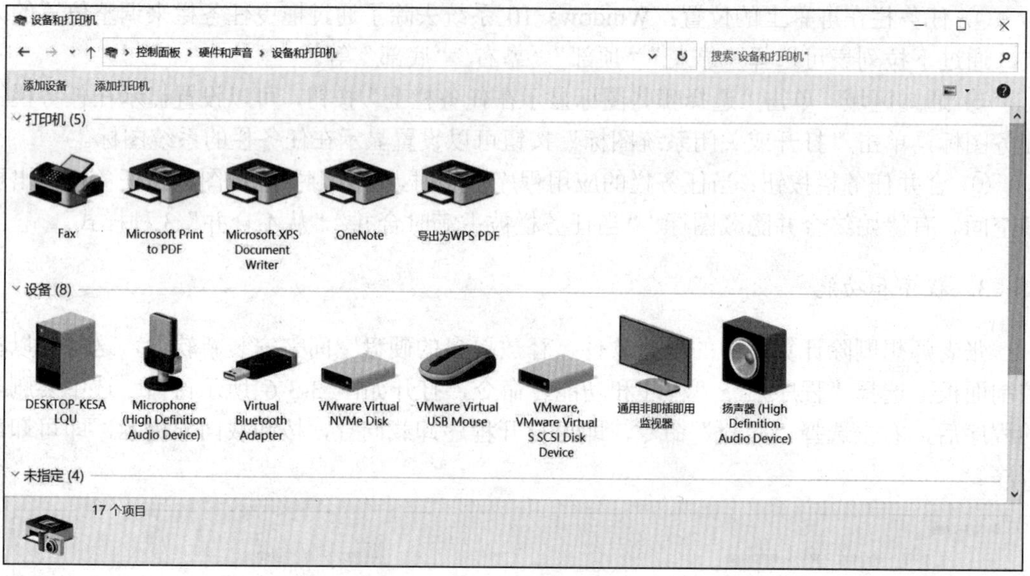

图 3-3-7 "设备和打印机"窗口

任务 3.4 中英文输入

✎ 任 务 描 述

在现在这个充满竞争的数字信息时代,规范、高效的中英文录入是我们工作、学习和生活的重要基础,是一项基本技能,学好中英文输入可以提高我们工作、学习和生活的效率。

任 务 实 现

1. 键盘的分区

目前常用的键盘为 104 键、107 键的标准键盘。为了便于记忆,按照功能的不同,可以把键盘划分成主键盘区、编辑键区、功能键区、辅助键区(又称数字键区)和状态指示区 5 个区域,如图 3-4-1 所示。

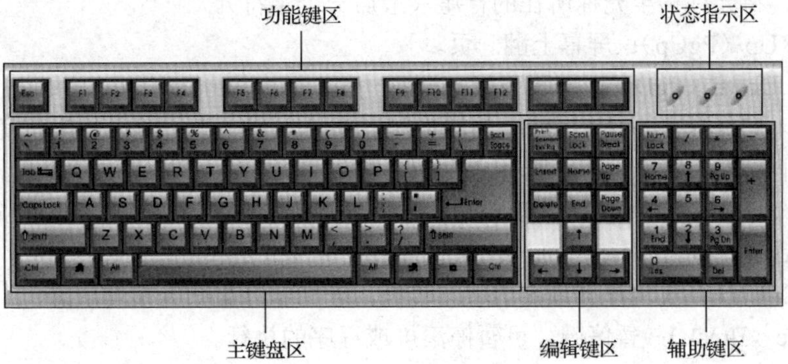

功能键区　　　　　　　　　　　　　　　　状态指示区

主键盘区　　　　　　　　　编辑键区　　辅助键区

图 3-4-1　104 键的标准键盘

（1）主键盘区

主键盘区是平时最为常用的键区，通过它可实现各种文字和控制信息的录入。

（2）编辑键区

编辑键区的键起编辑控制的作用。

（3）功能键区

功能键区在键盘最上方一排，包括 F1～F12 和 Esc 等功能键，共 16 个键。这组键通常由系统程序或应用软件来定义其控制功能。

（4）辅助键区（又称数字键区）

辅助键区主要包括数字键、光标键和部分控制键，便于操作者单手输入数据。

（5）状态指示区

状态指示区一般有 3 个指示灯，分别由键盘上对应的键来控制。

键盘上一些常用键及功能说明如下。

① Enter：回车键，表示开始执行命令或结束一个输入行。

② Space：空格键，键盘中下方的长条键，无字符，用来输入空格。

③ Backspace：退格键，删除光标前一个字符。

④ Delete 或 Del：删除键，删除光标后一个字符。

⑤ Ctrl：控制键，不单独使用，常与其他键组合成复合控制键：如 Ctrl+Shift 同时按下，可切换输入法。

⑥ Alt：换挡键，不单独使用，常与其他键组合成特殊功能键或复合控制键。

⑦ Shift：上挡键，可用于中英文转换、输入法切换、选择连续文件等功能；还可与其他键组合成复合控制键。

⑧ Tab：制表键，一般情况按下此键可使光标移动 8 个字符的位置或至下一个制表位。

⑨ Caps Lock：实现大小写字母的转换，若指示灯亮为大写状态，此时不能输入中文。

⑩ Num Lock：实现小键盘的数字与编辑状态的转换，若对应的指示灯亮则可输入小键盘上的数字，这对经常进行数字录入的操作人员非常方便。

⑪ Home：将光标移至光标所在的行首（第一个字符）。

⑫ End：将光标移至光标所在的行尾（最后一个字符）。

⑬ Page Up（PgUp）：屏幕上翻一页。

⑭ Page Down（PgDn）：屏幕下翻一页。

⑮ Insert（Ins）：插入/改写状态的转换键。在插入状态下，输入的字符插在光标前；在改写状态下，输入的字符覆盖光标之后的字符。

⑯ Print Screen：屏幕硬复制键，可复制整个屏幕（桌面）。按 Alt+Print Screen 快捷键可复制当前活动窗口。

⑰ Scroll Lock：实现滚屏锁定的状态转换。若指示灯亮则为滚屏状态。

⑱ Pause（Break）：暂停键，可暂停滚屏或程序的执行。

⑲ 左、右、上、下光标移动键。

2. 手指的分工

准备打字时，除拇指外其余的 8 个手指分别放在基本键上，拇指放在空格键上，包键到指，分工明确，如图 3-4-2 所示。

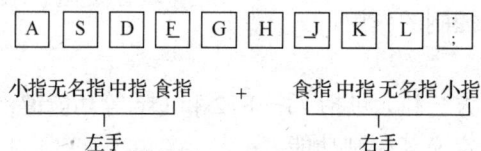

图 3-4-2　两手在键盘基本键上的位置

每个手指除了指定的基本键外，还分工有其他字键，称为它的范围键，如图 3-4-3 所示。

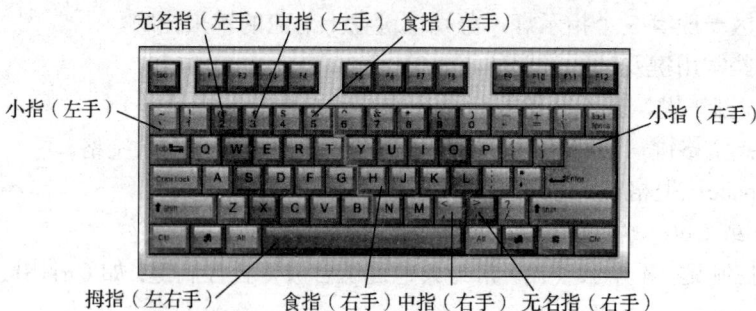

图 3-4-3　手指范围键

（1）指法练习要求

① 准备打字时除拇指外其余的 8 个手指分别放在基本键上。应注意，F 键和 J 键上均有突起，两个食指定位其上，拇指放在空格键上，可依此实现盲打。

② 任一手指击键后都应迅速返回基本键，为下次击键做好准备。

③ 平时手指稍微弯曲拱起，手指稍斜垂直放在键盘上，指尖后的第一关节成弧形，轻放键位中间，手腕要悬起，不要压在键盘上，击键的力量来自手腕。

④ 击键要短促，有弹性。不要将手指伸直来击键。

⑤ 击键要有节奏，力求保持匀速，无论哪个手指击键，该手的其他手指也要一起提起上下活动，而另一只手的各指放在基本键位上。

⑥ 空格键用拇指侧击，右手小指击回车键。

⑦ 当需要同时按下两个键时，若这两个键分别位于左右两区，则应左右两手各击其键。

（2）打字练习的方法

初学打字，掌握适当的练习方法，对于提高打字速度是必要的。

① 正确的指法。一定要把手指按照分工放在正确的键位上。

② 键盘记忆。有意识慢慢地记忆键盘各个字符的位置，体会不同键位上的字键被敲击时手指的感觉，逐步养成不看键盘的输入习惯。

③ 集中精力。进行打字练习时必须集中注意力，做到手、脑、眼协调一致，尽量避免边看原稿边看键盘，这样容易分散记忆力。

④ 准确输入。初级阶段的练习即使速度慢，也一定要保证输入的准确性。

3. 中文输入法

使用键盘输入汉字必须使用中文输入法，常用的输入法有全拼、智能 ABC、微软拼音、搜狗等。默认情况下，刚进入系统时出现的是英文输入状态，如果要进入中文输入状态，则需要在语言栏中选择对应的输入方法。

（1）Windows 自带输入法的安装

右击任务栏中输入法图标，在弹出的快捷菜单中选择"设置"命令，打开如图 3-4-4 所示"语言"窗口。

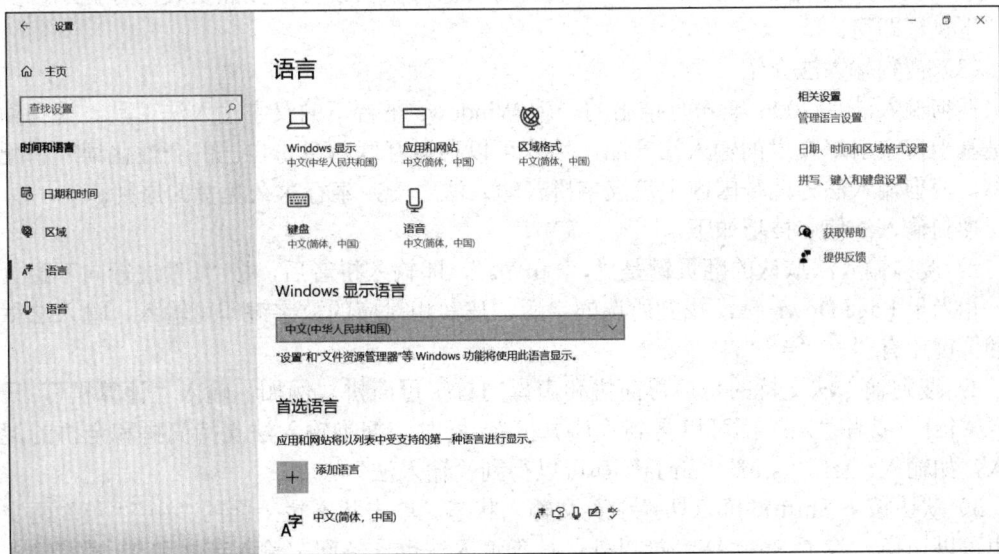

图 3-4-4 "语言"窗口

单击 按钮后，在语言选项设置窗口中单击"添加键盘"按钮，在弹出的菜单中双击要添加的输入法，完成该输入法的添加，如图 3-4-5 所示。

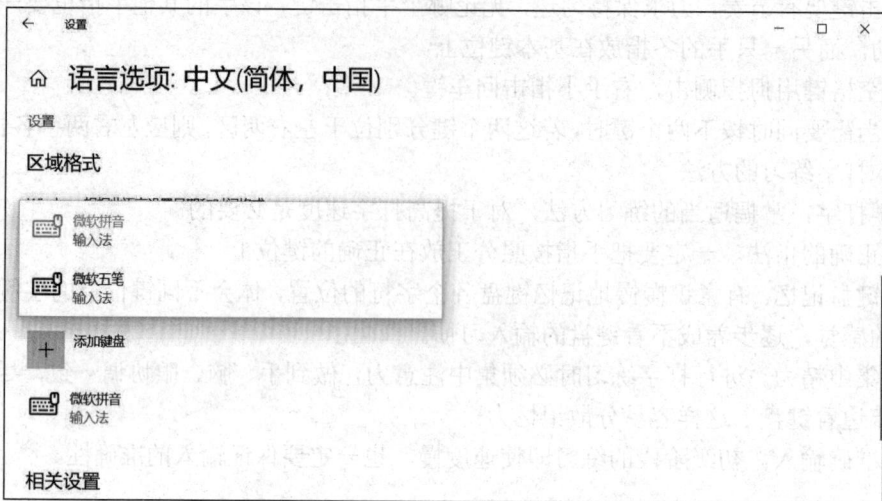

图 3-4-5　语言选项设置窗口

选择输入法的键盘操作方法如下。

① 中英文切换：Ctrl+空格键，每单击一次，在中英文之间切换一次。

② 多种输入法之间选择：Ctrl+Shift，每单击一次，按顺序选择下一种输入法。

（2）安装其他输入法

如果使用五笔输入法或搜狗输入法等其他输入法，则需要另行安装相应的软件。第三方输入法软件的安装过程比较简单，一般只需要保持默认设置，按照安装向导提示一步一步往下执行即可。

（3）搜狗输入法介绍

搜狗输入法是 2006 年 6 月推出的一款 Windows 平台下的汉字输入法工具。搜狗输入法是基于搜索引擎技术的输入法产品，用户可以通过互联网备份自己的个性化词库和配置信息。搜狗输入法为现今国内主流汉字拼音输入法之一，奉行永久免费的原则。

搜狗输入法使用技巧如下。

1）搜狗输入法默认的翻页键是"，"和"。"，即输入拼音后，按"。"进行向下翻页选字，相当于 Page Down 键，找到所选的字后，按其相对应的数字键即可输入。输入法默认的翻页键还有"–""=""[]"。

2）搜狗输入法支持的是声母简拼和声母的首字母简拼。例如，输入"计算机"，只要输入"jisj"或者"jsj"都可以得到"计算机"。同时，搜狗输入法支持简拼和全拼的混合输入，如输入"srf""sruf""shrfa"都可以得到"输入法"。

3）默认按下 Shift 键可以切换中英文输入状态。单击状态栏上面的"中""英"两字图标也可以切换。除了 Shift 键切换以外，搜狗输入法也支持回车输入英文和 V 模式输入英文。在输入较短的英文时使用此功能可省去切换到英文状态下的麻烦。具体使用方法如下。

① 回车输入英文：输入英文，直接按回车键即可。

② V 模式输入英文：先输入 V，然后再输入需要输入的英文，可以包含"@""+""*""/""–"等符号，然后按空格键即可。

项 目 小 结

目前主流的计算机操作系统是由微软公司生产的 Windows 系列操作系统，Windows 10 操作系统以其易用、快速、安全、更人性化的特点深受广大用户的喜爱。

本项目通过 4 个任务的学习，使读者能熟悉 Windows 10 操作系统的安装和系统环境基本设置；能理解并掌握文件、文件夹、库的相关概念及操作；能掌握输入法的安装方法并会使用一种汉字输入方法。

思考与练习

一、选择题

1. Windows 是一种（　　）的操作系统。

    A. 图形界面、单任务 　　　　　　B. 字符界面、单任务

    C. 图形界面、多任务 　　　　　　D. 字符界面、多任务

2. Windows 中的桌面指的是（　　）。

    A. 屏幕　　　　B. 计算机台面　　　C. 每一个窗口　　D. 我的电脑

3. 任务栏上的内容为（　　）。

    A. 当前窗口的图标 　　　　　　　B. 已启动并正在执行的程序名

    C. 所有已打开窗口的图标 　　　　D. 已经打开的文件名

4. 在 Windows 中，如果想同时改变窗口的高度和宽度，可以通过拖放（　　）实现。

    A. 窗口角　　　B. 窗口边框　　　C. 滚动条　　　D. 菜单栏

5. Windows 中可以设置、控制计算机硬件配置和修改显示属性的应用程序是（　　）。

    A. Word　　　　B. Excel　　　　C. 资源管理器　　D. 控制面板

6. 命令菜单中，灰色的命令表示（　　）。

    A. 选中该命令将弹出对话框 　　　B. 该命令正在起作用

    C. 该命令已经使用过 　　　　　　D. 该命令当前不能使用

7. 应用程序窗口被最小化后，该程序（　　）。

    A. 在后台运行

    B. 被关闭

    C. 暂停运行

    D. 仅在任务栏上显示程序名，以便重新启动

8. 右击一个对象时，（　　）。

    A. 弹出该对象所对应的快捷菜单

B．打开该对象

C．关闭该对象

D．无反应

9．要把整个屏幕内容作为一个图像复制到剪贴板，一般可按（　　）快捷键。

A．Shift+Print Screen　　　　　　　　　B．Print Screen

C．Ctrl+Print Screen　　　　　　　　　D．Alt+Print Screen

10．在 Windows 中，某个窗口的标题栏右侧的三个图标可以用来（　　）。

A．使窗口最小化、最大化和改变显示方式

B．改变窗口的颜色、大小和背景

C．改变窗口的大小、形状和颜色

D．使窗口最小化、最大化/还原和关闭

11．将文件拖动到回收站时，要使文件从计算机中删除，而不保存到回收站中，则在拖动文件的同时需按住（　　）键。

A．Alt　　　　　　B．Shift　　　　　　C．Ctrl　　　　　　D．Esc

12．将已选择的内容复制到剪贴板的快捷键是（　　）。

A．Ctrl+A　　　　B．Ctrl+X　　　　C．Ctrl+C　　　　D．Ctrl+V

13．文件类型是根据（　　）来识别的。

A．文件的存放位置　　　　　　　　　B．文件的大小

C．文件的用途　　　　　　　　　　　D．文件的扩展名

14．要选择非连续的若干个文件或文件夹，按住（　　）键，再单击要选择的文件或文件夹。

A．Alt　　　　　　B．Shift　　　　　　C．Ctrl　　　　　　D．Enter

15．要选择连续的若干个文件或文件夹，单击第一个文件或文件夹，按住（　　）键，再单击最后一个文件或文件夹。

A．Alt　　　　　　B．Shift　　　　　　C．Ctrl　　　　　　D．Enter

16．转换中英文标点符号的快捷键是（　　）。

A．Shift+Space　　B．Ctrl+Space　　C．Ctrl+Shift　　D．Ctrl+.

17．转换中英文输入法的快捷键是（　　）。

A．Ctrl+Space　　B．Alt+Space　　C．Shift+Space　　D．Alt+Esc

二、实操题

张老师的计算机安装的 Windows 10 操作系统比之前的 Windows 7 操作系统的界面更好看，运行速度更快。计算机使用一段时间之后，他发现自己的 Windows 10 系统效率越来越低了，开关机的时间也越来越长。根据张老师的计算机情况进行相应操作，加快 Windows 10 操作系统的启动速度和关机速度，并对系统启动项进行优化操作。

项目 4　WPS 文字的使用

项目背景

随着信息化的发展，学校也进入了智能化管理，李老师作为创建智慧校园的负责人，有很多与智慧校园的相关资料要录入计算机，以便日后查找和处理，这个任务可以使用文字处理软件 WPS 文字来完成。作为 WPS Office 办公软件中重要的组件，WPS 文字是集文字编辑、页面排版与打印输出为一体的文字处理软件。本项目以 WPS 文字 2019 版本为基础，所有操作均在 Windows 10 操作环境下进行。

能力目标

※　掌握 WPS 文字的启动和退出方法，熟悉 WPS 文字工作窗口的组成部分。

※　熟练掌握 WPS 文字文档的建立、编辑、保存及打印操作。

※　熟练掌握 WPS 文字文档的基本编辑功能，掌握复制、剪切、粘贴、插入、删除、查找、替换等概念和操作方法。

※　理解 WPS 文字排版中的常见概念，如插入点、段落、节、分栏、字体、字形、字号、对齐、缩进、项目符号和编号、图文混排、页边距、页眉与页脚、页码等。

※　掌握 WPS 文字中创建、修改、设置表格的基本方法，能制作复杂表格。

※　掌握 WPS 文字的版面设计技巧及图、文、框的混排方法。

※　掌握 WPS 文字中文档审阅、文档目录和思维导图等操作方法。

素养目标

1. 培养学生积极的学习态度及创新能力。

2. 通过任务实施，增强学生的图文编辑技能，提高美学修养，形成版式规范意识。

任务 4.1　WPS 文字窗口组成及基本操作

任务描述

新学期开始，创建智慧校园的工作也提上了日程，李老师作为项目负责人，为了更好地安排工作，决定通知所有成员参加一次会议。他使用 WPS 文字创建了一份关于会议通知的文档，并以"会议通知"的名字命名，保存在 WPS 网盘中。通过完成本任务，熟悉 WPS 文字的窗口组成元素，掌握 WPS 文字的启动和退出方法，对建立的文档能够进行保存、关闭和打开等基本操作。

任务实现

1. WPS 文字的启动

WPS 是一个程序集合，要启动 WPS 文字必须启动 WPS 程序，一般有以下两种方法。

方法一：双击桌面的 WPS 2019 快捷图标 。

方法二：选择"开始"菜单下的 WPS Office→WPS 2019 选项，启动程序，如图 4-1-1 所示。

2. 新建空白文档

WPS 2019 程序启动后，在 WPS 主页面的上方单击 + 按钮后，再单击工具栏中的"文字"按钮，然后单击"新建空白文档"按钮，如图 4-1-2 所示，即可新建空白文档。

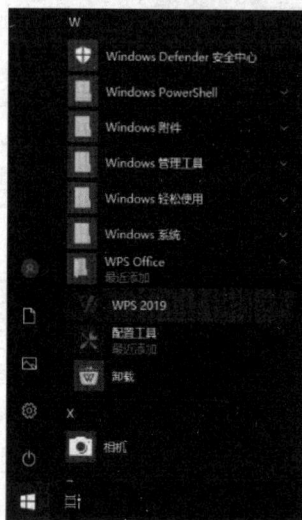

图 4-1-1　WPS 2019 启动

图 4-1-2　新建空白文档

3. WPS 文字工作窗口的组成

新版 WPS 文字工作窗口除了保留"文件"菜单外，还重新整合了以前的各种文档命令，用选项卡来呈现，更加人性化，更加方便操作者使用。WPS 文字工作窗口主要由文档标签栏、快速访问工具栏、选项卡标签栏、选项卡功能区、文档编辑区和状态栏等基本部分组成。WPS 文字的工作窗口组成如图 4-1-3 所示。

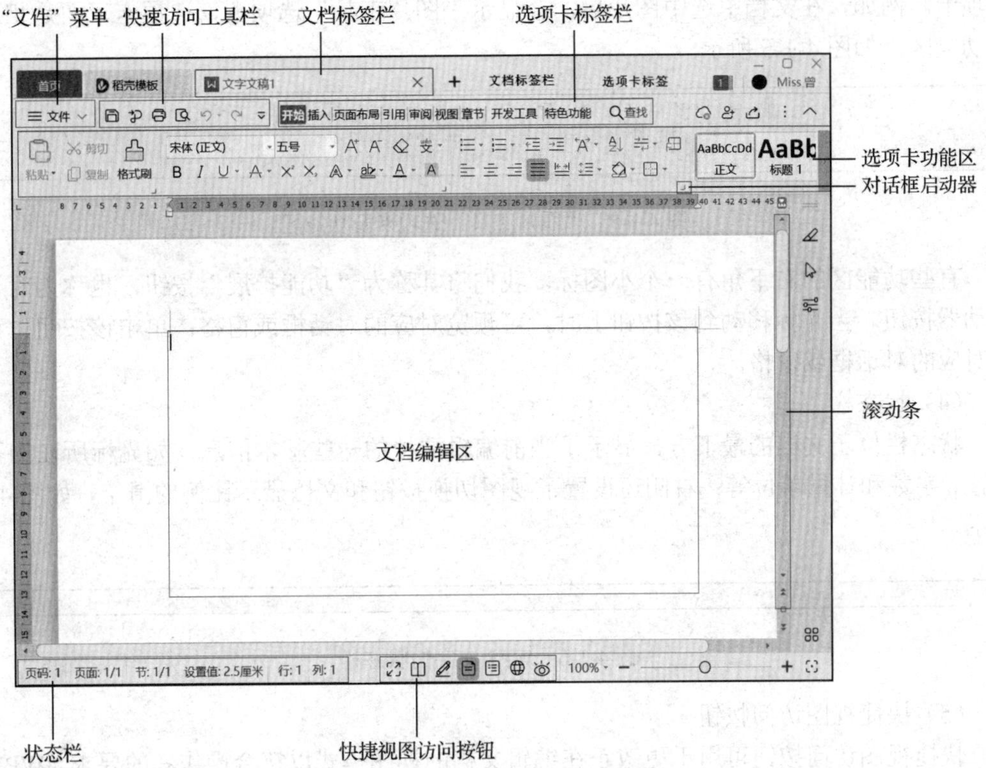

图 4-1-3　WPS 文字工作窗口组成

（1）文档标签栏

文档标签栏位于窗口最上方，完整显示文档名称。在 WPS 文字中可以同时打开多个文档进行编辑，WPS 文字会以文档标签的形式将文档依次排列，如图 4-1-4 所示。

图 4-1-4　多文档文档标签显示

WPS 文字会以高亮的方式提示用户目前正在编辑的文档，若用户需要转向其他文档进行操作，只要单击相应的文档标签即可。

（2）快速访问工具栏

用来放置一些常用命令，如保存、输出 PDF、打印和撤销等，也可以通过"自定义快速访问工具栏"来添加个人常用命令。

（3）选项卡标签栏与选项卡功能区

选项卡标签栏位于文档标签栏的下方，是 WPS 文字对各种文档命令重新组合后的一种新的呈现方式。默认情况下包含"开始""插入""页面布局""引用""审阅""视图""章节""开发工具""特色功能" 9 个选项卡，单击某个选项卡可展开相对应的功能区。

此外，当在文档中选中图片、艺术字或表格等对象时，会显示与所选对象设置相关的选项卡。例如，在文档中选中图片后，会显示"图片工具"选项卡，选项卡下面是相对应的功能区，如图 4-1-5 所示。

图 4-1-5 "图片工具"选项卡及功能区

有些功能区的右下角有一个小图标，我们将其称为"功能扩展"按钮，也称为对话框启动器按钮。当光标移动到该按钮上时，可预览对应的对话框或窗格；单击该按钮，可弹出对应的对话框或窗格。

（4）状态栏

状态栏位于文档的最下方，显示了当前编辑文档的一些基本信息，如光标所在的行列位置、字数和计量单位等；右侧还设置了视图切换按钮和文档显示比例的滑竿，如图 4-1-6 所示。

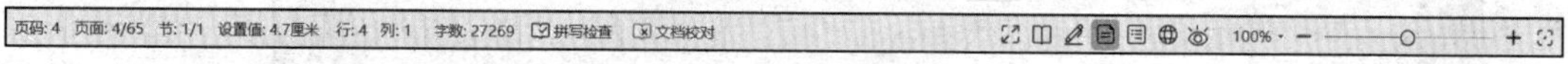

图 4-1-6 WPS 文字的状态栏

（5）快捷视图访问按钮

快捷视图访问按钮可用于更改正在编辑文档的视图模式以符合操作者的要求。WPS 文字中提供了 7 种不同的版式视图，即全屏显示、阅读版式、写作模式、页面视图、大纲视图、Web 版式和护眼模式。

① 全屏显示，可以隐藏界面上文档内容外的所有部分，方便用户集中精力关注文档内容。单击"退出"按钮可以恢复到原先的视图。

② 阅读版式，以图书的分栏样式显示 WPS 文字文档，"文件"菜单、功能区等窗口元素被隐藏起来。在阅读版式视图中，功能区会出现阅读相关工具供用户选择使用。

③ 写作模式下能显示目录，清晰展示文章结构。

④ 页面视图采用了所见即所得的方式来展示文档，主要包括页眉、页脚、图形对象、分栏设置、页面边距等元素，是最接近打印结果的视图模式。

⑤ 大纲视图主要用于 WPS 文字文档的设置和显示标题的层级结构，并可以方便地折叠和展开各种层级的文档，大纲视图广泛用于 WPS 文字长文档的快速浏览和设置。

⑥ Web 版式，以网页的形式显示 WPS 文字文档，Web 版式适用于发送电子邮件和创

建网页。

⑦ 护眼模式下界面跟页面视图一致，只是文档编辑区会使用一种柔和的色调，让使用者眼睛更舒服。

在不同视图之间切换，除了可以通过视图快捷按钮实现外，还可以通过"视图"选项卡进行，视图的切换不会改变文档的格式，只是改变了文档的显示方式。

4. 输入文字

启动 WPS 文字后，自动建立名为"文字文稿 1"的空白文档，在工作窗口中间的空白区域是"文本编辑区"，在这里可以输入文本，编辑区中的"I"状闪烁光标就是文本输入的起始位置。在文本编辑区输入图 4-1-7 所示的内容，输入完毕光标在文件结尾。

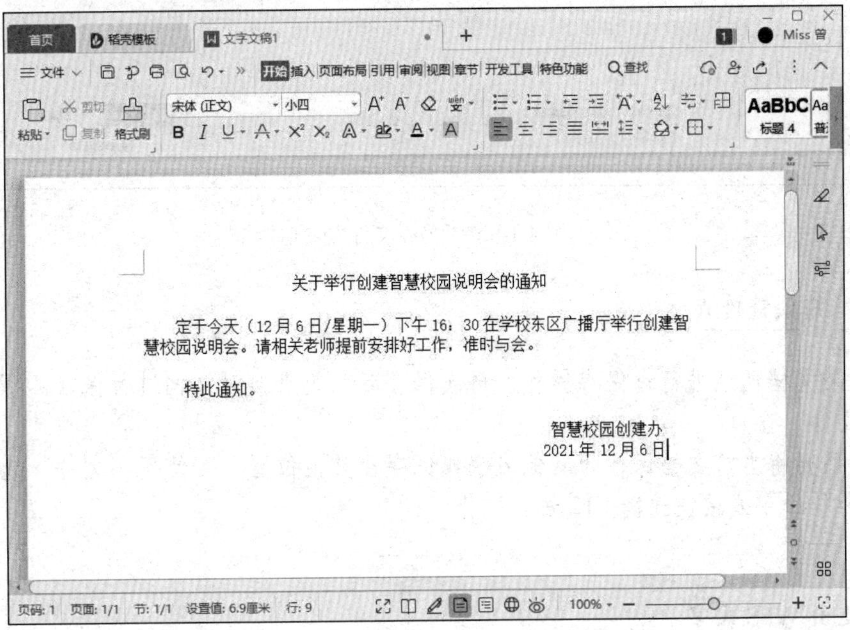

图 4-1-7　文档编辑区中的内容

5. 保存文档

文字输入完成后，需要把此文档命名为"会议通知.wps"并保存，具体操作方法如下。

① 单击快速访问工具栏中的"保存"按钮🗖或在"文件"菜单中选择"保存"命令或按快捷键 Ctrl+S。

② 第一次保存时，会弹出如图 4-1-8 所示的"另存文件"窗口。

③ 在"位置"中选择文档存放的位置。

④ 在"文件名"框中输入要保存的文件名，如"会议通知"。

⑤ 单击"保存"按钮，系统默认保存为"WPS 文字文件"文件类型，扩展名为".wps"。

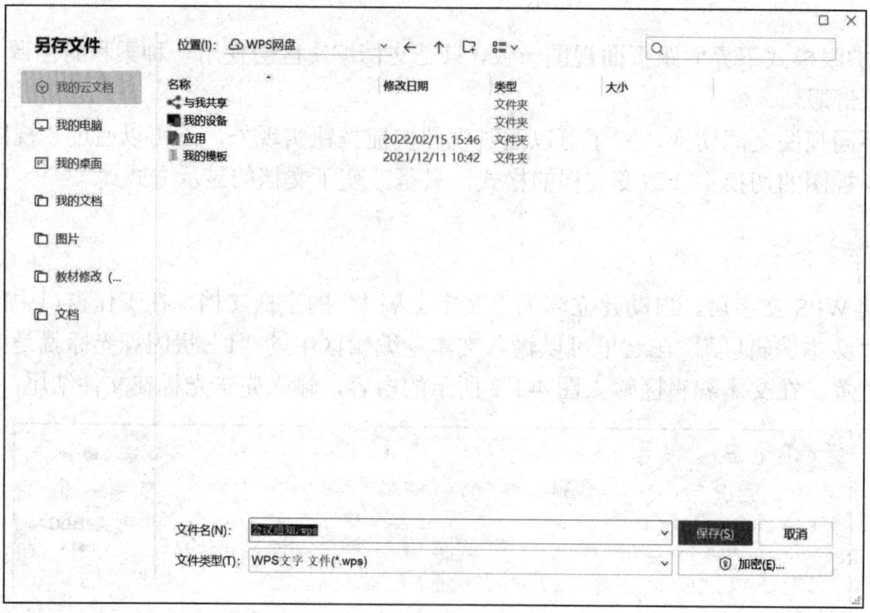

图 4-1-8　"另存文件"窗口

🔗 **知识链接** ◾

如果文档已经进行过保存操作，再次保存时系统直接对文档进行保存，不会弹出"另存文件"窗口。

如果要将当前文档保存为其他名字或保存在其他位置，可使用"文件"选项卡的"另存为"命令或按快捷键 F12 进行操作。

6. 退出 WPS 文字

结束文档编辑并保存后，可以选择下列操作方法退出 WPS 文字。

方法一：单击窗口右侧"关闭"按钮 ✖ 。

方法二：单击文档标签栏上的关闭图标。

方法三：选择界面左上侧"文件"菜单中的"退出"命令。

方法四：按 Alt+F4 快捷键关闭所有文档，按 Ctrl+F4 快捷键关闭当前文档。

知 识 拓 展

文档的安全性管理

在实际应用中，有些特殊的文档，只允许有密码的用户阅读和编辑，也有些文档只允许阅读而不能进行编辑，WPS 文字提供了对文档权限的管理方法。

1. 设置文档权限

设置文档的权限是保护文档机密性最简单的方法。具体方法是单击"文件"菜单，选择"文档加密"→"文档权限"命令，打开如图 4-1-9 所示的"文档权限"对话框，开启"私密文档保护"并添加指定人。

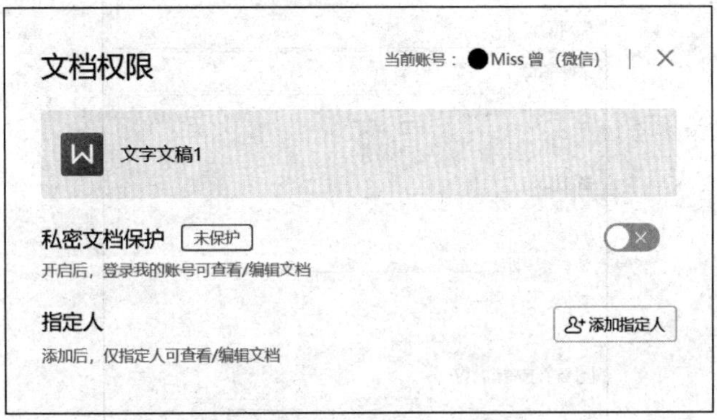

图 4-1-9　"文档权限"对话框

2. 添加密码加密

打开"会议通知"文档，单击"文件"菜单，选择"文档加密"→"密码加密"命令，打开如图 4-1-10 所示的"密码加密"对话框。可根据需要设置相应的密码，设置完成后单击"应用"按钮即可完成文档密码加密。

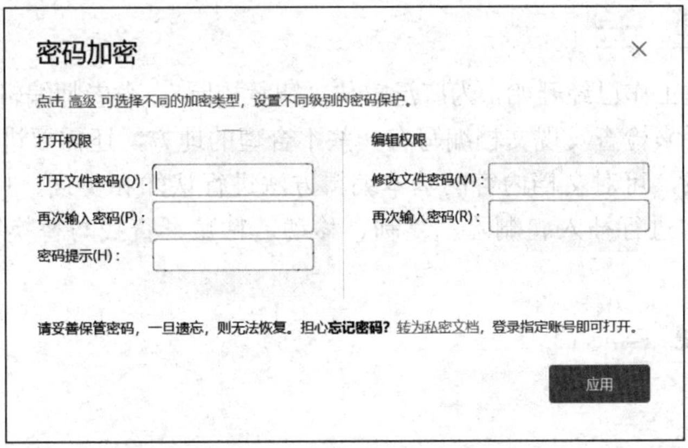

图 4-1-10　"密码加密"对话框

3. 设置文档属性

单击"文件"菜单，选择"文档加密"→"文档加密属性"命令，打开如图 4-1-11 所示的属性对话框，在"摘要"选项卡下可以设置文档的标题、主题、作者、关键字等属性。

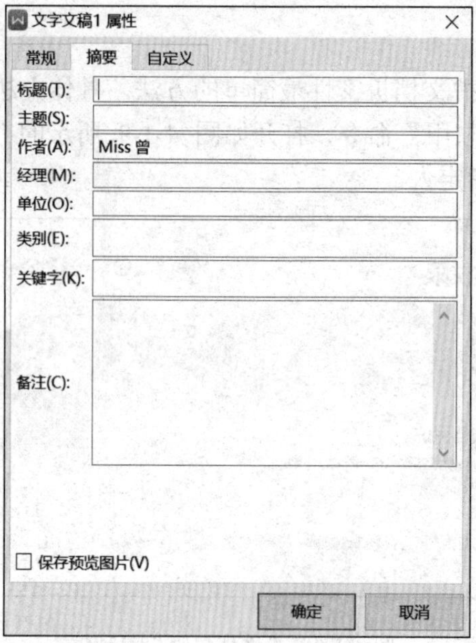

图 4-1-11　属性对话框

任务 4.2　WPS 文字文档的编辑

任务描述

　　智慧校园创建工作已经开始，为广泛宣传"智慧校园"，李老师编辑了一份"智慧校园的实践"文档，后来检查发现文档编写有一些不合理的地方，还需要进一步编辑修改。通过这次任务的完成，可对文档内容的基本编辑方法进行认知和实践，具体包括选定文本，并对所选定的文本进行插入、删除、复制、移动、粘贴、查找与替换等操作。编辑后如图 4-2-1 所示。

任务实现

1. 打开文档

　　当要查看、修改、编辑或打印已存在的文档时，首先应该打开它。在 WPS 文字中可以打开不同位置的文档，且文档的类型可以是 WPS 文档，也可以是非 WPS 文档（如 Word 文档，纯文本文件等）。打开"智慧校园的实践"文档的具体操作如下。

　　① 启动 WPS 程序，在左侧选择"打开"命令，弹出"打开文件"窗口，在"最近"列表中选择"智慧校园的实践"文档，再单击"打开"按钮即可，如图 4-2-2 所示。

② 若文档不在“最近”列表中，可以单击“打开文件”窗口左侧导航条中“我的电脑”或“我的桌面”等图标进行查找。

③ 若已知文档位置，也可以直接双击文档快速打开。

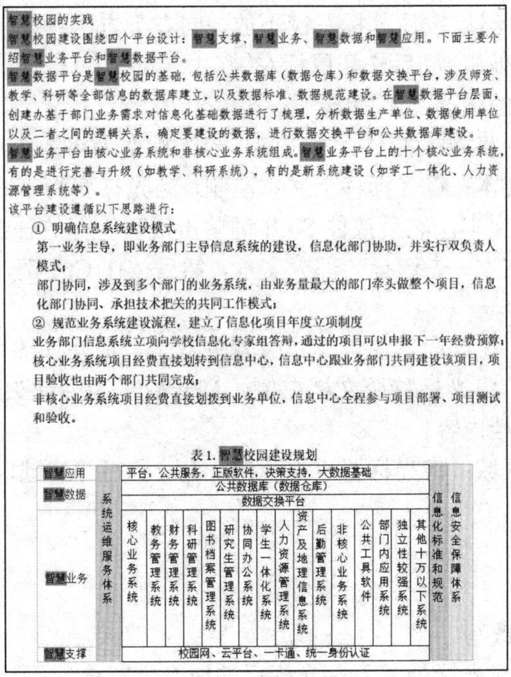

智慧校园的实践

智慧校园建设围绕四个平台设计：智慧支撑、智慧业务、智慧数据和智慧应用。下面主要介绍智慧业务平台和智慧数据平台。

智慧数据平台是智慧校园的基础，包括公共数据库（数据仓库）和数据交换平台，涉及师资、教学、科研等全部信息的数据库建立，以及数据标准、数据规范建设。在智慧数据平台层面，创建办基于部门业务需求对信息化基础数据进行了梳理，分析数据生产单位、数据使用单位以及二者之间的逻辑关系，确定要建设的数据，进行数据交换平台和公共数据库建设。

智慧业务平台由核心业务系统和非核心业务系统组成。智慧业务平台上的十个核心业务系统，有的是进行完善与升级（如教学、科研系统），有的是新系统建设（如学工一体化、人力资源管理系统等）。

该平台建设遵循以下思路进行：

① 明确信息系统建设模式

第一业务主导，即业务部门主导信息系统的建设，信息化部门协助，并实行双负责人模式；

部门协同，涉及到多个部门的业务系统，由业务量最大的部门牵头做整个项目，信息化部门协同、承担技术把关的共同工作模式；

② 规范业务系统建设流程，建立了信息化项目年度立项制度

业务部门信息系统立项向学校信息化专家组答辩，通过的项目可以申报下一年经费预算；核心业务系统项目经费直接划转到信息中心，信息中心跟业务部门共同建设该项目，项目验收也由两个部门共同完成；

非核心业务系统项目经费直接划拨到业务单位，信息中心全程参与项目部署、项目测试和验收。

表 1. 智慧校园建设规划

智慧应用	系统运维服务体系	平台：公共服务，正版软件，决策支持，大数据基础	信息化标准和规范；信息安全保障体系
智慧数据		公共数据库（数据仓库） 数据交换平台	
智慧业务		核心业务系统：教务管理系统、财务管理系统、科研管理系统、图书档案管理系统、研究生管理系统、协同办公系统、学生一体化系统、人力资源管理系统、资产及地理信息系统、后勤管理系统 非核心业务系统：公共工具软件、部门内应用系统、独立性较强系统、其他十万以下系统	
智慧支撑		校园网、云平台、一卡通、统一身份认证	

图 4-2-1　“智慧校园的实践”文档

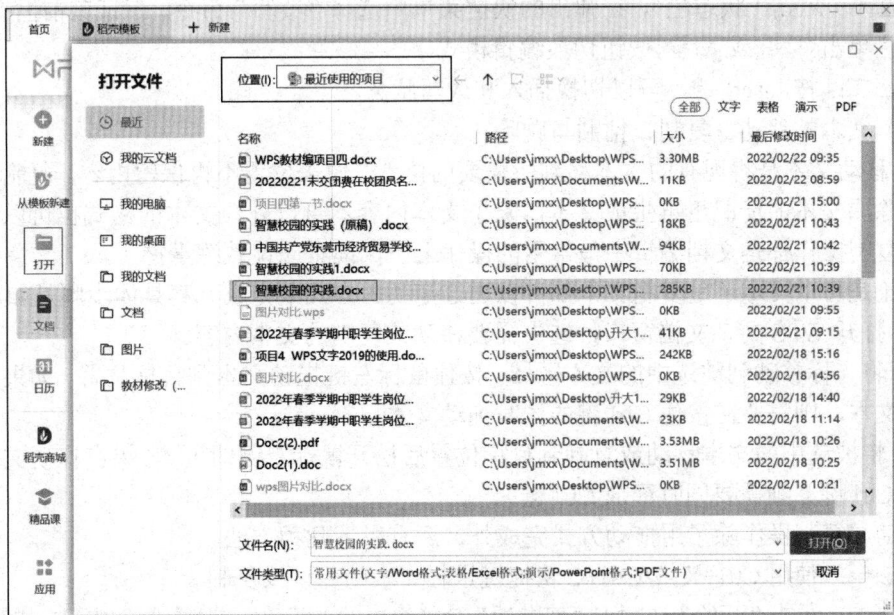

图 4-2-2　“打开文件”窗口

2. 选择文本

在进行编辑操作之前，必须选择编辑对象，然后再对选定的内容进行编辑操作。

选择文本的基本方法是使用鼠标拖曳选取。具体方法为：首先把光标置于要选定文本的最前面（或最后面），然后按住鼠标左键不放，向右下方（或左上方）拖动鼠标到要选择文本的结束处（或开始处），最后松开鼠标左键。

下面介绍几种常用的选择文本的方法。

① 选择一行文本：将光标移至文本左侧，当光标变为小箭头形状时单击。

② 选择连续多行文本：将光标移至文本左侧，当光标变为小箭头形状时，向上或向下拖动鼠标；先选择首行文本，然后按住 Shift 键单击最后一行的任意位置。

③ 选择不连续的文本：先选择一部分文本，然后按住 Ctrl 键，再选择另外的文本区域即可。

④ 选择一个段落：在该段落左侧空白位置处双击，或是在该段落中任意位置处三击。

⑤ 选择整篇文档：将光标移至文档左侧，当光标变为小箭头形状时三击；按 Ctrl+A 快捷键也可选择整篇文档内容。

⑥ 选择矩形文本区域：将光标置于文本的一角，按住 Alt 键，拖动鼠标到文本块的对角，即可选定一块文本。

3. 编辑文本

（1）文本的插入与改写

插入文本是指字符在光标处写入，光标后的所有字符依次后移；改写文本是指字符从光标处开始，在已有的字符上覆盖。插入和改写是在同一个键上，其转换方法如下。

方法一：右击"状态栏"，在弹出的快捷菜单中选择"改写"命令，保证其前面有对钩，在状态栏单击 <img> 改写 或 <img> 改写 按钮切换编辑模式。

方法二：按 Insert 键，可以切换插入和改写状态。

（2）文本的移动、复制、粘贴与删除

1）移动文本是将现有的文本移到所需要的位置，原来位置不再保留内容。复制文本是在不删除原文本的情况下再生成文本，除了文本内容本身以外，文本的格式也可以复制。移动与复制操作都是文档编辑中最常用的操作之一，读者应该熟练掌握。

无论是移动文本还是复制文本都可以通过拖动的方式来完成，其具体步骤是如下。

① 打开 WPS 文字文档窗口，选中需要移动或复制的文本内容。

② 将光标移动到被选中的文本区域，按住鼠标左键拖动文本到目标位置。如果复制被选中的文本，则需要在按住 Ctrl 键的同时拖动文本。

③ 将被选中的文本移动或复制到目标位置后松开鼠标左键即可（如果在拖动文本的同时按住 Ctrl 键，则需要同时释放 Ctrl 键）。

移动与复制操作除了用拖动方式完成外，还有以下几种方法。

方法一：使用 Ctrl+X 或 Ctrl+C 快捷键进行文本的剪切或复制。

方法二：单击"开始"选项卡"剪贴板"功能组中的"剪切"或"复制"按钮，如图 4-2-3 所示。

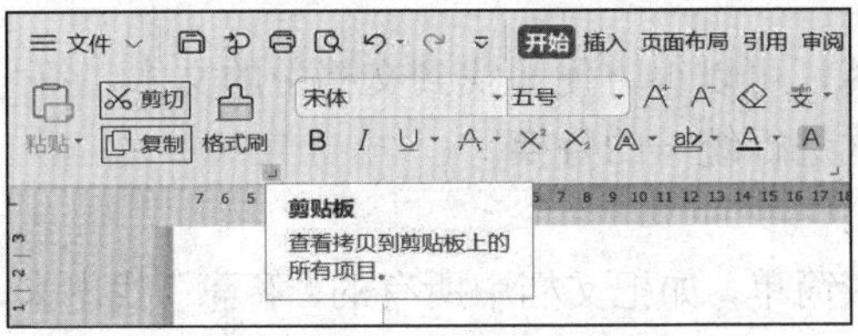

图 4-2-3　"剪贴板"功能组

方法三：在选定的文本上右击，在弹出的快捷菜单中选择"剪切"或"复制"命令。

2）无论是移动文本还是复制文本，对计算机来说都是将文本临时存入内存，想要应用这些内容必须进行"粘贴"操作。在粘贴前，先选好插入点，使用 Ctrl+V 快捷键即可完成。在执行粘贴操作时，还可以选择粘贴的方式，就是以何种形式将已经剪切或复制的内容放入插入点，这个功能被称为选择性粘贴。"粘贴"的选择类型如图 4-2-4 所示。

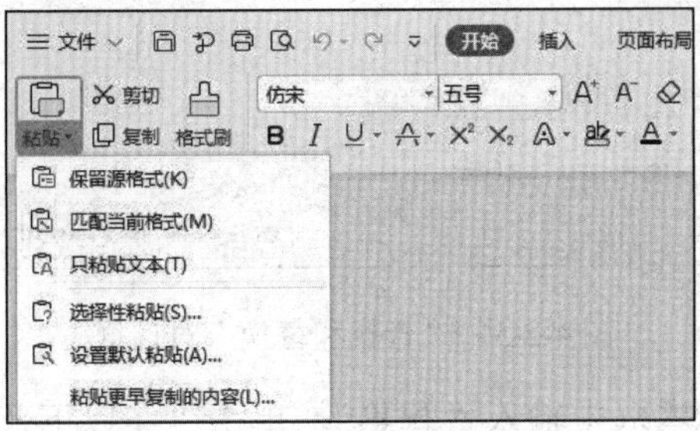

图 4-2-4　"粘贴"的选择类型

① 保留源格式：保留原始文档格式粘贴进入新文档或新位置。

② 匹配当前格式：将要粘贴的内容按照新文档或者新位置的字体、段落格式显示。

③ 只粘贴文本：将复制的内容格式全部去除，以默认的格式粘贴在新文档或者新位置。

3）文本的删除是指将选定的文本内容进行删除。删除文本的方法有以下几种。

① 选中要删除的文本，按 Backspace（←）键或 Delete 键删除。

② Backspace（←）键可将当前插入点左侧的字符删除。

③ Delete 键可将当前插入点右侧的字符删除。

（3）撤销与恢复

WPS 文字会记录用户对文档的每一步操作，如果所做的操作不合适，而想返回到当前结果前面的状态，则可以通过撤销与恢复功能实现。

撤销与恢复操作方法如表 4-2-1 所示。

表 4-2-1　撤销与恢复操作方法

方法	撤销	恢复
快速访问工具栏	↺	↻
快捷键	Ctrl+Z	Ctrl+Y

（4）查找和替换

使用查找和替换功能，可以很方便地找到文档中的文本、符号或格式，也可以对多个相同的文本、符号或格式进行统一的替换。

1）基本查找和替换。

基本查找和替换比较简单，如把文档中所有的"智惠"找出来，并将它们改为"智慧"，操作步骤如下。

① 使用 Ctrl+F 快捷键或者单击"开始"选项卡中的"查找替换"按钮，弹出如图 4-2-5 所示的"查找和替换"对话框。

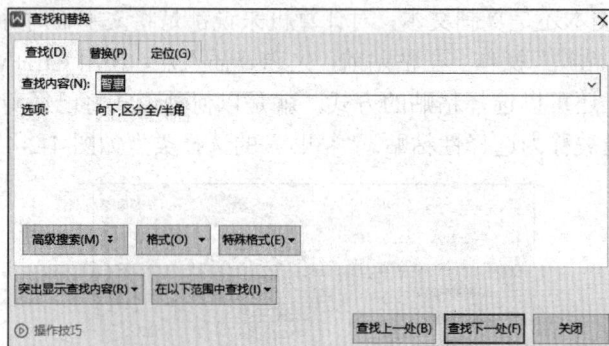

图 4-2-5　"查找和替换"对话框

② 在"查找内容"文本框中输入"智惠"，单击"在以下范围中查找"下拉按钮，在弹出的下拉列表中选择"主文档"选项，再单击"突出显示查找内容"下拉按钮，在弹出的下拉列表中选择"全部突出显示"选项，则文档中所有满足条件的内容将突出显示，如图 4-2-6 所示。

图 4-2-6　查找内容突出显示

③ 选择"替换"选项卡，在"替换为"文本框中输入"智慧"，单击"全部替换"按钮后会弹出如图 4-2-7 所示的替换提示对话框，显示找到的内容数量并提示用户确认替换。单击"确定"按钮即可完成查找并替换的全部过程。

2）高级查找和替换。

可以通过高级搜索、格式、特殊格式查找文档中的各种标记，也可以通过它们实现对文档的批量更改。例如，把"智慧校园的实践"文档中所有"智慧"改为红色、加粗的效果，就可以用高级替换来实现，具体操作步骤如下。

打开"查找和替换"对话框，在"查找内容"和"替换为"文本框中都输入"智慧"

并将光标定在"替换为"文本框中，单击"格式"下拉按钮，在弹出的下拉列表中选择"字体"选项，按照要求进行设置，设置完成后如图 4-2-8 所示，最后单击"全部替换"按钮，即可完成全文"智慧"格式的批量更改。

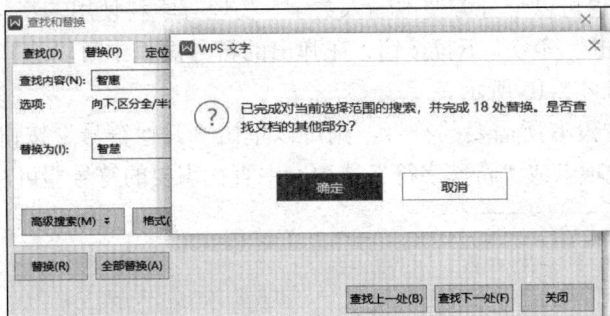

图 4-2-7　替换提示对话框

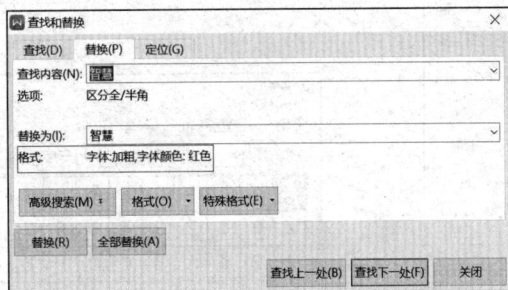

图 4-2-8　高级查找和替换示例

知 识 拓 展

1. 插入文本

编辑文档过程中经常会插入文本，最常用的方法是直接在插入点位置输入要插入的文本，即在文档中单击定位插入点位置，然后输入文本内容。这种方法通常是在插入的内容较少时使用，如果需要插入一个完整的文件时可采用如下方法。

1）单击定位插入点位置。

2）选择"插入"选项卡，单击"对象"下拉按钮，在弹出的下拉列表中选择"文件中的文字"命令，如图 4-2-9 所示，弹出"插入文件"对话框，选择需要插入的文档后再单击"打开"按钮即可。

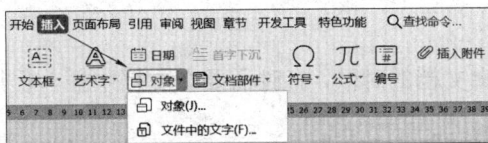

图 4-2-9　插入文件

2. 插入符号与公式

（1）插入符号

在 WPS 文字中也可以十分方便地输入数学、物理等学科使用的特殊符号、公式等。在"插入"选项卡下单击"符号"下拉按钮，在弹出的符号面板中可以选择最常用的一些符号直接插入文档，如图 4-2-10 所示。

如果符号面板中没有所需要的符号，则可以单击"其他符号"按钮，打开"符号"对话框，在"符号"选项卡或"特殊字符"选项卡中查找需要的符号即可，如图 4-2-11 所示。

图 4-2-10　符号面板

图 4-2-11　"符号"对话框

（2）插入公式

WPS 文字集成了公式编辑工具 MathType，可以直接在文档中插入公式。在"插入"选项卡下单击"公式"按钮，可弹出如图 4-2-12 所示的公式编辑器，用以输入复杂的数学公式。

MathType 生成的公式具备可编辑性，只要双击已经插入文档的公式，MathType 便可以启动供用户修改。

3. 插入日期与时间

在使用 WPS 文字编辑文档的时候，有时需要在文档中插入日期和时间，其具体操作步骤如下。

在"插入"选项卡下单击"日期"按钮，弹出如图 4-2-13 所示的"日期和时间"对话框。在"可用格式"列表中选择合适的日期和时间格式，选中"自动更新"复选框，实现每次打开文档自动更新日期和时间，再单击"确定"按钮即可完成设置。

图 4-2-12　MathType 公式编辑器

图 4-2-13　"日期和时间"对话框

4. 插入脚注和尾注

脚注和尾注共同的作用是对文字补充说明，在 WPS 文字文档中可以很轻松地插入脚注和尾注，具体操作步骤如下。

① 将光标定位到需要插入脚注或尾注的位置，选择"引用"选项卡，在"脚注和尾注"选项组中根据需要单击"插入脚注"按钮或"插入尾注"按钮，如图 4-2-14 所示。

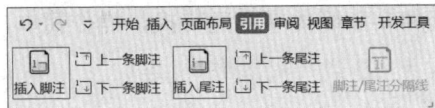

图 4-2-14　"插入脚注"按钮和"插入尾注"按钮

② 若单击"插入脚注"按钮，则在刚刚选定的位置上会出现一个上标的序号"1"，在页面底端也会出现一个序号"1"，且光标在序号"1"后闪烁。在页面底端的序号"1"后输入信息即可完成脚注的插入。

③ 若单击"插入尾注"按钮，则在刚刚选定的位置上会出现一个上标的序号"i"，在文档结尾处也会出现一个序号"i"，且光标在序号"i"后闪烁。在文档结尾处的序号"i"后输入内容即可完成尾注的插入。

5. 插入题注

题注是对象上方或下方显示的一行文字，用于描述该对象，如图片、表格等的名称和编号，可以更好地对图片、表格等进行说明。使用题注功能可保证在长文档中，图片、表格等项目能够按顺序自动编号，方便用户查找和阅读。当带题注的项目发生变化的时候，WPS 文字会自动更新题注编号。

插入题注的步骤是，选择添加题注的对象，选择"引用"选项卡，单击"题注"按钮，弹出"题注"对话框，如图 4-2-15 所示。在"标签"下拉列表中选择适当的标签内容，单击"确定"按钮后，即可生成自动编号的题注效果。

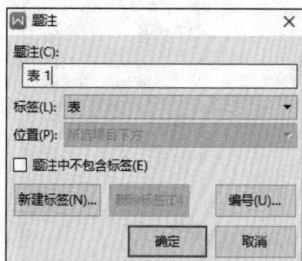

图 4-2-15 "题注"对话框

6. "审阅"选项卡中常用工具

（1）字数统计

统计全文字数：在没有做任何"选择"操作的情况下，在"审阅"选项卡下单击"字数统计"按钮，在弹出的对话框中即可显示相关的统计信息。

统计选中部分字数：选择要统计的部分，可以是多行文本或多个段落，再单击"字数统计"按钮，在弹出的对话框中即可显示选中部分的相关统计信息。

（2）修订功能

修订主要包含对文档内容的插入与修改。在修订状态下，插入或删除文本的操作并不直接修改原文，而是经特殊标记形式显示。

打开与关闭修订：在"审阅"选项卡下单击"修订"按钮，即可开始进行修订操作。如果要关闭修订的状态，只需要再次单击"修订"按钮即可。

接受修订：指审阅者接受对文档内容的补充或修改，将修订内容转换为文档正文的操作。选中修订内容后单击"接受"按钮。

拒绝修订：指审阅者将修订的内容删除并返回到原始状态的操作。选中修订内容后单击"拒绝"按钮。

（3）中文的繁简转换

这个功能是把文本在繁体字和简体字之间转换，操作简单，近年来常在等级考试的试题中出现。

任务 4.3 WPS 文字文档的排版

任务描述

为了让智慧校园的创建引起更多老师的关注，李老师把"智慧校园的实践"文档进行了排版美化，以达到最好的打印效果，完成后效果如图 4-3-1 所示。通过对这次任务的完成，既能够掌握文本与段落格式设置的基本操作方法，又能学会对整个版面的格式设置，具体包括字符格式设置、段落格式设置和页面格式设置。

任务实现

1. 字符格式设置

字符格式即指字符的外观呈现，主要包括字体、字号、字形、颜色、间距等属性。字符是页面各种内容的最小元素，也是决定文档风格的重要元素。WPS 文字提供了专门的"字体"

对话框用于设置字符格式，如图 4-3-2 所示，所有关于字符的设置都可以在这个对话框完成。

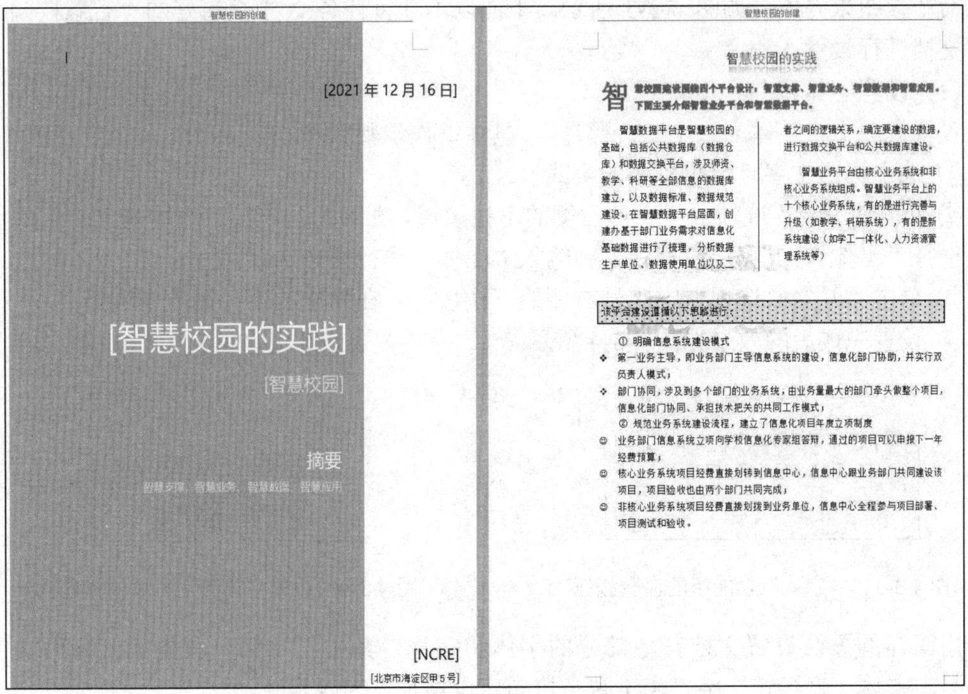

图 4-3-1　"智慧校园的实践"效果图

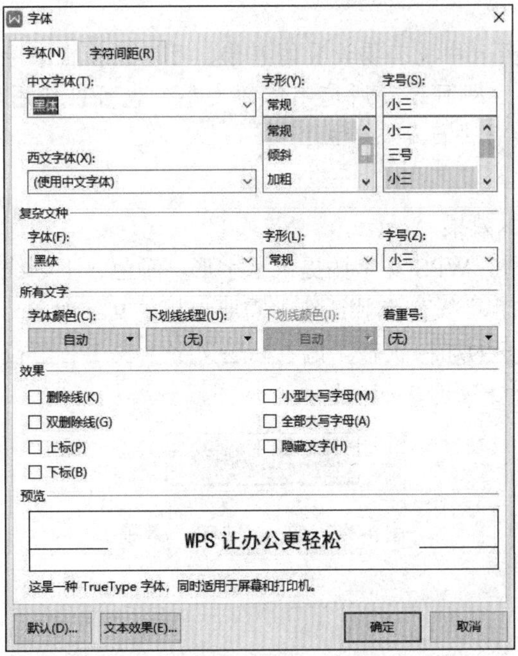

图 4-3-2　"字体"对话框

除了使用"字体"对话框进行文本格式设置外，也可以利用"开始"选项卡字体功能组的命令按钮来完成，如图 4-3-3 所示。下面以本项目任务 2 中编辑好的"智慧校园的实践"文档进行设置。

（1）设置字体和字号

设置标题文字字体为"小三，黑体"，具体操作步骤如下。

① 选中标题文字"智慧校园的实践"。

② 单击"开始"选项卡中字体右侧的下拉按钮，在弹出的下拉列表中拖动右侧的滚动条，选择"黑体"，或直接在搜索框中输入"黑体"进行快速选择。

③ 单击"开始"选项卡中字号右侧的下拉按钮，在弹出的下拉列表中选择"小三"。

④ 设置完成后的效果如图 4-3-4 所示。

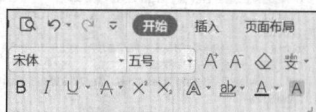

图 4-3-3 "字体"功能组的命令按钮

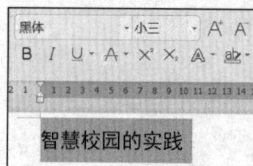

图 4-3-4 设置字体和字号后的标题效果

用同样的方法设置文档其他部分的字体和字号，其中正文第一段到第四段的文字为 10.5 号，宋体；表标题文字"表 1.智慧校园建设规划"为四号。

🔗 知识链接 ■

如果字号的下拉列表中没有要设置的字号，可以直接在字号列表框中输入所选文字需要的磅值，回车后即可改变所选字体的大小；也可以使用增大及缩小字体按钮 A⁺ A⁻ 对选中的文本字号进行动态缩放。

（2）设置字形及文本效果

除了字体、字号之外，WPS 文字还提供了字形、颜色、下划线以及文本效果等多种属性来丰富文本呈现。"加粗"操作步骤：选中需要加粗的文字对象，单击命令按钮 B，或按 Ctrl+B 快捷键，文本会变为加粗状态。把表标题文字"表 1.智慧校园建设规划"设置为加粗，效果如图 4-3-5 所示。

图 4-3-5 文本"加粗"效果

🔗 知识链接 ■

常见的字体效果如表 4-3-1 所示。

表 4-3-1 常见的字体效果

名称	效果
字形	常规 **加粗** *倾斜*
下划线类型	波浪线 双窄线
着重号	点型 顿号型
删除线	~~删除线~~
双删除线	双删除线
上标	上标^上标
下标	下标_下标

文本效果格式一般包括"填充与轮廓"和"效果"两方面,单击"字体"对话框下面的"文本效果"按钮,弹出如图 4-3-6 所示对话框,在该对话框中可进行相应设置。其中大部分操作可以通过"文字效果"按钮 A· 和"字体颜色"按钮 ▲ 来完成,两者的功能一致。

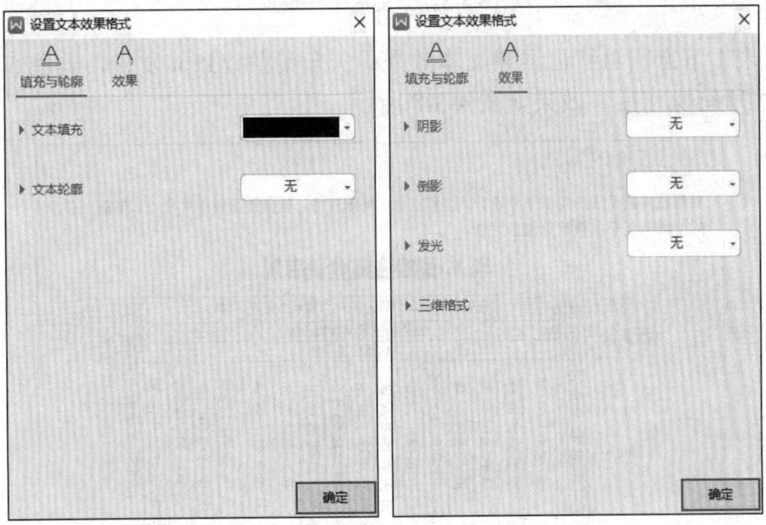

图 4-3-6 "设置文本效果格式"对话框

对标题文字进行文本填充设置,"渐变填充":橙红色-褐色渐变,"渐变样式":矩形渐变、中心辐射,"透明度":50%,"亮度":10%,设置如图 4-3-7 所示。

用同样的方法设置文档其他的文本效果,要求如下。

① 设置标题段文字文本阴影效果,"外部":右下斜偏移,"标准颜色":黄色,"距离":20 磅。

② 设置标题段文字文本倒影效果,"倒影变体":紧密倒影,8pt 偏移量。

③ 设置正文第一段文本轮廓,实线,"颜色":金色,背景 2,深色 50%,"宽度":0.75 磅。

④ 设置表标题文字"表 1.智慧校园建设规划"文本效果的三维格式,"深度":红色(标准色),"大小":10 磅;"曲面图":紫色(标准色),"大小":1 磅;"材料":线框。

图 4-3-7　文本填充设置

⑤ 设置表 1 下方四组红色词组文本效果：矢车菊蓝，11pt 发光，着色 5。
完成上述所有操作后，效果如图 4-3-8 所示。

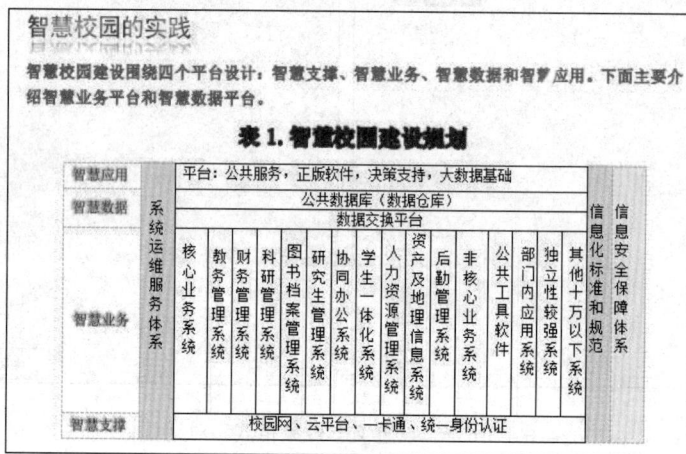

图 4-3-8　文本设置后效果

----- 🔍【特别提醒】-----

　　近年来，文本效果设置在等级考试题目中出现得非常多，并有越考越细的趋势。
读者们应认真学习，重点掌握。

（3）设置字符缩放、间距

　　"字体"对话框中的"字符间距"选项卡，如图 4-3-9 所示。在这里可以对字符的间距、
缩放、位置等进行设置，非常实用。

图 4-3-9 "字符间距"选项卡

1）缩放。缩放指的是在不改变字体高度的前提下改变字符横向的大小，采用相对于标准字号的百分数来确定缩放程度。字符缩放效果如图 4-3-10 所示。

图 4-3-10 字符缩放效果

2）间距。文本的间距指的是相邻字符间的距离。WPS 文字中提供了"标准""加宽""紧缩"三种类型，也可以直接输入数值，用以调整文字间的距离。间距调整只改变字符间的相对距离，字符本身不做调整。若间距过小，字符之间便会出现重叠状态。字符间距效果如图 4-3-11 所示。

图 4-3-11 字符间距效果

3）位置。位置指的是文本在空间上下方向的位置。WPS 文字中提供了"标准""上升""下降"三种类型，也可以以输入数值的方式调整。字符位置效果如图 4-3-12 所示。

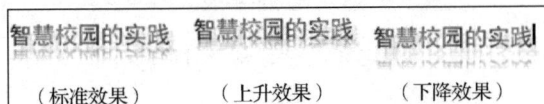

图 4-3-12 字符位置效果

"开始"选项卡"字体"功能组中有丰富的关于字符格式设置的命令按钮，还有几个常见按钮的含义如下。

- "突出显示"按钮 ：单击该按钮，移动光标至文本区域时将显示为画笔的形状，按住鼠标左键并拖动，可使光标经过的文本以给定的颜色突出显示，使文字看上去像是用荧光笔作了标记一样。单击下拉按钮，可以在弹出的下拉列表中选择不同的颜色。
- "增大字号"按钮 ：单击该按钮，可使选中文本的字号增大。
- "缩小字号"按钮 ：单击该按钮，可使选中文本的字号缩小。
- "清除格式"按钮 ：单击该按钮，可清除选中文本的格式，只留下纯文本。
- "拼音指南"按钮 ：单击该按钮，可为选中的文本加上拼音。
- "字符底纹"按钮 ：单击该按钮，可为选中的文本添加灰色底纹。

2. 段落格式设置

文档的外观在很大程度上取决于段落的外观，段落格式也是排版中十分重要的内容。段落格式的设置主要包括段落的对齐方式、缩进、行距、段前段后间距、特殊格式、项目符号、项目编号等。WPS文字中提供了如图4-3-13所示的"段落"对话框，可集中设置段落格式。

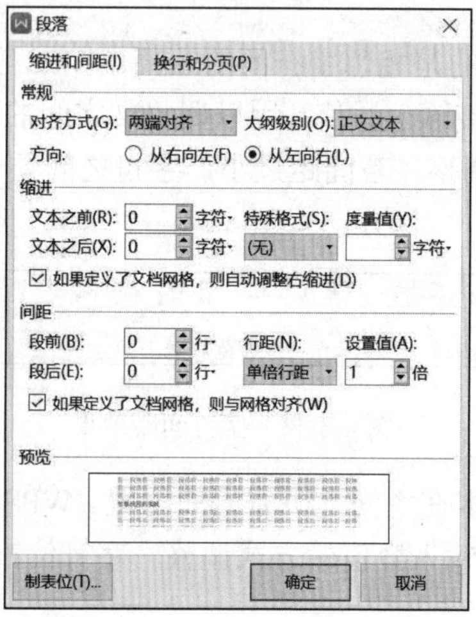

图4-3-13　"段落"对话框

（1）设置段落对齐方式

在WPS文字中，允许用户对段落进行对齐方式设定，有左对齐、居中对齐、右对齐、两端对齐和分散对齐，共5种方式。对齐方式、效果和命令按钮如表4-3-2所示。

表 4-3-2　对齐方式、效果和命令按钮

对齐方式	效果	命令按钮
左对齐	段落靠左端对齐	
居中对齐	段落位于中部，整个段落呈现对称外观	
右对齐	段落靠右端对齐	
两端对齐	同时满足左端与右端对齐，但最后一行左对齐	
分散对齐	段落每行的文字横向上均匀分布	

设置文档标题"智慧校园的实践"为居中对齐。操作方法是，将插入点移到标题行的任意位置或选中标题；单击"段落"对话框中"对齐方式"下拉按钮，在弹出的下拉列表中选择"居中对齐"即可，效果如图 4-3-14 所示。

段落的对齐方式设置也可以使用快捷键来完成，如：

① 按 Ctrl+L 快捷键，设置段落左对齐。

② 按 Ctrl+R 快捷键，设置段落右对齐。

③ 按 Ctrl+E 快捷键，设置段落居中对齐。

④ 按 Ctrl+J 快捷键，设置段落两端对齐。

⑤ 按 Ctrl+Shift+J 快捷键，设置段落分散对齐。

（2）设置段落缩进

段落的缩进指的是段落边缘与编辑页面边缘的相对距离，一般指针对页面中心调整的距离。在 WPS 文字中使用"文本之前"和"文本之后"来确定左右两侧缩进的距离，可以通过拖动标尺或段落命令两种方式完成，前者直接方便，后者容易精确定义。

"特殊格式"有首行缩进、悬挂缩进和"（无）"三种选项。首行缩进指段落第一行相对于段落左边边缘缩进的距离，也可以理解为在中文中经常提到的"开头空几格"；悬挂缩进指的是段首的若干字符突出左边缘的距离；"（无）"即不进行段落缩进设置。

对文档"智慧校园的实践"进行以下设置。

① 设置正文第一段到第四段内容段落左右各缩进 0.3 字符。

② 设置正文第二段和第三段首行缩进 2 字符。

完成后，效果如图 4-3-15 所示。

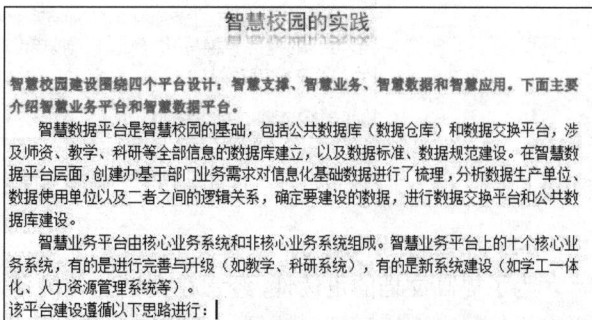

图 4-3-14　"居中对齐"效果　　　　　　　图 4-3-15　"段落缩进"设置效果

（3）设置行距和间距

行距是指文本行间的距离。在默认状态下，按固定的相同行间距显示文本。用户可以改变行距，也可以为指定段落重新设定行距。WPS 文字"段落"对话框中提供的行距选项及定义如表 4-3-3 所示。

表 4-3-3　行距选项及定义

行距选项	定义
单倍行距	段落行距为该段落最大字体高度的 1 倍，即与最大字体高度相当
1.5 倍行距	段落行距为该段落最大字体高度的 1.5 倍
2 倍行距	段落行距为该段落最大字体高度的 2 倍
最小值	将段落行距调整为不影响所有字符显示的最小行距
固定值	忽略段落中的字体大小，将段落行距按照指定的数值进行显示
多倍行距	采用输入数值的办法指定行间距相对于段落中字体大小的位数

"间距"包括段前间距与段后间距，段前间距指当前段与上一段之间的距离，段后间距指当前段与下一段之间的距离。通过对间距的设置，可使文档的层次更加清晰。

用户在设定行距或段落间距时，可以以行、英寸、厘米或磅为单位设定。

通过"段落"对话框的"间距"命令，对文档"智慧校园的实践"进行以下设置。

① 设置标题段的段前段后间距均为 3 磅，1.15 倍行距。

② 设置正文第一段至第四段行间距为 0.6 行，1.15 倍行距。

设置完成后，效果如图 4-3-16 所示。

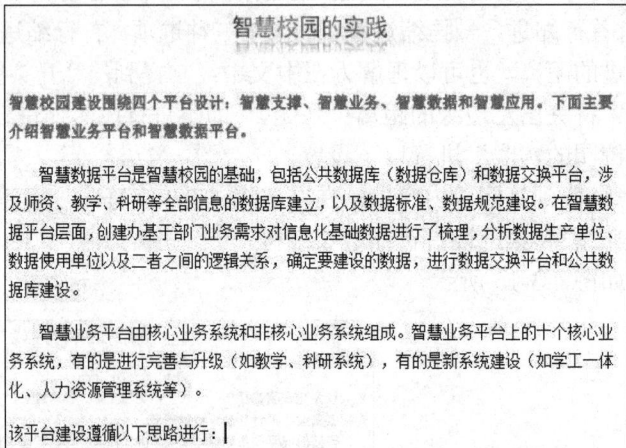

图 4-3-16　"行距与间距"设置效果

（4）项目符号和编号

为了提高文档的可读性，经常在文档的各段落之前添加一些符号或有顺序的编号。WPS 文字提供了自动添加项目符号、段落编号和多级编号的功能。

设置项目符号和段落编号时，一个段落开始的编号或项目符号不应在输入文本时作为文本的内容输入，这样加的编号不易修改。应当在文本输入完成后，用自动设置项目符号和段落编号的功能自动设置编号。

常用方法：利用"开始"选项卡"段落"功能组中的"项目符号"下拉按钮和"编号"按钮设置项目符号和段落编号。

设置项目符号操作步骤如下。

第一步：选择文档中"① 明确信息系统建设模式"后两段的内容。

第二步：单击"开始"选项卡"段落"功能组中的"项目符号"下拉按钮，打开下拉列表。

第三步：选择形状符号 ❖ ，最终效果如图 4-3-17 所示。

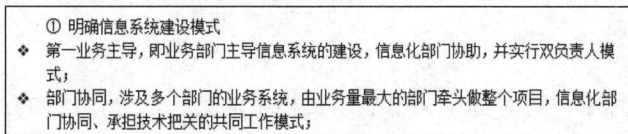

> ① 明确信息系统建设模式
> ❖ 第一业务主导，即业务部门主导信息系统的建设，信息化部门协助，并实行双负责人模式；
> ❖ 部门协同，涉及多个部门的业务系统，由业务量最大的部门牵头做整个项目，信息化部门协同、承担技术把关的共同工作模式；

图 4-3-17　设置项目符号效果

知识链接

若用的图案是 WPS 文字常见的，直接单击"项目符号"面板上图案即可；若面板上没有对应图案，可以通过"自定义项目符号"进行设置或在"稻壳项目符号"列表中下载。

选择文档中"② 规范业务系统建设流程，建立了信息化项目年度立项制度"后三段的内容，通过"自定义项目符号"添加 ☺ 项目符号，效果如图 4-3-18 所示。

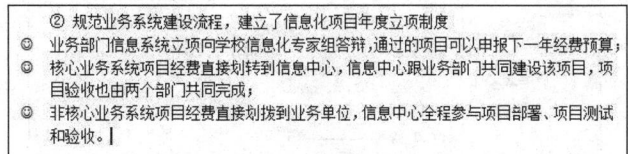

> ② 规范业务系统建设流程，建立了信息化项目年度立项制度
> ☺ 业务部门信息系统立项向学校信息化专家组答辩，通过的项目可以申报下一年经费预算；
> ☺ 核心业务系统项目经费直接划转到信息中心，信息中心跟业务部门共同建设该项目，项目验收也由两个部门共同完成；
> ☺ 非核心业务系统项目经费直接划拨到业务单位，信息中心全程参与项目部署、项目测试和验收。

图 4-3-18　"自定义项目符号"效果

（5）首字下沉

在文档编辑过程中，可以为段落设置首字下沉或首字悬挂效果，从而突出显示段首或篇首。

设置文档正文第一段首字下沉 2 行，距正文 0.2 厘米。操作步骤：将光标移动到文档第一段，然后单击"插入"选项卡中的"首字下沉"按钮，打开"首字下沉"对话框，如图 4-3-19（a）所示，设置"位置"为"下沉"，"下沉行数"为"2"，"距正文"为"0.2 厘米"，单击"确定"按钮，设置完成后效果如图 4-3-19（b）所示。

（a）"首字下沉"对话框

（b）首字下沉后的效果

图 4-3-19　设置首字下沉效果

（6）边框和底纹

在编辑文档过程中，有时为了突出显示文档中的某些部分，比如文本、段落或整个页面，可以添加边框或底纹，使文档变得更加精美，具体操作步骤如下。

① 将光标置于目标段落中，如文档的第四段"该平台建设遵循以下思路进行："，在"段落"功能组中单击"边框"下拉按钮，在弹出的下拉列表中选择"边框和底纹"命令，弹出"边框和底纹"对话框，如图 4-3-20 所示。

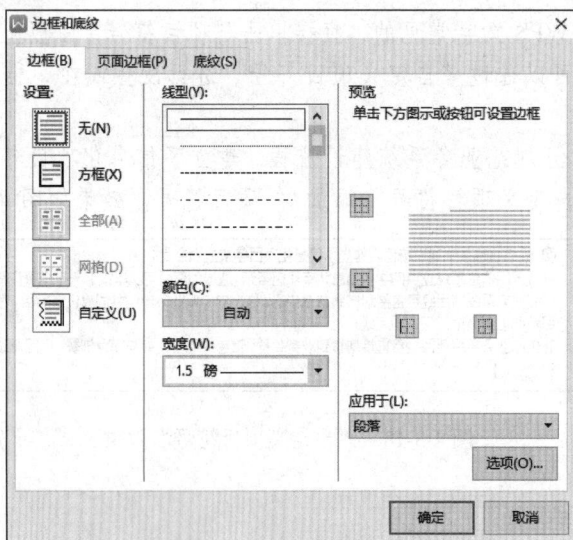

图 4-3-20　"边框和底纹"对话框

② 在"边框"选项卡中设置边框的线型为"单实线"、颜色为"红色"、宽度为"1.5磅"，再单击"方框"项。

③ 切换到"底纹"选项卡，在"填充"下拉列表中选择底纹填充为黄色，在"图案"栏中设置底纹的图案样式为"10%"，颜色选"自动"，设置完成后单击"确定"按钮，效果如图 4-3-21 所示。

该平台建设遵循以下思路进行：|

图 4-3-21　设置边框和底纹后的效果

在"边框和底纹"对话框中切换到"页面边框"选项卡，还可设置整个文档的边框。

此外，对段落添加边框或底纹效果后，若要将其删除，可先选中设置了边框或底纹效果的段落，然后打开"边框和底纹"对话框，在"边框"选项卡的"设置"栏中选择"无"选项，可删除边框效果；在"底纹"选项卡的"填充"下拉列表中选择"无颜色"选项，可清除底纹效果；在"图案"下拉列表中选择"清除"选项，可清除图案底纹。

⊂⊃ 知识链接 ■

在"边框和底纹"对话框中设置好边框和底纹效果后，若在"应用于"下拉列表中选择"文字"选项，则所设置的效果将应用于文本。

3．页面格式设置

（1）页面设置

文档编辑完之后，还需要打印出来，页面设置是文档打印之前一个重要环节，页面纸张的大小、页边距的宽窄、文字方向等都会直接影响文档的外观和打印效果。WPS 文字提供了丰富的页面设置功能。

"页面布局"菜单下各功能按钮能完成各种页面设置的要求，如图 4-3-22 所示。

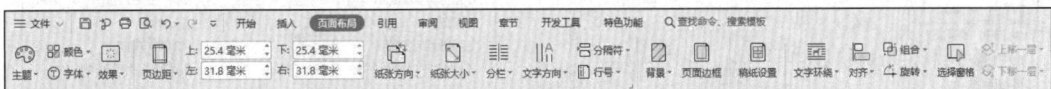

图 4-3-22　"页面布局"菜单下的功能按钮

单击"页面布局"选项卡右下角的小三角形可以弹出如图 4-3-23 所示的"页面设置"对话框，该对话框中包含所有的页面设置功能。

页面的设置主要包括页边距、纸张、版式、文档网格和分栏五大类，具体说明如下。

① 页边距：可以设置页边距、页眉页脚的边界距离等。

② 纸张：可以设置纸张的大小，如 A4、B5 等。

③ 版式：可以设置页眉和页脚距离边界的距离。

④ 文档网格：可以设置文字排列方向、文档中的网格和字符数等。

⑤ 分栏：可以设置文档的分栏，与"分栏"对话框的功能一致。

在"智慧校园的实践"文档中，设置"页边距"上下各 3 厘米，左右各 2.5 厘米，装订线位于左侧 2 厘米。具体设置如图 4-3-24 所示。"纸张方向"为"纵向"；"纸张大小"为"A4"。具体设置如图 4-3-25 所示。

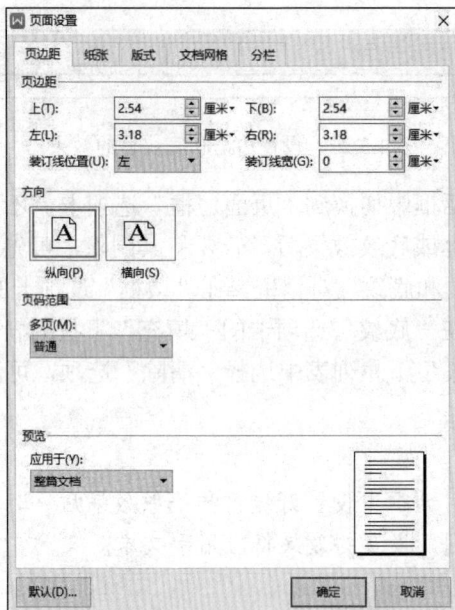

图 4-3-23　"页面设置"对话框

图 4-3-24　设置页边距

图 4-3-25　设置纸张大小

（2）分栏

为了使文档版面布局活泼，易于阅读，还可以对文档设置分栏效果。在"智慧校园的实践"文档中将正文第二段和第三段内容分为两栏，第一栏栏宽为 15 字符，第二栏栏宽为 18 字符，栏间加分隔线。具体操作方法如下。

在"页面布局"菜单下单击"分栏"下拉按钮，在弹出的下拉列表中选择"更多分栏"

命令，弹出如图 4-3-26 所示的"分栏"对话框，在该对话框中可进行"栏数""栏宽度""分隔线""应用于"的精确设置。设置分栏后效果如图 4-3-27 所示。

图 4-3-26 "分栏"对话框

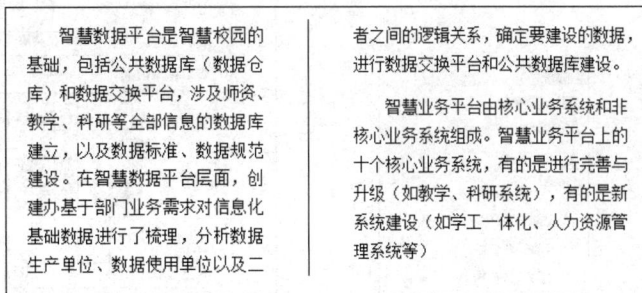

图 4-3-27 "分栏"效果

知识链接

若要设置每一栏的宽度，必须先取消选中"栏宽相等"复选框，默认情况下是选中的。

在使用"分栏"对话框时，要注意"应用于"的范围选择，它包括"整篇文档""插入点之后""所选节"三个选项，应用范围不同会有不同的效果。

（3）分隔符

分隔符包括分页符、分栏符、换行符和分节符等，单击"页面布局"菜单下的"分隔符"下拉按钮，打开如图 4-3-28 所示的下拉列表。

1）分页符：分页的一种符号，决定上一页结束以及下一页开始的位置。WPS 文字会根据纸张的大小和内容自动分页，但如果需要手动分页，则需要通过插入分页符来实现。在文档中的任何位置插入分页符后，分页符后面的文字自动分布到下一页。

2）分栏符：在文档中有分栏设置时，插入分栏符，可以使插入点后的文字移动到下一栏。

3）换行符：插入换行符可以使插入点后的文字移动到下一行，但换行后的文字仍属于上一个段落。

4）分节符：在同一个文档中，如果需要改变某一个页面或多个页面的版式或格式，可以使用分节符；也可以通过插入分节符在同一个文档不同的页面创建不同的页眉页脚等。分节符可分为以下几种。

① 下一页分节符：在插入点生成分节符，新的一节从下一页开始。

② 连续分节符：在插入点生成分节符，新的一节从当前页开始。

③ 偶数页分节符：在插入点生成分节符，新的一节从下一个偶数页开始。

④ 奇数页分节符：在插入点生成分节符，新的一节从下一个奇数页开始。

在"智慧校园的实践"文档中，在表标题（表 1.智慧校园建设规划）前插入分页符，完成后效果如图 4-3-29 所示。

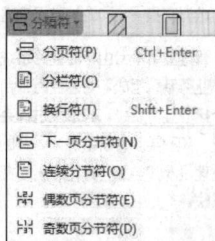

图 4-3-28　"分隔符"下拉列表

图 4-3-29　设置分页符后的效果

（4）页眉、页脚和页码

页眉和页脚是指那些出现在文档顶端和底端的信息，主要包括页码、时间和日期、章节标题、文件名以及作者姓名等表示一定含义的内容，也可以是图形图片。文档中可以始终使用同一个页眉和页脚，也可以在文档不同的部分使用不同的页眉和页脚。页码可以出现在页眉和页脚中，可以放在页的左右页边距的某个位置，也可以插入到文档中间。

进入页眉、页脚的方法有两种。一种是在页眉、页脚部分（即页面的上方或下方）双击，即可进入页眉或页脚的编辑；另一种方法是通过"插入"菜单中的"页眉页脚"按钮进入页眉、页脚设置。

进入页眉、页脚设置后，"页眉和页脚"选项卡就会被激活，如图 4-3-30 所示。

图 4-3-30　"页眉和页脚"选项卡

在页面中插入页码是编辑文档时经常用到的，插入页码的步骤如下。

① 在"插入"菜单下单击"页码"下拉按钮，弹出的下拉列表如图 4-3-31 所示，可以在列表框内直接选择页码的样式。

② 若对页码样式不满意，可以对其进行调整。双击页码，页码周围就会出现调节的方框，此时可以拖动方框到文档的任何位置。如果页码的格式不符合要求，可单击"页码设置"按钮进行更改，"页码设置"下拉列表如图 4-3-32 所示。

图 4-3-31　"页码"下拉列表

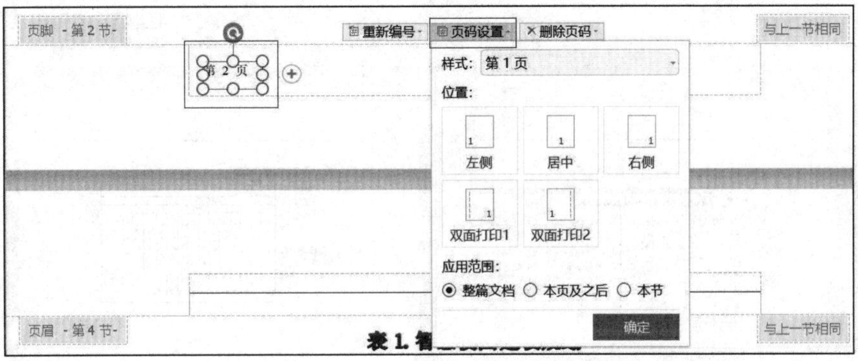

图 4-3-32　"页码设置"下拉列表

在"智慧校园的实践"文档中，设置页眉为"智慧校园的创建"，居中；在页面底端居中位置插入页码，页码格式为"第 X 页"；设置页眉和页脚各距边界 2 厘米。操作过程和效果如图 4-3-33 和图 4-3-34 所示。

（5）打印文档

1）打印预览。在进行打印文档之前，可以对文档的打印效果进行预览，具体操作方法如下。

打开文档窗口，选择"文件"→"打印"→"打印预览"命令。即可预览文档打印效果，还可以通过调整预览区下面的滑块改变预览视图的大小，如图 4-3-35 所示。

图 4-3-33　页眉、页脚、距边界设置

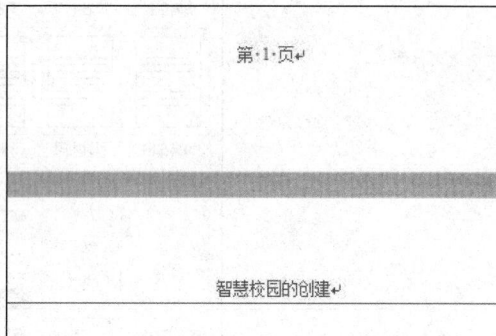

图 4-3-34　设置效果

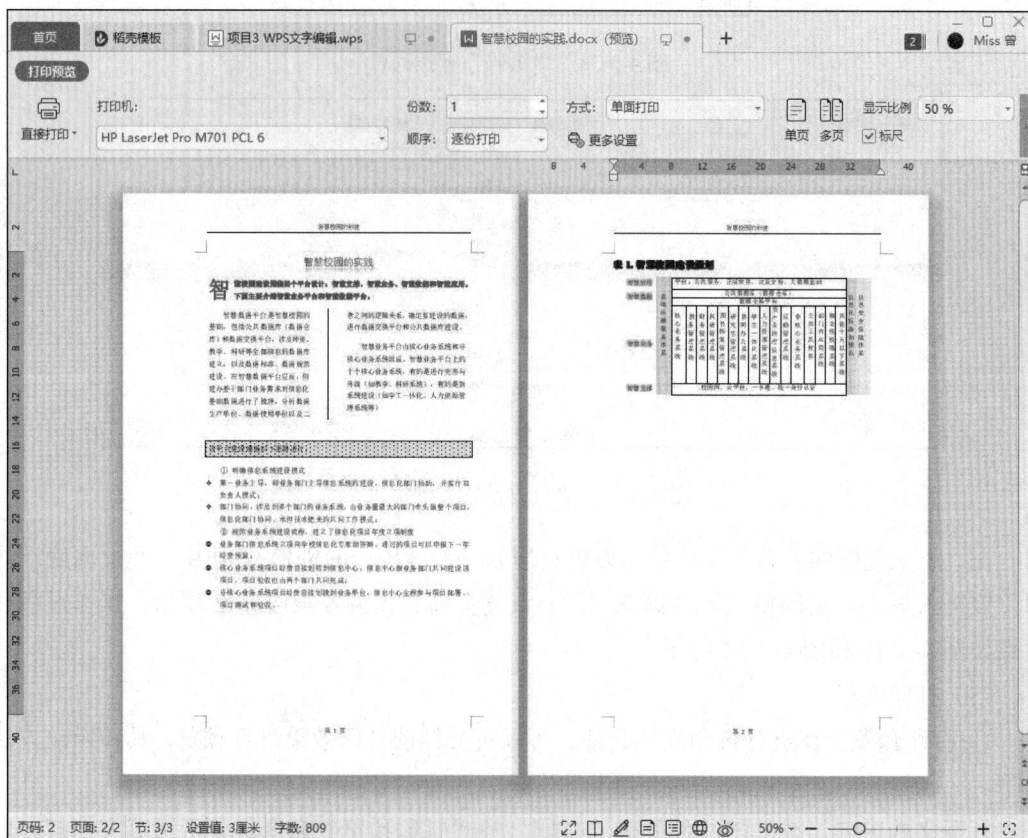

图 4-3-35　打印预览窗口

2）打印文档。对打印预览中显示结果满意后，单击"直接打印"按钮即可打印文档。选择"文件"→"打印"→"打印"命令，打开如图 4-3-36 所示的"打印"对话框，在该对话框中可进行详细的打印设置。

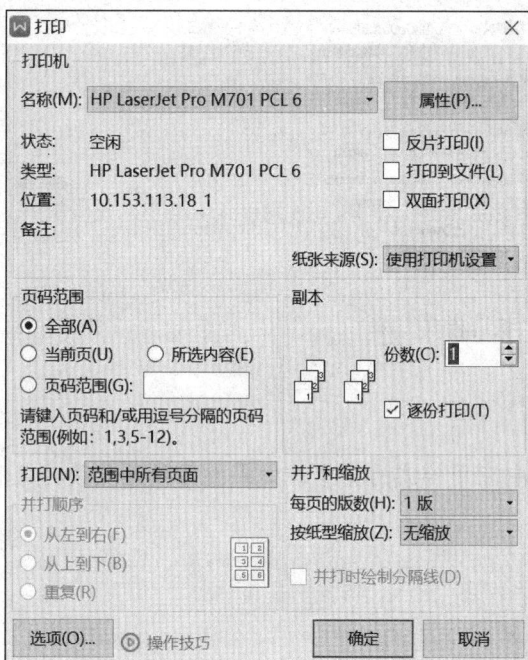

图 4-3-36　"打印"对话框

① 在"打印"对话框中单击"名称"下拉按钮，选择计算机中安装的打印机。

② 根据需要修改"份数"数值，确定打印份数。

③ 如果要打印指定的页码，可在"页码范围"栏内进行设置。

● "全部"单选按钮：打印当前文档的全部页面。

● "当前页"单选按钮：打印光标所在的页面。

● "页码范围"单选按钮：打印指定的页码。

若选中"页码范围"单选按钮，则可以在其右侧的页数编辑框中指定要打印的页码，如输入"1，4-7，12-"，表示打印第 1 页、第 4～7 页、第 12 页至尾页。

知 识 拓 展

1. 样式

样式是经过特殊打包的一组定义好的格式的集合，如字体名称、字号、颜色、段落对齐方式和间距，某些样式还包含边框和底纹。使用样式来设置文档的格式，可以快速轻松地统一整个文档风格。

WPS 文字提供了"快速样式"库供用户选择，也可以通过"新样式"按钮新建样式，如图 4-3-37 和图 4-3-38 所示。

图 4-3-37　"快速样式"库

图 4-3-38　"新样式"按钮

∽ 知识链接 ■

　　应用样式前要选中应用样式的文本，如果要将段落更改为某种样式，也可只单击该段落中的任何位置。

2. 格式刷

　　不同文本重复设置相同格式时，可使用"开始"菜单下的"格式刷"工具提高工作效率，如图 4-3-39 所示。

　　使用格式刷时，要先选中已经设置好格式的文本块，再单击或双击"格式刷"按钮，把已有的格式复制，再移动光标至文档中文本区域，按住鼠标左键拖选需要设置格式的文本，则格式刷刷过的文本将被应用复制的格式。单击"格式刷"按钮进行格式复制时，松开鼠标左键即自动结束复制；双击进行复制时，松开鼠标左键后仍是可复制状态，可单击"格式刷"按钮关闭格式刷。

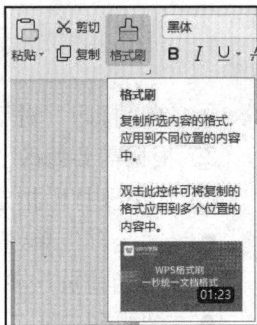

图 4-3-39　"格式刷"按钮

3. 背景

　　页面背景默认为白色，可以设置纯色、渐变色、纹理和图案图片作为页面的背景。页面背景也是文档内容的一部分，是可以被打印输出的。

　　单击"页面布局"菜单中的"背景"下拉按钮，在下拉列表中选择填充颜色或者使用"图片背景""渐变""纹理""图案""水印"等作为页面的背景，如图 4-3-40 所示。页面背景的设置基于整个文档。

　　在"智慧校园的实践"文档中，使用图片为文档添加水印，其操作过程是，选择"页面布局"→"背景"→"水印"命令，单击"自定义水印"下的"点击添加"按钮即可打开如图 4-3-41 所示的"水印"对话框。选中"图片水印"复选框后再单击"选择图片"按钮，选择对应的图片后即可完成图片水印设置。若要使用"文字水印"，则选中"文字水印"复选框，再输入相应的文字即可。添加图片水印后效果如图 4-3-42 所示。

图 4-3-40　"背景"下拉列表

图 4-3-41　"水印"对话框

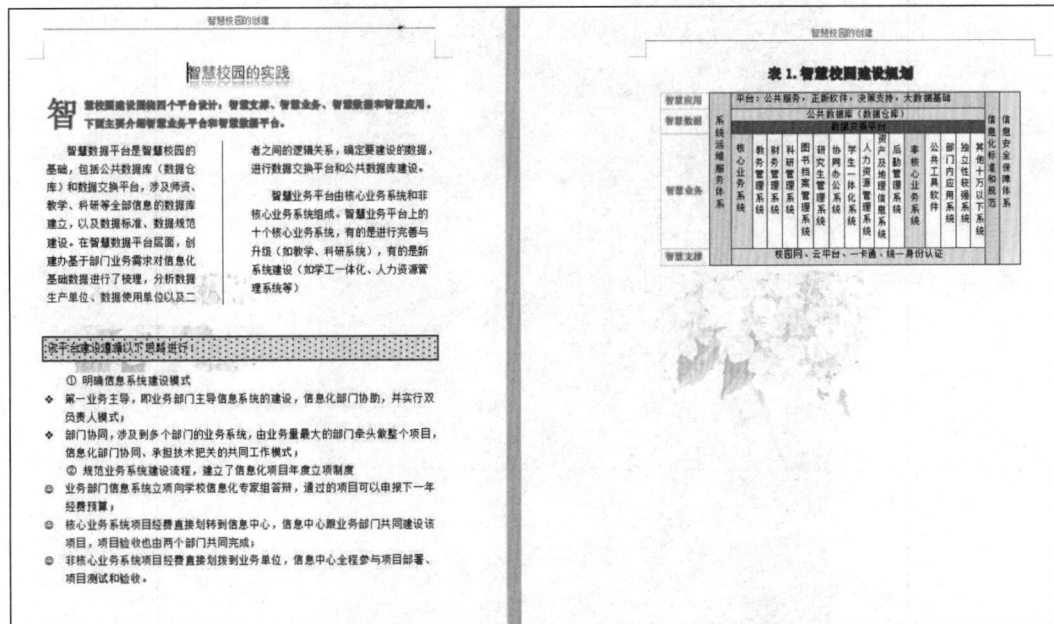

图 4-3-42　添加图片水印后效果

4. 封面

文档有一个漂亮的封面会增色不少，封面制作时可以插入别人制作好的封面模板，也可以自己制作，WPS 文字为文档提供了相当丰富的封面模板。打开封面模板的方法有两种，如图 4-3-43 和图 4-3-44 所示。

图 4-3-43　"插入"菜单中的"封面页"按钮　　　图 4-3-44　"章节"菜单中的"封面页"按钮

在"智慧校园的实践"文档中插入封面模板中的第二个封面，并修改封面文档标题为"智慧校园的实践"，封面文档副标题为"智慧校园"，摘要为"智慧支撑，智慧业务、智慧数据、智慧应用"，日期为 2021 年 12 月 16 日，ID 名称为"NCRE"，地址为"北京市海淀区甲 5 号"。完成后的封面效果如图 4-3-45 所示。

图 4-3-45　封面效果图

任务 4.4 WPS 文字中表格的制作

任务描述

为了让读者对“智慧校园”的架构更容易理解一些，李老师把智慧校园的建设规划用表格的形式来呈现，并对这个表格进行了修饰，效果如图 4-4-1 所示。通过这一任务的完成，可以理解 WPS 文字的表格制作功能，掌握表格创建、表格中数据的输入与编辑及表格样式的使用等操作技能。

<table>
<tr><th colspan="20">表 1. 智慧校园建设规划</th></tr>
<tr><td>智慧应用</td><td rowspan="5">系统运维服务体系</td><td colspan="16">平台：公共服务，正版软件，决策支持，大数据基础</td><td rowspan="5">信息化标准和规范</td><td rowspan="5">信息安全保障体系</td></tr>
<tr><td rowspan="2">智慧数据</td><td colspan="16">公共数据库（数据仓库）</td></tr>
<tr><td colspan="16">数据交换平台</td></tr>
<tr><td>智慧业务</td><td>核心业务系统</td><td>教务管理系统</td><td>财务管理系统</td><td>科研管理系统</td><td>图书档案管理系统</td><td>研究生管理系统</td><td>协同办公系统</td><td>学生一体化系统</td><td>人力资源管理系统</td><td>资产及地理信息系统</td><td>后勤管理系统</td><td>非核心业务系统</td><td>公共工具软件</td><td>部门内应用系统</td><td>独立性较强系统</td><td>其他十万以下系统</td></tr>
<tr><td>智慧支撑</td><td colspan="16">校园网、云平台、一卡通、统一身份认证</td></tr>
</table>

图 4-4-1　智慧校园建设规划表效果图

任务实现

在 WPS 文字中制作的表格，横向称为行，纵向称为列，行与列交错形成的方格称为单元格，包围单元格的线条称为边框，其中的填充称为底纹。

1. 创建表格

在 WPS 文字中新建一个普通的表格，可以通过以下几种方式实现。

（1）通过“插入”选项卡中的“表格”命令创建

若插入表格的行与列小于或等于 8 和 17，可在选项表中直接拖动鼠标选取合适数量的行和列插入表格，如图 4-4-2 所示。通过这种方式插入的表格会占满当前页面的全部宽度，用户可以通过修改表格属性设置表格的尺寸。智慧校园建设规划表由 5 行 20 列组成，用这种方法不能创建。

（2）使用菜单命令创建

当行数或列数超出可以选择的范围时，可以选择“表格”→“插入表格”命令，弹出“插入表格”对话框，如图 4-4-3 所示。在对话框的“表格尺寸”中，设置“列数”为 20，“行数"为5，其余选项保持默认状态，单击"确定"按钮，即会生成如图 4-4-4 所示的表格。

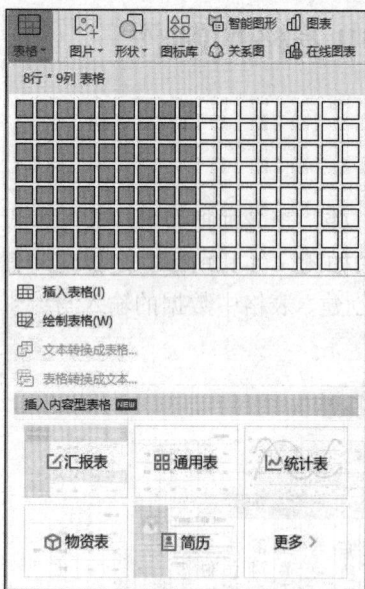

图 4-4-2　用鼠标选取表格

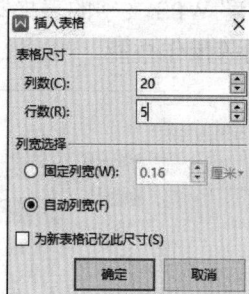

图 4-4-3　"插入表格"对话框

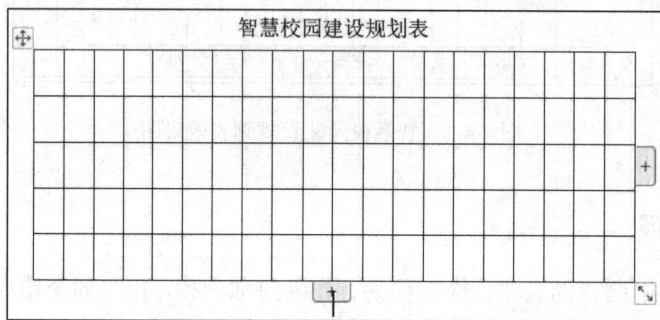

图 4-4-4　插入表格后的效果

（3）绘制表格

选择"插入"→"表格"→"绘制表格"命令，指针会变成铅笔状。拖动指针可拉出所需表格的行与列数，最后也可获得与图 4-4-4 效果类似的表格。

🔗 知识链接 ■

　　一般创建表格都通过前两种方法来完成，绘制表格主要用于表格创建以后的特殊应用或细节部分的调整。

2. 认识表格工具

在 WPS 文字中，当表格处于编辑状态时，会自动激活"表格工具"和"表格样式"两个选项卡。

（1）"表格工具"选项卡

"表格工具"选项卡如图 4-4-5 所示，主要对表格的布局进行编辑，按功能分成几个组别，各功能组及主要功能如下。

① 表功能组：对表格或部分表格的选择及查看表格属性。

② 行和列功能组：对表格或表格中行、列、单元格的删除，插入行或列。

③ 合并功能组：表格的拆分、单元格的拆分与合并功能。

④ 单元格大小功能组：调整表格中的行高、列宽，平均分配行高、列宽。

⑤ 对齐方式功能组：设定表格内容的对齐方式，更改文字的方向，自定义单元格的间距与边距。

⑥ 数据功能组：进行内容的排序、公式的添加，并可将表格转换为文本。

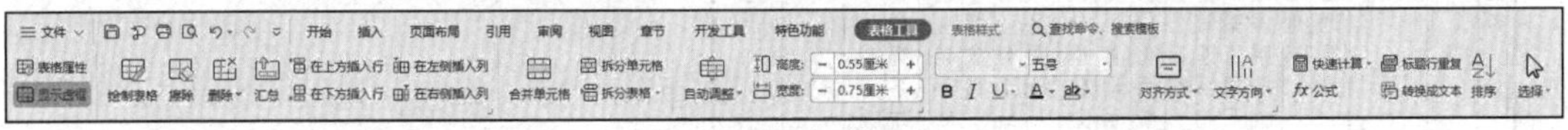

图 4-4-5　"表格工具"选项卡

（2）"表格样式"选项卡

"表格样式"选项卡如图 4-4-6 所示，主要对表格的外观、样式进行设计。

① 表格样式选项功能组：该功能组通过 6 个复选框来控制表格样式中特殊格式的应用。

② 表格样式功能组：用于对具体表格应用样式及设置边框、底纹。

③ 绘图边框功能组：包含绘制表格工具、擦除工具，并可进行框线的设置。

图 4-4-6　"表格样式"选项卡

3. 表格内容的编辑

1）根据表格创建的需求，在单元格中输入如图 4-4-7 所示的内容。

2）在表格中进行任何操作之前，都必须选定单元格，选定单元格的方法有以下两种。

① 通过"表格工具"选项卡中的"选择"按钮。单击"表格工具"选项卡中的"选择"按钮，可弹出如图 4-4-8 所示的下拉列表，主要选项功能如下。

● 单元格：选中插入点所在的单元格。

● 列：选中插入点所在的列。

- 行：选中插入点所在的行。
- 表格：选中插入点所在的整个表格。

智慧校园建设规划表																		信息化标准和规范	信息安全保障体系
智慧应用	系统运维服务体系	平台：公共服务，正版软件，决策支持，大数据基础																	
智慧数据		公共数据库（数据仓库）																	
		数据交换平台																	
智慧业务		核心业务系统	教务管理系统	财务管理系统	科研管理系统	图书档案管理系统	研究生管理系统	协同办公系统	学生一体化系统	人力资源管理系统	资产及地理信息系统	后勤管理系统	非核心业务系统	公共工具软件	部门内应用系统	独立性较强系统	其他十万以下系统		
智慧支撑		校园网、云平台、一卡通、统一身份认证																	

图 4-4-7　输入表格内容

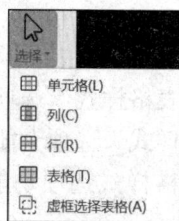

图 4-4-8　"选择"下拉列表

② 通过鼠标操作选定单元格。
- 移动鼠标至某单元格左边，指针变为 ➚ 形状时，单击可选中该单元格。
- 移动鼠标至表格某行的左边，指针变为 ⟋ 形状时，单击可选中该行。
- 移动鼠标至表格某列上边线，指针变为 ↓ 形状时，单击可选中该列。
- 移动鼠标至表格左上角的 ⊞ 符号，当指针变为 ✛ 形状时，单击可选中整个表格。

4. 行、列的插入与删除

（1）行、列的插入方法

行、列的插入是以光标所在位置为基础进行的。先将光标定位在需要插入的行、列一旁，然后右击，在弹出的快捷菜单中选择"插入"命令，即可根据需求选择插入行或列的位置；也可以在"行或列"功能组中选择 4 个命令中的一个完成对行或列的插入，如图 4-4-9 和图 4-4-10 所示。

图 4-4-9　"右键菜单"插入行或列

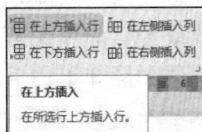

图 4-4-10　命令按钮插入行或列

（2）行、列的删除方法

先将当前插入点置于要删除的行、列中，然后单击"行和列"功能组中的"删除"下拉按钮，在弹出的下拉列表中选择所需命令即可，如图 4-4-11 所示。

5. 单元格的合并与拆分

单元格的合并就是将相邻的两个或多个单元格合并为一个单元格，单元格的拆分是指将一个或多个单元格拆分成若干行、列的单元格。"智慧校园建设规划表"由于列数比较多，当输入内容后，表格显得凌乱，可以通过合并与拆分单元格，使其变得美观。

（1）单元格的合并

选中第一列的第三行与第四行，单击"表格工具"菜单下的"合并单元格"按钮，即可将选中的单元格合并。

用同样的方法合并其他单元格，以达到如图 4-4-12 所示的效果。

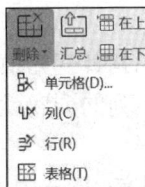

图 4-4-11　"删除"下拉列表

图 4-4-12　合并单元格后效果

（2）单元格的拆分

选择要拆分的单元格（或要重新拆分的多个连续的单元格），单击“表格工具”菜单下的“拆分单元格”按钮，弹出“拆分单元格”对话框。输入拆分后单元格的行数和列数，单击“确定”按钮，即可实现单元格的拆分。

6. 设置文字格式、方向和对齐方式

（1）设置文字格式

选择需要设置格式的文本，单击“开始”选项卡，在字体和字号中进行设置，可更改文本的字形和大小。

设置“智慧校园建设规划表”内所有文字为“宋体，小五号”。设置第一列文本颜色为红色，文本效果为“矢车菊蓝，11pt 发光，着色 5”。

完成后效果如图 4-4-13 所示。

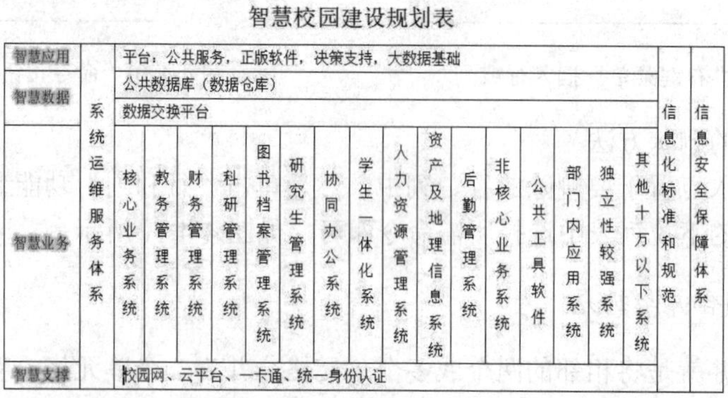
智慧校园建设规划表

<table>
<tr><td>智慧应用</td><td rowspan="4">系统运维服务体系</td><td colspan="16">平台，公共服务，正版软件，决策支持，大数据基础</td><td rowspan="5">信息化标准和规范</td><td rowspan="5">信息安全保障体系</td></tr>
<tr><td rowspan="2">智慧数据</td><td colspan="16">公共数据库（数据仓库）</td></tr>
<tr><td colspan="16">数据交换平台</td></tr>
<tr><td>智慧业务</td><td>核心业务系统</td><td>教务管理系统</td><td>财务管理系统</td><td>科研管理系统</td><td>图书档案管理系统</td><td>研究生管理系统</td><td>协同办公系统</td><td>学生一体化系统</td><td>人力资源管理系统</td><td>资产及地理信息系统</td><td>后勤管理系统</td><td>非核心业务系统</td><td>公共工具软件</td><td>部门内应用系统</td><td>独立性较强系统</td><td>其他十万以下系统</td></tr>
<tr><td>智慧支撑</td><td colspan="17">校园网、云平台、一卡通、统一身份认证</td></tr>
</table>

图 4-4-13 “文字格式”效果

（2）设置文字方向

选择要设置的文本，单击“表格工具”→“文字方向”下拉按钮，弹出如图 4-4-14 所示的下拉列表，根据需要选择合适的选项即可。

（3）设置文字对齐方式

选择要设置的文本，单击“表格工具”→“对齐方式”下拉按钮，弹出如图 4-4-15 所示的下拉列表，根据需要选择合适的选项即可。

7. 行高、列宽的调整

改变表格的行高和列宽的常用方法有以下三种。

1）使用鼠标直接拖动表线。将光标移动到第一列的右框线上，当指针变为横向双向箭头时，按下鼠标左键并向左拖动二分之一列宽，释放鼠标左键后第一列的列宽就调整为原来的二分之一了。

2）直接在“表格工具”选项卡下高度和宽度处进行设置行高和列宽，如选中整个表格，在设置“高度”数值区输入“1 厘米”，则表中所有行的行高都为 1 厘米。

图 4-4-14　"文字方向"下拉列表

图 4-4-15　"对齐方式"下拉列表

3）单击"表格工具"→"表格属性"按钮，弹出"表格属性"对话框。单击"行"选项卡，选中"指定高度"复选框设置当前行高数值，单击"上一行"或"下一行"按钮选择当前行，如图 4-4-16 所示。单击"列"选项卡，选中"指定宽度"复选框设置当前列宽数值，单击"前一列"或"后一列"按钮选择当前列，如图 4-4-17 所示，完成设置后单击"确定"按钮即可。

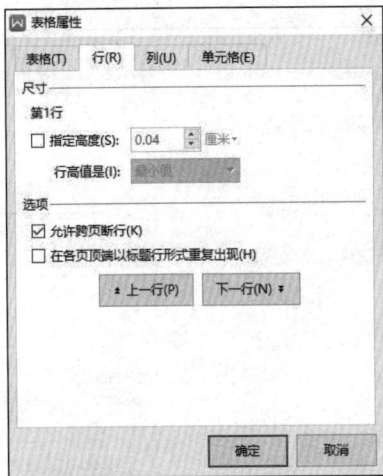

图 4-4-16　设置行高

图 4-4-17　设置列宽

在"表格属性"对话框中还可以进行表格的对齐方式、文字环绕方式以及单元格的相关设置。

在"智慧校园建设规划表"中设置第 1 列宽度为"1.7 厘米"，第 2 列、第 19 列和第 20 列列宽均为"0.7 厘米"。设置完后效果如图 4-4-18 所示。

8. 设置边框和底纹

在使用 WPS 文字制作和编辑表格时，经常要求对表格的边框和底纹进行设置，边框和底纹可以使表格设计得更加好看。WPS 文字对表格边框和底纹的操作都集中在"边框和底纹"对话框中，其打开步骤如下。

图 4-4-18　设置行高、列宽后效果

1）选中整个表格。

2）选择"表格样式"→"边框"→"边框和底纹"命令，弹出"边框和底纹"对话框，"边框"和"底纹"选项卡如图 4-4-19 和图 4-4-20 所示。

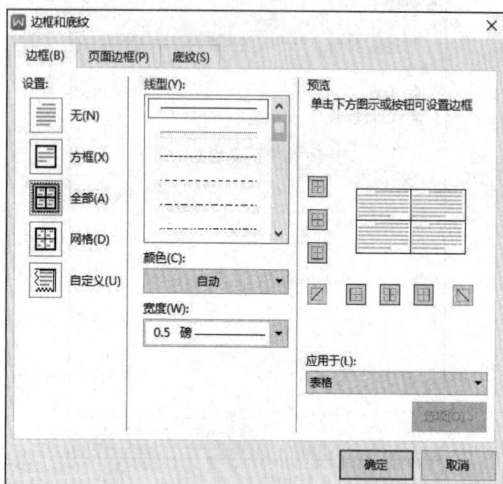

图 4-4-19　"边框"选项卡

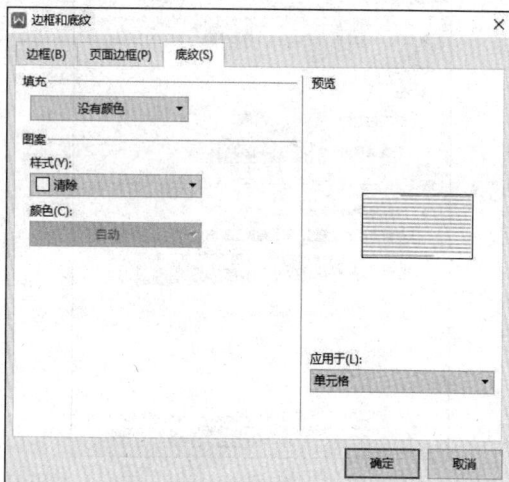

图 4-4-20　"底纹"选项卡

在"边框"选项卡中可以设置边框形式为无框、方框、全部框、网格框及自定义框等，可以设置每一种表格边框的线型、颜色、宽度，右侧还可以预览设置的情况。"页面边框"选项卡的功能与"边框"类似，只是设置的对象是整个文档，为文档添加页面边框。在"底纹"选项卡中，可以对表格底纹的颜色、图案（样式、颜色）进行设置。

在"智慧校园建设规划表"中进行下述设置，完成后效果如图 4-4-21 所示。

① 设置表格第一行的底纹为"图案/样式/10%"。

② 设置表格第 2 行的底纹为"巧克力黄，着色 6，浅色 80%"。

③ 设置表格第 3 行的底纹为"白色，背景 1，50%"。

④ 设置表格最后一行底纹为"金色，背景 2"。

⑤ 设置表格第 2 列、第 19 列和第 20 列底纹为"图案/样式/10%"。

⑥ 设置表格第 3 列和第 14 列底纹为"黄色（标准色）"。

⑦ 设置表格除第一列外，所有边框线为 0.5 磅红色单实线。

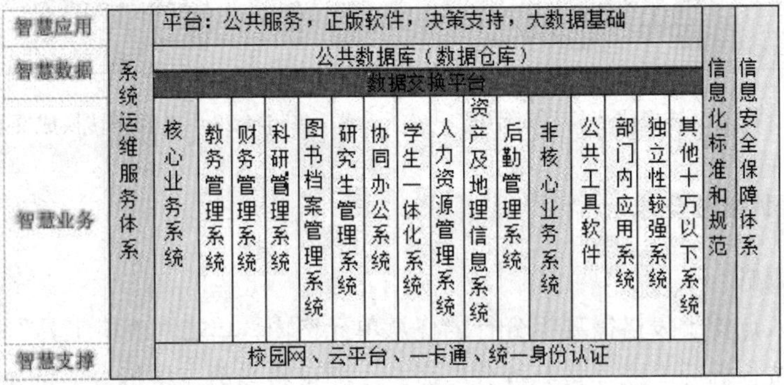

图 4-4-21 设置边框后效果

知识拓展

1. 文本与表格的转换

WPS 文字中可以轻松实现文本与表格的互相转换，可使用制表符、逗号、空格或其他分隔符标记新列开始的位置。

（1）文本转换成表格

① 在文本中插入分隔符，以指示将文本分成列的位置，使用段落标记指示要开始新行的位置。

② 选择插入有分隔符的要转换的文本。

③ 单击"插入"→"表格"→"文本转换成表格"命令。

④ 在打开的"将文字转换成表格"对话框中选择表格的行数和列数，在"文字分隔位置"选择列分隔符的类型，设置完成后单击"确定"按钮即可，如图 4-4-22 所示。

（2）表格转换成文本

① 选择要转换成段落的行或表格。

② 单击"表格工具"→"转换成文本"按钮，打开"表格转换成文本"对话框，如图 4-4-23 所示。

③ 在"文字分隔符"下，选择要用于代替列边界的分隔符，各行默认用段落标记分隔。

④ 单击"确定"按钮，表格就被转换为文本，文本之间用选中的分隔符分隔。

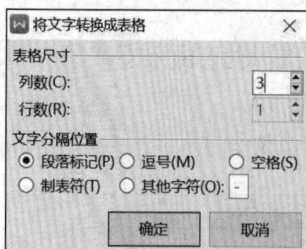

图 4-4-22　"将文字转换成表格"对话框　　　　图 4-4-23　"表格转换成文本"对话框

2. 表格的拆分与合并

（1）拆分表格

将当前插入点置于表格需要拆分行的任意单元格内，单击"表格工具"→"拆分表格"按钮，选择"按行拆分"或"按列拆分"命令，即可将当前表格拆分。例如，将图 4-4-24 中的表格拆分成图 4-4-25，即将原表格拆分为上下两个表格，拆分前将光标置于第三行任意位置，选择"按行拆分"命令，被选中的行就是新表格的首行。

（2）合并表格

将上下两个表格之间的段落标记删除，即可实现两个表格的合并。

姓名	性别	年龄
张三	男	22
李四	女	23
王五	男	21

姓名	性别	年龄
张三	男	22

| 李四 | 女 | 23 |
| 王五 | 男 | 21 |

图 4-4-24　表格拆分前　　　　　　　　图 4-4-25　表格拆分后

3. 表格样式

表格样式用于对表格外观快速修饰，与文字或段落样式类似，表格样式就是事先设置好的针对表格行列和单元格框线、底纹及单元格中文字格式的各种搭配组合。WPS 文字提供了数十种不同色彩风格、不同填充效果的样式供用户选择，使用方法如下。

将光标定位于要套用格式的表格中，选择"表格样式"选项卡，再选择合适的样式即可。例如，对"智慧校园建设规划表"应用样式"最佳匹配→主题样式 1→强调 3"，得到效果如图 4-4-26 所示。

智慧校园建设规划表

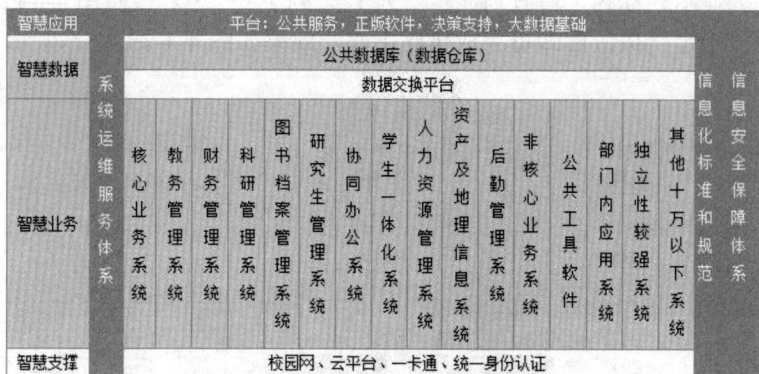

图 4-4-26 套用表格样式后效果

4. 表格的计算与排序

（1）表格的计算

图 4-4-27（a）所示为一个简单的成绩表，要求计算出各人的总分。

（a）成绩表

姓名	语文	数学	总分
张三	70	85	
李四	74	77	
王五	70	88	
赵六	91	89	

（b）"公式"对话框

（c）应用公式求和后效果

姓名	语文	数学	总分
张三	70	85	155
李四	74	77	
王五	70	88	
赵六	91	89	

（d）全部求和后效果

姓名	语文	数学	总分
张三	70	85	155
李四	74	77	151
王五	70	88	158
赵六	91	89	180

图 4-4-27 表格的计算

将插入点定位于张三的总分单元格，单击"表格工具"→"*fx* 公式"按钮，弹出"公式"对话框，在"公式"下的文本框中输入如图 4-4-27（b）所示内容后，单击"确定"按钮，得到效果如图 4-4-27（c）所示。按 F4 键复制公式至其他需求和的单元格中，即可把表中其他行的总分算出来，结果如图 4-4-27（d）所示。

（2）表格的排序

将插入点定位于表格中，单击"表格工具"→"排序"按钮，在弹出的对话框中可修改"关键字""类型""升序""降序"等参数。列表项分"有标题行"和"无标题行"，前者会在关键字处显示列标题，后者则显示"列1""列2"……。按照图4-4-28（a）所示内容设置，单击"确定"按钮后即可完成排序工作，效果如图4-4-28（b）所示。

姓名	语文	数学	总分
赵六	91	89	180
王五	70	88	158
张三	70	85	155
李四	74	77	151

（a）"排序"对话框　　　　　　　　　　　　　　（b）排序后效果

图 4-4-28　表格的排序

5. 表格内容跨页时表头的设置

如果制作的表格非常大，就会出现跨页的情况，对于多页的带有表头的表格内容，默认只在第一页显示表头，后面的页面只显示表格内容，这样会给读者带来很多不便。此时就需要做相应的跨页设置，实现每一页都显示表格的表头，实现方法及操作方法如下。

方法一：选中表格的表头，单击"表格工具"→"表格属性"按钮，打开"表格属性"对话框，在"行"选项卡中，选中"在各页顶端以标题行形式重复出现"复选框，如图4-4-29所示，单击"确定"按钮，这样就会在后面的每页中都显示表头。

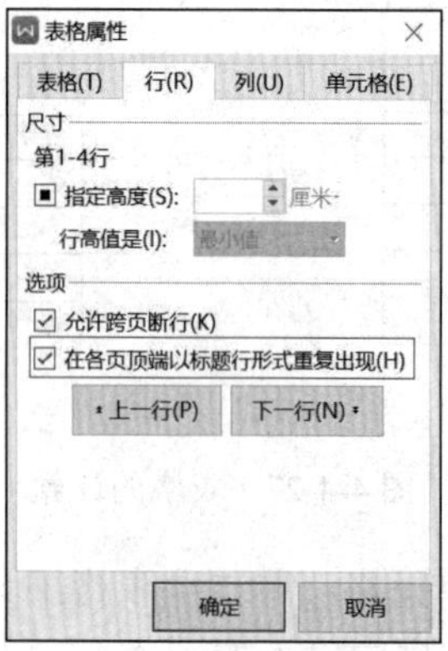

图 4-4-29　设置重复表头

方法二：选中表格的表头，单击"表格工具"→"标题行重复"按钮，当按钮变暗，表示已经完成设置，当表格跨页显示时，会在每一页显示表头。

任务 4.5　WPS 文字中图形与图表

任务描述

　　李老师为了更清楚解释智慧校园，决定在"智慧校园的实践"文档后面添加一张设计图，对文档内容进行补充说明，而且为了让图片更符合整个文档的风格，还对图片进行了一系列的编辑，完成后效果如图 4-5-1 所示。通过对本任务的学习，可掌握插入图片、编辑图片和图文混排操作技能。

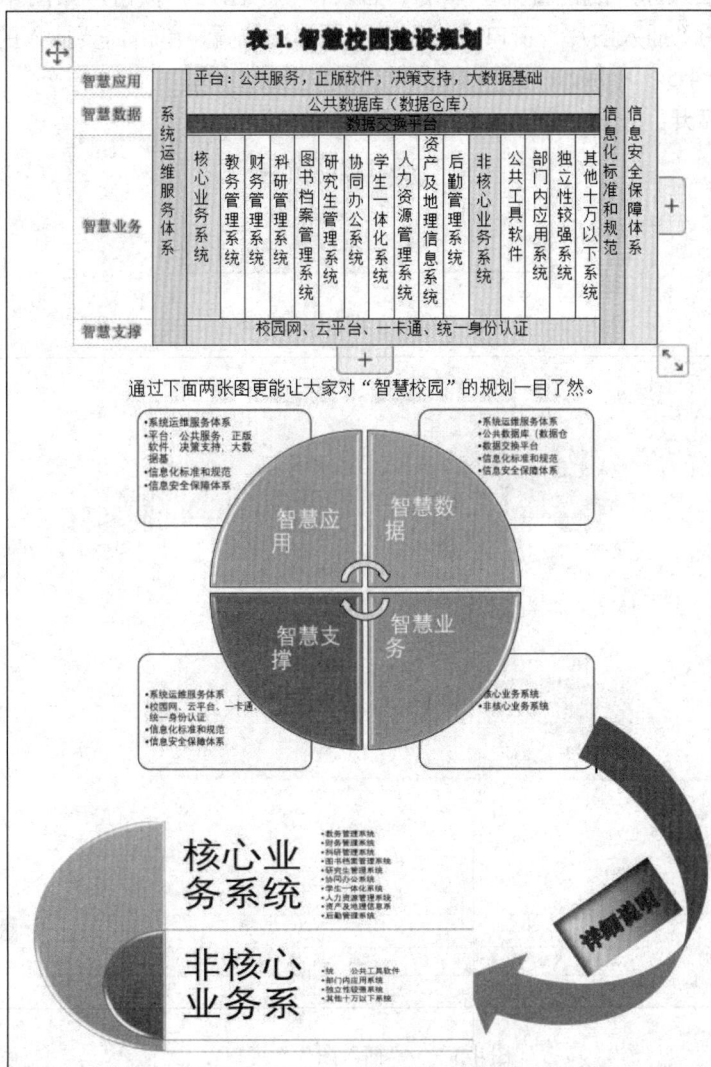

图 4-5-1　添加图片后效果

在文档中经常需要插入图形、图表等形象化的内容用以增强表现力、提供更多的信息。在 WPS 文字中可插入的图形类文件包括图片、形状、水印、素材库中的图形、图表以及文本框、艺术字等内容，它们都可以被看作图形的范畴，对它们的操作都是类似的。

任务实现

1. 插入图片

WPS 文字中可以插入的图片类型包括 ".jpg"".jpeg"".gif"".bmp"".png" 等，对于在其他软件中保存的图片，也可以采用变通的办法插入 WPS 文字中。

在 WPS 文字中插入一张图片的步骤如下。

1）在需要插入图片的位置处，单击"插入"→"图片"按钮，如图 4-5-2 所示。

2）在弹出的"插入图片"窗口中找到存放图片的位置，单击需要插入的图片，保持其选中状态，如图 4-5-3 所示。

3）单击"打开"按钮，图片即可插入到当前位置。

图 4-5-2 "插入"选项卡

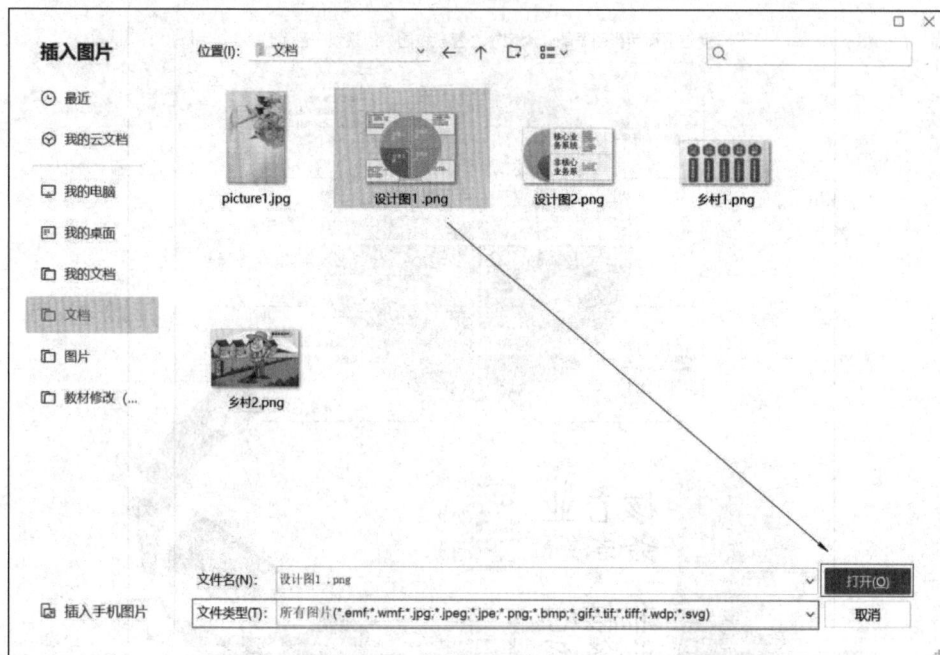

图 4-5-3 "插入图片"窗口

如果要同时插入两张图片，可以在选择目标图片的同时按 Ctrl 键，再单击"打开"按钮，即可把两张图片一起插入到当前文档中。

2. 设置图片格式

WPS 文字插入图片后，会将图片按照页面可编辑区域大小重新调整尺寸，即大于编辑区域宽度的图片会被等比例调整为合适的宽度；同时图片处于被选中状态，在图片顶点和每边中点处一共会出现 8 个小圆圈，"图片工具"选项卡被激活。在"图片工具"选项卡中可对图片进行一系列的编辑调整，如图片大小、图片压缩、图片裁剪、环绕方式、对齐方式等。对于图片的操作需要在图片被选中的情况进行。

（1）图片排列

WPS 文字中对插入图片设置了环绕方式。环绕方式指的是插入的图片和文档中其他内容一同出现时的排布方式。环绕方式不同，图片和文字等其他内容混排时呈现方式有明显不同，位置移动等操作也不同。

WPS 文字对插入图片默认为嵌入式，即将图片等同于字符加入文档中，具备段落缩进、行高等属性，可以采用拖曳的方式实现对图片位置的移动。环绕方式及含义如表 4-5-1 所示。

表 4-5-1　环绕方式及含义

环绕方式	含义
嵌入型	图片等同于文字，以等价于字符的方式插入段落中
四周型环绕	文字环绕在图形四周
紧密型环绕	文字紧密环绕在图形定位点外，用于形状不规则的图形周围
衬于文字下方	图片位于文字下方，图片被文字遮挡
衬于文字上方	图片位于文字上方，可以对文字进行遮挡
上下型环绕	文字位于图片上下方，左右两侧不排布
穿越型环绕	当图形中间低于两边时，文字能进入图片的边框

（2）图片尺寸调整

对于图片尺寸的调整主要有以下两种方法。

1）手动调整尺寸：对图片大小进行模糊设置。单击并选中图片，在图片四周出现 8 个圆圈后，将光标移至任一个圆圈上，待鼠标指针变为双箭头时，单击并拖动鼠标，即可改变图片的大小。必须注意，除 4 个顶点外的其他 4 个位置通过拖曳的方式只能单独调整图片的长或宽，会导致图片失真。

2）精确调整尺寸：选中图片后右击，在弹出的快捷菜单中选择"其他布局选项"命令，弹出"布局"对话框，如图 4-5-4 所示。在"大小"选项卡中对"高度"和"宽度"进行设置，可单击上下箭头或直接输入数字来实现对图片尺寸的精确设定，还可以通过调整缩放的百分比数值来实现。

图 4-5-4 "布局"对话框

🔗 知识链接 ■

尺寸和缩放都可以调整图片尺寸，它们相互关联。例如，选中"锁定纵横比"复选框后，对高度、宽度任何一个量调整时另一个量也会同时发生变化。若对调整不满意，可以单击"重新设置"按钮将图片恢复到原始状态以重新设置。

对"智慧校园的实践"文档中的两张图片进行大小设置，其设置前后的效果如图 4-5-5 和图 4-5-6 所示。

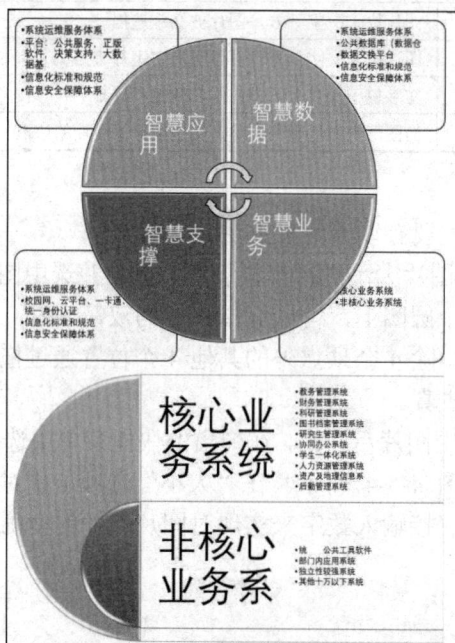

图 4-5-5 设置前

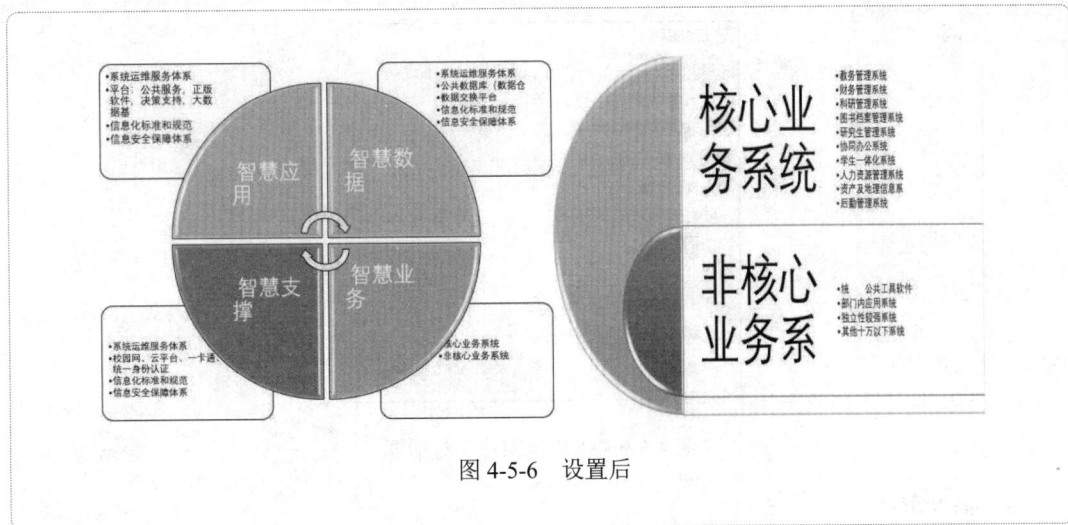

图 4-5-6　设置后

（3）图片的裁剪

如果需要去除图片中多余的部分，就需要对图片进行裁剪。WPS 文字不能实现对图片任意部分的裁剪，只能从外到内对图片的宽和高进行剪裁。对图片进行裁剪的方法如下。

选中需要编辑的图片，激活"图片工具"选项卡。单击"裁剪"按钮，图片四周出现黑线，此时将光标放置在图片内并通过拖曳的方式对图片进行裁剪，剩下需保留的区域，如图 4-5-7 所示。裁剪完成后，再次选择"裁剪"命令，保留需要留存区域，完成图片的裁剪操作。裁剪后效果如图 4-5-8 所示。

图 4-5-7　拖曳裁剪框

图 4-5-8　裁剪后效果

（4）图片压缩

插入过多的图片会使文档占用的硬盘空间过大，如果对插入文档中的图片进行压缩，可以有效减少文档的大小。压缩图片时可以选择文档中所有的图片或者当前选中的图片。单击"图片工具"→"压缩图片"按钮，打开"压缩图片"对话框即可进行设置，如图 4-5-9 所示。

图 4-5-9　"压缩图片"对话框

3．插入形状

WPS 文字中提供了线条、矩形、基本形状、箭头总汇、公式形状、流程图、星与旗帜、标注等多种形状。单击"图片工具"→"插入形状"按钮，打开如图 4-5-10 所示的常用形状。

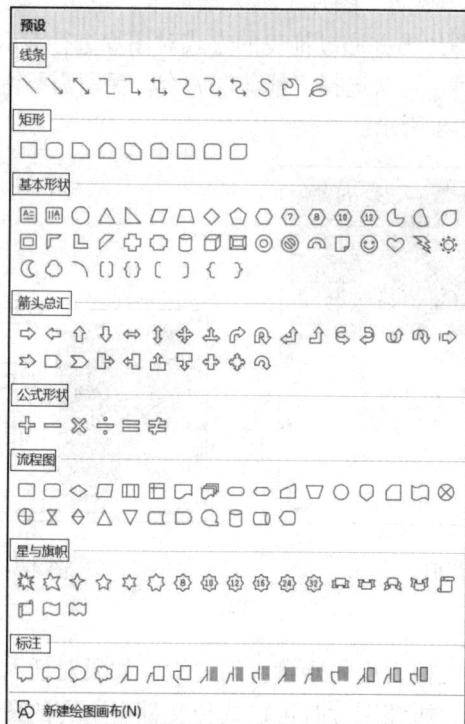

图 4-5-10　常用形状

在"智慧校园的实践"文档中插入一个"右弧形箭头"的形状，设置后如图 4-5-11 所示。

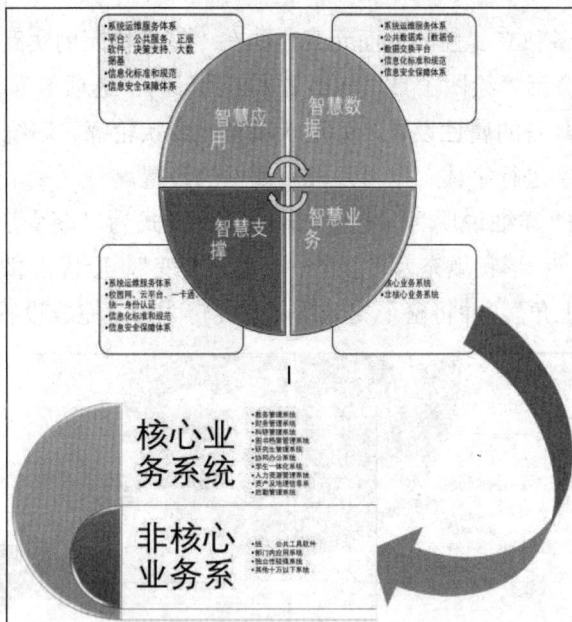

图 4-5-11　插入"右弧形箭头"效果

4. 插入文本框

文本框是可移动、可调整大小的文字或图形容器。不仅可以对其中的文字部分加以设置，还可以具备很多图片的性质。

单击"插入"→"文本框"下拉按钮，弹出如图 4-5-12 所示的下拉列表，可根据需要插入不同文字方向的文本框。

图 4-5-12　"文本框"下拉列表

　　文本框是一个具备独立属性的页面元素，如在"智慧校园的实践"文档中插入一个横向的文本框，会同时激活"绘图工具"和"文本工具"两个选项卡。"绘图工具"可以对文本框进行类似图片才具备的属性设置，如形状填充、形状轮廓、环绕方式等。"文本工具"可以对文本框中的文字进行字体、字号及段落属性的设置。

　　在文本框中输入"详细说明"，设置文本的预设样式为"渐变填充/李子紫，轮廓/着色 4"，字号为"四号"；形状填充为"黄色—橄榄绿渐变"，形状轮廓为"无颜色"，形状效果为"阴影—内部左上角"，并将整个文本框向左旋转 30°。完成设置后如图 4-5-13 所示。

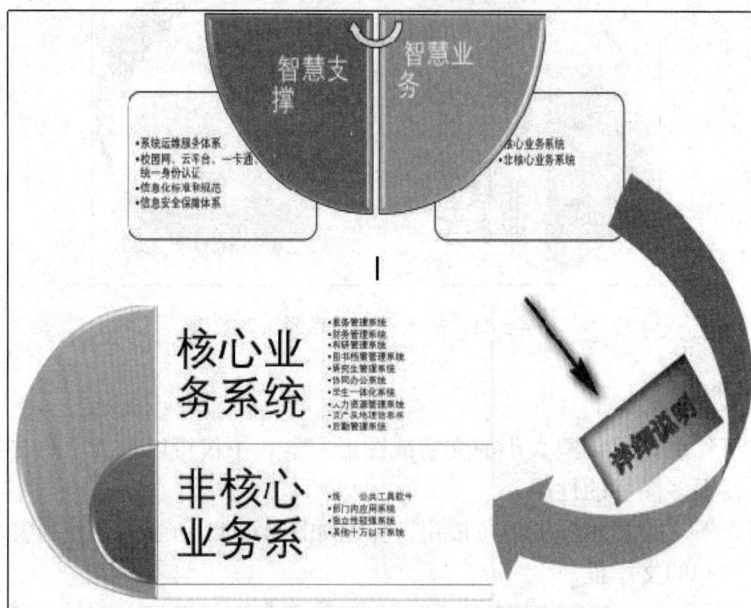

图 4-5-13　插入文本框后效果

5. 插入艺术字

　　艺术字是指插入到文档中的装饰文字，使用 WPS 文字插入和编辑艺术字功能，可以创建带阴影的、旋转的和拉伸的艺术字效果，还可以按照预定义的形状创建文字。具体操作步骤如下。

　　1）单击"插入"→"艺术字"按钮，弹出如图 4-5-14 所示的列表。上方"预设样式"可以免费使用，下方"稻壳艺术字"是会员才能享有的功能。

　　2）单击其中一个预设样式后，页面中会自动出现一个浮动框，可以在框内输入要设置为艺术字的文本，同时激活"绘图工具"和"文本工具"两个选项卡，如图 4-5-15 所示。艺术字的设置与文本框类似。

图 4-5-14　艺术字列表

图 4-5-15　艺术字设置

知 识 拓 展

1. 超链接

在文档设置过程中，经常需要给某些文本或图片加上超链接。加上超链接后的对象一般会出现下划线或字体颜色变化，当光标经过对象时，会显示超链接的内容。创建超链接的步骤如下。

选择要添加超链接的文本或图片，单击"插入"→"超链接"按钮，弹出"插入超链接"对话框，如图 4-5-16 所示。在该对话框中选择超链接的目标位置，输入超链接的地址，地址可以是网址也可以是电子邮箱，再单击"确定"按钮，即可创建超链接。

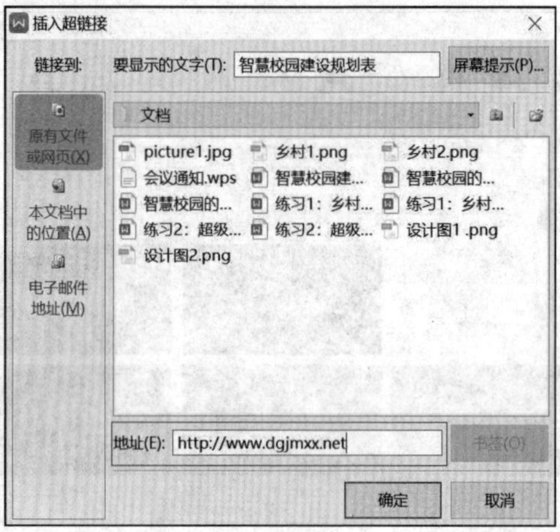

图 4-5-16　"插入超链接"对话框

2. 文档目录

文档目录是文档中的标题及其所在页码的列表。当文档内容较多、有多个章节时，目录不可缺少，有了目录，就能很快查找文档中的内容。

设置文档目录的操作步骤是，打开文档，将光标置于第一页处，单击"插入"→"空白页"按钮，然后单击"引用"→"目录"按钮，根据文章中标题的级别单击选择相应的目录样式，即可生成并在空白页插入相应的目录。

1）如果标题发生了改动，选择"引用"→"更新目录"命令，就可以智能更新目录。

2）如果不想自动生成目录，可以自定义目录。选中所需要生成目录的标题，单击"引用"→"目录级别"按钮，选择需要的级别，再单击"目录"按钮，即可自定义设置目录。

3）如果要更改目录的样式，选择"引用"→"目录"→"自定义目录"命令，弹出如图 4-5-17 所示"目录"对话框，可更改制表符前导符样式、显示级别、显示页码、页码右对齐、使用超链接。

4）如果要删除已生成的目录，选择"引用"→"目录"→"删除目录"命令即可。

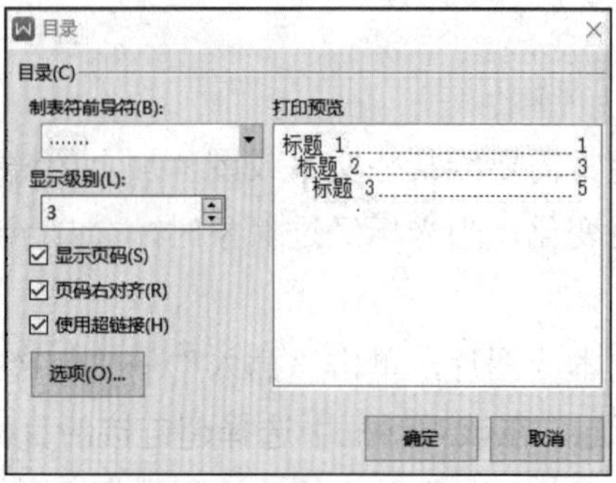

图 4-5-17　"目录"对话框

3. 更多功能

WPS 文字的"插入"选项卡中除了有前面学习的相关命令按钮外，还包括流程图、思维导图、条形码、二维码、地图和化学绘图等多种图形，如图 4-5-18 所示。使用这些图形可以更直观地表达信息，更方便地制作流程图或组织结构图。

在文档中插入一个思维导图，可以单击"插入"→"思维导图"下拉按钮，打开如图 4-5-19 所示的下拉列表。

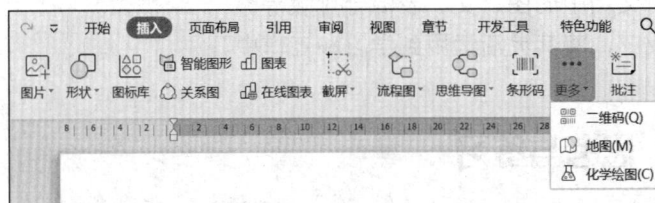

图 4-5-18　其他图形按钮

图 4-5-19　"思维导图"下拉列表

选择"插入已有思维导图"命令，可以使用 WPS 文字提供的模板，但很多模板只对会员开放。

选择"新建空白图"命令，打开思维导图的编辑软件，可按自己的需要创建思维导图，完成后，可导出为图片格式，如图 4-5-20 所示。

图 4-5-20　新建思维导图并导出

项 目 小 结

　　WPS 文字是用来制作和处理各种文档的、功能强大的文字处理软件，掌握 WPS 文字的使用方法，已经成为各行各业、各类从业人员的必备技能。本项目通过 5 个任务的学习，使读者能熟练操作 WPS 文字文档，如创建、保存、编辑和文档格式化等操作；会使用 WPS 文字的表格功能创建各种表格；会对文档中的图、文、表混合排版等。

　　掌握基本操作后，还应该举一反三，将其灵活运用到学习和工作中。

思考与练习

实操题

　　1．对文档"乡村振兴的目标.docx"进行如下操作。

　　1）将标题段文字设置为"小一号、微软雅黑、加粗、居中"；文本效果设置为"艺术字样式：填充-沙棕色，着色 2，轮廓-着色 2"；阴影效果设置为"透视；右下对角透视"；阴影颜色设置为"紫色（标准色）"；标题段文字间距紧缩 1.3 磅。

　　2）将正文各段文字设置为"小四号、仿宋"；段落格式设置为 1.15 倍行距、段前间距 0.4 行；第一段设置首字下沉 2 行，距正文 0.3 厘米；其余段设置首行缩进 2 个字符；将正文中的 5 个小标题修改成新定义的项目符号 ❖；在正文第二段前插入图片"乡村 1"，设置图片大小为"高度：7.5 厘米，宽度：15 厘米"、图片的环绕文字方式为"上下型"、图片的发光效果为"发光变体：培安紫，11pt 发光，着色 4"。

　　3）在页面底端插入"页脚中间"样式的页码，设置页码编号格式为"-1-、-2-、-3-……"，起始页码为"-3-"；在"文件"菜单下编辑、修改该文档的高级属性：作者为"NCRE"、单位为"NEEA"、文档主题为"WPS 文字应用"；在页面顶端居中位置插入页眉为"乡村振兴"，并添加"红色的双窄线"页眉横线；为文档添加内容为"乡村 2"的图片水印，水印图片的垂直对齐方式为"底端对齐"。

　　2．对文档"超级计算机.docx"进行如下操作。

　　1）设置页面纸张大小为"A4（21 厘米×29.7 厘米）"；在页面顶端居中位置插入页眉为"NCRE-教育部考试中心"，并添加"蓝色的点划线"页眉横线；在页面底端插入"页脚右侧"样式的页码，设置页码编号格式为"Ⅰ、Ⅱ、Ⅲ……"，起始页码为"Ⅳ"；将页面背景的填充效果设置为"渐变/预设/羊皮纸"、底纹样式为"斜下"；为页面添加内容为"TOP500"的文字水印，水印内容的文本格式为"黑体、红色（标准色）"。

　　2）将标题段的文本格式设置为二号、黑体、加粗、居中，段落格式设置为段前间距 3 磅、段后间距 6 磅，文本效果设置为艺术字预设样式"填充-白色，轮廓-着色 2，清晰阴影-着色 2"，并修改其阴影效果为"内部向左"；为标题段文字添加着重号；在标题段末端添加脚注，脚注内容为"资料来源：国际 TOP500 组织"。

3）设置正文各段的中文字体为四号宋体、西文字体为四号 Arial 字体，行距为 26 磅、段前间距 0.5 行；设置正文第一段首字下沉 2 行、距正文 0.2 厘米；设置正文第二段悬挂缩进 2 字符；为正文第四段中的"中国石油"一词添加超链接"http://www.cnpc.com.cn"。

4）将文中最后 6 行文字转换成一个 6 行 5 列的表格；设置表格居中，将表格所有内容水平居中；设置表格行高为 0.7 厘米、第 1 至 5 列的列宽分别是 1.5 厘米、3 厘米、2 厘米、2 厘米、3.5 厘米，所有单元格的左右边距均为 0.3 厘米；用表格第一行设置表格"重复标题行"；"计算机"列依据"拼音"类型升序排列表格内容。

5）设置表格外框线和第一、二行间的内框线为红色（标准色）、0.75 磅双窄线，其余内框线为红色（标准色）、0.5 磅单实线；设置表格底纹颜色为主题颜色"巧克力黄，着色 6，淡色 60%"。

项目 5　WPS 表格的使用

项目背景

　　李老师作为一名班主任，要把班里学生的相关信息（如学生基本信息和期中、期末成绩等）录入计算机，方便日后查找信息与处理数据，这些任务可以使用 WPS 表格来完成。WPS 表格是金山办公软件 WPS Office 2019 的三大组件之一，是一款优秀的电子表格制作软件，具有制作表格、处理数据、分析数据、创建图表等功能。

能力目标

※　理解工作簿、工作表、单元格、当前单元格等基本概念。
※　掌握工作簿的创建、保存、关闭、打开等操作方法。
※　掌握工作表的数据输入、编辑与修改的方法。
※　掌握工作表的基本操作。
※　掌握工作表的格式设置方法。
※　理解单元格地址的引用，掌握公式或函数的使用方法。
※　掌握对工作表的数据进行分析与处理，包括排序、自动筛选、高级筛选、分类汇总和创建数据透视表等。
※　了解常见图表的功能和使用方法，掌握创建图表的方法，并会修改和格式化图表。
※　会根据要求进行页面设置和打印工作表。

素养目标

1. 通过分析与处理数据以及修饰与美化图表，培养学生严谨认真的工作态度。
2. 培养学生自主学习和实际应用的能力。

任务 5.1　输 入 数 据

任 务 描 述

李老师在新生报到当天已经让该班的学生填写了基本信息，包括姓名、政治面貌、入学成绩、联系电话等。为了方便日后查找信息，他要把学生填写的基本信息录入计算机。录入的"学生基本信息表"如图 5-1-1 所示。

	A	B	C	D	E	F	G	H	I
1	学生基本信息表								
2	学号	姓名	性别	政治面貌	出生年月	原毕业学校	身份证号码	入学成绩	联系电话
3	20210101	钱多	女	团员	2006/2/6	可园中学	442500200602062226	637	13509988776
4	20210102	何海涛	男	群众	2005/9/18	东城初级中学	440100200509185879	642	13609876543
5	20210103	王一波	男	群众	2006/7/17	樟木头中学	441900200607170816	639	13701234567
6	20210104	何姗姗	女	团员	2005/12/12	桥头中学	442300200512121343	631	13833523658
7	20210105	李玉熙	男	团员	2005/10/22	虎门中学	441100200510226574	629	13998765432
8	20210106	丁虹敏	女	群众	2006/6/14	麻涌中学	441900200606146555	645	13657811256
9	20210107	汤妙凌	女	群众	2006/7/27	可园中学	443400200607271169	641	13756781145
10	20210108	张婉玲	女	群众	2005/11/14	黄江中学	442500200511143814	637	13842178563
11	20210109	李宏伟	男	团员	2006/5/2	南城中学	441900200605022199X	627	13922546981
12	20210110	赵慧琳	女	群众	2006/1/8	东城初级中学	441600200601087667	633	13523561878
13	20210111	李一	男	群众	2005/9/28	万江中学	432520200509280491	621	13829152551
14	20210112	赵穆阳	男	团员	2006/3/7	清溪中学	44190020060307017X	589	13756650210
15	20210113	丁可儿	女	群众	2006/8/20	凤岗中学	441900200608202331	610	13511109111
16	20210114	曾毅	男	群众	2005/11	中堂中学	445331200511110210	622	13645899665
17	20210115	贺年卡	男	群众	2006/3/5	石排中学	441900200603054562	632	13512365456
18	20210116	宋嘉怡	女	团员	2006/10/25	黄江中学	441900200610252221	615	13907882551
19	20210117	梁晶晶	女	群众	2006/5/20	虎门中学	441900200605203452	598	13562154879
20	20210118	范雯	女	群众	2006/4/9	南城中学	441900200604093324	579	13689900312
21	20210119	朱小冰	女	群众	2006/6/30	石龙中学	441900200606307851	603	13852136656
22	20210120	汤琳琳	女	团员	2005/12/13	樟木头中学	44190020051213258X	615	13432201564
23	20210121	程前	男	群众	2006/7/15	石碣中学	44190020060715022X	580	13523578552

图 5-1-1　录入的"学生基本信息表"

任 务 实 现

李老师使用 WPS 表格完成"学生基本信息表"的数据录入。通过 WPS 表格新建一个空白工作簿，把"学生基本信息表"中的相关数据录入到计算机中，然后保存该工作簿。要熟练地完成该任务，首先要认识 WPS 表格窗口组成，理解工作簿、工作表、单元格、当前单元格等概念。

1. WPS 表格的启动

启动 WPS 表格一般有以下几种方法。

方法一：单击"开始"→WPS Office→WPS Office 程序图标。

方法二：双击桌面上的 WPS Office 快捷图标。

方法三：直接双击 WPS 表格文档（扩展名为 ".et"）。

2. WPS 表格窗口组成

WPS 表格启动后，便进入了工作簿窗口界面。WPS 表格窗口由标题栏、选项卡、功能区、快速访问工具栏、数据编辑区、工作表标签栏和状态栏等组成，如图 5-1-2 所示。

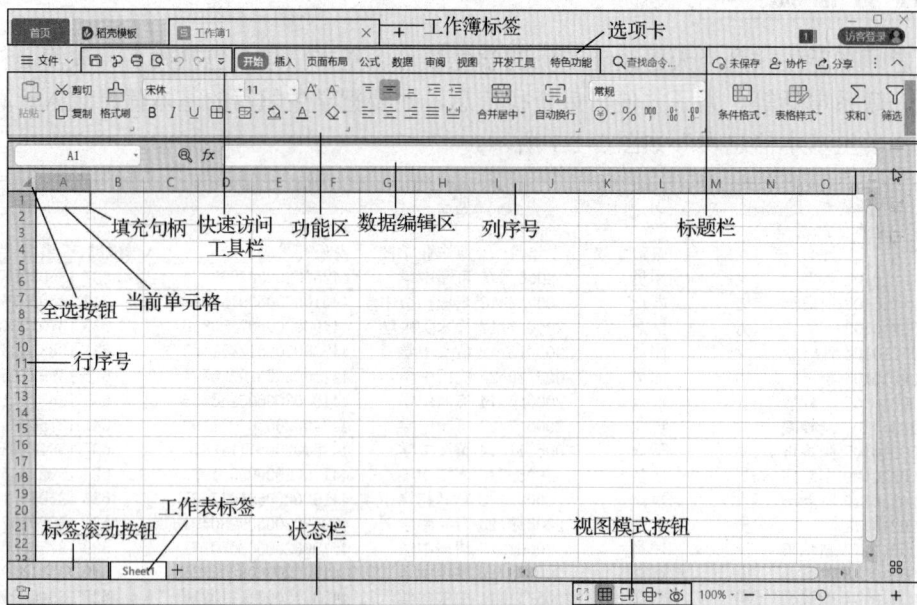

图 5-1-2　WPS 表格窗口组成

（1）标题栏

标题栏位于窗口顶部，用来显示 WPS 表格菜单及当前工作簿文档名，标题栏后侧有最小化、最大化/还原、关闭三个按钮。

（2）选项卡

WPS 表格的选项卡从左到右依次为开始、插入、页面布局、公式、数据、审阅、视图、开发工具、特色功能，这些选项卡包含了 WPS 表格的大部分功能。

（3）功能区

功能区是 WPS 表格某一选项卡中各项功能的操作平台。单击相应的选项卡后，该选项卡中所有的命令按钮就会在功能区中显示出来，每个命令按钮分别代表不同的操作指令。系统默认功能区显示"开始"选项卡中常用的功能按钮。单击选项卡右侧的 ︿ 按钮可以显示/隐藏功能区。

（4）快速访问工具栏

快速访问工具栏默认包含 WPS 表格最常用的按钮，如保存、打印、打印预览、撤销和恢复，用户可以自定义常用的功能按钮。

（5）数据编辑区

数据编辑区包括名称框、数据按钮和编辑栏三部分，用来输入或编辑当前单元格的值或公式。数据按钮在非编辑状态时显示浏览公式结果和插入函数按钮，在编辑状态时则显示取消按钮、输入按钮和插入函数按钮，如图 5-1-3 所示。

（a）非编辑状态　　　　　　　　　　　　（b）编辑状态

图 5-1-3　WPS 表格数据编辑区

（6）工作表标签栏

工作表标签栏包括工作表标签和标签滚动按钮两部分。单击不同的工作表标签可以在工作表之间进行切换，其中高亮的工作表标签是当前正在编辑的工作表。当工作表标签太多以致无法全部显示时，单击标签滚动按钮可以显示工作表标签。

（7）状态栏

状态栏显示当前工作表中不同的编辑状态和相应的操作结果。在状态栏右侧有全屏显示、普通视图、分页预览、阅读模式和护眼模式五种视图模式，还有当前视图模式下的显示比例和显示比例调整按钮。

（8）工作簿窗口

工作簿窗口相当于文档窗口。一个 WPS 表格程序可以包含多个工作簿窗口，通过工作簿标签可以切换当前工作簿窗口。使用"视图"选项卡中的窗口部分命令，可以调整工作簿窗口的显示方式。

3. 工作簿、工作表、单元格和当前单元格的概念

（1）工作簿

工作簿是 WPS 表格文件，是电子表格软件中的特有名词，其扩展名为".et"。一个工作簿就像一本书，它可以包含若干页，每一页就是一个工作表。一个工作簿中工作表的个数可以由用户根据需要自行增减。

（2）工作表

工作表就是 WPS 表格中的一个表格，由含有数据的行和列组成。在 WPS 表格中单击某个工作表标签，该工作表就会成为当前工作表。每个工作表都有名称，如图 5-1-2 所示的工作表标签为"Sheet1"，工作表标签可以重新命名。

（3）单元格

单元格是 WPS 表格中最基本的操作单位，是工作表中行列交会处的区域，用来保存输入的数据。每个单元格在工作表中都有唯一的地址，由单元格所在列的列序号和所在行的行序号组成，如 D6 表示 D 列 6 行交会处的单元格。

（4）当前单元格

移动光标至某个单元格上并单击，此时单元格的边框线变成粗绿线，则此单元格称为当前单元格。当前单元格的地址显示在名称框中，同时单元格所对应的行序号和列序号显示为浅灰色底纹绿色字，当前单元格的数据同时显示在编辑栏中。

4. 新建工作簿

在 WPS 表格中，用户可以新建一个空白工作簿，也可以使用模板建立具有相关结构内容的工作簿。

（1）新建空白工作簿

WPS 2019 程序启动后，在 WPS 主页面的上方单击 ＋ 新建 按钮，然后在工具栏中单击"表格"按钮，再选择下方的"新建空白文档"命令，即可新建一个空白工作簿，如图 5-1-4 所示。

图 5-1-4　新建空白工作簿

（2）使用模板新建工作簿

与新建空白工作簿的方法类似，只是将单击"新建空白文档"的操作改为单击系统自带的某一模板即可。

新建多个工作簿时，WPS 表格依次将它们命名为工作簿 2、工作簿 3、工作簿 4……保存时，可分别重命名并保存。

5．输入数据

新建工作簿后，输入图 5-1-1 中的数据。

（1）选择工作表

单击工作表标签 Sheet1，使 Sheet1 工作表成为当前工作表。

（2）选定输入数据的单元格

在单元格内输入数据，先要选择当前单元格。选定当前单元格的方法有：单击要选取的单元格；移动光标到要选取的单元格；在名称框中输入一个有效的单元格地址。当单元格的外框变粗变绿时，表示已被选定。一般来说，新建一个工作簿后，默认 A1 单元格为当前单元格，如图 5-1-5 所示。

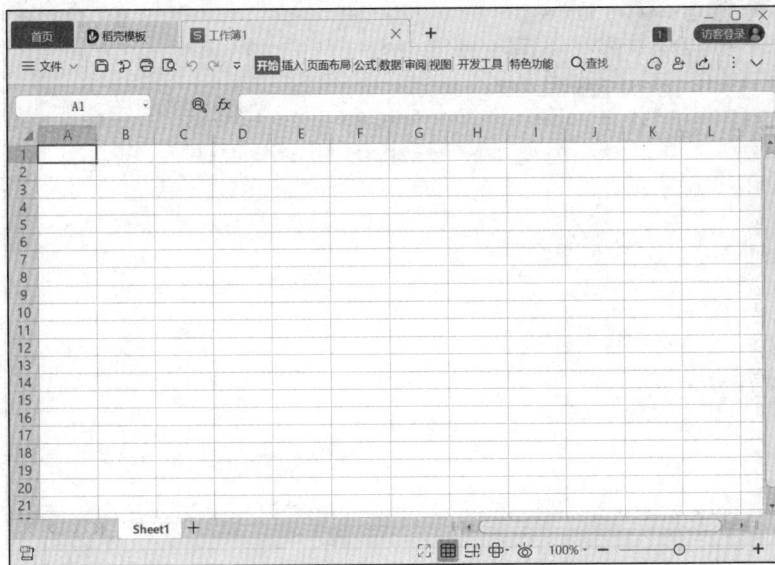

图 5-1-5　当前单元格 A1

（3）输入数据

1）输入表标题。在 A1 单元格中输入表标题"学生基本信息表"。表标题输入完成后，可通过按回车键、单击 A2 单元格，将 A2 单元格设为当前单元格，为后续数据的输入做准备，如图 5-1-6 所示。

2）输入列标题。在第 2 行相应的单元格中，依次输入如图 5-1-7 所示的列标题。

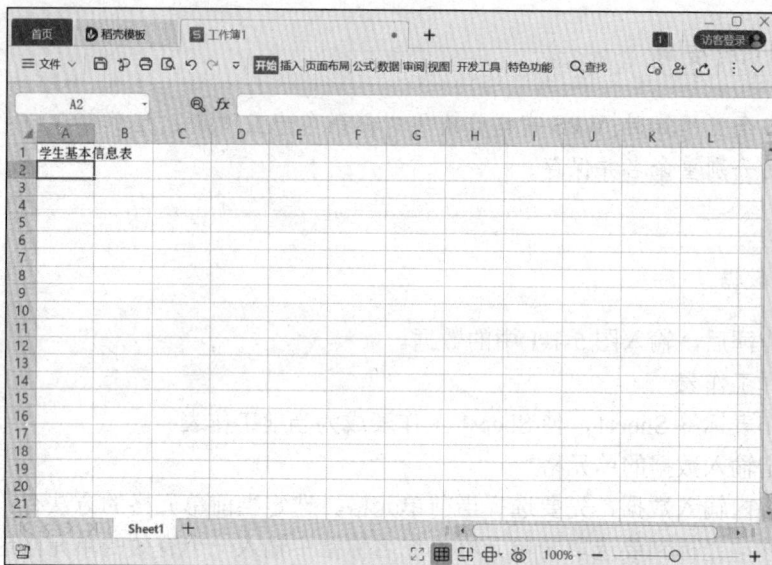

图 5-1-6 输入表标题并将 A2 设为当前单元格

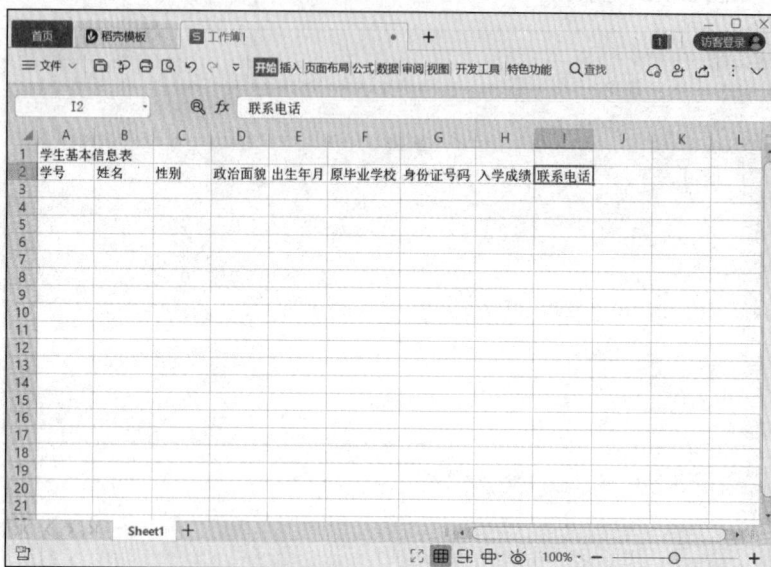

图 5-1-7 输入列标题

3）输入"学号"列的数据。在 A3 单元格中输入"20210101"。将光标移到 A3 单元格的填充句柄上（右下角的绿色小方块），这时指针会变成"+"，如图 5-1-8 所示。

按住鼠标左键向下拖动，当出现"20210121"后，释放鼠标左键，则该序列被智能填充完毕，如图 5-1-9 所示。如果按住 Ctrl 键的同时拖动鼠标左键，则填充同一数据。

4）输入"姓名""性别""政治面貌""原毕业学校""入学成绩"列的数据。在 B 列、C 列、D 列、F 列、H 列的相应单元格区域，依次输入如图 5-1-1 所示的数据。

图 5-1-8　填充句柄

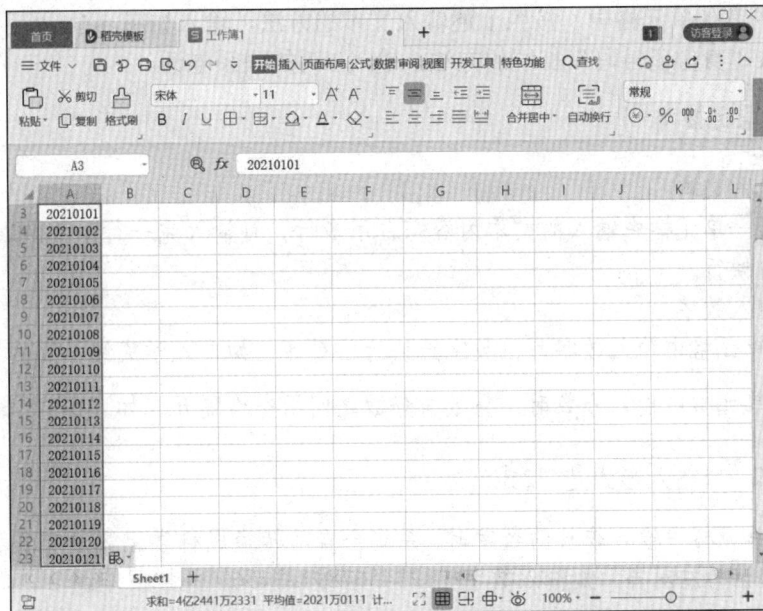

图 5-1-9　智能填充学号序列

5）输入"出生年月"列数据。在 E3 单元格中输入"2006/2/6"。在 E 列的其他单元格中输入如图 5-1-1 所示的数据。

6）输入"身份证号码""联系电话"列的数据。在单元格中输入文本时，文本默认为左对齐，文本可以是任何字符串（包括字符与数字组合）。将"身份证号码""联系电话"等列的数字作为文本输入时，应在其前面加英文单引号'，如'442500200602062226。

在 G3 单元格中输入"'442500200602062226"，如图 5-1-10 所示。

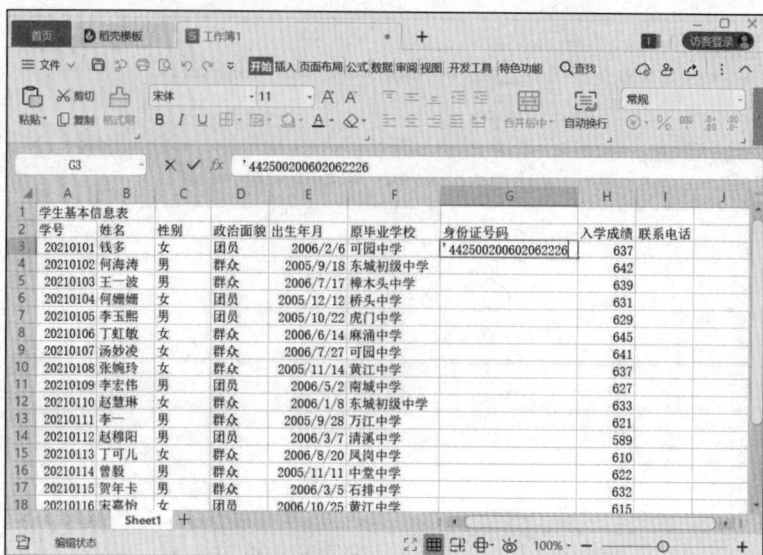

图 5-1-10　输入身份证号码

在 G 列的其他单元格中，按照上述输入文本的方法，输入如图 5-1-1 所示的数据。用与输入"身份证号码"相同的方法，输入 I 列的联系电话。

◉━◉ 知识链接 ■

（1）输入文本

如果同一单元格中输入的文本内容需占用多行，可输入完一行后按 Alt+回车键实现单元格内换行。

（2）输入数字

① 在单元格中输入数字时，数字默认为右对齐，如"入学成绩"列的数字。

② 在单元格中输入分数时，整数与分数之间用空格隔开，如"$5\frac{1}{4}$"输入形式是"5 1/4"，"$2\frac{3}{5}$"输入形式是"2 3/5"。

③ 在单元格中输入较长的数字时，系统会自动转换成科学记数法来表示，并且在单元格中默认为左对齐，如输入数字"123456789123456"并按回车键后，单元格中显示为"1.23E+14"。

④ 如果数字宽度超过单元格的显示宽度，将用一串#号来表示，调整列宽到适当的宽度，数字即能正常显示。

（3）输入日期与时间

① 输入日期：日期数据的输入格式通常是"年/月/日"或"年-月-日"。

② 输入时间：时间数据的输入格式通常是"时:分:秒"。

③ 在一个单元格内也可同时输入日期和时间，两者之间用空格隔开。若要输入系统日期，可以按 Ctrl+；快捷键；若要输入系统时间，可以按 Shift+Ctrl+；快捷键。

④ 如果日期宽度超过单元格的显示宽度,将用一串#号来表示,调整列宽到适当的宽度,日期即能正常显示。

（4）智能填充数据

当输入具有某种规律或相同的数据（如按顺序排列的学号）时,不需要逐一输入,利用智能填充功能可以实现快速输入。

① 填充相同数据:填充字符串类型的数据,按住鼠标左键拖动填充句柄。填充数值、时间和日期类型的数据,按住 Ctrl 键的同时拖动填充句柄。

② 填充序列数据:按住鼠标左键拖动填充句柄。如果单元格中输入数值型数据"10",填充后单元格数据依次为"11、12、13、14……";如果单元格中输入时间型数据"10:30",填充后单元格数据依次为"11:30、12:30、13:30、14:30……";如果单元格中输入日期型数据"2021/5/15",填充后单元格数据依次为"2021/5/16、2021/5/17、2021/5/18、2021/5/19……"。

如果单元格中要填充"1、3、5、7、9、11……"或"1、2、4、8、16……"这样的等差或等比数列,则要同时选中两个或三个单元格后拖动填充句柄进行填充。

③ 填充已定义的序列数据:WPS 表格已经定义好了一些有固定规律的常用数据,如图 5-1-11 所示。

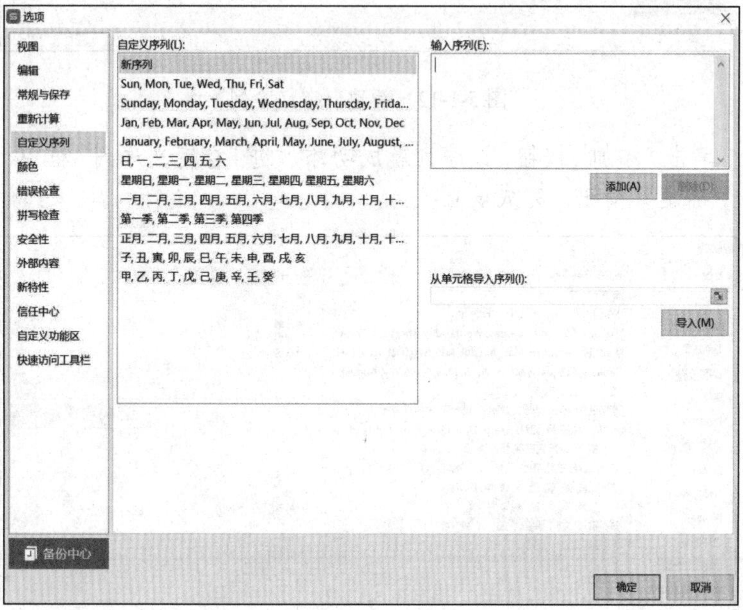

图 5-1-11 已有的自定义序列

除了系统预设的序列外,也可以自定义一些序列。例如,要填充"第一组、第二组、第三组、第四组、第五组"的序列。系统自定义的序列中没有该序列,所以,要创建一个新的序列,操作步骤如下。

第一步:选择"文件"→"选项"命令,在弹出的"选项"对话框中选择"自定义序列"选项卡。

第二步：在右侧"输入序列"框中依次输入"第一组、第二组、第三组、第四组、第五组"，如图 5-1-12 所示。

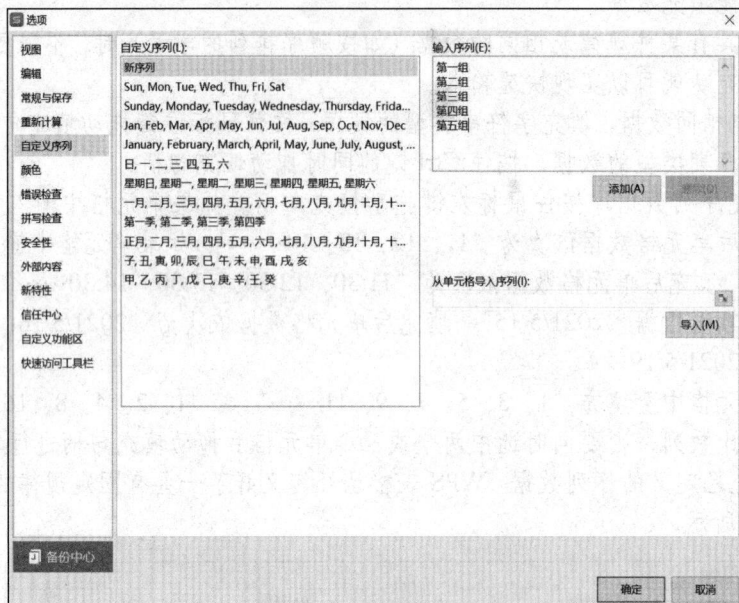

图 5-1-12　新建自定义序列

第三步：单击"添加"按钮，该序列就成功添加进"自定义序列"框中，如图 5-1-13 所示。单击"确定"按钮，完成设置。

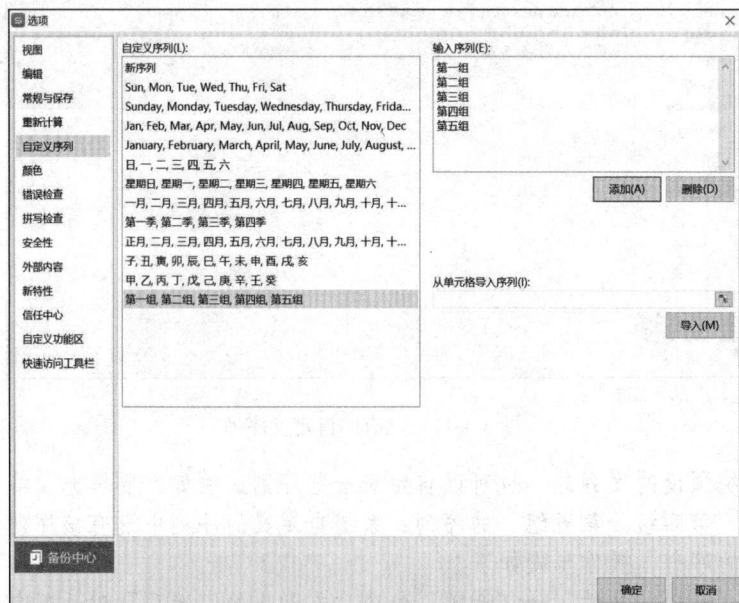

图 5-1-13　添加的自定义序列

自定义序列创建好之后，在单元格中输入"第一组"，利用智能填充功能，即可完成序列填充。

6. 保存工作簿文件

当完成图 5-1-1 的数据输入后，用"学生基本信息表.et"的文件名来保存此工作簿，操作步骤如下。

1）单击快速访问工具栏中的"保存"按钮，或选择"文件"→"保存"命令，或选择"文件"→"另存为"命令，或按 Ctrl+S 快捷键。

2）如果是第一次保存，则会弹出"另存文件"窗口，如图 5-1-14 所示。

图 5-1-14 "另存文件"窗口

3）选择文件存放的位置。

4）在"文件名"文本框中输入要保存的文件名，如"学生基本信息表"。

5）在"文件类型"下拉列表中选择文件的保存类型为"WPS 表格 文件（*.et）"，单击"保存"按钮。

知识链接

1）已经保存过的工作簿文件，按照上面的操作步骤进行保存时，系统直接对文档用原文件名在原位置上保存，不会弹出"另存文件"窗口。

2）用户可根据需要选择"文件"→"另存为"命令，为当前文档重新选择存放的位置和重新输入文件名。

7. 打开工作簿

对于保存后的工作簿文件，如果要再次编辑，需要进行打开工作簿操作，有以下三种方法。

方法一：选择"文件"→"打开"命令。

方法二：单击快速访问工具栏中的"打开"按钮。

方法三：双击已经保存的 WPS 表格文件。

方法一和方法二都要打开 WPS 表格的"打开文件"窗口，选择要打开的文件即可。

8. WPS 表格的退出

完成保存后，可以选择下列任何一种方法退出 WPS 表格。

方法一：选择"文件"→"退出"命令。

方法二：单击标题栏右侧的"关闭"按钮。

方法三：单击工作簿标签的"关闭"按钮。

方法四：在工作簿标签上右击，在弹出的快捷菜单中选择"关闭"命令。

方法五：按 Alt+F4 快捷键。

任务 5.2 编辑与修改工作表

任 务 描 述

由于新生入学不久，班级学生情况时有变化，还有需要修正、添加的数据。根据实际情况，李老师对"学生基本信息表"中的数据做了编辑和修改，修改后的"学生基本信息表"如图 5-2-1 所示。

学号	姓名	性别	政治面貌	出生年月	原毕业学校	入学成绩	身份证号码	宿舍	联系电话
20210101	钱多	女	团员	2006/2/6	可园中学	637	442500200602062226	6-321	13509988776
20210102	何海涛	男	群众	2005/9/18	东城初级中学	642	440100200509185879	15-317	13609876543
20210103	王一波	男	群众	2006/7/17	樟木头中学	639	441900200607170816	15-317	13701234567
20210104	何姗姗	女	团员	2005/12/12	桥头中学	631	442300200512121343	6-321	13833523658
20210105	李玉熙	男	群众	2005/10/22	虎门林则徐中学	629	441100200510226574	15-317	13998765432
20210106	丁虹敏	女	群众	2006/6/14	麻涌中学	645	441900200606146555	6-322	13657811256
20210107	何一伟	男	群众	2006/1/14	虎门林则徐中学	612	322100200601144351	15-317	13432004667
20210108	汤妙凌	女	团员	2006/7/27	可园中学	641	442500200607271169	6-321	13756781145
20210109	张婉玲	女	群众	2005/11/14	黄江中学	637	442500200511143814	6-321	13842178563
20210110	赵慧琳	女	群众	2006/1/8	东城初级中学	633	441600200601087667	6-322	13523561878
20210111	李一	男	群众	2005/9/28	万江中学	621	432520200509280491	15-318	13829152551
20210112	赵穆阳	男	团员	2006/3/7	清溪中学	589	441900200060307017X	15-318	13756650210
20210113	丁可儿	女	群众	2006/8/20	凤岗中学	610	441900200608202331	6-322	13511109111
20210114	曾毅	男	群众	2005/11/11	中堂中学	622	445331200511110210	15-318	13645899665
20210115	贺年卡	男	群众	2006/3/5	石排中学	632	441900200603054562	15-318	13523365456
20210116	宋嘉怡	女	团员	2006/10/25	黄江中学	615	441900200610252221	6-322	13907882551
20210117	梁晶晶	女	群众	2006/5/20	虎门林则徐中学	598	441900200605203452	6-323	13562154879
20210118	范雯	女	群众	2006/4/9	南城中学	579	441900200604093324	6-323	13689900312
20210119	朱小冰	女	群众	2006/6/30	石龙中学	603	441900200606307851	6-323	13852136656
20210120	汤琳琳	女	团员	2005/12/13	樟木头中学	615	441900200512132658X	6-323	13432201564
20210121	程前	男	群众	2006/7/15	石碣中学	580	441900200607152202X	15-319	13523578552

图 5-2-1 修改后的"学生基本信息表"

任务实现

工作表数据的编辑，一般包括修改单元格的数据，插入或删除单元格，插入或删除行（列），移动或复制数据等。为保留原始数据，李老师将工作表 Sheet1 中的数据复制到工作表 Sheet2 中，同时为了区分两个工作表，对工作表重新命名。最后，在复制数据的工作表中进行数据的编辑和修改。

1. 新建工作表

创建工作簿时系统默认工作簿中含有一个名为"Sheet1"的工作表。可是在实际中，有时一个工作表并不能满足需求，需要及时新建工作表。在"学生基本信息表.et"工作簿中添加一个新的工作表，有以下三种方法。

方法一：单击工作表标签栏的"新建工作表"按钮。

方法二：右击工作表标签 Sheet1，在弹出的快捷菜单中选择"插入"命令，打开"插入工作表"对话框，在该对话框中设置工作表的插入数目和插入位置，如图 5-2-2 所示。

方法三：选择"开始"→"工作表"→"插入工作表"命令，弹出"插入工作表"对话框，进行对应设置即可。

新建的工作表以 Sheet2、Sheet3、Sheet4……来命名，如图 5-2-3 所示。

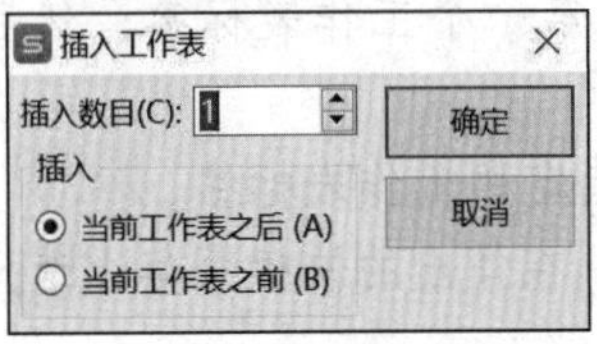

图 5-2-2　"插入工作表"对话框　　　　　图 5-2-3　新建的工作表标签

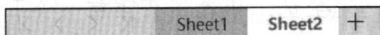

2. 重命名工作表

将工作表 Sheet1 重命名为"原始数据"，将工作表 Sheet2 重命名为"最新数据"，操作步骤如下。

1）单击工作表标签 Sheet1，表示选定该工作表。

2）选择"开始"→"工作表"→"重命名"命令，如图 5-2-4 所示；或右击工作表标签 Sheet1，在弹出的快捷菜单中选择"重命名"命令，如图 5-2-5 所示；也可以直接双击工作表标签 Sheet1。

3）标签文字变成蓝底白字，输入新的工作表名称"原始数据"。

4）用与步骤 1）～3）相同的方法，将工作表 Sheet2 重命名为"最新数据"，如图 5-2-6 所示。

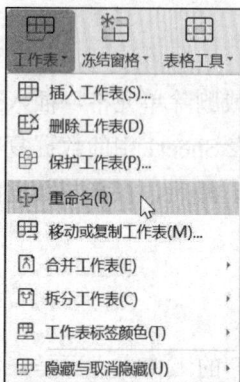

图 5-2-4　重命名工作表的方法 1

图 5-2-5　重命名工作表的方法 2

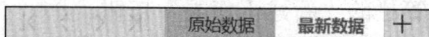

图 5-2-6　重命名的工作表

🔗 **知识链接** ▪

　　选定一个工作表：单击该工作表标签。

　　选定多个相邻的工作表：单击连续工作表标签的第一个工作表标签，然后按住
Shift 键并单击连续工作表标签的最后一个工作表标签。

　　选定多个不相邻的工作表：按住 Ctrl 键并单击要选定的工作表标签。

　　选定全部工作表：在任意一个工作表标签上右击，在弹出的快捷菜单上选择"选
定全部工作表"命令。

　　如果同时选定了多个工作表，其中只有一个工作表是当前工作表，对当前工作表
的某个单元格输入数据，或者进行单元格格式设置，相当于对所有选定工作表同样位
置的单元格做了同样的操作。

　　3. 工作表数据的复制

　　重命名工作表后，需将工作表"原始数据"中的全部数据复制到工作表"最新数据"
中，操作步骤如下。

　　1）单击工作表标签"原始数据"，选定该工作表。

　　2）在"全选按钮"上单击，选定该工作表的全部数据，如图 5-2-7 所示。

　　3）单击"开始"→"复制"按钮；或右击，在弹出的快捷菜单中选择"复制"命令；
或按 Ctrl+C 快捷键对数据进行复制。

　　4）单击工作表标签"最新数据"，再单击 A1 单元格作为当前单元格。

图 5-2-7　选定工作表的全部数据

5）选择"开始"→"粘贴"→"粘贴"命令；或右击，在弹出的快捷菜单中选择"粘贴"命令；或按 Ctrl+V 快捷键，对数据进行粘贴。工作表"原始数据"中的全部数据被复制到工作表"最新数据"中。

知识链接

选择"复制"命令后，选定的单元格区域会有一个虚线框，若要取消选取虚线框，按 Esc 键即可。

4. 移动工作表

为了方便操作，将工作表"最新数据"移至工作表"原始数据"前面。有以下两种方法可以实现。

方法一：使用鼠标拖曳。选中要移动的工作表标签"最新数据"，按住鼠标左键，拖曳鼠标至"原始数据"工作表的前面，再释放鼠标左键，如图 5-2-8 所示。

方法二：使用"移动或复制工作表"命令移动工作表。选定"最新数据"工作表，选择"开始"→"工作表"→"移动或复制工作表"命令，在弹出的"移动或复制工作表"对话框中选择要移至的工作簿和插入位置，如图 5-2-9 所示，然后单击"确定"按钮；或右击工作表标签"最新数据"，在弹出的快捷菜单中选择"移动或复制工作表"命令，打开如图 5-2-9 所示的对话框。

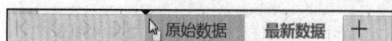

图 5-2-8　移动工作表

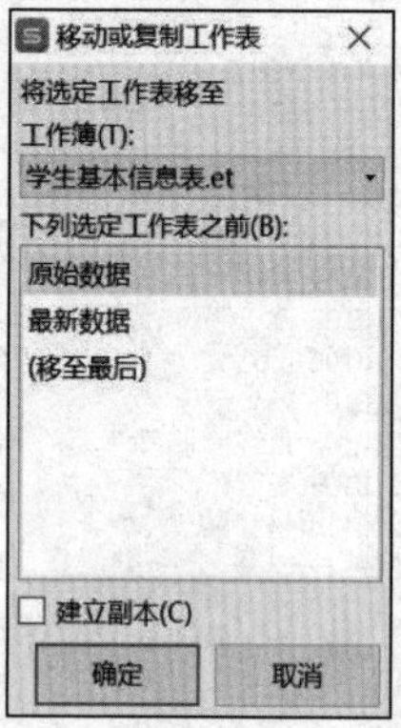

图 5-2-9　"移动或复制工作表"对话框

🔗 **知识链接** ■

　　复制工作表有以下两种方法可以实现。

　　方法一：使用鼠标拖曳。按住鼠标左键拖曳工作表的同时，再按住 **Ctrl** 键，拖曳鼠标至"原始数据"工作表的前面，再释放鼠标左键和 **Ctrl** 键，即可复制当前工作表。新工作表和原工作表内容一样，名称为"最新数据（2）"，如图 **5-2-10** 所示。

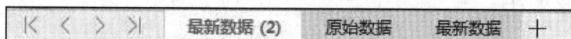

图 5-2-10　复制工作表

　　方法二：使用"移动或复制工作表"命令复制工作表。选择"开始"→"工作表"→"移动或复制工作表"命令；或右击工作表标签，在弹出的快捷菜单中选择"移动或复制工作表"命令，打开"移动或复制工作表"对话框，选中"建立副本"复选框，即可复制当前工作表。

　　5. 设置工作表标签颜色

　　当一个工作簿中存在很多工作表，不方便用户查找时，可以通过更改工作表标签颜色的方法来标记常用的工作表，使用户能够快速查找到需要的工作表。李老师为了更快地找到"最新数据"工作表，将该工作表标签的颜色设置为"橙色"，操作步骤如下。

　　1）单击工作表标签"最新数据"，选定该工作表。

　　2）选择"开始"→"工作表"→"工作表标签颜色"命令；或右击工作表标签"最新数据"，在弹出的快捷菜单中选择"工作表标签颜色"命令，在展开的颜色面板中选择标准色中的"橙色"，即可完成工作表标签颜色的设置，如图 5-2-11 所示。

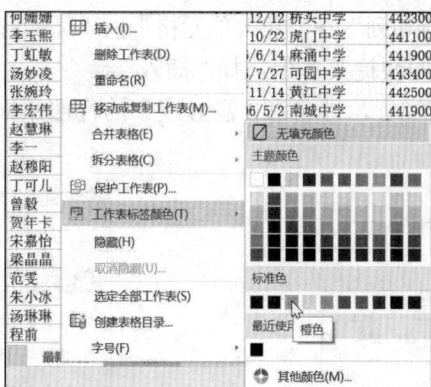

图 5-2-11　设置工作表标签颜色

6. 修改单元格数据

对数据进行备份和重命名工作表后，接下来对"最新数据"工作表中的数据进行编辑与修改。李老师在核对数据的时候，发现姓名为"李玉熙"和"梁晶晶"的原毕业学校应为"虎门林则徐中学"，姓名为"汤妙凌"的政治面貌应为"团员"。

把"虎门中学"改为"虎门林则徐中学"，属于修改单元格数据，操作步骤如下。

1）将光标移至 F7 和 F19 单元格并双击。

2）将光标移至"虎门"后面，输入"林则徐"。

3）按回车键即可完成修改。

把姓名为"汤妙凌"的政治面貌由"群众"改为"团员"，属于重新输入数据，操作步骤如下。

1）将 D9 单元格设为当前单元格。

2）直接输入"团员"，即原来的"群众"被"团员"所代替。

7. 插入行

李老师在核对数据的时候，发现在姓名为"汤妙凌"的学生前面少录入了姓名为"何一伟"的学生信息。要完成这项操作，就要在姓名为"汤妙凌"行（即第 9 行）前插入一行，然后再录入相关的数据，操作步骤如下。

1）移动光标至行号"9"上，指针变成➡时，单击选定第 9 行，即姓名为"汤妙凌"的行，如图 5-2-12 所示。

图 5-2-12　选定第 9 行

2）选择"开始"→"行和列"→"插入单元格"→"插入行"命令，如图5-2-13所示；或在第9行上右击，在弹出的快捷菜单中选择"插入"命令，设置插入的行数，如图5-2-14所示。在第9行前插入一个空行，姓名为"汤妙凌"的行由原来的第9行变为现在的第10行，如图5-2-15所示。

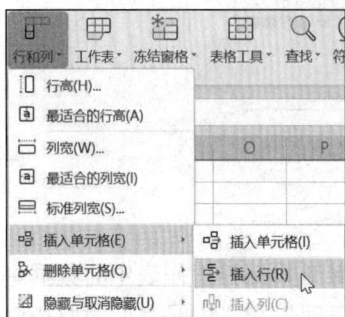

图 5-2-13　插入行的方法 1

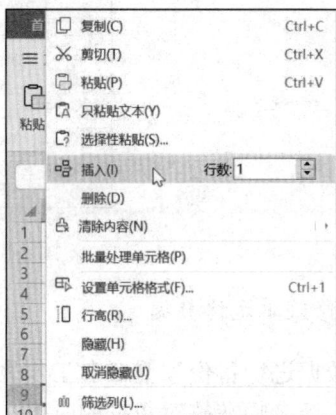

图 5-2-14　插入行的方法 2

图 5-2-15　插入一个空行

3）在第9行中输入姓名为"何一伟"的相关信息，如图5-2-16所示。

图 5-2-16　在第 9 行输入学生的相关信息

8．删除行

开学第2周，姓名为"李宏伟"的学生转校了，李老师要删除该学生的信息，操作步骤如下。

1）移动光标至行号 12 上，指针变成➡时，单击选定第 12 行，即姓名为"李宏伟"的行。

2）选择"开始"→"行和列"→"删除单元格"→"删除行"命令，如图 5-2-17 所示；或在第 12 行上右击，在弹出的快捷菜单中选择"删除"命令，删除选定的行。

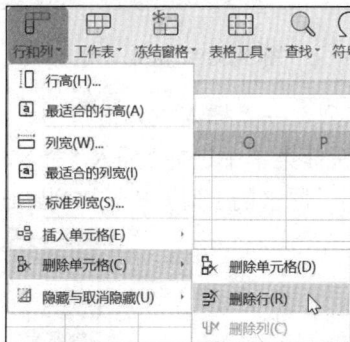

图 5-2-17　删除行方法

由于进行了插入行和删除行的操作，学生的"学号"不连续了，需要重新进行编排。李老师利用"智能填充"的方法，重新编排了学号，如图 5-2-18 所示。

图 5-2-18　重新编排的学号

9. 插入列

李老师在"学生基本信息表"的"联系电话"列（I 列）前，添加每位学生的住宿信息。这项操作与"插入行"的操作方法类似，操作步骤如下。

1）移动光标至 I 列的列序号上，指针变成⬇时，单击选定 I 列，即"联系电话"列被选定，如图 5-2-19 所示。

	A	B	C	D	E	F	G	H	I
1	学生基本信息表								
2	学号	姓名	性别	政治面貌	出生年月	原毕业学校	身份证号码	入学成绩	联系电话
3	20210101	钱多	女	团员	2006/2/6	可园中学	442500200602062226	637	13509988776
4	20210102	何海涛	男	群众	2005/9/18	东城初级中学	440100200509185879	642	13609876543
5	20210103	王一波	男	群众	2006/7/17	樟木头中学	441900200607170816	639	13701234567
6	20210104	何姗姗	女	团员	2005/12/12	桥头中学	442300200512121343	631	13833523658
7	20210105	李玉熙	男	团员	2005/10/22	虎门林则徐中学	441100200510226574	629	13998765432

图 5-2-19　选定 I 列

2）选择“开始”→“行和列”→“插入单元格”→“插入列”命令，如图 5-2-20 所示；或在 I 列上右击，在弹出的快捷菜单中选择“插入”命令，设置插入的列数，如图 5-2-21 所示。在 I 列前插入了一个空列，原来的 I 列变成了 J 列，如图 5-2-22 所示。

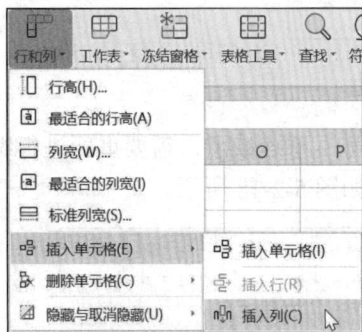

图 5-2-20　插入列的方法 1

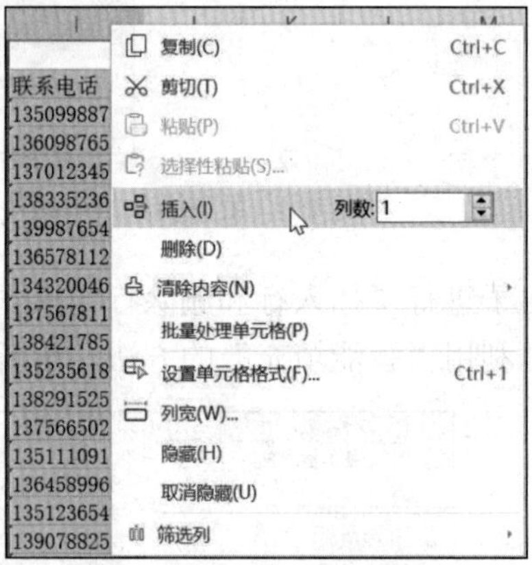

图 5-2-21　插入列的方法 2

3）在 I 列相应的单元格中输入学生的住宿信息，如图 5-2-22 所示。

	A	B	C	D	E	F	G	H	I	J
1	学生基本信息表									
2	学号	姓名	性别	政治面貌	出生年月	原毕业学校	身份证号码	入学成绩	宿舍	联系电话
3	20210101	钱多	女	团员	2006/2/6	可园中学	442500200602062226	637	6-321	13509988776
4	20210102	何海涛	男	群众	2005/9/18	东城初级中学	440100200509185879	642	15-317	13609876543
5	20210103	王一波	男	群众	2006/7/17	樟木头中学	441900200607170816	639	15-317	13701234567
6	20210104	何姗姗	女	团员	2005/12/12	桥头中学	442300200512121343	631	6-321	13833523658
7	20210105	李玉熙	男	团员	2005/10/22	虎门林则徐中学	441100200510226574	629	15-317	13998765432
8	20210106	丁虹敏	女	群众	2006/6/14	麻涌中学	441900200606146555	645	6-322	13657811256
9	20210107	何一伟	男	群众	2006/1/14	虎门林则徐中学	322100200601144351	612	15-317	13432004667
10	20210108	汤妙凌	女	团员	2006/7/27	可园中学	443400200607271169	641	6-321	13756781145
11	20210109	张婉玲	女	群众	2005/11/14	黄江中学	442500200511143814	637	6-321	13842178563
12	20210110	赵慧琳	女	群众	2006/1/8	东城初级中学	441600200601087667	633	6-322	13523561878
13	20210111	李一	男	群众	2005/9/28	万江中学	432520200509280491	621	15-318	13829152551
14	20210112	赵穆阳	男	团员	2006/3/7	清溪中学	44190020060307017X	589	15-318	13756650210
15	20210113	丁可儿	女	群众	2006/8/20	凤岗中学	441900200608202331	610	6-322	13511109111
16	20210114	曾毅	男	群众	2005/11/11	中堂中学	445331200511110210	622	15-318	13645899665
17	20210115	贺年卡	男	群众	2006/3/5	石排中学	441900200603054562	632	15-318	13512365456
18	20210116	宋嘉怡	女	团员	2006/10/25	黄江中学	441900200610252221	615	6-322	13907882551
19	20210117	梁晶晶	女	群众	2006/5/20	虎门林则徐中学	441900200605203452	598	6-323	13562154879
20	20210118	范雯	女	群众	2006/4/9	南城中学	441900200604093324	579	6-323	13689900312
21	20210119	朱小冰	女	群众	2006/6/30	石龙中学	441900200606307851	603	6-323	13852136656
22	20210120	汤琳琳	女	团员	2005/12/13	樟木头中学	44190020051213258X	615	6-323	13432201564
23	20210121	程前	男	群众	2006/7/15	石碣中学	44190020060715022X	580	15-319	13523578552

图 5-2-22　输入学生的住宿信息

删除列的方法与删除行的方法类似。请参考前面关于"删除行"的相关知识。

10. 移动整列数据

李老师把"入学成绩"列（H 列）移到"身份证号码"列（G 列）的前面，操作步骤如下。

1）单击 H 列的列序号，选定 H 列，即选定"入学成绩"列。

2）单击"开始"→"剪切"按钮；或右击，在弹出的快捷菜单中选择"剪切"命令；或按 Ctrl+X 快捷键。

3）选定 G 列后，选择"开始"→"行和列"→"插入单元格"→"插入已剪切的单元格"命令，如图 5-2-23 所示；或在 G 列上右击，在弹出的快捷菜单中选择"插入已剪切的单元格"命令。"入学成绩"列被移到"身份证号码"列的前面，如图 5-2-24 所示。

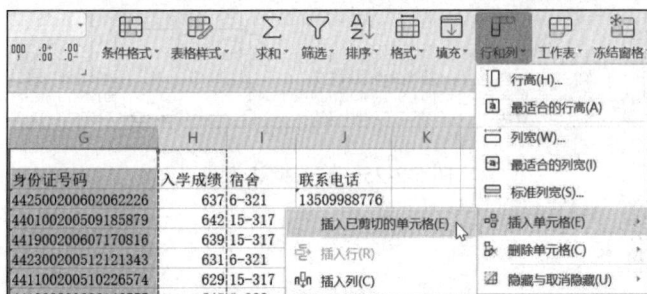

图 5-2-23 插入已剪切的单元格

图 5-2-24 移动整列数据后的效果

知识链接

移动整行数据的方法与移动整列数据的方法类似。请参考关于“移动整列数据”的相关知识。

11. 给单元格添加批注

WPS 表格提供了添加批注的功能，当给单元格添加注释后，只需将光标停留在单元格上，就能看到相应的批注内容。

李老师给“原毕业学校”（F2）单元格添加内容为“初中就读学校”的批注，操作步骤如下。

1）选定 F2 单元格，单击“审阅”→“新建批注”按钮；或在选定 G2 单元格后右击，在弹出的快捷菜单中选择“插入批注”命令。

2）在弹出的批注框中输入“初中就读学校”，如图 5-2-25 所示。

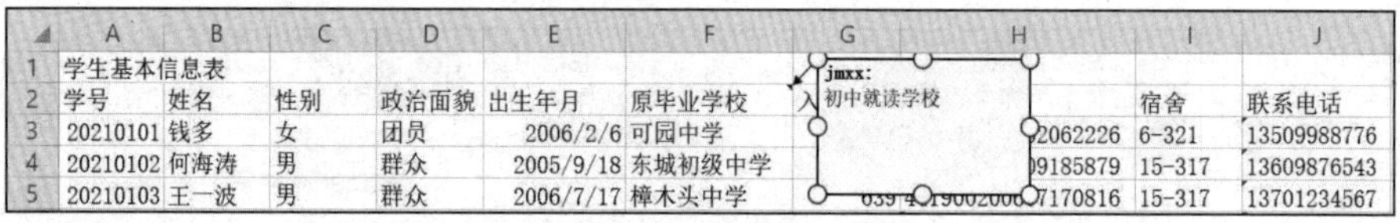

	A	B	C	D	E	F	G	H	I	J
1	学生基本信息表									
2	学号	姓名	性别	政治面貌	出生年月	原毕业学校	入		宿舍	联系电话
3	20210101	钱多	女	团员	2006/2/6	可园中学		2062226	6-321	13509988776
4	20210102	何海涛	男	群众	2005/9/18	东城初级中学		9185879	15-317	13609876543
5	20210103	王一波	男	群众	2006/7/17	樟木头中学		7170816	15-317	13701234567

图 5-2-25　输入批注内容

知识链接

单元格的批注，可以编辑，也可以删除。

（1）编辑批注

1）选定要修改批注的单元格，单击“审阅”→“编辑批注”按钮。

2）选定要修改批注的单元格，右击，在弹出的快捷菜单中选择“编辑批注”命令。

（2）删除批注

1）选定要删除批注的单元格，单击“审阅”→“删除批注”按钮。

2）选定要删除批注的单元格，右击，在弹出的快捷菜单中选择“删除批注”命令。

知识拓展

1. 删除工作表

删除多余的工作表，有以下两种方法。

1）在工作表标签上右击，在弹出的快捷菜单中选择“删除工作表”命令，如图 5-2-26 所示，即可删除该工作表。

2）选定工作表，选择“开始”→“工作表”→“删除工作表”命令，如图 5-2-27

所示。

图 5-2-26 删除工作表方法 1

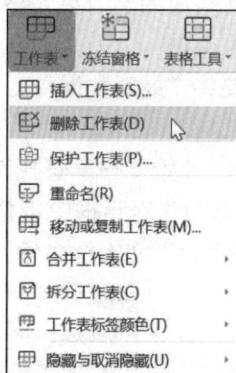

图 5-2-27 删除工作表方法 2

　　如果删除的工作表含有数据，选择删除工作表命令后，即会弹出是否删除的提示对话框，如图 5-2-28 所示。如果单击"确定"按钮，工作表将被删除，且不能恢复；如果单击"取消"按钮，则取消删除工作表操作。

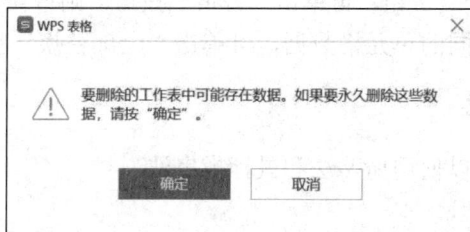

图 5-2-28 删除工作表提示对话框

2. 数据的查找与替换

（1）查找数据

李老师要在"最新数据"工作表中查找宿舍为"15-317"的单元格，操作步骤如下。

1）选择"开始"→"查找"→"查找"命令，如图 5-2-29 所示。

2）在"查找"对话框中"查找"选项卡的"查找内容"文本框中输入"15-317"，如图 5-2-30 所示。

图 5-2-29 "查找"命令

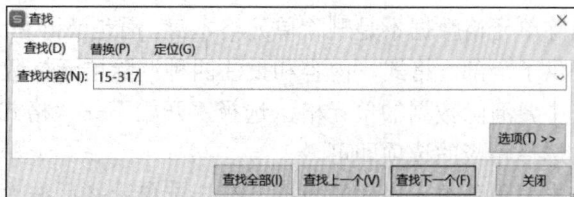

图 5-2-30 "查找"选项卡

3）单击"查找下一个"按钮，则查找到下一个包含搜索数据的单元格，并且使包含搜索数据的单元格成为当前单元格，可编辑修改。

（2）替换数据

李老师要将"最新数据"工作表中的"虎门林则徐中学"全部替换为"虎门三中"，操作步骤如下。

1）选择"开始"→"查找"→"替换"命令。

2）在"替换"对话框中"替换"选项卡的"查找内容"文本框中输入"虎门林则徐中学"，在"替换为"文本框中输入"虎门三中"，如图 5-2-31 所示。

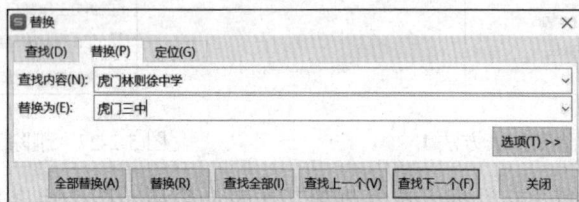

图 5-2-31　"替换"选项卡

3）单击"查找下一个"按钮，再单击"替换"按钮，则替换搜索到的单元格数据；如需替换整个工作表所有相同的单元格数据，可单击"全部替换"按钮。

3．复制与移动单元格

复制与移动单元格可以使用剪贴法和鼠标拖曳法。

（1）剪贴法

选定要复制（或移动）的单元格，执行"复制（或剪切）"操作，选定目标区域后，再执行"粘贴"操作。

（2）鼠标拖曳法

移动单元格：选定要移动的单元格，单击选定区域加粗的边框（注意：不要单击选定区域内的单元格），按住鼠标左键，将选定的单元格拖曳到目标位置，释放鼠标左键即可。

复制单元格：选定要复制的单元格，单击选定区域加粗的边框，按住 Ctrl 键的同时拖曳到目标位置，释放 Ctrl 键和鼠标左键即可。

4．清除单元格数据

清除单元格数据不是删除单元格本身，而是清除单元格中的数据内容、格式信息。WPS表格提供了全部、格式、内容和批注四种清除单元格数据的选择。

选中要清除数据的单元格，选择"开始"→"格式"→"清除"命令，在弹出的快捷菜单中选择相应的选项即可。

如果要删除单元格中的数据，在选定单元格后按 Delete 键即可。如果再次向该单元格中输入数据，会自动应用原格式。

5. 插入与删除单元格

（1）插入单元格

选择"开始"→"行和列"→"插入单元格"→"插入单元格"命令，在打开的"插入"对话框中选择"活动单元格右移"或"活动单元格下移"选项，也可以在"插入"对话框中完成插入行（列）的操作。

（2）删除单元格

选择"开始"→"行和列"→"删除单元格"→"删除单元格"命令，在打开的"删除"对话框中选择"右侧单元格左移"或"下方单元格上移"选项，也可以在"删除"对话框中完成删除行（列）的操作。

如果选中多个单元格，再执行插入（删除）单元格命令，就会一次性插入（删除）多个单元格。

6. 拆分工作表窗口和冻结窗格

（1）拆分窗口

由于屏幕大小有限，工作表很大时，出现只能看到工作表部分数据的情况，如果希望比较对照工作表中相距甚远的数据，可以将窗口分为几个部分，在不同窗口中移动滚动条显示工作表的不同部分，可通过工作表窗口的拆分来实现。单击"视图"→"拆分窗口"按钮，可将当前工作表窗口拆分成四个大小可调的空格。拆分位置从所选单元格的左上方开始。

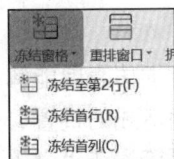

图 5-2-32　"冻结窗格"下
拉列表

如果要取消拆分的窗口，则单击"视图"→"取消拆分"按钮，即可恢复默认视图。

（2）冻结窗格

当工作表内容很多时，为了便于浏览内容，可以锁定工作表中某一部分的行或列，使其在其他部分滚动时可见，"冻结窗格"功能可以实现这一目的。冻结窗格的操作方法是选定相邻的行（列），单击"视图"→"冻结窗格"按钮，在弹出的下拉列表中选择相应的选项，如图 5-2-32 所示。

任务 5.3　格式化工作表

任务描述

李老师完成"学生基本信息表.et"工作簿的"最新数据"工作表的修改后，他要将该工作表设置得更美观、更便于查看数据，设置后的效果如图 5-3-1 所示。

	学号	姓名	性别	政治面貌	出生年月	原毕业学校	入学成绩	身份证号码	宿舍	联系电话
1					学生基本信息表					
2	学号	姓名	性别	政治面貌	出生年月	原毕业学校	入学成绩	身份证号码	宿舍	联系电话
3	20210101	钱多	女	团员	2006年2月6日	可园中学	637.0	442500200602062226	6-321	13509988776
4	20210102	何海涛	男	群众	2005年9月18日	东城初级中学	642.0	440100200509185879	15-317	13609876543
5	20210103	王一波	男	群众	2006年7月17日	樟木头中学	639.0	441900200607170816	15-317	13701234567
6	20210104	何姗姗	女	团员	2005年12月12日	桥头中学	631.0	442300200512121343	6-321	13833523658
7	20210105	李玉熙	男	团员	2005年10月22日	虎门林则徐中学	629.0	441100200510226574	15-317	13998765432
8	20210106	丁虹敏	女	群众	2006年6月14日	麻涌中学	645.0	441900200606146555	6-322	13657811256
9	20210107	何一伟	男	群众	2006年1月14日	虎门林则徐中学	612.0	322100200601144351	15-317	13432004667
10	20210108	汤妙凌	女	团员	2006年7月27日	可园中学	641.0	443400200607271169	6-321	13756781145
11	20210109	张婉玲	女	群众	2005年11月14日	黄江中学	637.0	442500200511143814	6-321	13842178563
12	20210110	赵慧琳	女	群众	2006年1月8日	东城初级中学	633.0	441600200601087667	6-322	13523561878
13	20210111	李一	男	群众	2005年9月28日	万江中学	621.0	432520200509280491	15-318	13829152551
14	20210112	赵穆阳	男	团员	2006年3月7日	清溪中学	589.0	44190020060307017X	15-318	13756650210
15	20210113	丁可儿	女	群众	2006年8月20日	凤岗中学	610.0	441900200608202331	6-322	13511109111
16	20210114	曾毅	男	群众	2005年11月11日	中堂中学	622.0	445331200511110210	15-318	13645899665
17	20210115	贺年卡	男	群众	2006年3月5日	石排中学	632.0	441900200603054562	15-318	13512365456
18	20210116	宋嘉怡	女	团员	2006年10月25日	黄江中学	615.0	441900200610252221	6-322	13907882551
19	20210117	梁晶晶	女	群众	2006年5月20日	虎门林则徐中学	598.0	441900200605203452	6-323	13562154879
20	20210118	范雯	女	群众	2006年4月9日	南城中学	579.0	441900200604093324	6-323	13689900312
21	20210119	朱小冰	女	群众	2006年6月30日	石龙中学	603.0	441900200606307851	6-323	13852136656
22	20210120	汤琳琳	女	团员	2005年12月13日	樟木头中学	615.0	44190020051213258X	6-323	13432201564
23	20210121	程前	男	群众	2006年7月15日	石碣中学	580.0	44190020060715022X	15-319	13523578552

图 5-3-1　设置后的学生基本信息表

任务实现

对工作表进行修饰的目的是使工作表更加美观、更加易读，格式化工作表就能解决这个问题。格式化工作表包括：字符格式的设置、数字格式的设置、日期格式的设置、条件格式的设置、行高与列宽的设置、对齐方式的设置、边框和底纹的设置等。在"学生基本信息表.et"工作簿的"最新数据"工作表中完成格式设置操作。

1. 设置字符格式

字符格式指对单元格内的字符的字体、字号、字形、颜色、下划线等进行设置，在WPS 表格中设置字符格式，与在 WPS 文字中设置字符格式的方法基本相同。

李老师将表格的表标题（即 A1 单元格中的文字）设置为楷体、18 号、加粗、蓝色；将第 2 行列标题的文字设置为黑体、14 号、颜色为紫色（红 102，绿 0，蓝 255），操作步骤如下。

1）选定 A1 单元格，在"开始"选项卡中分别设置字体、字号、字形、颜色等，如图 5-3-2所示；或单击"开始"选项卡中"字体设置"对话框启动器按钮，打开"单元格格式"对话框，在"字体"选项卡中设置字体、字号、字形、颜色等，如图 5-3-3 所示。

图 5-3-2　字符格式设置方法 1

图 5-3-3　字符格式设置方法 2

2）选定 A2:J2 单元格区域，在"开始"选项卡中分别设置字体、字号、字形、颜色等，其中设置字体颜色的方法为：单击"字体颜色"下拉按钮，在弹出的下拉列表中选择"其他颜色"命令，在弹出的"颜色"对话框中选择"自定义"选项卡，在红色、绿色、蓝色后的文本框中分别输入 102、0、255，最后单击"确定"按钮，如图 5-3-4 所示；或在"单元格格式"对话框完成 A2:J2 单元格区域字符格式设置，如图 5-3-5 所示。

图 5-3-4　自定义字体颜色

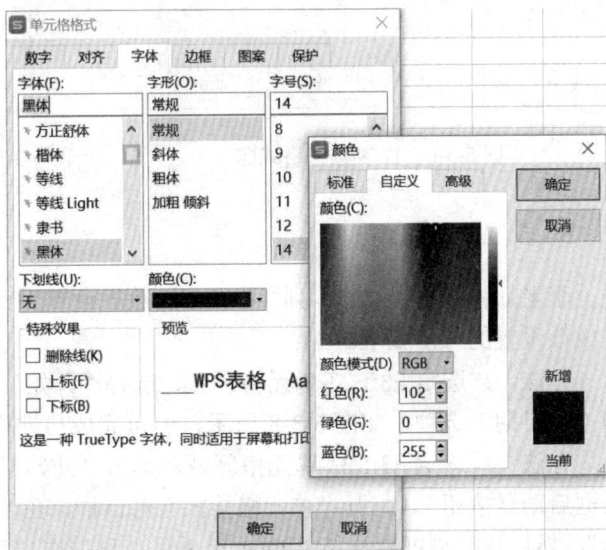

图 5-3-5　"单元格格式"对话框中设置字符格式

2. 设置数字格式

WPS 表格中数字格式有 12 类，如图 5-3-6 所示。根据需要，可以选择不同类型的数字格式，系统默认的数字格式是"常规"。

李老师把"入学成绩"列（G 列）的数据设置为保留一位小数，完成该设置的方法如下。

方法一：选定 G3:G23 单元格区域，单击"开始"选项卡中的增加小数位数按钮 ，即可保留一位小数。

方法二：选定 G3:G23 单元格区域，单击"开始"选项卡中的"单元格格式：数字"对话框启动器按钮 ，打开"单元格格式"对话框，在"数字"选项卡的分类列表中选择"数值"，然后设置小数位数为"1"，如图 5-3-7 所示。

图 5-3-6　12 类数字格式图

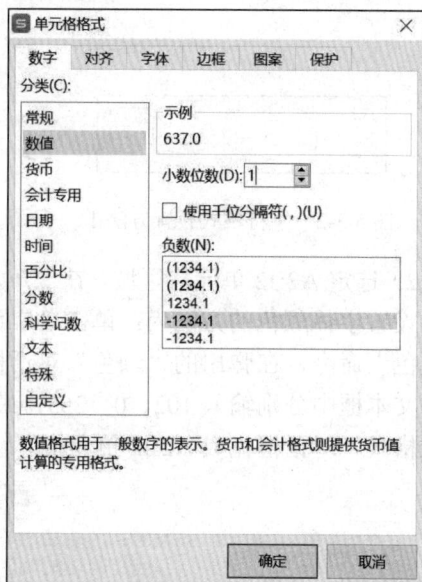

图 5-3-7　"单元格格式"对话框"数字"选项卡

3. 设置日期格式

李老师将"出生年月"列（E 列）的数据设置为"2006 年 2 月 6 日"这样的日期类型，完成该设置的方法如下。

方法一：选定 E3:E23 单元格区域，选择"开始"选项卡中的"数字格式"下拉列表中的"长日期"选项，如图 5-3-8 所示，即可完成日期格式的设置。

方法二：选定 E3:E23 单元格区域，单击"开始"选项卡中的"单元格格式：数字"对话框启动器按钮 ，打开"单元格格式"对话框，在"数字"选项卡的分类列表中选择"日期"，然后从类型框中选择"2001 年 3 月 7 日"选项，如图 5-3-9 所示。

图 5-3-8 长日期选项设置日期格式

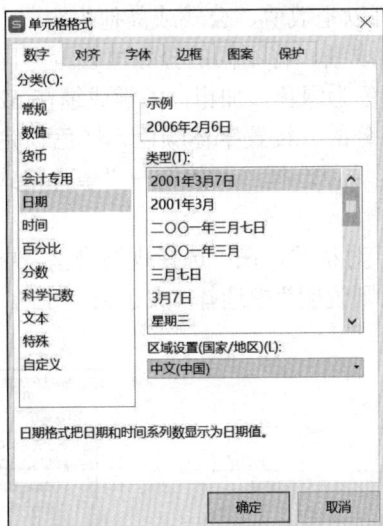

图 5-3-9 设置日期格式

⊂╍⊃ 知识链接 ■

几种常用的数据类型及对应关系。

常规：不包含任何特定的数字格式，就是一个数字。

数值：用于一般数字的表示，可以设置小数位数、千位分隔符、负数等不同格式，如 1,357、–1357.10 或（1357.10）。

货币：表示一般货币数值，如¥678、$12,789。

会计专用：在货币格式的基础上对一列数值进行货币符号或小数点对齐。

日期、时间：可以选择不同样式的日期和时间，如"2021-12-12 12:12"。

百分比：设置数字为百分比形式，如 0.89 设置百分比格式为 89%。

分数：显示数字为分数格式，如 1/2、6 3/7。

文本：设置数字为文本格式，文本格式不参与计算。

特殊：这种格式可以转换数字为常用的中文大小写数字、邮政编码或将人民币大写等。

对于设置了数据类型的单元格，不管单元格中有没有数据，格式都是存在的，在输入新数据时，会应用单元格设置的格式。

如果单元格显示####，这是因为数字、日期的格式超过了列的宽度，以致单元格无法显示该数值，当加大该列的宽度，使它大于或等于数据的宽度时即可正常显示。

4. 设置条件格式

WPS 表格的"条件格式"功能，可以根据单元格内容自动应用单元格的格式，这为WPS 表格增色不少，单元格可以是数值、公式或其他内容。

李老师为突出学生的入学成绩，将不同的分数段设置不同的字体格式：入学成绩大于或等于 640 分的，设置字体颜色为绿色，加粗；入学成绩在 620～640 之间的，设置字体颜色为蓝色；入学成绩小于 620 分的，设置字体颜色为红色。完成该设置的操作步骤如下。

1）选定 G3:G23 单元格区域，选择"开始"→"条件格式"→"新建规则"命令，如图 5-3-10 所示。

2）打开"新建格式规则"对话框，在"选择规则类型"中选择"只为包含以下内容的单元格设置格式"，在"编辑规则说明"中选择"大于或等于"，在其右侧文本框中输入 640，如图 5-3-11 所示。

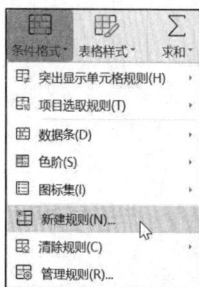

图 5-3-10　"新建规则"命令

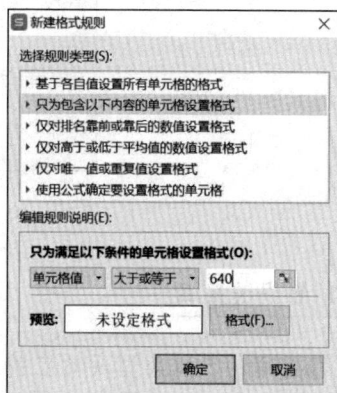

图 5-3-11　"新建格式规则"对话框

3）单击"格式"按钮，弹出"单元格格式"对话框，选择字体颜色为"绿色"，字形"加粗"，单击"确定"按钮。

4）返回"新建格式规则"对话框，单击"确定"按钮。

5）用与步骤 1）～4）相同的方法，设置入学成绩介于 620～640 分之间和小于 620 分的字体格式。

知识链接

(1) 清除条件格式

清除条件格式方法为：选择"开始"→"条件格式"→"清除规则"→"清除所选单元格的规则"或"清除整个工作表的规则"命令，如图 5-3-12 所示。

图 5-3-12　清除条件格式方法

(2) 更改条件格式

修改已设置的单元格的条件格式方法为：选择"开始"→"条件格式"→"管理规则"命令，打开"条件格式规则管理器"对话框，如图 5-3-13 所示。单击"编辑规则"按钮，打开"编辑规则"对话框，如图 5-3-14 所示，更改原来设置的条件格式即可。

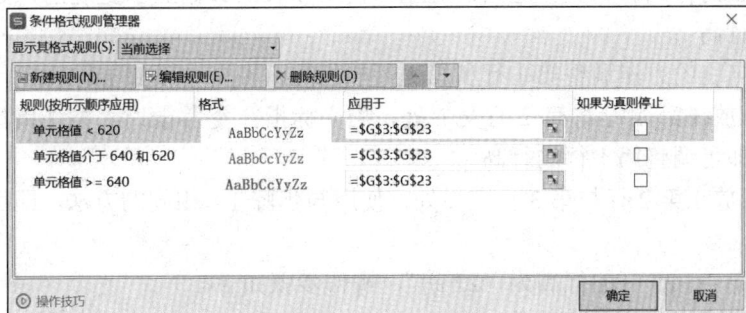

图 5-3-13　"条件格式规则管理器"对话框

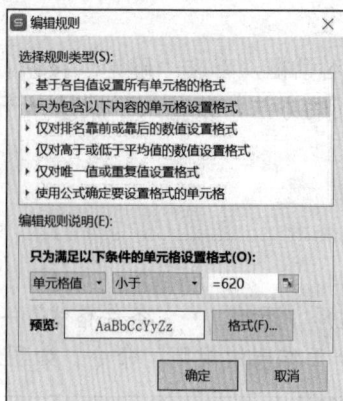

图 5-3-14 "编辑规则"对话框

------ 💡小提示 ------

1）如果对已设置条件格式的单元格再增加条件格式，可以单击"条件格式规则管理器"对话框中的"新建规则"按钮，打开"新建格式规则"对话框，设置新增加的条件格式。

2）如果只删除已设置条件格式的单元格的其中某个格式，先选定要删除的条件格式，再单击"条件格式规则管理器"对话框中的"删除规则"按钮即可。

5. 设置行高与列宽

李老师设置了字符格式、数字格式和日期格式后，有些单元格的数据不能完全显示，李老师将工作表的行高和列宽作适当的调整，使工作表的数据显示更规范、更清晰。

（1）调整行高

采用鼠标拖曳的方法调整第 1 行和第 2 行的行高，操作步骤如下。

1）将光标放在第 1 行与第 2 行交界处，当光标指针变为 ╪ 时，按住鼠标左键拖曳到合适的位置，即可调整第 1 行的行高。

2）将光标放在第 2 行与第 3 行交界处，使用与步骤 1）相同的方法，即可调整第 2 行的行高。

统一设置第 3～23 行的行高为"22 磅"，操作步骤如下。

1）将光标放在"第 3 行"的行序号上，当光标指针变成 ➜ 时，按住鼠标左键不放拖曳到行序号 23 上，即可将第 3～23 行全部选定。

2）右击，在弹出的快捷菜单中选择"行高"命令，如图 5-3-15 所示；或选择"开始"→"行和列"→"行高"命令，如图 5-3-16 所示，打开"行高"对话框，在"行高"文本框中输入"22"，单击"确定"按钮。

图 5-3-15　设置行高方法 1

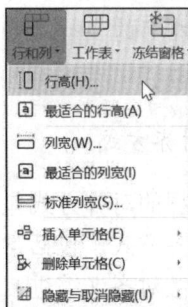

图 5-3-16　设置行高方法 2

（2）调整列宽

采用鼠标拖曳的方法调整"政治面貌"列（D 列）的宽度，操作步骤如下。

将光标放在 D 列与 E 列交界处，当光标指针变为✛时，按住鼠标左键拖曳到合适的位置，即可调整 D 列的列宽。

调整"学号""姓名""入学成绩"三列（A、B、G 列）的列宽为"12 字符"，操作步骤如下。

1）将光标放在 A 列的列序号上，当光标指针变成⬇时，单击选定 A 列，然后按住 Ctrl 键，依次单击列序号 B 和 G，即可将 A、B、G 三列选定。

2）将光标指标移至 A、B、G 三列其中任意一列的列序号上并右击，在弹出的快捷菜单中选择"列宽"命令；或选择"开始"→"行和列"→"列宽"命令，打开"列宽"对话框，在"列宽"文本框中输入"12"，如图 5-3-17 所示，单击"确定"按钮。

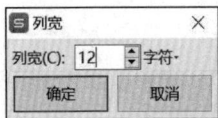

图 5-3-17　"列宽"对话框

（3）最适合的列宽/最适合的行高

WPS 表格会依单元格内的数据自动调整行高或列宽。用"最适合的列宽"命令调整"出生年月"列（E 列）宽度的操作方法如下。

1）将光标放在 E 列的列序号上，单击选定 E 列。

2）选择"开始"→"行和列"→"最适合的列宽"命令，即可自动调整列宽。

自动调整行高的操作方法与调整列宽相似，请大家自行操作。

🔗 知识链接 ■

　　调整行高或列宽，首先要选定行或列。选定一行（列）、选定相邻的多行（列）和选定不相邻的多行（列）的操作方法如下。

选定一行（列）：单击行序号（列序号）。

选定相邻的多行（列）：选中连续行（列）的第一行（列），按住 Shift 键的同时单击连续行（列）的最后一行（列）；或者用鼠标拖动选中的行序号（列序号）。

选定不相邻的多行（列）：按住 Ctrl 键的同时依次单击选定的行序号（列序号）。

6. 设置对齐方式

单元格数据的对齐方式包括水平对齐和垂直对齐两种。水平对齐是指数据在单元格内水平方向的对齐方式，包括常规、靠左（缩进）、居中、靠右（缩进）、填充、两端对齐、跨列居中、分散对齐（缩进）8 种；垂直对齐是指数据在单元格内垂直方向的对齐方式，包括靠上、居中、靠下、两端对齐、分散对齐 5 种。

对单元格的数据进行以下对齐操作。

（1）标题居中

通常情况下，表格的第一行为标题行，而标题一般位于表格的中间位置。将标题"学生基本信息表"居中的操作步骤如下。

选定 A1:J1 单元格区域，选择"开始"→"合并居中"→"合并居中"命令，如图 5-3-18 所示。单元格合并居中后的效果如图 5-3-19 所示。

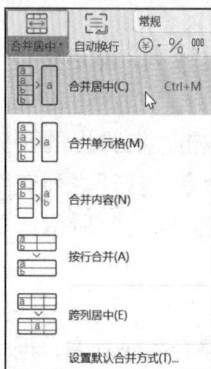

图 5-3-18　"合并居中"命令

图 5-3-19　标题居中后的效果

------ **小提示** ------

若要取消合并的单元格，再次执行合并单元格时的操作即可。

（2）数据对齐

将列标题（第 2 行）单元格的数据设置为水平居中和垂直居中对齐，操作步骤如下。

选定 A2:J2 单元格区域，分别单击"开始"→"垂直居中"按钮和"水平居中"按钮；或单击"开始"选项卡中"单元格格式：对齐方式"对话框启动器按钮 ，打开"单元格格式"对话框，在"对齐"选项卡中设置水平对齐方式和垂直对齐方式，如图 5-3-20 所示。

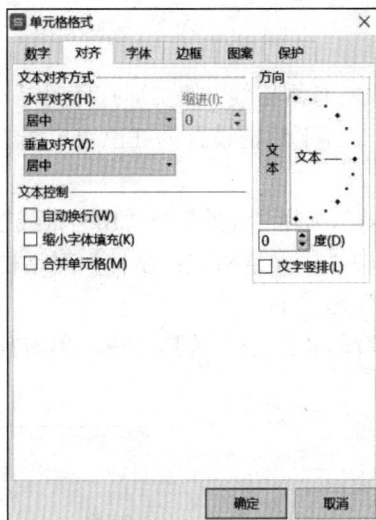

图 5-3-20　设置列标题行水平居中和垂直居中对齐

　　用同样的方法，设置"学号""姓名""性别""政治面貌""出生年月""入学成绩""宿舍"7 列单元格数据水平居中和垂直居中对齐；设置"原毕业学校"列单元格（F3:F23）数据水平两端对齐和垂直居中对齐。

　　所有设置完成后，效果如图 5-3-21 所示。

	A	B	C	D	E	F	G	H	I	J
1					学生基本信息表					
2	学号	姓名	性别	政治面貌	出生年月	原毕业学校	入学成绩	身份证号码	宿舍	联系电话
3	20210101	钱多	女	团员	2006年2月6日	可园中学	637.0	442500200602062226	6-321	13509988776
4	20210102	何海涛	男	群众	2005年9月18日	东城初级中学	642.0	440100200509185879	15-317	13609876543
5	20210103	王一波	男	群众	2006年7月17日	樟木头中学	639.0	441900200607170816	15-317	13701234567
6	20210104	何姗姗	女	团员	2005年12月12日	桥头中学	631.0	442300200512121343	6-321	13833523658
7	20210105	李玉熙	男	团员	2005年10月22日	虎门林则徐中学	629.0	441100200510226574	15-317	13998765432
8	20210106	丁虹敏	女	群众	2006年6月14日	麻涌中学	645.0	441900200606146555	6-322	13657811256
9	20210107	何一伟	男	群众	2006年1月14日	虎门林则徐中学	612.0	322100200601144351	15-317	13432004667
10	20210108	汤妙凌	女	团员	2006年7月27日	可园中学	641.0	443400200607271169	6-321	13756781145
11	20210109	张婉玲	女	群众	2005年11月14日	黄江中学	637.0	442500200511143814	6-321	13842178563
12	20210110	赵慧琳	女	群众	2006年1月8日	东城初级中学	633.0	441600200601087667	6-322	13523561878
13	20210111	李一	男	群众	2005年9月28日	万江中学	621.0	432520200509280491	15-318	13829152551
14	20210112	赵穆阳	男	团员	2006年3月7日	清溪中学	589.0	441900200603070117X	15-318	13756650210
15	20210113	丁可儿	女	群众	2006年8月20日	凤岗中学	610.0	441900200608202331	6-322	13511109111
16	20210114	曾毅	男	群众	2005年11月11日	中堂中学	622.0	445331200511110210	15-318	13645899665
17	20210115	贺年卡	男	群众	2006年3月5日	石排中学	632.0	441900200603054562	15-318	13512365456
18	20210116	宋嘉怡	女	群众	2006年10月25日	黄江中学	615.0	441900200610252221	6-322	13907882551
19	20210117	梁晶晶	女	群众	2006年5月20日	虎门林则徐中学	598.0	441900200605203452	6-323	13562154879
20	20210118	范雯	女	群众	2006年4月9日	南城中学	579.0	441900200604093324	6-323	13689900312
21	20210119	朱小冰	女	群众	2006年6月30日	石龙中学	603.0	441900200606307851	6-323	13852136656
22	20210120	汤琳琳	女	团员	2005年12月13日	樟木头中学	615.0	44190020051213258X	6-323	13432201564
23	20210121	程前	男	群众	2006年7月15日	石碣中学	580.0	44190020060715022X	15-319	13523578552

图 5-3-21　设置单元格对齐后的效果

7. 设置表格边框

在屏幕上可以看到 WPS 表格有网格线，但实际打印时是没有边框效果的，为表格进行如下设置：将表格外边框和第 2 行下边框设置为红色双窄线，其他的内部边框设置为最细蓝色单实线。操作步骤如下。

1) 选定 A2:J23 单元格区域，选择"开始"→"所有框线"（图 5-3-22）→"其他边框"命令；或单击"开始"选项卡中"单元格格式：字体"对话框启动器按钮 ⌐，打开"单元格格式"对话框，选择"边框"选项卡。

2) 线条"样式"选择双窄线，"颜色"选择红色，单击预置中的"外边框"按钮，如图 5-3-23 所示。

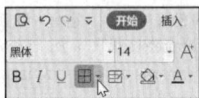

图 5-3-22　"所有框线"按钮　　　　　图 5-3-23　设置外边框

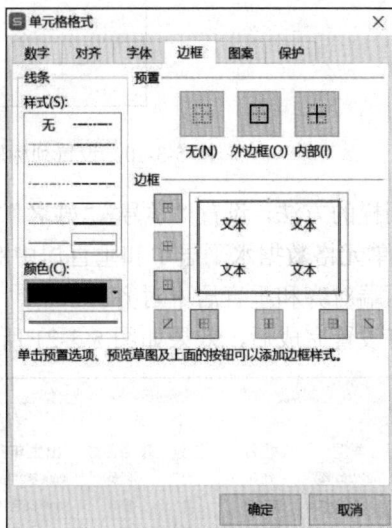

3) 线条"样式"选择最细的实线，"颜色"选择蓝色，单击预置中的"内部"按钮，如图 5-3-24 所示。单击"确定"按钮。

4) 选择"开始"→"所有框线"→"绘图边框"命令，如图 5-3-25 所示。设置"线条颜色"为"红色"、"线条样式"为"双窄线"，这时光标变成 ∅，将光标移至 A2 单元格下框线的位置，按住鼠标左键，拖曳鼠标至 J2 单元格的位置，即可设置好第 2 行的下框线。

8. 设置图案与颜色

李老师为了凸显列标题，将列标题（第 2 行）单元格的底纹设置为标准色中的黄色。操作步骤如下。

选定 A2:J2 单元格区域，单击"开始"→"填充颜色"按钮，如图 5-3-26 所示，在展开的颜色面板中选择标准色中的黄色；或在"单元格格式"对话框的"图案"选项卡中设置单元格的底纹颜色、图案样式和图案颜色，如图 5-3-27 所示。

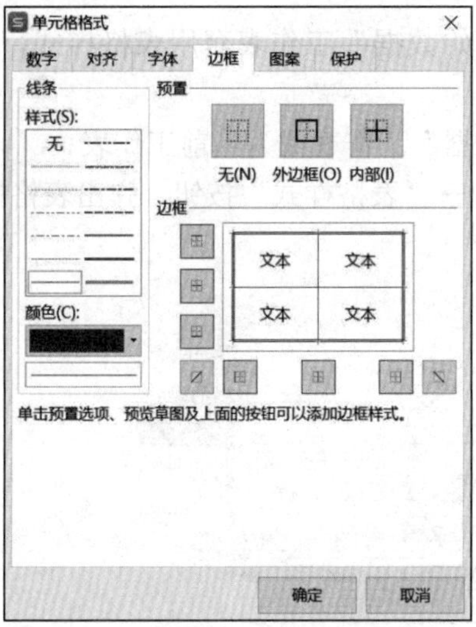

图 5-3-24　设置内边框

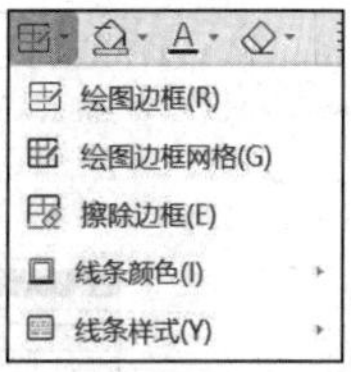

图 5-3-25　绘图边框命令

图 5-3-26　"填充颜色"按钮

图 5-3-27　"单元格格式"对话框"图案"选项卡

如果是自定义颜色，单击"其他颜色"按钮，打开"颜色"对话框，在"自定义"选项卡中设置红色、绿色、蓝色的值即可。

知识拓展

1. 表格样式

表格样式是 WPS 表格提供的格式自动套用功能，有浅色系、中色系和深色系的预设样式，还有表格样式推荐。

例如，将"学生基本信息表.et"中的"原始数据"工作表套用表格样式。操作步骤如下。

1）选定"原始数据"工作表，使"原始数据"工作表成为当前工作表。

2）选定 A2:I23 单元格区域，单击"开始"→"表格样式"按钮，弹出表格样式列表，如图 5-3-28 所示。

图 5-3-28　表格样式列表

3）选择所需样式，如选择"表样式浅色 10"，打开"套用表格样式"对话框，如图 5-3-29所示。

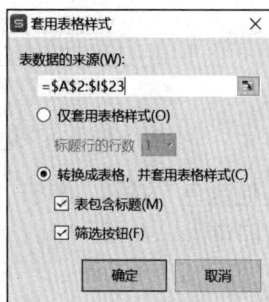

图 5-3-29　"套用表格样式"对话框

4）单击"确定"按钮，所选的 A2:I23 单元格区域即套用了"表样式浅色 10"样式，如图 5-3-30 所示。

图 5-3-30　套用表格样式后效果

2. 格式刷的使用

单元格的格式，如字体、字号、边框和底纹、数字格式等，都可以使用格式刷复制，并将复制的格式应用到不同位置的内容中。

例如，将所有性别为"男"的单元格设置为"楷体、14 号、加粗、倾斜、蓝色"，操作步骤如下。

1）选定 C4 单元格，设置字体格式为"楷体、14 号、加粗、倾斜、蓝色"。

2）双击"开始"→"格式刷"按钮，这时光标变成 ✚🖌，分别在性别为"男"的单元格上单击即可。

3）再次单击"格式刷"按钮或按 Esc 键，取消复制格式。

----- ⚠小提示 -----

如果只复制一次格式，只需单击一次"格式刷"按钮。

任务 5.4　计 算 数 据

任 务 描 述

"信息技术"期中考试成绩出来后，李老师将成绩录入并保存为"信息技术"期中考试成绩表.et，如图 5-4-1 所示。

为了解学生的考试情况，要计算每个人的成绩、名次、等级，各项的平均分、最高分、最低分等。"信息技术"考试成绩由"理论题""上机操作""文字录入"三个部分组成，其中，理论题占 30%，上机操作占 50%，文字录入占 20%。李老师要依据"成绩"进行降序排名、判断"是否及格"、填入"成绩等级"和分配"辅导课室"，还要计算统计表 1 和统计表 2 中的各项内容。各项操作完成后，如图 5-4-2 所示。

图 5-4-1　"信息技术"期中考试成绩表

图 5-4-2　"信息技术"期中考试成绩统计表

任务实现

对"信息技术"期中考试成绩作统计和排名，先用公式计算出三项总分和成绩，再用函数根据要求计算其他各项数据。

1. 使用公式计算

用户可以使用系统提供的运算符和函数建立公式，系统将按公式自动进行计算。如果参与计算的相关数据发生变化，WPS 表格会自动更新结果。

计算每位同学的"三项总分"和"成绩"，操作步骤如下。

（1）计算三项总分

① 选定 H3 单元格，即 H3 为当前单元格。

② 输入公式为"=E3+F3+G3"，如图 5-4-3 所示。

	A	B	C	D	E	F	G	H	I
1					"信息技术"期中考试成绩表				
2	学号	姓名	性别	组别	理论题（30%）	上机操作（50%）	文字录入（20%）	三项总分	成绩
3	20210101	钱多	女	第1组	76	80	76	=E3+F3+G3	
4	20210102	何海涛	男	第1组	91	93	100		

图 5-4-3 在 H3 单元格中输入公式

③ 按回车键确认，则计算结果出现在 H3 单元格内。

④ 重新选定 H3 单元格，使用填充句柄将公式复制到 H4:H23 单元格区域，释放鼠标后结果自动显示在 H4:H23 单元格内，如图 5-4-4 所示。

	A	B	C	D	E	F	G	H	I
1					"信息技术"期中考试成绩表				
2	学号	姓名	性别	组别	理论题（30%）	上机操作（50%）	文字录入（20%）	三项总分	成绩
3	20210101	钱多	女	第1组	76	80	76	232	
4	20210102	何海涛	男	第1组	91	93	100	284	
5	20210103	王一波	男	第2组	76	75	70	221	
6	20210104	何姗姗	女	第3组	56	78	75	209	
7	20210105	李玉熙	男	第1组	74	83	96	253	
8	20210106	丁虹敏	女	第2组	91	87	68	246	
9	20210107	何一伟	男	第3组	52	56	60	168	
10	20210108	汤妙凌	女	第2组	54	70	66	190	
11	20210109	张婉玲	女	第1组	65	49	64	178	
12	20210110	赵慧琳	女	第2组	93	64	67	224	
13	20210111	李一	男	第2组	90	76	89	255	
14	20210112	赵穆阳	男	第1组	88	85	84	257	
15	20210113	丁可儿	女	第1组	65	94	90	249	
16	20210114	曾毅	男	第3组	94	92	88	274	
17	20210115	贺年卡	男	第3组	85	79	92	256	
18	20210116	宋嘉怡	女	第1组	78	86	85	249	
19	20210117	梁晶晶	女	第1组	92	75	87	254	
20	20210118	范雯	女	第2组	68	95	92	255	
21	20210119	朱小冰	女	第3组	79	88	85	252	
22	20210120	汤琳琳	女	第3组	83	90	88	261	
23	20210121	程前	男	第3组	90	86	92	268	

图 5-4-4 使用填充句柄复制公式后的三项总分结果

（2）计算成绩

成绩由理论题、上机操作和文字录入三部分组成，各部分分别占 30%、50% 和 20%，计算的公式是"成绩=理论题×30%+上机操作×50%+文字录入×20%"，计算的步骤与计算"三项总分"的步骤类似。

① 选定 I3 单元格，即 I3 为当前活动单元格。

② 输入公式为"=E3*30%+F3*50%+G3*20%"，如图 5-4-5 所示。

	A	B	C	D	E	F	G	H	I	J
1					"信息技术"期中考试成绩表					
2	学号	姓名	性别	组别	理论题（30%）	上机操作（50%）	文字录入（20%）	三项总分	成绩	成绩名次
3	20210101	钱多	女	第1组	76	80	76	=E3*30%+F3*50%+G3*20%		
4	20210102	何海涛	男	第1组	91	93	100	284		

图 5-4-5　在 I3 单元格中输入公式

③ 按回车键确认，则计算结果出现在 I3 单元格内。

④ 重新选定 I3 单元格，使用填充句柄将公式复制到 I4:I23 单元格区域，释放鼠标后结果自动显示在 I4: I23 单元格区域内，如图 5-4-6 所示。

	A	B	C	D	E	F	G	H	I	J
1					"信息技术"期中考试成绩表					
2	学号	姓名	性别	组别	理论题（30%）	上机操作（50%）	文字录入（20%）	三项总分	成绩	成绩名次
3	20210101	钱多	女	第1组	76	80	76	232	78	
4	20210102	何海涛	男	第1组	91	93	100	284	93.8	
5	20210103	王一波	男	第2组	76	75	70	221	74.3	
6	20210104	何姗姗	女	第3组	56	78	75	209	70.8	
7	20210105	李玉熙	男	第1组	74	83	96	253	82.9	
8	20210106	丁虹敏	女	第2组	91	87	68	246	84.4	
9	20210107	何一伟	男	第2组	52	56	60	168	55.6	
10	20210108	汤妙凌	女	第2组	54	70	66	190	64.4	
11	20210109	张婉玲	女	第1组	65	49	64	178	56.8	
12	20210110	赵慧琳	女	第3组	93	64	67	224	73.3	
13	20210111	李一	男	第2组	90	76	89	255	82.8	
14	20210112	赵穆阳	男	第1组	88	85	84	257	85.7	
15	20210113	丁可儿	女	第1组	65	94	90	249	84.5	
16	20210114	曾毅	男	第3组	94	92	88	274	91.8	
17	20210115	贺年卡	男	第1组	85	79	92	256	83.4	
18	20210116	宋嘉怡	女	第1组	78	86	85	249	83.4	
19	20210117	梁晶晶	女	第1组	92	75	87	254	82.5	
20	20210118	范雯	女	第2组	68	95	92	255	86.3	
21	20210119	朱小冰	女	第3组	79	88	85	252	84.7	
22	20210120	汤琳琳	女	第1组	83	90	88	261	87.5	
23	20210121	程前	男	第3组	90	86	92	268	88.4	

图 5-4-6　使用填充句柄复制公式后的成绩结果

知识链接

（1）公式的格式

公式即 WPS 表格的计算式，也称等式，形式为：=表达式。

表达式可以是算术表达式、关系表达式和字符串表达式，表达式可由运算符、常量、单元格地址、函数及括号等组成，但不能含有空格，表达式前必须有等号"="。

（2）修改公式

公式输入后，有时需要修改，可以双击单元格或在数据编辑区进行公式的修改。在数据编辑区修改公式，操作步骤如下。

① 选定公式所在的单元格。

② 单击数据编辑区，对公式进行修改。

③ 按回车键确认。

（3）运算符

用运算符把常量、单元格地址、函数及括号等连接起来就构成了表达式。常用的运算符有加、减、乘、除算术运算符，还有字符运算符和关系运算符。运算符具有优先级，按运算符优先级从高到低列出了常用运算符及功能，如表 5-4-1 所示。

表 5-4-1　常用运算符及功能

类别	运算符	功能	举例
算术运算符	–	负号	–6，–F7
	%	百分数	12%（即 0.12）
	^	乘方	7^2（即 7^2）
	*, /	乘，除	6*8，3/8
	+, –	加，减	5+75，6-3
字符运算符	&	字符串连接	"中国" & "2021"（即中国 2021）
关系运算符	=	等于	4=5 值为假
	<>	不等于	4<>5 值为真
	>	大于	4>5 值为假
	>=	大于等于	4>=5 值为假
	<	小于	4<5 值为真
	<=	小于等于	4<=5 值为真

（4）引用格式

在 WPS 表格公式中，经常使用单元格地址来进行计算，这种方法称为"引用"。引用有单元格引用、跨表引用和三维引用三种形式，引用方式上又分为绝对地址引用与相对地址引用两种。引用的作用在于标识工作表中的单元格或单元格区域，并指名公式中所使用数据的位置。通过引用，可以在公式中引用工作表不同部分的数据，或者在多个公式中引用同一个单元格的数据。

1）单元格引用。将该单元格的列序号和行序号依次连接起来即可。例如，A1 引用的是工作表中第一行第一列的单元格数据，D10 引用的是工作表中第 10 行第 4 列的数据。

单元格区域是由该区域左上角和右下角的单元格地址组合来识别的。引用单元格区域就是引用该区域内所有的单元格，其表现形式是左上角单元格名称:右下角单元格名称，如 A1:G4 引用的就是如图 5-4-7 所示的区域。

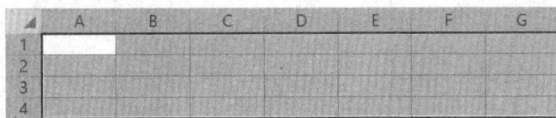

图 5-4-7　A1:G4 单元格区域

2）跨表引用。跨表引用是指引用其他工作表内的单元格或单元格区域。引用时要在单元格或单元格区域前加工作表和“!”。例如，“学生基本信息表!B3”表示引用“学生基本信息表”工作表中的 B3 单元格；“学生基本信息表!B3:G18”表示引用“学生基本信息表”工作表中的 B3:G18 单元格区域。

3）三维引用。三维引用是指引用连续的工作表中同一单元格或单元格区域。这种引用类似一个三维的长方体，所以称为三维引用。

三维引用单元格的形式：工作表名称+“:”+工作表名称+“!”+单元格引用。

三维引用单元格区域的形式：工作表名称+“:”+工作表名称+“!”+单元格区域引用。

4）相对地址和绝对地址引用。相对地址引用是指公式中的单元格地址是当前单元格与公式所在单元格的相对位置。默认情况下复制公式时单元格地址均使用相对引用，此时复制公式到另一单元格时，WPS 表格本身会根据“公式的原来位置和复制后的位置，两者间的变化规律”自动调整单元格的地址。

例如，在 H3 单元格中计算“三项总分”，输入公式“=E3+F3+G3”，实际上代表了将 E3 单元格、F3 单元格和 G3 单元格中的数字相加并把结果放到 H3 单元格中。将 H3 单元格中的公式使用填充句柄复制到 H4 单元格，H4 单元格相对于 H3 单元格，列序号没有变，行要加 1，于是 E3 单元格变 E4 单元格，F3 单元格变 F4 单元格，G3 单元格变 G4 单元格，复制后的公式为“=E4+F4+G4”。

绝对地址引用是指公式中的单元格地址是绝对地址，无论怎样复制公式，地址永远不会变化。为与相对地址区分，在单元格的列序号和行序号之前添加“$”符号便为绝对引用。在行序号前加“$”是绝对引用行；在列序号前加“$”是绝对引用列；行序号和列序号前面分别加“$”是绝对引用某个单元格。

例如，计算“各班计算机成绩优秀比例.et”工作簿 Sheet1 工作表中 C 列的各班优秀人数的百分比。操作步骤如下。

① 在 C3 单元格中输入公式“=B3/$B$11”，并设置单元格的数字格式为百分比型，如图 5-4-8 所示。

② 使用填充句柄复制 C3 单元格的公式到 C4:C10 单元格区域。由于在对 C3 单元格的公式中的 B11 单元格使用了绝对引用，B11 单元格地址不会随着位置的变化而变化，所以 C10 单元格的公式显示为“=B10/$B$11”，如图 5-4-9 所示。

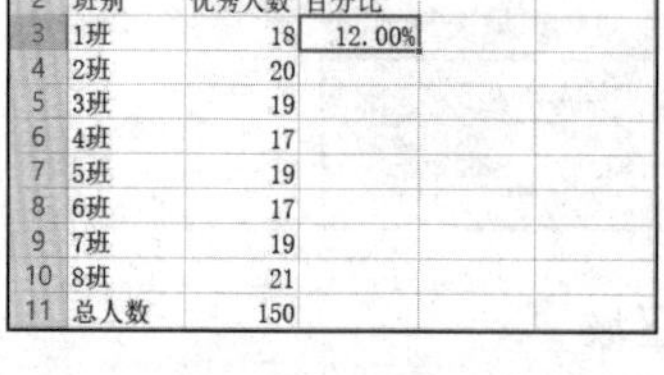
C3 fx =B3/$B$11

	A	B	C	D	E
1	各班计算机成绩优秀比例				
2	班别	优秀人数	百分比		
3	1班	18	12.00%		
4	2班	20			
5	3班	19			
6	4班	17			
7	5班	19			
8	6班	17			
9	7班	19			
10	8班	21			
11	总人数	150			

图 5-4-8　使用绝对地址引用进行计算

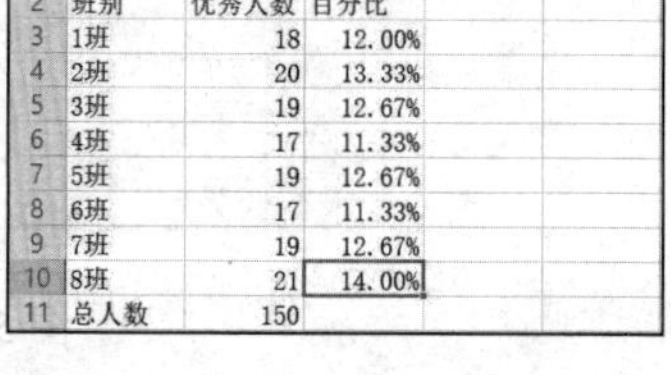
C10 fx =B10/$B$11

	A	B	C	D	E
1	各班计算机成绩优秀比例				
2	班别	优秀人数	百分比		
3	1班	18	12.00%		
4	2班	20	13.33%		
5	3班	19	12.67%		
6	4班	17	11.33%		
7	5班	19	12.67%		
8	6班	17	11.33%		
9	7班	19	12.67%		
10	8班	21	14.00%		
11	总人数	150			

图 5-4-9　复制绝对地址引用公式

5）复制公式的方法。复制公式的方法有以下两种。

方法一：选定含有公式的单元格，执行"复制"操作，选定目标单元格，再执行"粘贴"操作。

方法二：选定含有公式的单元格，拖动该单元格的填充句柄进行填充，即可完成公式的复制。

2. 使用函数计算

WPS 表格的函数是预先定义的执行计算、分析等处理数据任务的特殊公式。例如，在"各班计算机成绩优秀比例.et"工作簿 Sheet1 工作表中计算 8 个班的优秀人数总人数时，若用公式，必须输入"=B3+B4+B5+B6+B7+B8+B9+B10"，但如果用函数，输入"=SUM(B3:B10)"即可。

函数跟公式一样，由"="开始输入。WPS 表格预先定义的函数有 300 多种，单击"公式"选项卡，就可以查看 WPS 表格的函数，如图 5-4-10 所示。

图 5-4-10　"公式"选项卡

下面以完成"《信息技术》期中考试成绩表"为例，来说明一些比较常用函数的使用。

（1）求三项总分

前面已经用公式计算出"三项总分"，现在用求和函数 SUM 计算，操作步骤如下。

① 删除 H3:H23 单元格区域的内容，再选定 H3 单元格。

② 单击编辑栏的"插入函数"按钮 fx，或单击"公式"→"插入函数"按钮，打开"插入函数"对话框。

③ 在对话框中选择求和函数 SUM，如图 5-4-11 所示。单击"确定"按钮。

④ 打开"函数参数"对话框，在"数值 1"文本框中直接输入 E3:G3，如图 5-4-12 所示；或单击"数值 1"的"压缩对话框"按钮，打开函数选择范围，拖曳鼠标选择参与计算的 E3:G3 单元格区域，如图 5-4-13 所示。然后再单击按钮，返回"函数参数"对话框。

⑤ 单击"确定"按钮，即可完成求和的计算。

⑥ 重新选定 H3 单元格，使用填充句柄复制 H3 单元格的公式到 H4:H23 单元格区域，将其他同学的"三项总分"自动计算出来。计算结果与使用公式计算的结果相同。

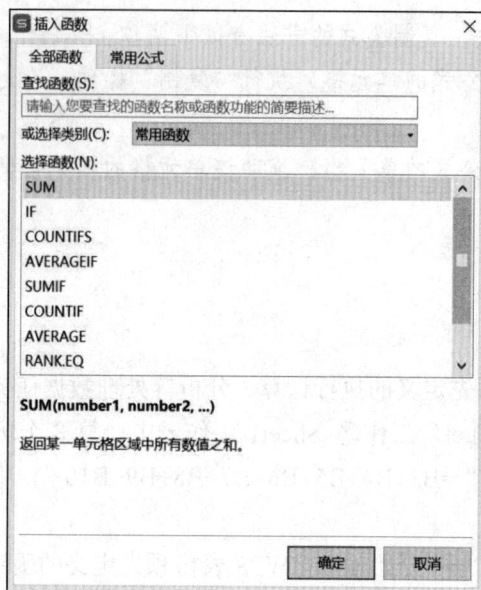

图 5-4-11　选择 SUM 函数

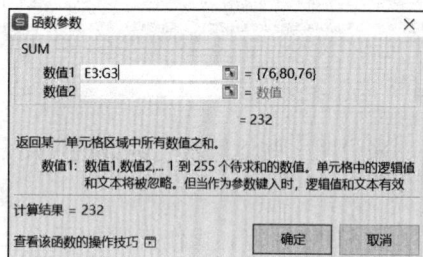

图 5-4-12　SUM "函数参数" 对话框

图 5-4-13　选定 E3:G3 单元格区域

（2）求各项平均分

在 E24:G24 单元格区域内求各项的平均分，可以用 AVERAGE 函数来实现。具体操作步骤如下。

① 选定 E24 单元格，单击编辑栏的 fx 按钮，打开 "插入函数" 对话框，在对话框中选择 AVERAGE 函数，单击 "确定" 按钮。

② 打开 "函数参数" 对话框，在 "数值 1" 文本框中直接输入 E3:E23；或单击 "数值1" 的 "压缩对话框" 按钮，打开函数选择范围，拖曳鼠标选择参与计算的 E3:E23 单元格区域，如图 5-4-14 所示。

③ 单击 按钮，返回 "函数参数" 对话框，单击 "确定" 按钮，即可完成平均分的计算。

④ 使用填充句柄复制 E24 单元格的公式到 F24:I24 单元格区域，其他各项的平均分就

自动计算出来，如图 5-4-15 所示。

	A	B	C	D	E	F	G	H	I	J
1						“信息技术”期中考试成绩表				
2	学号	姓名	性别	组别	理论题（30%）	上机操作（50%）	文字录入（20%）	三项总分	成绩	成绩名次
3	20210101	钱多	女	第1组	76	80	76	232	78	
4	20210102	何海涛	男	第1组	91	93	100	284	93.8	
5	20210103	王一波	男	第2组	76	75	70	221	74.3	
6	20210104	何姗姗	女	第3组	56	78	75	209	70.8	
7	20210105	李玉熙	男	第1组	74	83	96	253	82.9	
8	20210106	丁虹敏	女	第2组	91	87	68	246	84.4	
9	20210107	何一伟	男	第3组	52	56	60	168	55.6	
10	20210108	汤妙凌	女	第2组	54	70	66	190	64.4	
11	20210109	张婉玲	女	第1组	65	49	64	178	56.8	
12	20210110	赵慧琳	女	第3组	93	64	67	224	73.3	
13	20210111	李一	男	第2组	90	76	89	255	82.8	
14	20210112	赵穆阳	男	第1组	88	85	84	257	85.7	
15	20210113	丁可儿	女	第2组	65	94	90	249	84.5	
16	20210114	曾毅	男	第3组	94	92	88	274	91.8	
17	20210115	贺年卡	男	第2组	85	79	92	256	83.4	
18	20210116	宋嘉怡	女	第1组	78	86	85	249	83.4	
19	20210117	梁晶晶	女	第1组	92	75	87	254	82.5	
20	20210118	范雯	女	第2组	68	95	92	255	86.3	
21	20210119	朱小冰	女	第3组	79	88	85	252	84.7	
22	20210120	汤琳琳	女	第3组	83	函数参数				
23	20210121	程前	男	第3组	90	E3:E23				
24		各项平均分			=AVERAGE(E3:E23)					

图 5-4-14　选定 E3:E23 单元格区域

	A	B	C	D	E	F	G	H	I
1						“信息技术”期中考试成绩表			
2	学号	姓名	性别	组别	理论题（30%）	上机操作（50%）	文字录入（20%）	三项总分	成绩
3	20210101	钱多	女	第1组	76	80	76	232	78
4	20210102	何海涛	男	第1组	91	93	100	284	93.8
5	20210103	王一波	男	第2组	76	75	70	221	74.3
6	20210104	何姗姗	女	第3组	56	78	75	209	70.8
7	20210105	李玉熙	男	第1组	74	83	96	253	82.9
8	20210106	丁虹敏	女	第2组	91	87	68	246	84.4
9	20210107	何一伟	男	第3组	52	56	60	168	55.6
10	20210108	汤妙凌	女	第2组	54	70	66	190	64.4
11	20210109	张婉玲	女	第1组	65	49	64	178	56.8
12	20210110	赵慧琳	女	第3组	93	64	67	224	73.3
13	20210111	李一	男	第2组	90	76	89	255	82.8
14	20210112	赵穆阳	男	第1组	88	85	84	257	85.7
15	20210113	丁可儿	女	第2组	65	94	90	249	84.5
16	20210114	曾毅	男	第3组	94	92	88	274	91.8
17	20210115	贺年卡	男	第2组	85	79	92	256	83.4
18	20210116	宋嘉怡	女	第1组	78	86	85	249	83.4
19	20210117	梁晶晶	女	第1组	92	75	87	254	82.5
20	20210118	范雯	女	第2组	68	95	92	255	86.3
21	20210119	朱小冰	女	第3组	79	88	85	252	84.7
22	20210120	汤琳琳	女	第3组	83	90	88	261	87.5
23	20210121	程前	男	第3组	90	86	92	268	88.4
24		各项平均分			78.0952381	80.04761905	81.61904762	239.7619	79.776

图 5-4-15　各项平均分的结果

（3）求各项最高分

求最高分可以用 MAX 函数来实现。选定 E25 单元格，用类似求各项平均分的方法计算各项最高分，如图 5-4-16 所示。使用填充句柄复制公式到 F25:I25 单元格区域。

（4）求各项最低分

求最低分可以用 MIN 函数来实现。选定 E26 单元格，用类似求各项平均分的方法计算各项最低分，如图 5-4-17 所示。使用填充句柄复制公式到 F26:I26 单元格区域。

图 5-4-16 MAX "函数参数" 对话框

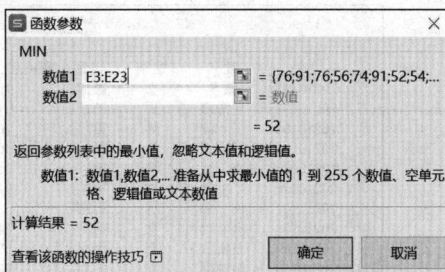

图 5-4-17 MIN "函数参数" 对话框

（5）求各项出现次数最多的分数

求出现次数最多的分数可以用 MODE 函数来实现。选定 E27 单元格，用类似求各项平均分的方法计算各项出现次数最多的分数，如图 5-4-18 所示。使用填充句柄复制公式到 F27:I27 单元格区域。

（6）求参加考试人数

求参加考试人数可以用计数函数 COUNT 来实现。选定 E28 单元格，用类似求各项平均分的方法计算参加考试的人数，如图 5-4-19 所示。

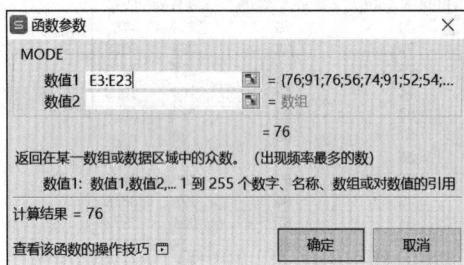

图 5-4-18 MODE "函数参数" 对话框

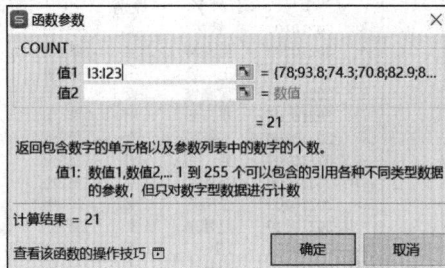

图 5-4-19 COUNT "函数参数" 对话框

（7）计算各人的成绩名次

计算各人期中考试的成绩名次可以用排名 RANK.EQ 函数来实现。操作步骤如下。

① 选定 J3 单元格，单击编辑栏的 *fx* 按钮，打开 "插入函数" 对话框，在对话框中选择 "统计" 分类中的 RANK.EQ 函数，单击 "确定" 按钮。

② 打开 "函数参数" 对话框，在第 1 个参数 "数值" 文本框中选定 I3 单元格，在第 2 个参数 "引用" 文本框中选定 I3:I23 单元格区域，在第 3 个参数 "排位方式" 文本框中不输入任何数据（或者输入 0，均为降序排名），如图 5-4-20 所示。

③ 此时，第一个学生的排名结果已经显示出来了。为了使 "引用" 参数的单元格引用地址保持不变，要将 I3:I23 单元格区域引用改为绝对地址引用$I$3:$I$23，如图 5-4-21 所示，再单击 "确定" 按钮。

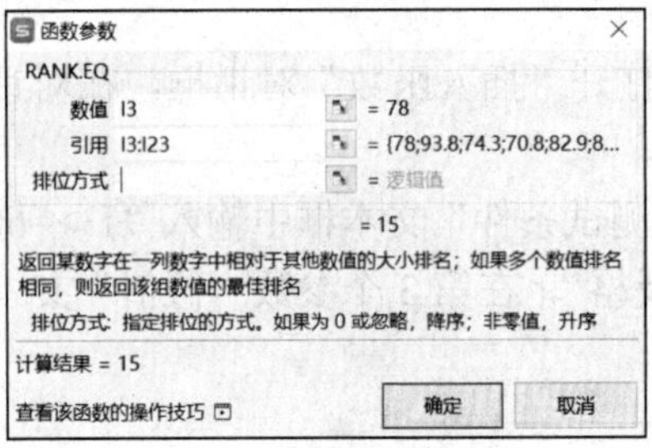

图 5-4-20 RANK.EQ“函数参数”对话框

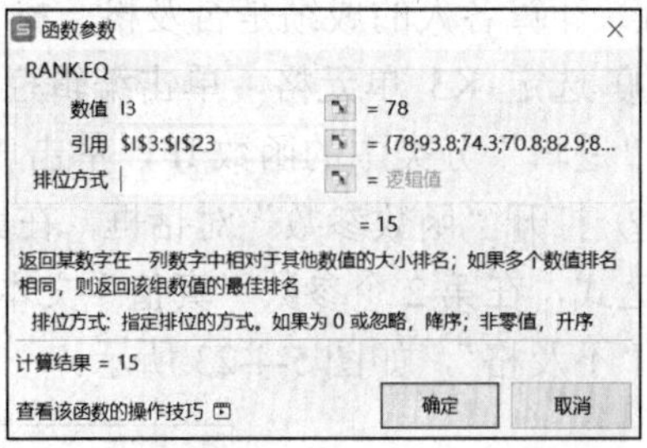

图 5-4-21 使用绝对地址引用单元格区域

④ 使用填充句柄复制 J3 的公式到 J4:J23 单元格区域，其他同学的成绩名次便自动计算出来，如图 5-4-22 所示。

	A	B	C	D	E	F	G	H	I	J
1	“信息技术”期中考试成绩表									
2	学号	姓名	性别	组别	理论题（30%）	上机操作（50%）	文字录入（20%）	三项总分	成绩	成绩名次
3	20210101	钱多	女	第1组	76	80	76	232	78	15
4	20210102	何海涛	男	第1组	91	93	100	284	93.8	1
5	20210103	王一波	男	第2组	76	75	70	221	74.3	16
6	20210104	何姗姗	女	第3组	56	78	75	209	70.8	18
7	20210105	李玉熙	男	第1组	74	83	96	253	82.9	12
8	20210106	丁虹敏	女	第2组	91	87	68	246	84.4	9
9	20210107	何一伟	男	第3组	52	56	60	168	55.6	21
10	20210108	汤妙凌	女	第2组	54	70	66	190	64.4	19
11	20210109	张婉玲	女	第1组	65	49	64	178	56.8	20
12	20210110	赵慧琳	女	第3组	93	64	67	224	73.3	17
13	20210111	李一	男	第2组	90	76	89	255	82.8	13
14	20210112	赵穆阳	男	第1组	88	85	84	257	85.7	6
15	20210113	丁可儿	女	第2组	65	94	90	249	84.5	8
16	20210114	曾毅	男	第3组	94	92	88	274	91.8	2
17	20210115	贺年卡	男	第2组	85	79	92	256	83.4	10
18	20210116	宋嘉怡	女	第1组	78	86	85	249	83.4	10
19	20210117	梁晶晶	女	第1组	92	75	87	254	82.5	14
20	20210118	范雯	女	第2组	68	95	92	255	86.3	5
21	20210119	朱小冰	女	第3组	79	88	85	252	84.7	7
22	20210120	汤琳琳	女	第3组	83	90	88	261	87.5	4
23	20210121	程前	男	第3组	90	86	92	268	88.4	3

图 5-4-22 所有人期中成绩名次结果

小提示

① RANK.EQ 函数参数说明。

数值：需要排名次的数字。

引用：数字列表数组或对数字列表的引用。引用的非数值型参数将被忽略。

排位方式：一个数字，指明排位的方式。如果排位方式为 0 或省略，是降序排列；如果排位方式不是 0，是升序排列。

② RANK.EQ 函数对重复数的排位相同。但重复数的存在将影响后续数值的排位。例如，在一列按升序排列的整数中，如果整数 10 出现两次，其排位为 5，则 11 的排位为 7（没有排位为 6 的数值）。

（8）判断各人的成绩是否及格和成绩等级

判断各人的成绩是否及格和成绩等级，可以用 IF 函数。

1）计算各人的成绩是否及格，操作步骤如下。

① 选定 K3 单元格，单击编辑栏的 *fx* 按钮，打开"插入函数"对话框，在对话框中选择"逻辑"分类中的函数 IF，单击"确定"按钮。

② 打开"函数参数"对话框，在第 1 个参数"测试条件"文本框中输入"I3>=60"条件表达式，在第 2 个参数"真值"文本框中输入"及格"，在第 3 个参数"假值"文本框中输入"不及格"，如图 5-4-23 所示。

图 5-4-23　成绩是否及格的 IF 函数参数设置

③ 单击"确定"按钮，即可求出第 1 位学生的成绩是"及格"。再使用填充句柄复制 K3 的公式到 K4:K23 单元格区域，即可判断出其他学生的成绩是否及格。

2）计算各人期中成绩的等级。

李老师把期中成绩分为三个等级：大于或等于 85 分的为"优秀"；介于 60 到 85 分之间的为"一般"，小于 60 分的为"不及格"。这个操作同样可以用 IF 函数进行判断，操作步骤如下。

① 选定 L3 单元格，单击编辑栏的 *fx* 按钮，打开"插入函数"对话框，在对话框中选择"逻辑"分类中的函数 IF，单击"确定"按钮。

② 打开"函数参数"对话框，在第 1 个参数"测试条件"文本框中输入"I3>=85"条件表达式，在第 2 个参数"真值"文本框中输入"优秀"，单击第 3 个参数"假值"文本框，如图 5-4-24 所示。再次单击名称框位置处的函数 IF，如图 5-4-25 所示。

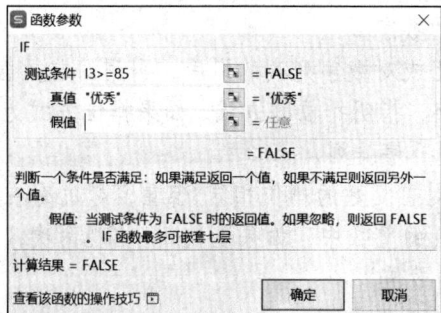

图 5-4-24　期中成绩等级的 IF 函数参数设置

图 5-4-25　再次选择 IF 函数

③ 再次打开的 IF 函数的"函数参数"对话框中，在第 1 个参数"测试条件"文本框中输入"I3>=60"条件表达式，在第 2 个参数"真值"文本框中输入"一般"，在第 3 个参数"假值"文本框中输入"不及格"，如图 5-4-26 所示。

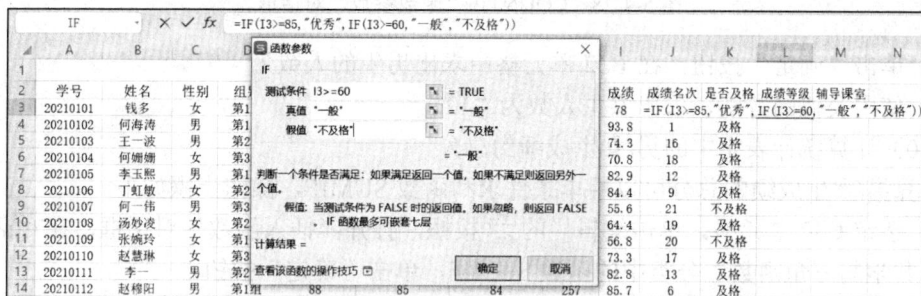

图 5-4-26　嵌套 IF 函数的参数

④ 单击"确定"按钮，L3 单元格显示为"一般"。使用填充句柄复制 L3 单元格的公式到 L4:L23 单元格区域，如图 5-4-27 所示。

图 5-4-27　各人期中成绩是否及格和成绩等级结果

（9）计算统计表 1 中的男/女生人数

计算男/女生人数可以用单条件计数函数 COUNTIF，操作步骤如下。

① 选定 B32 单元格，单击编辑栏的 *fx* 按钮，打开"插入函数"对话框，在对话框中选择"统计"分类中的函数 COUNTIF，单击"确定"按钮。

② 打开"函数参数"对话框，在第 1 个参数"区域"文本框中选定 C3:C23 单元格区域，在第 2 个参数"条件"文本框中输入"男"，如图 5-4-28 所示。

图 5-4-28　COUNTIF"函数参数"对话框

③ 单击"确定"按钮，在 B32 单元格中求出男生的人数为"9"。

④ 使用类似的方法，求出女生人数为"12"。

（10）计算统计表 1 中的男/女生成绩的总分

计算男/女生成绩的总分可以用单条件求和函数 SUMIF，操作步骤如下。

① 选定 C32 单元格，单击编辑栏的 *fx* 按钮，打开"插入函数"对话框，在对话框中选择"数学与三角函数"分类中的函数 SUMIF，单击"确定"按钮。

② 打开"函数参数"对话框中，在第 1 个参数"区域"文本框中选定 C3:C23 单元格区域，在第 2 个参数"条件"文本框中输入"男"，在第 3 个参数"求和区域"文本框中选定 I3:I23 单元格区域，如图 5-4-29 所示。

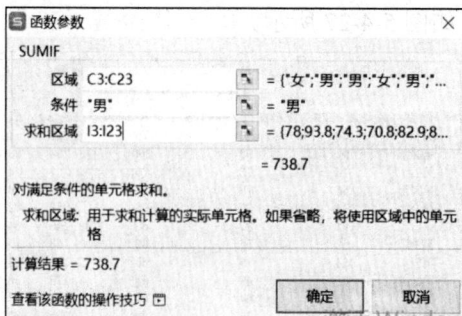

图 5-4-29　SUMIF"函数参数"对话框

③ 单击"确定"按钮，求出男生成绩的总分为"738.7"。

④ 使用类似的方法，求出女生成绩的总分为"936.6"。

（11）计算统计表 1 中的男/女生成绩的平均分

计算男/女生成绩的平均分可以用单条件求平均值函数 AVERAGEIF，操作步骤如下。

① 选定 E32 单元格，单击编辑栏的 fx 按钮，打开"插入函数"对话框，在对话框中选择"统计"分类中的函数 AVERAGEIF，单击"确定"按钮。

② 打开"函数参数"对话框，在第 1 个参数"区域"文本框中选定 C3:C23 单元格区域，在第 2 个参数"条件"文本框中输入"男"，在第 3 个参数"求平均值区域"文本框中选定 I3:I23 单元格区域，如图 5-4-30 所示。

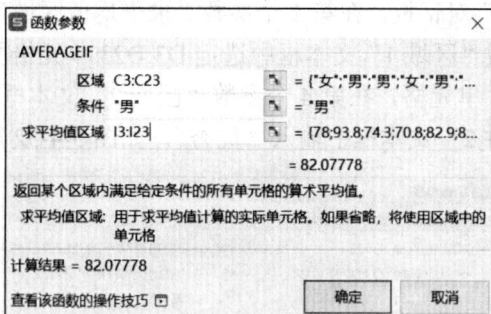

图 5-4-30　AVERAGEIF"函数参数"对话框

③ 单击"确定"按钮，求出男生成绩的平均分为"82.07778"。

④ 使用类似的方法，求出女生成绩的平均分为"78.05"。

（12）计算统计表 1 中的男/女生成绩的及格人数

计算男/女生成绩的及格人数可以用多条件计数函数 COUNTIFS。操作步骤如下。

① 选定 G32 单元格，单击编辑栏的 fx 按钮，打开"插入函数"对话框，在对话框中选择"统计"分类中的函数 COUNTIFS，单击"确定"按钮。

② 打开"函数参数"对话框，在第 1 个参数"区域 1"文本框中选定 C3:C23 单元格区域，在第 2 个参数"条件 1"文本框中输入"男"，在第 3 个参数"区域 2"文本框中选定 I3:I23 单元格区域，在第 4 个参数"条件 2"文本框中输入">=60"，如图 5-4-31 所示。

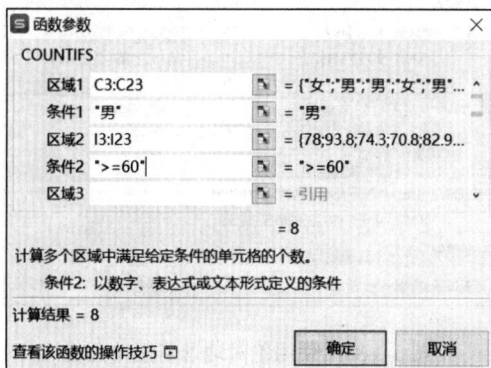

图 5-4-31　COUNTIFS"函数参数"对话框

③ 单击"确定"按钮，求出男生成绩及格的人数为"8"。

④ 使用类似的方法，求出女生成绩及格的人数为"11"。

（13）计算统计表 2 中各组各成绩等级的成绩平均分

计算各组（第 1 组、第 2 组、第 3 组）各成绩等级（优秀、一般、不及格）的成绩平均分，可以用多条件求平均值函数 AVERAGEIFS，操作步骤如下。

① 选定 B37 单元格，单击编辑栏的 fx 按钮，打开"插入函数"对话框，在对话框中选择"统计"分类中的函数 AVERAGEIFS，单击"确定"按钮。

② 打开"函数参数"对话框，在第 1 个参数"求平均值区域"文本框中选定 I3:I23 单元格区域，在第 2 个参数"区域 1"文本框中选定 D3:D23 单元格区域，在第 3 个参数"条件 1"文本框中选定 A37 单元格，在第 4 个参数"区域 2"文本框中选定 L3:L23 单元格区域，在第 5 个参数"条件 2"文本框中输入"优秀"，如图 5-4-32 所示。

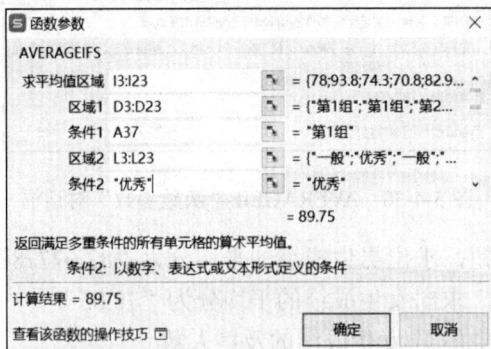

图 5-4-32　AVERAGEIFS "函数参数"对话框

③ 此时，第 1 组成绩等级为优秀的成绩平均分"89.75"已经显示出来了。为了使"求平均值区域、区域 1、区域 2"等参数的单元格引用地址保持不变，要将这三个参数引用的单元格区域改为绝对地址引用，如图 5-4-33 所示，再单击"确定"按钮。

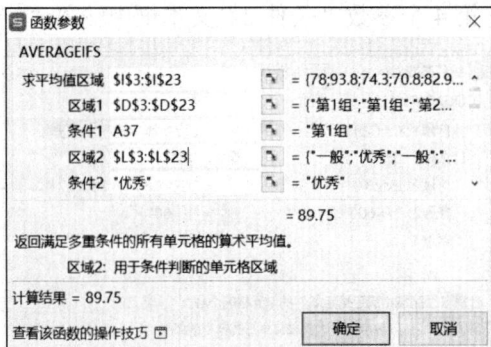

图 5-4-33　使用绝对地址引用单元格

④ 使用填充句柄复制 B37 单元格的公式到 B38 单元格和 B39 单元格，求出第 2、3 组成绩等级为"优秀"的成绩平均分为"86.3"和"89.23333"。

⑤ 使用类似的方法，求出各组"成绩等级为一般的成绩平均分"和各组"成绩等级为不及格的成绩平均分"，结果如图 5-4-34 所示。

35	统计表2		
36	组别	成绩等级为优秀的成绩平均分	成绩等级为一般的成绩平均分	成绩等级为不及格的成绩平均分
37	第1组	89.75	81.7	56.8
38	第2组	86.3	78.96666667	#DIV/0!
39	第3组	89.23333333	76.26666667	55.6

图 5-4-34　统计表 2 中各项数据的结果

在统计表 2 的结果中出现了"#DIV/0!"的错误提示，表示"计算错误：除法运算的分母为 0!"，这是因为第 2 组学生中成绩等级为"不及格"的学生个数为 0，所以 AVERAGEIFS 函数在计算时分母为 0 了。

（14）计算各人的辅导课室

依据本工作簿"辅导课室分配表"工作表中的信息，如图 5-4-35 所示，填写"辅导课室"列的内容，可以用纵向查找函数 VLOOKUP。操作步骤如下。

	A	B
1	辅导课室分配表	
2	成绩等级	辅导课室
3	优秀	多媒体1室
4	一般	多媒体2室
5	不及格	多媒体3室

图 5-4-35　"辅导课室分配表"工作表

① 选定 M3 单元格，单击编辑栏的 fx 按钮，打开"插入函数"对话框，在对话框中选择"查找与引用"分类中的函数 VLOOKUP，单击"确定"按钮。

② 打开"函数参数"对话框，在第 1 个参数"查找值"文本框中选定 L3 单元格，在第 2 个参数"数据表"文本框中选定"辅导课室分配表!A3:B5"单元格区域，在第 3 个参数"列序数"文本框中输入数字"2"，在第 4 个参数"匹配条件"文本框中输入"FALSE"（精确匹配，也可根据需要输入 TRUE 或忽略进行大致匹配），如图 5-4-36 所示。

③ 此时，第 1 个学生的辅导课室已经显示出来了。为了使"数据表"参数的单元格引用地址保持不变，要将"辅导课室分配表!A3:B5"单元格区域引用改为绝对地址引用，如图 5-4-37 所示，再单击"确定"按钮。

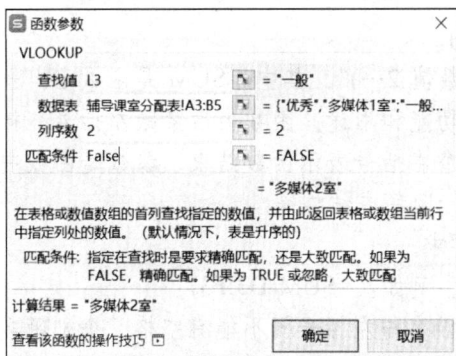

图 5-4-36　VLOOKUP "函数参数"对话框

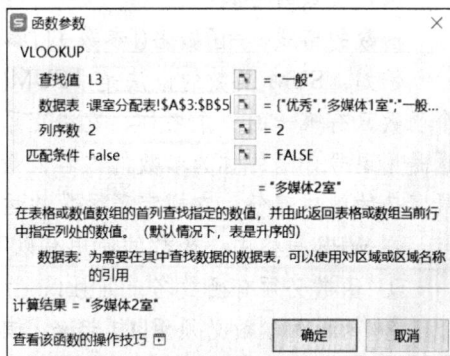

图 5-4-37　使用绝对地址引用单元格

④ 使用填充句柄复制 M3 单元格的公式到 M4:M23 单元格区域，各位同学的辅导课室就自动填充完毕，如图 5-4-38 所示。

	A	B	C	D	E	F	G	H	I	J	K	L	M
1					"信息技术"期中考试成绩表								
2	学号	姓名	性别	组别	理论题（30%）	上机操作（50%）	文字录入（20%）	三项总分	成绩	成绩名次	是否及格	成绩等级	辅导课室
3	20210101	钱多	女	第1组	76	80	76	232	78	15	及格	一般	多媒体2室
4	20210102	何海涛	男	第1组	91	93	100	284	93.8	1	及格	优秀	多媒体1室
5	20210103	王一波	男	第2组	76	75	70	221	74.3	16	及格	一般	多媒体2室
6	20210104	何姗姗	女	第3组	56	78	75	209	70.8	18	及格	一般	多媒体2室
7	20210105	李玉熙	男	第1组	74	83	96	253	82.9	12	及格	一般	多媒体2室
8	20210106	丁虹敏	女	第2组	91	87	68	246	84.4	9	及格	一般	多媒体2室
9	20210107	何一伟	男	第3组	52	56	60	168	55.6	21	不及格	不及格	多媒体3室
10	20210108	汤妙凌	女	第2组	54	70	66	190	64.4	19	及格	一般	多媒体2室
11	20210109	张婉玲	女	第1组	65	49	64	178	56.8	20	不及格	不及格	多媒体3室
12	20210110	赵慧琳	女	第3组	93	64	67	224	73.3	17	及格	一般	多媒体2室
13	20210111	李一	男	第2组	90	76	89	255	82.8	13	及格	一般	多媒体2室
14	20210112	赵穆阳	男	第1组	88	85	84	257	85.7	6	及格	优秀	多媒体1室
15	20210113	丁可儿	女	第1组	65	94	90	249	84.5	8	及格	一般	多媒体2室
16	20210114	曾毅	男	第3组	94	92	88	274	91.8	2	及格	优秀	多媒体1室
17	20210115	贺年卡	男	第1组	85	79	92	256	83.4	10	及格	一般	多媒体2室
18	20210116	宋嘉怡	女	第1组	78	86	85	249	83.4	10	及格	一般	多媒体2室
19	20210117	梁晶晶	女	第2组	92	75	87	254	82.5	14	及格	一般	多媒体2室
20	20210118	范雯	女	第2组	68	95	92	255	86.3	5	及格	优秀	多媒体1室
21	20210119	朱小冰	女	第3组	79	88	85	252	84.7	7	及格	一般	多媒体2室
22	20210120	汤琳琳	女	第3组	83	90	88	261	87.5	4	及格	优秀	多媒体1室
23	20210121	程前	男	第3组	90	86	92	268	88.4	3	及格	优秀	多媒体1室

图 5-4-38　各人辅导课室分配结果

----- ⚠ 小提示 -----

在上面涉及的 RANK.EQ、COUNTIF、COUNTIFS、AVERAGEIF、AVERAGEIFS、SUMIF、VLOOKUP 等函数中，想要所引用的单元格地址不会随着位置的变化而变化，就要使用绝对地址引用。

🔗 知识链接 ▮

（1）函数的格式

函数的格式：=函数名([参数 1],[参数 2],…)。

例如，SUM 函数的语法是 "SUM(数值 1,数值 2…)"，其中，SUM 是函数名，一个函数只有唯一的一个名称，它决定了函数的功能和用途。函数名后紧跟左括号，接着是用逗号分隔的称为参数的内容，最后用一个右括号表示函数结束。参数是函数中最复杂的组成部分，它规定了函数的运算对象、顺序或结构等。

在 WPS 表格中，函数的使用有以下几点要求。

① 函数必须有函数名，并且以 "=" 开头，例如：=SUM(D3:F3)。

② 函数的参数必须用()括起来。其中，函数名与左括号间不能有空格，个别函数如果不需要参数，也必须在函数名后加上空括号。例如：=PI()*3^2 。

③ 函数的参数个数多于 1 个时，参数之间必须用 "," 分隔。例如：=IF(I3>=60,"及格","不及格")。

④ 函数参数的类型可以是数字、文本、逻辑值、单元格的引用等，但都必须使用英文半角标点符号。

（2）自动求和按钮

求"理论题""上机操作""文字录入"的三项总分，也可以利用求和按钮更快速地求出，操作步骤如下。

① 选择 E3:H23 单元格区域。

② 选择"开始"→"求和"→"求和"命令，如图 5-4-39 所示。

图 5-4-39　自动求和按钮

除了可以自动求和，还可以自动求平均值、自动计数、自动求最大值、自动求最小值等。

任务 5.5　数据处理

任务描述

李老师已经使用公式或函数将"信息技术"的期中考试成绩统计出来了，为进一步了解信息技术考试成绩的情况，他要完成以下几项操作。

① 按成绩由高分到低分排序。

② 先按各小组排序，再按成绩由高分到低分排序。

③ 筛选出"理论题""上机操作""文字录入"三项考试成绩均在 85 分以上的记录。

④ 筛选出第 1 组成绩大于或等于 85 分的学生记录。

⑤ 分类汇总出每个小组各项平均分的情况。

任务实现

对数据进行分析与处理，可以使用 WPS 表格的排序、筛选、分类汇总、数据合并等功能。

WPS 表格允许采用数据库管理的方式管理工作表数据。在工作表中，数据的行相当于数据库中的记录，行标题相当于记录名；列相当于数据库中的字段，列标题相当于字段名。这样，用户就可以在工作表中以专业的数据库管理方式对数据进行输入、修改、删除和移动。

李老师为了方便查看处理之后的数据，新建了 5 个工作表，依次用"期中成绩排序""小组期中成绩排序""三项成绩筛选""第 1 组成绩筛选""汇总小组成绩"来重命名各工作表，如图 5-5-1 所示。复制"Sheet1"工作表的第 1～23 行数据到各工作表中。

| Sheet1 | 辅导课室分配表 | 期中成绩排序 | 小组期中成绩排序 | 三项成绩筛选 | 第1组成绩筛选 | 汇总小组成绩 | ＋ |

图 5-5-1　新建并重命名各工作表

1. 排序

排序是以一个或几个关键字为依据，按一定顺序对数据进行重新排列。李老师要完成两种不同情况的排序：简单排序和自定义排序。

（1）按成绩由高分到低分排序

按成绩由高分到低分排序，属于按一个关键字进行排序，是简单的排序。操作步骤如下。

① 选定"期中成绩排序"工作表。

② 单击作为排序依据的"成绩"列的任意一个单元格，如 I3。

③ 选择"开始"→"排序"→"降序"命令，如图 5-5-2 所示，即　图 5-5-2　降序命令
可按"成绩"由高分到低分进行重新排序，如图 5-5-3 所示。

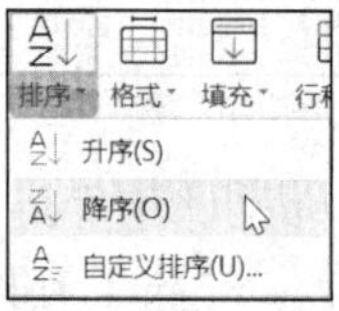

	A	B	C	D	E	F	G	H	I	J	K	L	M
1					"信息技术"期中考试成绩表								
2	学号	姓名	性别	组别	理论题（30%）	上机操作（50%）	文字录入（20%）	三项总分	成绩	成绩名次	是否及格	成绩等级	辅导课室
3	20210102	何海涛	男	第1组	91	93	100	284	93.8	1	及格	优秀	多媒体1室
4	20210114	曾毅	男	第3组	94	92	88	274	91.8	2	及格	优秀	多媒体1室
5	20210121	程前	男	第3组	90	86	92	268	88.4	3	及格	优秀	多媒体1室
6	20210120	汤琳琳	女	第1组	83	90	88	261	87.5	4	及格	优秀	多媒体1室
7	20210118	范雯	女	第2组	68	95	92	255	86.3	5	及格	优秀	多媒体1室
8	20210112	赵穆阳	男	第1组	88	85	84	257	85.7	6	及格	优秀	多媒体1室
9	20210119	朱小冰	男	第1组	79	88	85	252	84.7	7	及格	一般	多媒体2室
10	20210113	丁可儿	女	第2组	65	94	90	249	84.5	8	及格	一般	多媒体2室
11	20210106	丁虹敏	女	第2组	91	87	68	246	84.4	9	及格	一般	多媒体2室
12	20210115	贺年卡	男	第3组	85	79	92	256	83.4	10	及格	一般	多媒体2室
13	20210116	宋嘉怡	女	第1组	78	86	85	249	83.4	10	及格	一般	多媒体2室
14	20210105	李玉熙	男	第1组	74	83	96	253	82.9	12	及格	一般	多媒体2室
15	20210111	李一	男	第1组	76	76	89	255	82.8	13	及格	一般	多媒体2室
16	20210117	梁晶晶	女	第1组	92	75	87	254	82.5	14	及格	一般	多媒体2室
17	20210101	钱多	女	第1组	76	80	76	232	78	15	及格	一般	多媒体2室
18	20210103	王一波	男	第1组	76	75	70	221	74.3	16	及格	一般	多媒体2室
19	20210110	赵慧琳	女	第3组	93	64	67	224	73.3	17	及格	一般	多媒体2室
20	20210104	何姗姗	女	第3组	56	78	75	209	70.8	18	及格	一般	多媒体2室
21	20210108	汤妙凌	女	第2组	54	70	66	190	64.4	19	及格	一般	多媒体2室
22	20210109	张婉玲	女	第1组	65	49	64	178	56.8	20	不及格	不及格	多媒体3室
23	20210107	何一伟	男	第3组	52	56	60	168	55.6	21	不及格	不及格	多媒体3室

图 5-5-3　按"成绩"降序排序结果

（2）先按各小组排序，再按成绩由高分到低分排序

先按各小组排序，再按成绩由高分到低分排序，属于按多个关键字进行排序，要用"自定义排序"的方法来完成。操作步骤如下。

① 选定"小组期中成绩排序"工作表。

② 单击该工作表中 A2:M23 单元格区域中的任意一个单元格，如 B13。

③ 选择"开始"→"排序"→"自定义排序"命令。

④ 打开"排序"对话框，在"主要关键字"的下拉列表中选择"组别"，排序依据为"数值"，次序为"升序"，然后单击"添加条件"按钮，在"次要关键字"的下拉列表中选择"成绩"，排序依据为"数值"，次序为"降序"，如图 5-5-4 所示。

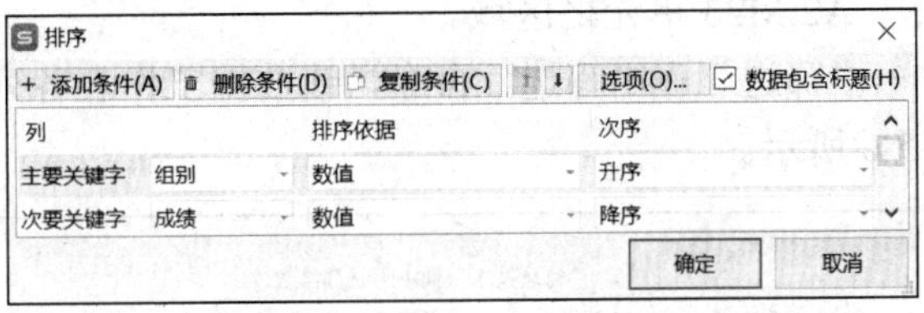

图 5-5-4　自定义排序对话框

⑤ 单击"确定"按钮，即可得到先按"小组"升序排序，如果"小组"相同，再按"成绩"降序排序的结果，如图 5-5-5 所示。

图 5-5-5　按"组别"升序、"成绩"降序排序的结果

🔗　知识链接 ■

对数据进行排序除了可以利用"开始"→"排序"按钮外，也可以使用"数据"选项卡中的"排序"按钮，操作方法与前面所述相同。

2. 筛选

筛选是查找和处理数据的快捷方式。与排序不同，执行筛选时并不重排数据，筛选只是暂时隐藏不必显示的行。WPS表格筛选有"自动筛选"和"高级筛选"两类。

李老师要筛选出"理论题""上机操作""文字录入"三项考试成绩均在85分以上的记录和第1组成绩大于或等于85分的学生记录。

（1）筛选"理论题""上机操作""文字录入"三项成绩均在85分以上的记录

使用"自动筛选"的方法，操作步骤如下。

① 选定"三项成绩筛选"工作表。

② 选定该工作表中A2:M23单元格区域。

③ 选择"开始"→"筛选"→"筛选"命令，该数据工作表各列标题右侧都出现一个下拉按钮，如图5-5-6所示。

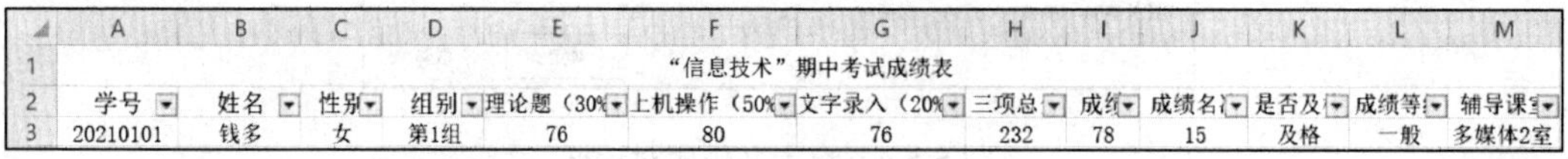

图5-5-6　筛选窗口

④ 单击E2单元格（即"理论题"列标题）的下拉按钮，打开下拉列表对话框，选择"数字筛选"中的"大于或等于"命令，如图5-5-7所示。

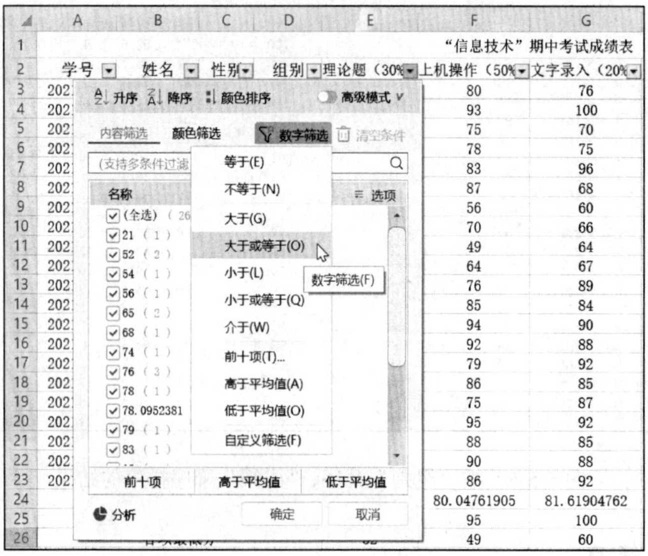

图5-5-7　筛选菜单的下拉列表

⑤ 打开"自定义自动筛选方式"对话框，在"大于或等于"条件框中输入"85"，如图5-5-8所示。

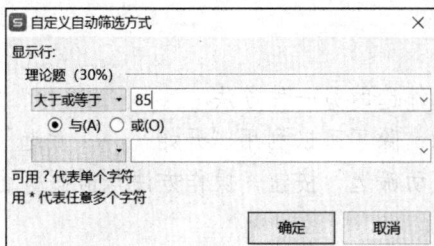

图 5-5-8　输入筛选条件

⑥ 单击"确定"按钮，筛选出符合条件的 9 条记录，如图 5-5-9 所示。

	A	B	C	D	E	F	G	H	I	J	K	L	M
1						"信息技术"期中考试成绩表							
2	学号	姓名	性别	组别	理论题（30%	上机操作（50%	文字录入（20%	三项总	成绩	成绩名	是否及	成绩等	辅导课
4	20210102	何海涛	男	第1组	91	93	100	284	93.8	1	及格	优秀	多媒体1室
8	20210106	丁虹敏	女	第2组	91	87	68	246	84.4	9	及格	一般	多媒体2室
12	20210110	赵慧琳	女	第3组	93	64	67	224	73.3	17	及格	一般	多媒体2室
13	20210111	李一	男	第2组	90	76	89	255	82.8	13	及格	一般	多媒体2室
14	20210112	赵穆阳	男	第1组	88	85	84	257	85.7	6	及格	优秀	多媒体1室
16	20210114	曾毅	男	第3组	94	92	88	274	91.8	2	及格	优秀	多媒体1室
17	20210115	贺年卡	男	第2组	85	79	92	256	83.4	10	及格	一般	多媒体2室
19	20210117	梁晶晶	女	第1组	92	75	87	254	82.5	14	及格	一般	多媒体2室
23	20210121	程前	男	第3组	90	86	92	268	88.4	3	及格	优秀	多媒体1室

图 5-5-9　筛选出理论题大于或等于 85 分以上的记录

⑦ 单击 F2 单元格（即"上机操作"列标题）的下拉按钮，使用类似步骤④～⑥的方法筛选出理论题和上机操作均大于或等于 85 分以上的 5 条记录，如图 5-5-10 所示。

	A	B	C	D	E	F	G	H	I	J	K	L	M
1						"信息技术"期中考试成绩表							
2	学号	姓名	性别	组别	理论题（30%	上机操作（50%	文字录入（20%	三项总	成绩	成绩名	是否及	成绩等	辅导课
4	20210102	何海涛	男	第1组	91	93	100	284	93.8	1	及格	优秀	多媒体1室
8	20210106	丁虹敏	女	第2组	91	87	68	246	84.4	9	及格	一般	多媒体2室
14	20210112	赵穆阳	男	第1组	88	85	84	257	85.7	6	及格	优秀	多媒体1室
16	20210114	曾毅	男	第3组	94	92	88	274	91.8	2	及格	优秀	多媒体1室
23	20210121	程前	男	第3组	90	86	92	268	88.4	3	及格	优秀	多媒体1室

图 5-5-10　筛选出理论题和上机操作均大于或等于 85 分以上的记录

⑧ 单击 G2 单元格（即"文字录入"列标题）的下拉按钮，使用类似步骤④～⑥的方法筛选出理论题、上机操作、文字录入均大于或等于 85 分以上的 3 条记录，如图 5-5-11 所示。

	A	B	C	D	E	F	G	H	I	J	K	L	M
1						"信息技术"期中考试成绩表							
2	学号	姓名	性别	组别	理论题（30%	上机操作（50%	文字录入（20%	三项总	成绩	成绩名	是否及	成绩等	辅导课
4	20210102	何海涛	男	第1组	91	93	100	284	93.8	1	及格	优秀	多媒体1室
16	20210114	曾毅	男	第3组	94	92	88	274	91.8	2	及格	优秀	多媒体1室
23	20210121	程前	男	第3组	90	86	92	268	88.4	3	及格	优秀	多媒体1室

图 5-5-11　筛选出理论题、上机操作、文字录入均大于或等于 85 分以上的记录

■— **知识链接** ■

(1) 对数据进行自动筛选的另一种方法

对数据进行自动筛选，除了可以利用"开始"→"筛选"→"筛选"命令外，也可以使用"数据"→"自动筛选"按钮，操作方法与前面所述相同。

(2) 多条件筛选

多条件筛选通过多重条件的灵活组合对数据进行筛选，从而帮助用户较为轻松地统计、分析复杂的数据。多条件筛选有同要素多重条件筛选和不同要素多重条件筛选。

① 同要素多重条件筛选。例如，要筛选"成绩等级"为优秀和不及格的学生记录，操作步骤为，在自动筛选数据状态下，单击"成绩等级"列的下拉按钮，在弹出的下拉列表中取消选中"一般"复选框，选定"优秀"和"不及格"两个条件，即可完成筛选。

② 不同要素多重条件筛选。例如，完成的"理论题、上机操作、文字录入三项成绩均在85分以上的记录"筛选属于不同要素多重条件筛选。

(3) "与/或"关系

当同一列有两个筛选条件时，在"自定义自动筛选方式"对话框中有"与"和"或"两种情况，"与"表示两个条件要同时满足，"或"表示只要满足其中一个条件即可。

(4) 取消筛选

① 取消其中一列的筛选条件。例如，消除"文字录入"列的筛选条件，操作步骤为，单击该列筛选的下拉按钮，从打开的下拉列表对话框中单击"清空条件"按钮，如图 5-5-12 所示，即可清除"文字录入"列的筛选条件。

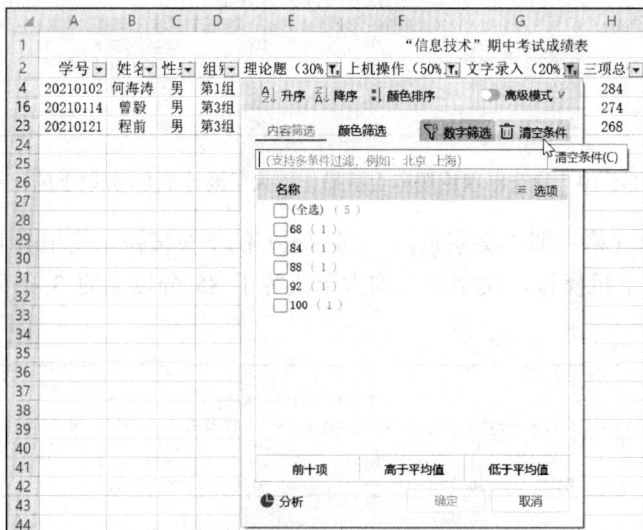

图 5-5-12　清除某一列的筛选条件

② 取消所有筛选条件，有以下 3 种方法。

方法一：选择"开始"→"筛选"→"全部显示"命令。这种方法显示全部数据，但仍在筛选状态。

方法二：单击"数据"→"全部显示"按钮。这种方法显示全部数据，但仍在筛选状态。

方法三：单击"数据"→"筛选"按钮。这种方法直接退出筛选状态，显示原来的数据。

（2）筛选出第 1 组成绩大于或等于 85 分的学生记录

使用"高级筛选"的方法来完成这个操作，操作步骤如下。

① 选定"第 1 组成绩筛选"工作表。

② 在 A26:M27 单元格区域对应的列上输入高级筛选的条件，如图 5-5-13 所示。

	A	B	C	D	E	F	G	H	I	J	K	L	M
1							"信息技术"期中考试成绩表						
2	学号	姓名	性别	组别	理论题（30%）	上机操作（50%）	文字录入（20%）	三项总分	成绩	成绩名次	是否及格	成绩等级	辅导课室
3	20210101	钱多	女	第1组	76	80	76	232	78	15	及格	一般	多媒体2室
4	20210102	何海涛	男	第1组	91	93	100	284	93.8	1	及格	优秀	多媒体1室
5	20210103	王一波	男	第2组	76	75	70	221	74.3	16	及格	一般	多媒体2室
6	20210104	何姗姗	女	第3组	56	78	75	209	70.8	18	及格	一般	多媒体2室
7	20210105	李玉熙	男	第1组	74	83	96	253	82.9	12	及格	一般	多媒体2室
8	20210106	丁虹敏	女	第2组	91	87	68	246	84.4	9	及格	一般	多媒体2室
9	20210107	何一伟	男	第3组	52	56	60	168	55.6	21	不及格	不及格	多媒体3室
10	20210108	汤妙凌	女	第2组	54	70	66	190	64.4	19	及格	一般	多媒体2室
11	20210109	张婉玲	女	第2组	65	49	64	178	56.8	20	不及格	不及格	多媒体3室
12	20210110	赵慧琳	女	第3组	93	64	67	224	73.3	17	及格	一般	多媒体2室
13	20210111	李一	男	第2组	90	76	89	255	82.8	13	及格	一般	多媒体2室
14	20210112	赵穆阳	男	第1组	88	85	84	257	85.7	6	及格	优秀	多媒体1室
15	20210113	丁可儿	女	第2组	65	94	90	249	84.5	8	及格	一般	多媒体2室
16	20210114	曾毅	男	第3组	94	92	88	274	91.8	2	及格	优秀	多媒体1室
17	20210115	贺年卡	男	第2组	85	79	92	256	83.4	10	及格	一般	多媒体2室
18	20210116	宋嘉怡	女	第1组	78	86	85	249	83.4	10	及格	一般	多媒体2室
19	20210117	梁晶晶	女	第1组	92	75	87	254	82.5	14	及格	一般	多媒体2室
20	20210118	范雯	女	第2组	68	95	92	255	86.3	5	及格	优秀	多媒体1室
21	20210119	朱小冰	女	第3组	79	88	85	252	84.7	7	及格	一般	多媒体2室
22	20210120	汤琳琳	女	第3组	83	90	88	261	87.5	4	及格	优秀	多媒体1室
23	20210121	程前	男	第3组	90	86	92	268	88.4	3	及格	优秀	多媒体1室
24													
25													
26				组别					成绩				
27				第1组					>=85				

图 5-5-13 输入高级筛选的条件

③ 单击该工作表中 A2:M23 单元格区域中的任意一个单元格，如 A2。

④ 选择"开始"→"筛选"→"高级筛选"命令，如图 5-5-14 所示。在弹出的"高级筛选"对话框中，设置"方式"为"将筛选结果复制到其它位置"，"列表区域"文本框中选择 A2:M23 单元格区域，"条件区域"文本框中选择 A26:M27 单元格区域，"复制到"文本框中选择 A29 单元格，如图 5-5-15 所示。

⑤ 单击"确定"按钮，即从 A29 单元格开始显示筛选结果，共 2 条学生记录，如图 5-5-16 所示。

图 5-5-14　"高级筛选"命令 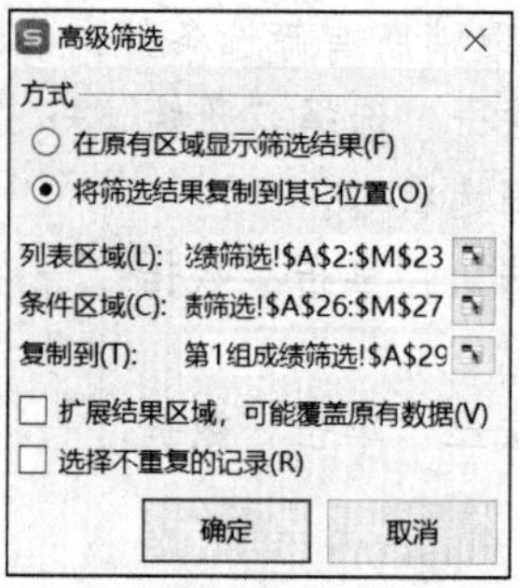　　　　　　图 5-5-15　"高级筛选"对话框

29	学号	姓名	性别	组别	理论题（30%）	上机操作（50%）	文字录入（20%）	三项总分	成绩	成绩名次	是否及格	成绩等级	辅导课室
30	20210102	何海涛	男	第1组	91	93	100	284	93.8	1	及格	优秀	多媒体1室
31	20210112	赵穆阳	男	第1组	88	85	84	257	85.7	6	及格	优秀	多媒体1室

图 5-5-16　高级筛选结果

知识链接

　　进行高级筛选时，必须在工作表中建立一个条件区域，输入条件的字段名称和条件值。筛选条件设置有以下几个原则。

　　1）条件区域的字段名放在同一行，字段名必须与数据表区域内容完全一样。

　　2）同一行的条件值是逻辑"与"的关系，即所有条件都满足才符合筛选条件，如图 5-5-17（a）所示。

　　3）不同行的条件值是逻辑"或"的关系，即满足其中任何一个条件都符合筛选条件，如图 5-5-17（b）所示。

　　4）同一列的条件值是逻辑"或"的关系，如图 5-5-17（c）所示。

　　5）在输入高级筛选的条件时，条件表达式的逻辑符号必须使用半角的英文符号。

组别	成绩		理论题	上机操作	文字录入		成绩
第1组	>=85		>=85				>=85
				>=85			<60
					>=85		

（a）逻辑"与"　　　　（b）不同行逻辑"或"　　（c）同一列逻辑"或"

图 5-5-17　高级筛选的"与/或"系

3. 分类汇总

WPS 表格提供"分类汇总"功能，可以帮助用户快速地对数据表进行自动汇总计算。

李老师为了进一步了解各小组的成绩情况，要汇总出每个小组各项平均分。这个操作要使用 WPS 表格的分类汇总功能来完成，操作步骤如下。

1）选定"汇总各小组成绩"工作表。

2）单击该工作表中 D2 单元格（即"组别"列标题），选择"开始"→"排序"→"升序"命令，将"组别"列的数据按升序进行排序，如图 5-5-18 所示。

	A	B	C	D	E	F	G	H	I	J	K	L	M
1					"信息技术"期中考试成绩表								
2	学号	姓名	性别	组别	理论题（30%）	上机操作（50%）	文字录入（20%）	三项总分	成绩	成绩名次	是否及格	成绩等级	辅导课室
3	20210101	钱多	女	第1组	76	80	76	232	78	15	及格	一般	多媒体2室
4	20210102	何海涛	男	第1组	91	93	100	284	93.8	1	及格	优秀	多媒体1室
5	20210105	李玉熙	男	第1组	74	83	96	253	82.9	12	及格	一般	多媒体2室
6	20210109	张婉玲	女	第1组	65	49	64	178	56.8	20	不及格	不及格	多媒体3室
7	20210112	赵穆阳	男	第1组	88	85	84	257	85.7	6	及格	优秀	多媒体1室
8	20210116	宋嘉怡	女	第1组	78	86	85	249	83.4	10	及格	一般	多媒体2室
9	20210117	梁晶晶	女	第1组	92	75	87	254	82.5	14	及格	一般	多媒体2室
10	20210103	王一波	男	第2组	76	75	70	221	74.3	16	及格	一般	多媒体2室
11	20210106	丁虹敏	女	第2组	91	87	68	246	84.4	9	及格	一般	多媒体2室
12	20210108	汤妙凌	女	第2组	54	70	66	190	64.4	19	及格	一般	多媒体2室
13	20210111	李一	男	第2组	90	76	89	255	82.8	13	及格	一般	多媒体2室
14	20210113	丁可儿	女	第2组	65	94	90	249	84.5	8	及格	一般	多媒体2室
15	20210115	贺年卡	男	第2组	85	79	92	256	83.4	10	及格	一般	多媒体2室
16	20210118	范雯	女	第2组	68	95	92	255	86.3	5	及格	优秀	多媒体1室
17	20210104	何姗姗	女	第3组	56	78	75	209	70.8	18	及格	一般	多媒体2室
18	20210107	何一伟	男	第3组	52	56	60	168	55.6	21	不及格	不及格	多媒体3室
19	20210110	赵慧琳	女	第3组	93	64	67	224	73.3	17	及格	一般	多媒体2室
20	20210114	曾毅	男	第3组	94	92	88	274	91.8	2	及格	优秀	多媒体1室
21	20210119	朱小冰	女	第3组	79	88	85	252	84.7	7	及格	一般	多媒体2室
22	20210120	汤琳琳	女	第3组	83	90	88	261	87.5	4	及格	优秀	多媒体1室
23	20210121	程前	男	第3组	90	86	92	268	88.4	3	及格	优秀	多媒体1室

图 5-5-18　按"组别"升序排序

3）选定 A2:M23 单元格区域，或在 A2:M23 单元格区域中任选一个单元格。

4）单击"数据"→"分类汇总"按钮，在打开的"分类汇总"对话框中进行相应的设置：在"分类字段"下拉列表中选择"组别"；在"汇总方式"下拉列表中选择"平均值"；在"选定汇总项"列表框中选中"理论题""上机操作""文字录入""成绩"复选框；选中"替换当前分类汇总"和"汇总结果显示在数据下方"复选框，如图 5-5-19 所示。

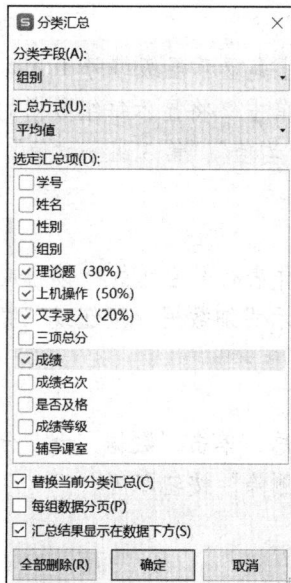

图 5-5-19　"分类汇总"对话框

5）单击"确定"按钮。按各小组分类汇总的结果如图 5-5-20 所示。

学号	姓名	性别	组别	理论题（30%）	上机操作（50%）	文字录入（20%）	三项总分	成绩	成绩名次	是否及格	成绩等级	辅导课室
					"信息技术"期中考试成绩表							
20210101	钱多	女	第1组	76	80	76	232	78	17	及格	一般	多媒体2室
20210102	何海涛	男	第1组	91	93	100	284	93.8	1	及格	优秀	多媒体2室
20210105	李玉熙	男	第1组	74	83	96	253	82.9	12	及格	一般	多媒体2室
20210109	张婉玲	女	第1组	65	49	64	178	56.8	22	不及格	不及格	多媒体3室
20210112	赵梓阳	男	第1组	88	85	84	257	85.7	6	及格	优秀	多媒体2室
20210116	宋晶怡	女	第1组	78	86	85	249	83.4	10	及格	一般	多媒体2室
20210117	梁晶晶	女	第1组	92	75	87	254	82.5	14	及格	一般	多媒体2室
			第1组 平均值	80.57142857	78.71428571	84.57142857		80.4				
20210103	王一波	男	第2组	76	75	70	221	74.3	18	及格	一般	多媒体2室
20210106	丁虹敏	女	第2组	91	87	68	246	84.4	9	及格	优秀	多媒体2室
20210108	汤妙凌	女	第2组	54	70	66	190	64.4	21	及格	一般	多媒体2室
20210111	李一	男	第2组	90	76	89	255	82.8	13	及格	一般	多媒体2室
20210113	丁可儿	女	第2组	65	94	90	249	84.5	8	及格	优秀	多媒体2室
20210115	贺年卡	男	第2组	85	79	92	256	83.4	10	及格	一般	多媒体2室
20210118	范雯	女	第2组	68	95	92	255	86.3	5	及格	优秀	多媒体1室
			第2组 平均值	75.57142857	82.28571429	81		80				
20210104	何姗姗	女	第3组	56	78	75	209	70.8	20	及格	一般	多媒体2室
20210107	何一伟	男	第3组	52	56	60	168	55.6	23	不及格	不及格	多媒体3室
20210110	赵慧琳	女	第3组	93	64	67	224	73.3	19	及格	一般	多媒体1室
20210114	曾毅	男	第3组	94	92	88	274	91.8	2	及格	优秀	多媒体1室
20210119	朱小冰	女	第3组	79	88	85	252	84.7	7	及格	一般	多媒体1室
20210120	汤琳琳	女	第3组	83	90	88	261	87.5	4	及格	优秀	多媒体1室
20210121	程前	男	第3组	90	86	92	268	88.4	3	及格	优秀	多媒体1室
			第3组 平均值	78.14285714	79.14285714	79.28571429		78.9				
			总平均值	78.0952381	80.04761905	81.61904762		79.8				

图 5-5-20　按各小组分类汇总的结果

知识链接

（1）按分类字段排序

如果要使用 WPS 表格的"分类汇总"功能，必须先按分类字段进行排序，将要进行分类汇总的行组合到一起，然后为包含数字的列计算分类汇总。

（2）分级按钮

分类汇总后，工作表的左上角显示层级编号 1 2 3，单击 1 将显示全部数据的汇总结果，即"总平均值"行；单击 2 将显示每组数据的汇总结果，即"总平均值"行和"第 1 组平均值""第 2 组平均值""第 3 组平均值"汇总行；单击 3 则显示全部数据。

（3）显示或隐藏数据

分类汇总后，可以单击工作表行号左边的 - 按钮或 + 按钮，显示或隐藏数据；或单击"数据"选项卡中的"显示明细数据"按钮或"隐藏明细数据"按钮，显示或隐藏数据。

（4）取消分类汇总

如果要取消当前的分类汇总，单击"数据"→"分类汇总"按钮，在打开的"分类汇总"对话框中单击"全部删除"按钮即可。

知识拓展

1. 合并计算

李老师用 WPS 表格分别对各宿舍第 1~10 周的卫生评比和纪律评比做了登记,各宿舍第 1~10 周的卫生评比加分情况如图 5-5-21 所示,各宿舍第 1~10 周的纪律评比加分情况如图 5-5-22 所示。期中考试后,要计算出各宿舍两项加分的合计,并把结果放在一个新工作表中,再根据合计结果,评比出优秀宿舍。

宿舍	第1周	第2周	第3周	第4周	第5周	第6周	第7周	第8周	第9周	第10周
15-317	15	17	13	17	14	17	18	15	17	18
15-318	16	13	14	15	18	18	16	19	18	19
6-321	17	14	14	16	16	19	17	20	19	17
6-322	20	14	15	17	19	16	15	16	15	15
6-323	16	16	17	18	18	18	12	18	17	16

图 5-5-21 各宿舍第 1~10 周的卫生评比加分情况

宿舍	第1周	第2周	第3周	第4周	第5周	第6周	第7周	第8周	第9周	第10周
15-317	18	16	16	19	19	16	17	17	18	18
15-318	17	14	18	16	20	13	19	19	19	19
6-321	15	16	17	17	17	18	20	18	19	17
6-322	18	17	18	18	15	19	16	17	15	15
6-323	14	14	20	19	18	17	15	20	17	16

图 5-5-22 各宿舍第 1~10 周的纪律评比加分情况

计算各宿舍卫生评比和纪律评比加分的合计,可以使用"合并计算"的方法完成。合并计算就是把一个或多个源数据区域中的数据进行汇总并建立合并计算表。操作步骤如下。

1)新建工作表,名为"1~10 周加分合计",输入如图 5-5-23 的数据。

宿舍	第1周	第2周	第3周	第4周	第5周	第6周	第7周	第8周	第9周	第10周
15-317										
15-318										
6-321										
6-322										
6-323										

图 5-5-23 各宿舍第 1~10 周加分合计情况

2)选定该工作表的 B3:K7 单元格区域,单击"数据"→"合并计算"按钮,打开"合并计算"对话框。

3)在"合并计算"对话框的"函数"下拉列表中选择"求和"选项。

4)单击"引用位置"的"压缩对话框"按钮,选定"卫生评比加分"工作表中 B3:K7 单元格区域数据,再单击"添加"按钮。重复此步骤,将"纪律评比加分"工作表中 B3:K7 单元格区域也添加进来,如图 5-5-24 所示。

5)单击"确定"按钮,即可将前两个工作表的数据合并到"各宿舍第 1~10 周加分合计情况"工作表中,结果如图 5-5-25 所示。

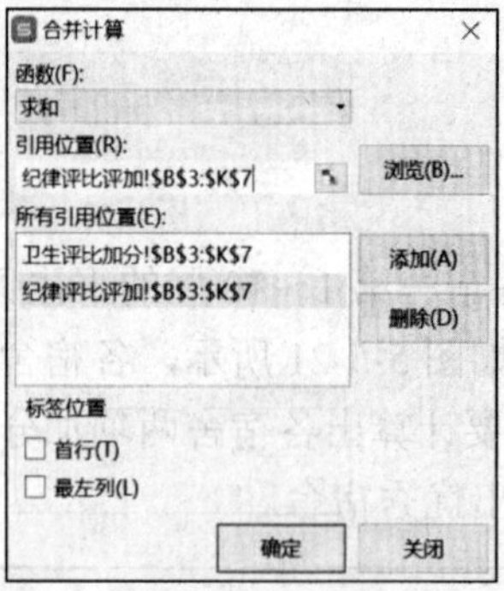

图 5-5-24　设置“合并计算”对话框

	A	B	C	D	E	F	G	H	I	J	K
1	各宿舍第1～10周各宿舍加分合计情况										
2	宿舍	第1周	第2周	第3周	第4周	第5周	第6周	第7周	第8周	第9周	第10周
3	15-317	33	33	29	34	33	32	35	32	35	36
4	15-318	33	27	32	31	38	31	35	38	37	38
5	6-321	32	30	31	33	33	37	37	38	38	34
6	6-322	38	31	33	35	34	35	31	33	30	30
7	6-323	30	30	37	37	36	35	27	38	34	32

图 5-5-25　合并计算结果

2. 数据透视表

数据透视表是一种交互式的表，可以对数据进行求和计算和分类汇总等，可以动态地改变数据的版面布置，以便按照不同方式分析数据。

在学校技能节比赛中，2021 级技能比赛成绩表如图 5-5-26 所示。

	A	B	C	D	E	F
1	2021级技能比赛成绩表					
2	比赛项目	班别	学号	姓名	成绩	奖项
3	打字比赛	202101	20210106	丁虹敏	88	二等奖
4	现场书法	202101	20210108	汤妙凌	85	二等奖
5	打字比赛	202102	20210245	谢晓琳	82	三等奖
6	数学公式	202103	20210316	赵显芝	79	优秀奖
7	朗读古诗	202102	20210236	方永勋	89	二等奖
8	默写单词	202104	20210429	何山谷	75	优秀奖
9	默写单词	202103	20210312	何诗欣	85	二等奖
10	现场书法	202105	20210532	汪以浩	91	一奖项
11	朗读古诗	202101	20210106	钱多	91	一奖项
12	翻打传票	202102	20210245	谢晓琳	93	一奖项
13	翻打传票	202105	20210503	谭旋齐	88	二等奖
14	现场书法	202104	20210421	柳秀玲	89	二等奖
15	翻打传票	202103	20210312	何诗欣	87	二等奖
16	现场书法	202102	20210218	方秀晶	81	三等奖
17	默写单词	202102	20210245	谢晓琳	78	优秀奖
18	打字比赛	202103	20210316	赵显芝	92	一奖项
19	数学公式	202102	20210236	方永勋	84	三等奖
20	朗读古诗	202101	20210108	贺年卡	87	二等奖
21	翻打传票	202104	20210425	周从刚	83	三等奖
22	默写单词	202104	20210421	柳秀玲	90	一奖项
23	默写单词	202105	20210510	谢倩晶	77	优秀奖
24	朗读古诗	202102	20210245	谢晓琳	88	二等奖
25	默写单词	202102	20210218	方秀晶	92	一奖项
26	现场书法	202104	20210429	何山谷	81	三等奖
27	现场书法	202103	20210309	刘明明	86	二等奖
28	翻打传票	202103	20210316	赵显芝	83	三等奖
29	翻打传票	202105	20210532	汪以浩	86	二等奖
30	打字比赛	202103	20210312	何诗欣	82	三等奖

图 5-5-26　2021 级技能比赛成绩表

　　李老师要对 2021 级技能比赛的成绩进行汇总分析,这个操作可以使用 WPS 表格的"数据透视表"功能来完成。操作步骤如下。

　　1)打开"2021 级技能比赛成绩表"工作簿,选定 Sheet1 工作表中 A2:F30 单元格区域中的任一单元格。

　　2)单击"插入"→"数据透视表"按钮,或单击"数据"→"数据透视表"按钮,打开"创建数据透视表"对话框。

　　3)在"创建数据透视表"对话框中,由于前面已选定 A2:F30 单元格区域中的任一单元格为当前单元格,所以"请选择单元格区域"文本框中自动选定了 A2:F30 的数据表区域。在"请选择放置数据透视表的位置"中选择"现有工作表",位置为当前工作表的 H2 单元格,如图 5-5-27 所示。

　　4)单击"确定"按钮。

　　5)在窗口右侧的"数据透视表"中将"班别"和"姓名"拖到"行"区域,将"比赛项目"拖到"列"区域,将"成绩"拖到"值"区域,如图 5-5-28 所示。数据透视表默认按"班别"和"姓名"自动统计各项目各班学生的成绩之和。

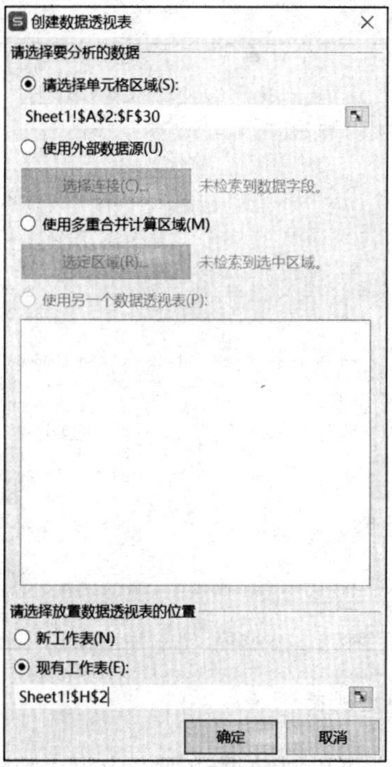

图 5-5-27　设置后的"创建数据透视表"对话框 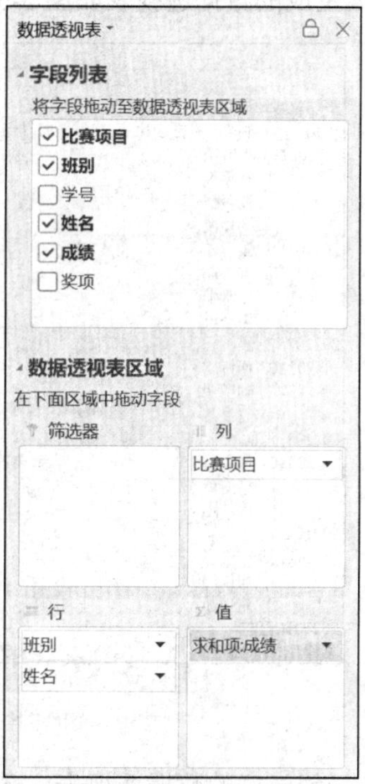　　　　图 5-5-28　设置数据透视表

　　6)汇总各项目各班学生成绩的平均值。单击"求和项:成绩"的下拉按钮,在弹出的下拉列表中选择"值字段设置"选项。打开"值字段设置"对话框,从对话框的"值字段

汇总方式"的"选择用于汇总所选字段数据的计算类型"中选择"平均值"选项，如图 5-5-29 所示，单击"确定"按钮。

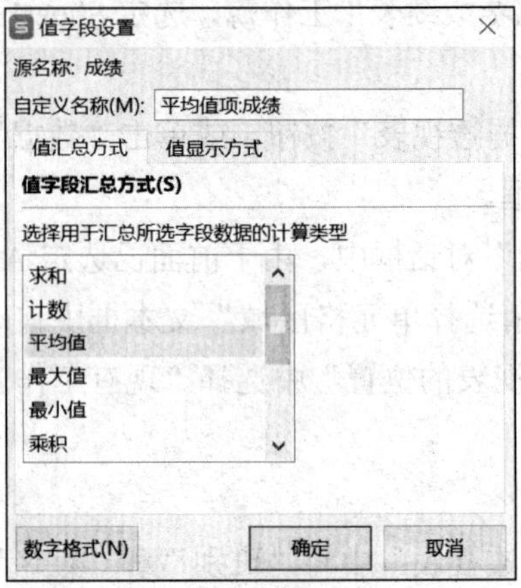

图 5-5-29 "值字段设置"对话框

7）生成的数据透视表如图 5-5-30 所示。

班别	姓名	打字比赛	翻打传票	朗读古诗	默写单词	数学公式	现场书法	总计
202101	丁虹敏	88						88
	贺年卡			87				87
	钱多			91				91
	汤妙凌						85	85
202101 汇总		88		89			85	87.75
202102	方秀晶				92		81	86.5
	方永勋			89		84		86.5
	谢晓琳	82	93	88	78			85.25
202102 汇总		82	93	88.5	85	84	81	85.875
202103	何诗欣	82	87		85			84.66666667
	刘明明						86	86
	赵显芝	92	83			79		84.66666667
202103 汇总		87	85		85	79	86	84.85714286
202104	何山谷				75		81	78
	柳秀玲				90		89	89.5
	周从刚		83					83
202104 汇总			83		82.5		85	83.6
202105	谭旋齐		88					88
	汪以浩		86				91	88.5
	谢倩晶				77			77
202105 汇总			87		77		91	85.5
总计		86	86.66666667	88.75	82.83333333	81.5	85.5	85.42857143

平均值项:成绩　比赛项目

图 5-5-30 生成的数据透视表

选择创建好的数据透视表，在"设计"选项卡中可以对数据透视表应用"数据透视表样式"。

如果想要移动或删除数据透视表，可以单击"分析"→"移动数据透视表"按钮或"删除数据透视表"按钮。

任务 5.6 制作数据图表

任务描述

图表具有较好的视觉效果，能够直观地体现工作表数据之间的关系，增强数据的说服力，引起人们的兴趣并注意到数据的差异和预测趋势。

李老师为了更清晰、更直观地分析学生的期中考试情况，使用 WPS 表格的图表来进行分析。

任务实现

李老师用"姓名"列和"成绩"列数据创建图表，再根据实际情况修改图表布局和美化图表。

1. 创建图表

1）打开"'信息技术'期中考试成绩表"工作簿，选定 Sheet1 为当前工作表。

2）选定 B2:B23 单元格区域，按住 Ctrl 键，选定 I2:I23 单元格区域，如图 5-6-1 所示。

	A	B	C	D	E	F	G	H	I	J	K	L	M
1						"信息技术"期中考试成绩表							
2	学号	姓名	性别	组别	理论题（30%）	上机操作（50%）	文字录入（20%）	三项总分	成绩	成绩名次	是否及格	成绩等级	辅导课室
3	20210101	钱多	女	第1组	76	80	76	232	78	15	及格	一般	多媒体2室
4	20210102	何海涛	男	第1组	91	93	100	284	93.8	1	及格	优秀	多媒体1室
5	20210103	王一波	男	第2组	76	75	70	221	74.3	16	及格	一般	多媒体2室
6	20210104	何姗姗	女	第3组	56	78	75	209	70.8	18	及格	一般	多媒体2室
7	20210105	李玉熙	男	第1组	74	83	96	253	82.9	12	及格	一般	多媒体1室
8	20210106	丁虹敏	女	第2组	91	87	68	246	84.4	9	及格	一般	多媒体2室
9	20210107	何一伟	男	第3组	52	56	60	168	55.6	21	不及格	不及格	多媒体3室
10	20210108	汤妙凌	女	第1组	54	70	66	190	64.4	19	及格	一般	多媒体3室
11	20210109	张婉玲	女	第1组	65	49	64	178	56.8	20	不及格	不及格	多媒体2室
12	20210110	赵慧琳	女	第3组	93	64	67	224	73.3	17	及格	一般	多媒体2室
13	20210111	李一	男	第2组	90	76	89	255	82.8	13	及格	一般	多媒体2室
14	20210112	赵穆阳	男	第1组	88	85	84	257	85.7	6	及格	优秀	多媒体2室
15	20210113	丁可儿	女	第2组	65	94	90	249	84.5	8	及格	一般	多媒体2室
16	20210114	曾毅	男	第3组	94	92	88	274	91.8	2	及格	优秀	多媒体1室
17	20210115	贺年卡	男	第2组	85	79	92	256	83.4	10	及格	一般	多媒体2室
18	20210116	宋嘉怡	女	第1组	78	86	85	249	83.4	10	及格	一般	多媒体2室
19	20210117	梁晶晶	女	第1组	92	75	87	254	82.5	14	及格	一般	多媒体2室
20	20210118	范雯	女	第2组	68	95	92	255	86.3	5	及格	优秀	多媒体1室
21	20210119	朱小冰	女	第3组	79	88	88	252	84.7	7	及格	一般	多媒体2室
22	20210120	汤琳琳	女	第3组	83	90	88	261	87.5	4	及格	优秀	多媒体1室
23	20210121	程前	男	第3组	90	86	92	268	88.4	3	及格	优秀	多媒体1室

图 5-6-1 选定创建图表的数据源

3）单击"插入"→"全部图表"按钮，打开"插入图表"对话框。在该对话框中选择"柱形图"选项卡下的"簇状柱形图"选项，如图 5-6-2 所示；或单击"插入"→"插入柱形图"按钮 ，在弹出的下拉列表中单击"簇状柱形图"图标。

4）操作完成后，创建如图 5-6-3 所示的图表。同时，在选项卡栏中出现了有关"图表"的选项卡，即绘图工具、文本工具和图表工具，如图 5-6-4 所示。

图 5-6-2　选定图表类型为"簇状柱形图"

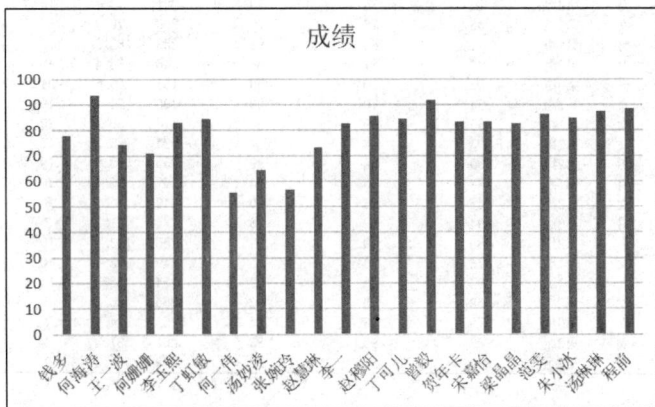

图 5-6-3　创建的图表

图 5-6-4　有关"图表"的选项卡

知识链接 ■

(1) 图表类型

WPS 表格提供了多种类型的图表，主要有柱形图、折线图、饼图、条形图、面积图、散点图、股份图、雷达图、组合图等，而每一种类型的图表又有多种不同的表现形式。常用的图表类型及功能简介见表 5-6-1。

表 5-6-1　常用的图表类型及功能简介

图表类型	功能简介
柱形图	直观展示各项之间的差异
条形图	柱形图的水平表示
折线图	强调数值随时间的变化趋势
饼图	直观显示各部分与整体之间的关系

(2) 图表的组成要素

图表一般由以下几个要素构成。

标题：包括图表的标题、主要横向坐标轴标题和主要纵向坐标轴标题。

图表区：图表所在的区域，图表的所有要素都放置在图表区中。

绘图区：图表的主体部分，是展示数据的图形所在区域。

图例：显示数据系列名称及其对应的图案和颜色。

坐标轴：由两部分组成，即主要横向坐标轴和主要纵向坐标轴。主要横向坐标轴即 x 轴，主要纵向坐标轴即 y 轴。

(3) 图表的重要名词

数据源：建立图表时所依据的数据来源。

数据系列：由一组数据生成的系列，可以选择按行生成或按列生成系列。

数据标签：组成系列的数据点的值，它可以是数据里的值、百分比、标签等。

2. 修改图表

图表制作完成后，李老师不满意其展示的效果，想要进一步对创建的图表进行修改，如改变图表的位置与大小、添加图表标题、添加图例和数据标签等，使其变得更加美观。

（1）改变图表的位置

为了不让图表挡住数据表的数据，需要移动图表来改变其位置，操作步骤如下。将光标移到图表的任一位置，当指针变成✛时，按下鼠标左键，拖动图表到以 N2 开始的单元格区域。

图表位置分为两种：一种是在已有工作表中，另一种是在新工作表中。如果要将图表创建在新工作表中，操作步骤是，选定已创建的图表，单击"图表工具"→"移动图表"按钮，打开"移动图表"对话框，单击"新工作表"选项，将"Chart1"重命名为"信息技术期中考试成绩图表"，如图5-6-5所示。移动图表到新工作表后的效果如图5-6-6所示。

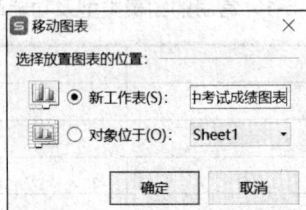

图 5-6-5 "移动图表"对话框

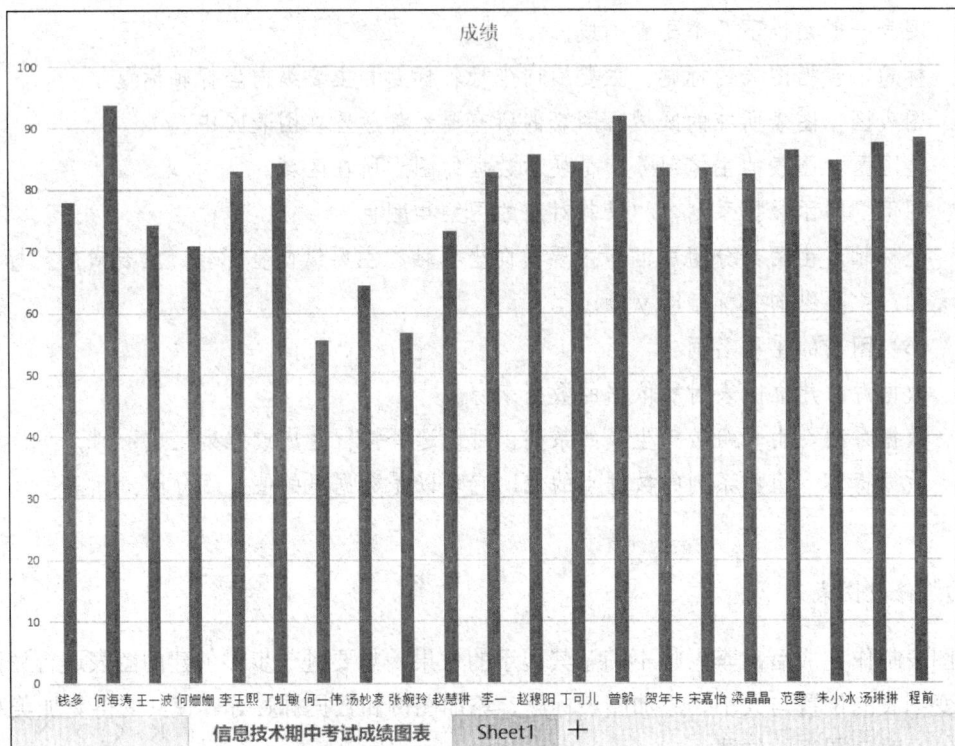

图 5-6-6 移动图表到新工作表效果

（2）改变图表的大小

① 选定已创建的图表，这时图表的轮廓上有6个控点○出现。

② 拖曳这 6 个控点到适当的位置，即可改变图表的大小。

（3）添加图表标题

为了更清楚地说明该图表，要为该图表添加标题，操作步骤如下。

① 选定已创建的图表。

② 选择"图表工具"→"添加元素"→"图表标题"→"图表上方"命令；或单击图表轮廓右侧的"图表元素"按钮，在打开的"图表元素"框中单击"图表标题"右侧的▶并选择图表标题的显示位置，如图 5-6-7 所示，即在图表区中添加了图表标题。

图 5-6-7　添加"图表标题"的方法

③ 修改"图表标题"框内的文字为"'信息技术'期中考试成绩图"，完成后如图 5-6-8 所示。

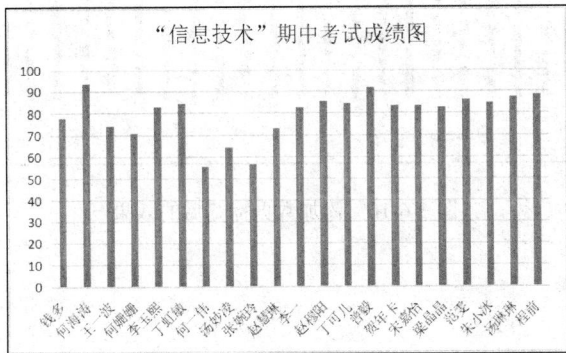

图 5-6-8　修改后的图表标题

（4）添加图例

图表创建好后，图例没有在图表中出现，李老师要把图例添加进来，并让图例在图表区的右侧显示。操作步骤是，选择"图表工具"→"添加元素"→"图例"→"右侧"命令；或单击图表轮廓右侧的"图表元素"按钮，在打开的"图表元素"框中单击"图例"右侧的▶并选择"右"选项，如图 5-6-9 所示。

（5）添加数据标签

李老师想要看到图表中各系列的数据，可以通过添加数据标签来实现。操作步骤如下。

选择"图表工具"→"添加元素"→"数据标签"命令，在弹出的子菜单中选择数据的显示位置即可，李老师选择的是"数据标签内"；或单击图表轮廓右侧的"图表元素"按钮，在打开的"图表元素"框中单击"数据标签"右侧的▶并选择"数据标签内"选项。添加数据标签后的效果如图5-6-10所示。

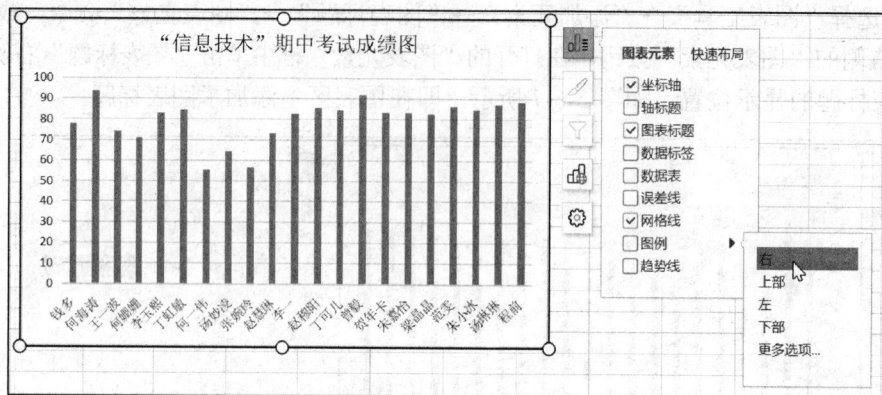

图5-6-9　添加图例方法

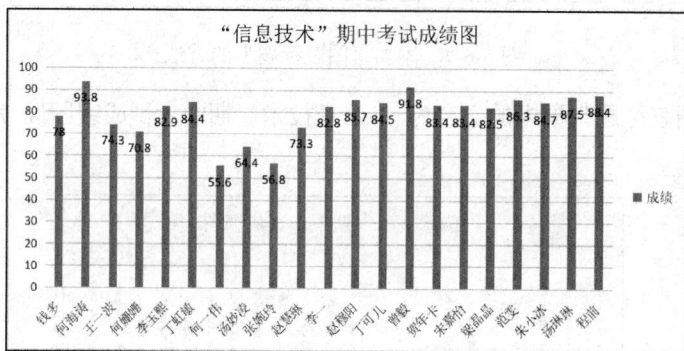

图5-6-10　添加数据标签后的效果

🔗 知识链接 ■

（1）添加坐标轴标题

添加坐标轴标题的操作步骤与添加图表标题的操作步骤类似。例如，为图表添加横坐标标题"姓名"，操作步骤如下。

选择"图表工具"→"添加元素"→"轴标题"→"主要横向坐标轴"命令，将添加的"坐标轴标题"修改为"姓名"即可；或单击图表轮廓右侧的"图表元素"按钮，在打开的"图表元素"框中选择相应的选项来完成。设置后的效果如图5-6-11所示。

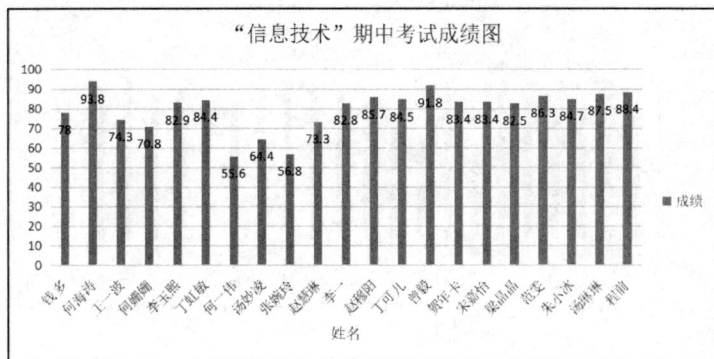

图 5-6-11　添加横坐标标题后的效果

（2）添加数据表

为图表添加数据表，可以选择"图表工具"→"添加元素"→"数据表"命令，在弹出的子菜单中选择添加相应的选项即可；或单击图表轮廓右侧的"图表元素"按钮，在打开的"图表元素"框中选择相应的选项来完成。添加数据表后的效果如图 5-6-12 所示。

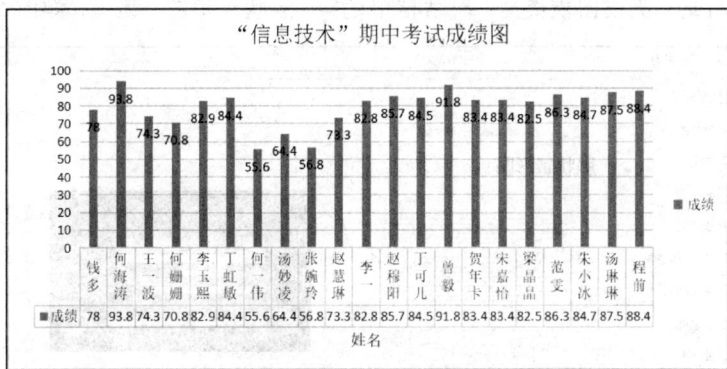

图 5-6-12　添加数据表后的效果

（3）显示网格线

具体的操作步骤如下。

① 选定已创建的图表。

② 选择"图表工具"→"添加元素"→"网格线"命令，在弹出的子菜单中选择网格线类型即可；或单击图表轮廓右侧的"图表元素"按钮，在打开的"图表元素"框中选择相应的选项来完成。加入了"主轴主要水平网格线"和"主轴次要水平网格线"的图表效果如图 5-6-13 所示。

（4）切换图表的行与列

单击"图表工具"→"切换行列"按钮，即可完成图表行列的相互交换。

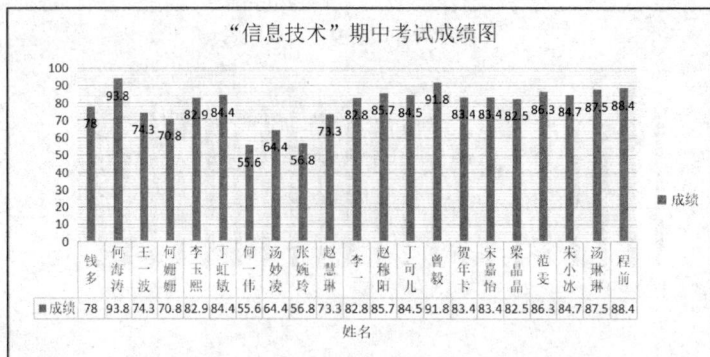

图 5-6-13　添加了网格线后的效果

（5）更改图表类型

完成后的图表，如果觉得不能很好地表示或分析数据，可以更改为其他图表类型。例如，把该图表类型改为"簇状条形图"，操作步骤如下。

① 选定已创建的图表。

② 单击"图表工具"→"更改类型"按钮，打开"更改图表类型"对话框。

③ 在打开的"更改图表类型"对话框中选择"簇状条形图"选项，如图 5-6-14 所示。

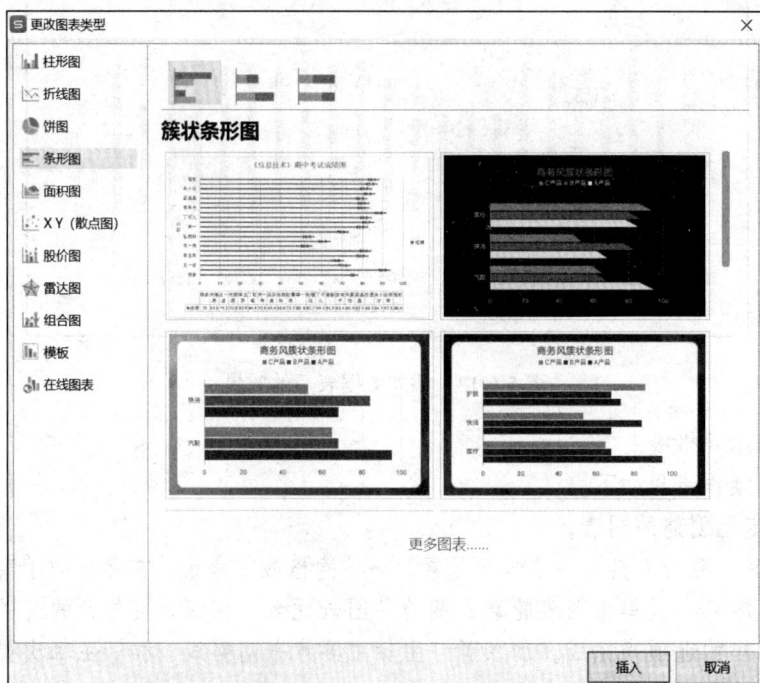

图 5-6-14　"更改图表类型"对话框

④ 单击"确定"按钮。

3．修饰图表

李老师为了更好地展示数据关系，需要设置各图表元素，进一步修饰美化图表。

（1）设置图表区格式

① 在图表的空白位置单击，即选定图表的图表区。

② 选择"绘图工具"→"形状样式"中的某样式，如选择"细微效果-浅绿，强调颜色 6"样式，如图 5-6-15 所示。

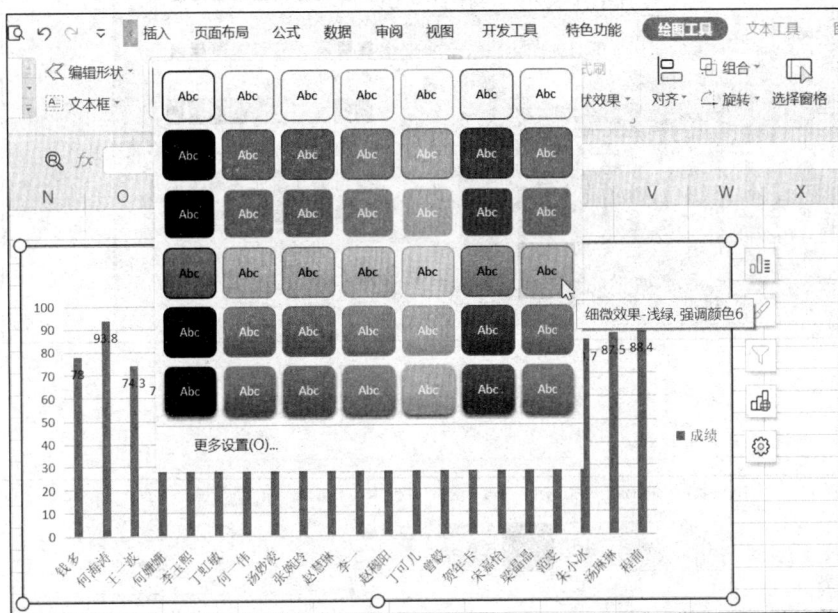

图 5-6-15　选择形状样式美化图表区

（2）设置图表标题格式

① 移动光标至图表标题上方，单击选定图表标题。

② 将图表标题设置为"幼圆、18 号、加粗、深蓝色"字体。

③ 使用"绘图工具"选项卡中的"填充"按钮和"轮廓"按钮，为图表标题添加"浅橙古典渐变"的填充颜色和大小为 1 磅的深蓝色边框，如图 5-6-16 和图 5-6-17 所示。

（3）设置绘图区格式

① 在绘图区上单击选定图表的绘图区。

② 单击"绘图工具"→"填充"按钮，为绘图区填充"白色，背景 1"，效果如图 5-6-18 所示；或参考"设置图表区格式"的方法在"绘图工具"选项卡的"形状样式"中选择某个样式。

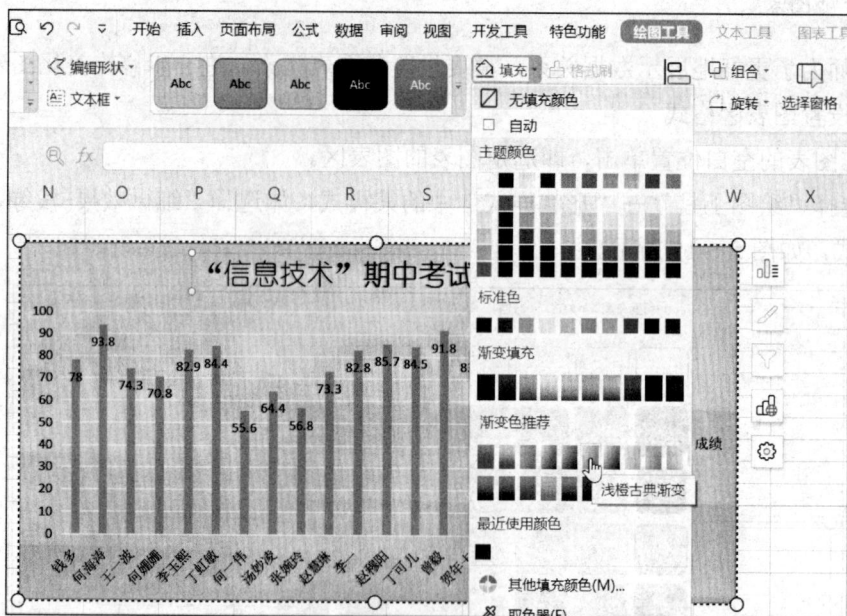

图 5-6-16　为图表标题填充颜色

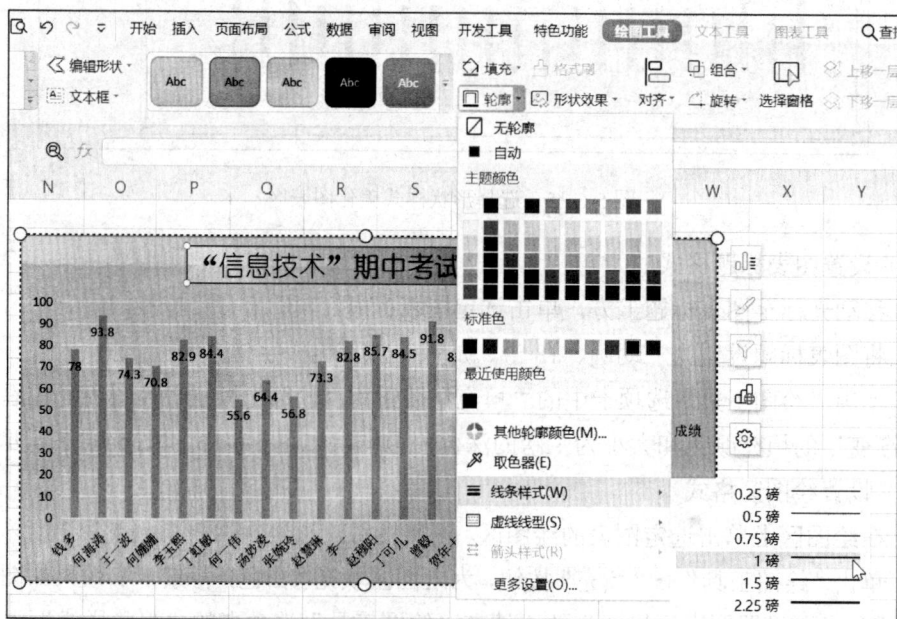

图 5-6-17　为图表标题添加边框

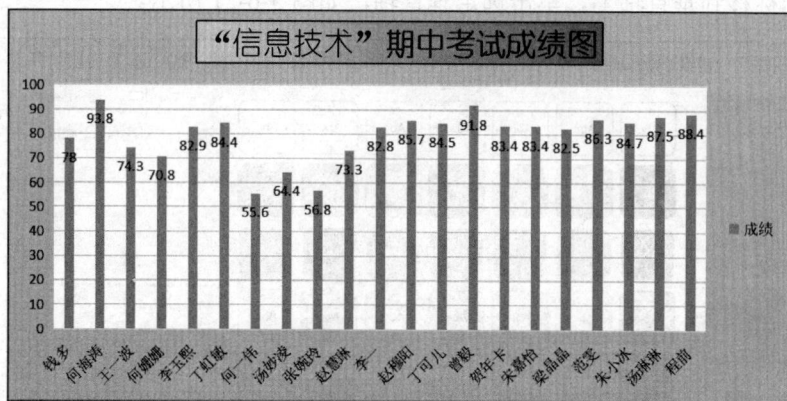

图 5-6-18　为绘图区填充颜色

（4）设置"成绩"数据系列的填充颜色

① 移动光标至"成绩"数据系列上方，单击选定所有的"成绩"数据系列，如图 5-6-19所示。

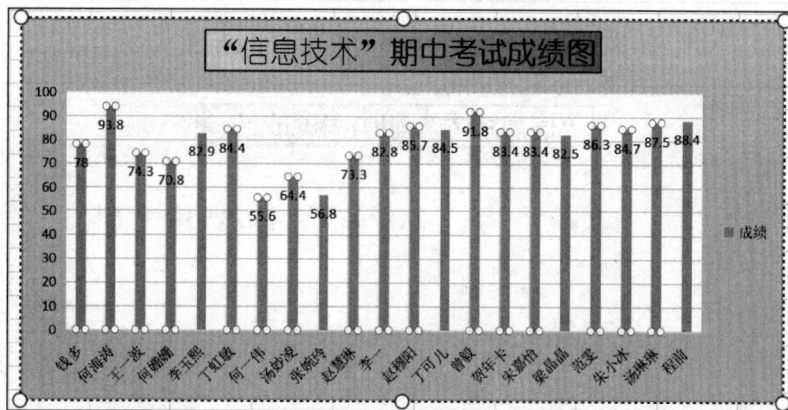

图 5-6-19　选定"成绩"数据系列

② 单击"绘图工具"选项卡中的"填充"按钮，为数据系列填充颜色；或在"绘图工具"选项卡中的"形状样式"中选择某个样式。选择"形状样式"中的"细微效果-巧克力黄，强调颜色 2"的效果如图 5-6-20 所示。

（5）设置坐标轴格式

"信息技术"期中考试成绩的最大值为 100。李老师将表示成绩的垂直轴的刻度重新设置，最大值为 100，主要刻度单位为 20，次要刻度单位为 10，操作步骤如下。

① 将光标移到垂直轴上，单击选定垂直轴，如图 5-6-21 所示。

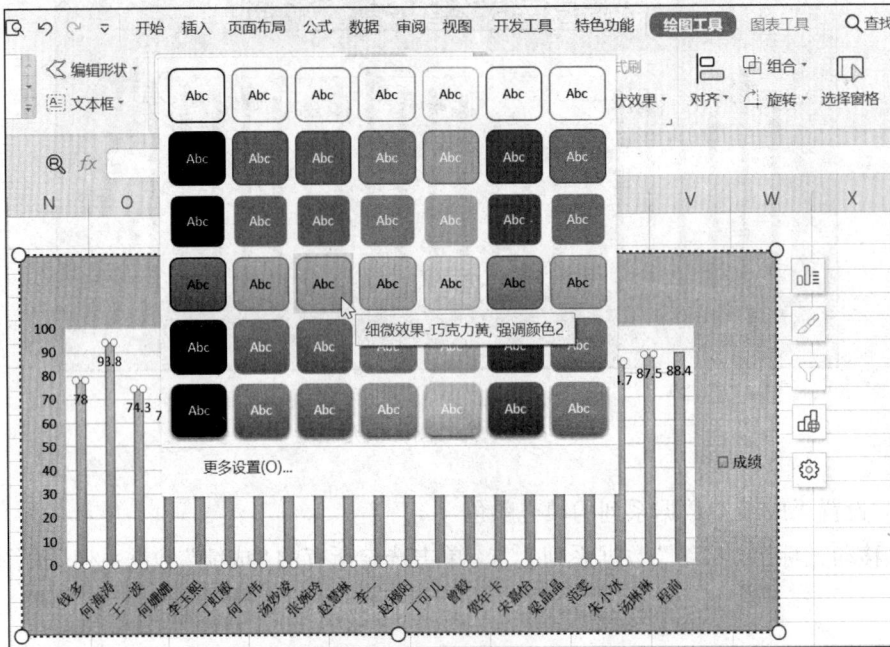

图 5-6-20　设置"成绩"数据系列的填充颜色

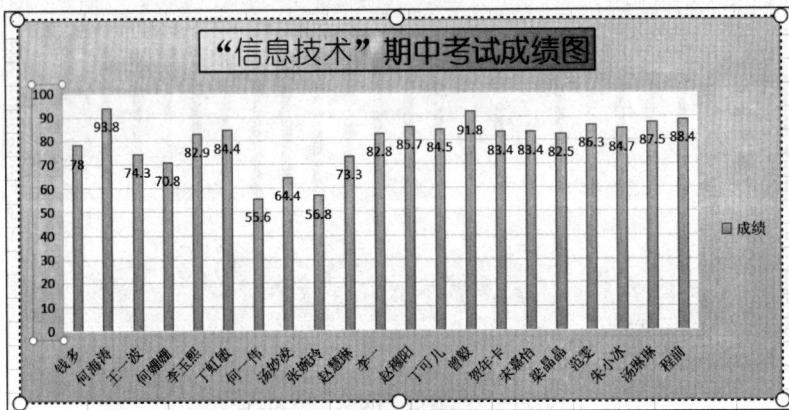

图 5-6-21　选定垂直轴

② 单击"图表工具"选项卡中的"设置格式"按钮；或在垂直轴上右击，在弹出的快捷菜单中选择"设置坐标轴格式"命令，如图 5-6-22 所示。

③ 打开右侧属性窗格，在该窗格中设置各坐标轴选项：边界最大值为 100，单位主要为 20，单位次要为 10，横坐标轴交叉坐标轴值为 50，如图 5-6-23 所示。

④ 设置后图表的垂直轴的刻度和效果如图 5-6-24 所示。

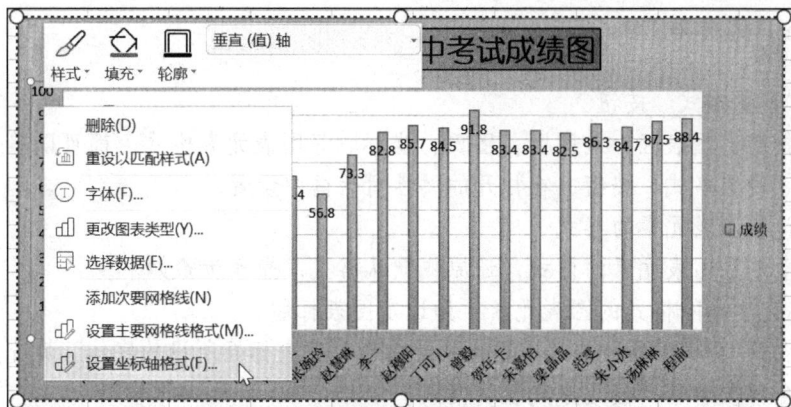

图 5-6-22 选择"设置坐标轴格式"命令

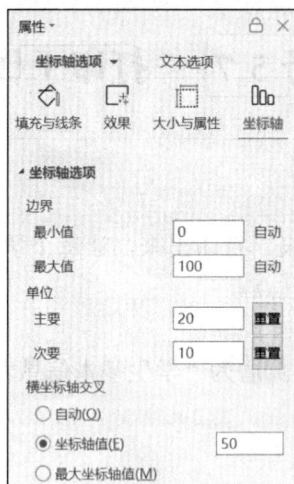

图 5-6-23 设置各坐标轴选项

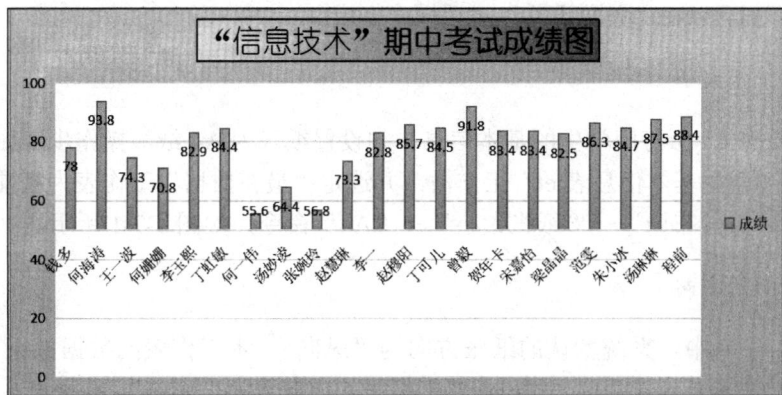

图 5-6-24 设置后图表的垂直轴刻度和效果

知识链接 ■

（1）"设置格式"按钮

设置标题、图表区、绘图区、图例、坐标轴等图表元素格式，都可以单击"图表工具"→"设置格式"按钮，在打开的属性对话框中设置。

（2）清除图表元素的格式

如果要清除图表元素的格式，还原成默认格式，操作步骤如下。

① 选定要清除格式的图表元素，如选定图表标题。

② 单击"图表工具"→"重置格式"按钮，图表标题所设的字体、填充颜色、边框等格式全部被清除，被还原成默认格式。

任务 5.7 ▶ 打印工作表

任 务 描 述

李老师要把"学生基本信息表"打印出来，让每个学生核对自己的信息是否正确。他要求打印出来的文件要满足以下几点。

1）同一行记录不分页。

2）每页都显示页眉和页脚，页眉为"学生基本信息表（最新）"，页脚显示页码。

3）每页都显示列标题。

任 务 实 现

李老师要完成这个任务，需要对页面进行"页面设置"。纸张大小、纸张方向、页边距、页眉和页脚等都可以在"页面设置"对话框中完成。

1. 设置纸张大小

李老师要用 A4 纸打印学生的基本信息，须设置纸张为 A4 纸，操作步骤如下。

1）打开"学生基本信息表.et"工作簿，并选定"最新数据"工作表为当前工作表。

2）选择"页面布局"→"纸张大小"→"A4"命令，如图 5-7-1 所示。

2. 设置纸张方向

在 WPS 表格中，系统默认的纸张方向为"纵向"。本工作表的数据如果"纵向"打印，同一行的文本要分开两页，所以，要把纸张的方向改为"横向"。选择"页面布局"→"纸张方向"→"横向"命令，如图 5-7-2 所示。

图 5-7-1　设置纸张大小

图 5-7-2　设置纸张方向

3. 设置页边距

设置了纸张方向为"横向"后,李老师发现同一行数据的最后一列还是在另一页中,所以,须调整页边距,使同一行的数据都在同一张纸中显示。操作步骤如下。

1)选择"页面布局"→"页边距"→"自定义页边距"命令。

2)打开"页面设置"对话框,在"页边距"选项卡中调整左、右边距的值均为"2",如图 5-7-3 所示。

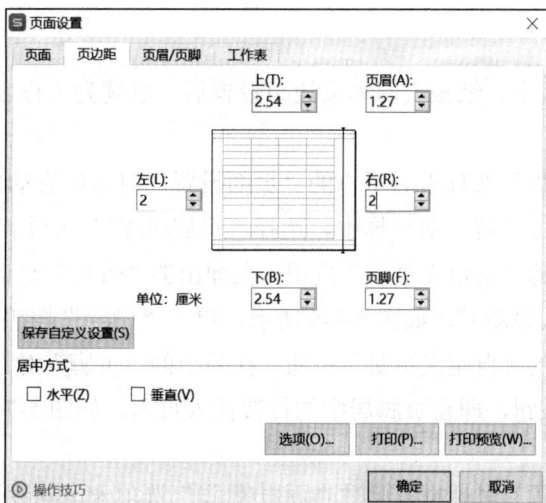

图 5-7-3　调整页边距

3）单击"确定"按钮。通过"打印预览"可以看到同一行数据都会在同一页中显示。

知识链接

在"页面设置"对话框中也可以进行纸张大小、纸张方向和页边距的设置。单击"页面布局"选项卡右下方的"页面设置"对话框启动器按钮┘，打开"页面设置"对话框，在"页面"选项卡中设置纸张方向、缩放比例、纸张大小和打印质量，如图5-7-4所示。在"页边距"选项卡中设置上、下、左、右页边距，页眉/页脚位置和居中方式。

图 5-7-4　"页面设置"对话框

4. 设置页眉和页脚

李老师完成纸张大小、纸张方向和页边距设置后，继续为工作表添加页眉和页脚。操作步骤如下。

1）单击"页面布局"选项卡右下方的"页面设置"对话框启动器按钮┘。

2）在打开的"页面设置"对话框中，选择"页眉/页脚"选项卡。

3）单击对话框中的"自定义页眉"按钮，在弹出的"页眉"对话框的中间文本框中输入"学生基本信息表（最新）"，如图5-7-5所示，单击"确定"按钮。

4）单击对话框中的"自定义页脚"按钮，在弹出的"页脚"对话框中，单击中间文本框，再单击"页码"按钮，即在页脚居中的位置插入页码，如图5-7-6所示，单击"确定"按钮。

5）返回"页面设置"对话框，此时"页眉/页脚"选项卡下的设置如图5-7-7所示。单击"确定"按钮，即完成当前工作表页眉和页脚的设置。

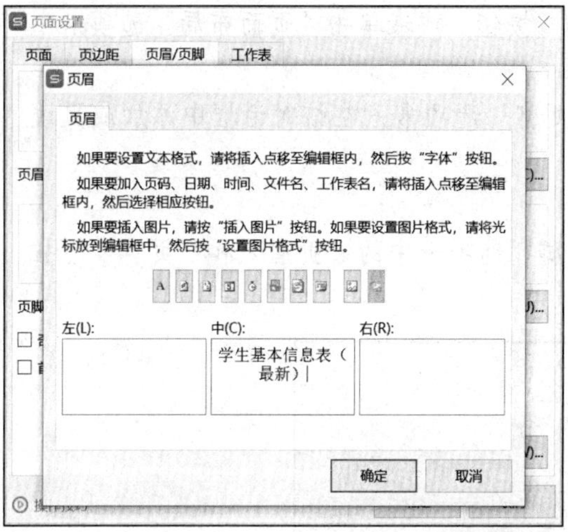

图 5-7-5　设置工作表的页眉

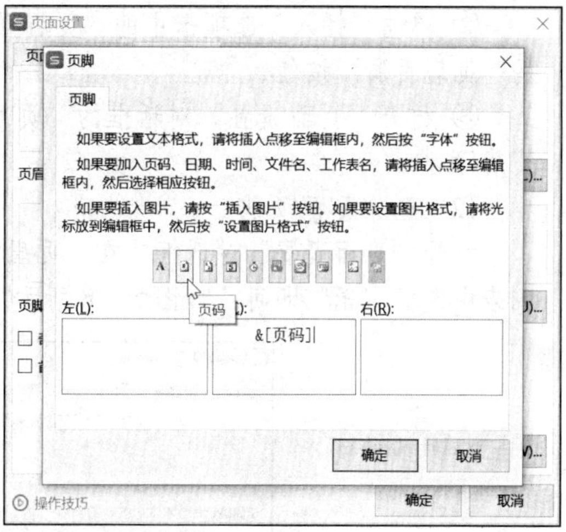

图 5-7-6　设置工作表的页脚

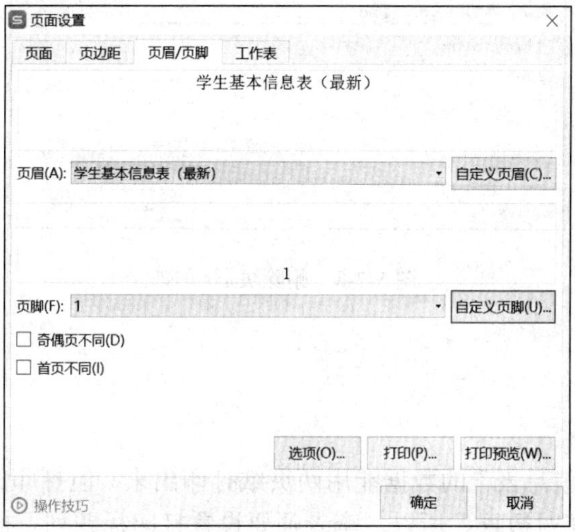

图 5-7-7　"页眉/页脚"选项卡下的设置

知识链接

（1）"页眉和页脚"按钮和"打印页眉和页脚"按钮

除了在"页面设置"对话框中完成"页眉/页脚"设置外，还可以单击"插入"选项卡中的"页眉页脚"按钮，或者单击"页面布局"选项卡中的"页眉页脚"按钮来完成"页眉/页脚"设置。操作步骤如下。

① 选定要添加或更改页眉或页脚的工作表。

② 单击"插入"选项卡中的"页眉页脚"按钮，或者单击"页面布局"选项卡中的"页眉页脚"按钮。

③ 打开"页面设置"对话框的"页眉/页脚"选项卡，在该对话框中添加或更改页眉/页脚。

（2）删除页眉/页脚

打开"页面设置"对话框，在"页眉/页脚"选项卡中的"页眉"和"页脚"下拉列表中选择"无"即可，如图 5-7-8 所示。

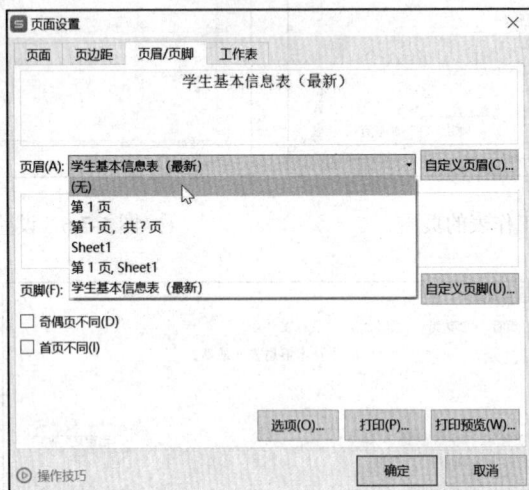

图 5-7-8　删除页眉/页脚

5. 设置打印标题

现在，"学生基本信息表"的数据能用两页纸打印出来，但打印的第二页数据没有显示列标题，不利于学生核对数据，所以，李老师要设置打印标题列。操作步骤如下。

1）单击"页面布局"→"打印标题或表头"按钮，或单击"页面布局"选项卡右下方的"页面设置"对话框启动器按钮 。

2）打开"页面设置"对话框的"工作表"选项卡，单击"顶端标题行"文本框，将光标移至第 2 行上方，单击选定第 2 行所有单元格。"顶端标题行"文本框中显示"$2:$2"，如图 5-7-9 所示。

3）单击"确定"按钮即可。

⊷ 知识链接 ■

如果要设置打印标题行，在"左端标题列"文本框中输入或选择标题行所在列的列序号即可。

图 5-7-9 输入顶端标题行区域

6. 打印预览

正式打印工作表之前，李老师进行预览以确保打印效果，操作步骤如下。

1）选择"文件"→"打印"→"打印预览"命令。

2）进入"打印预览"视图，如图 5-7-10 所示。

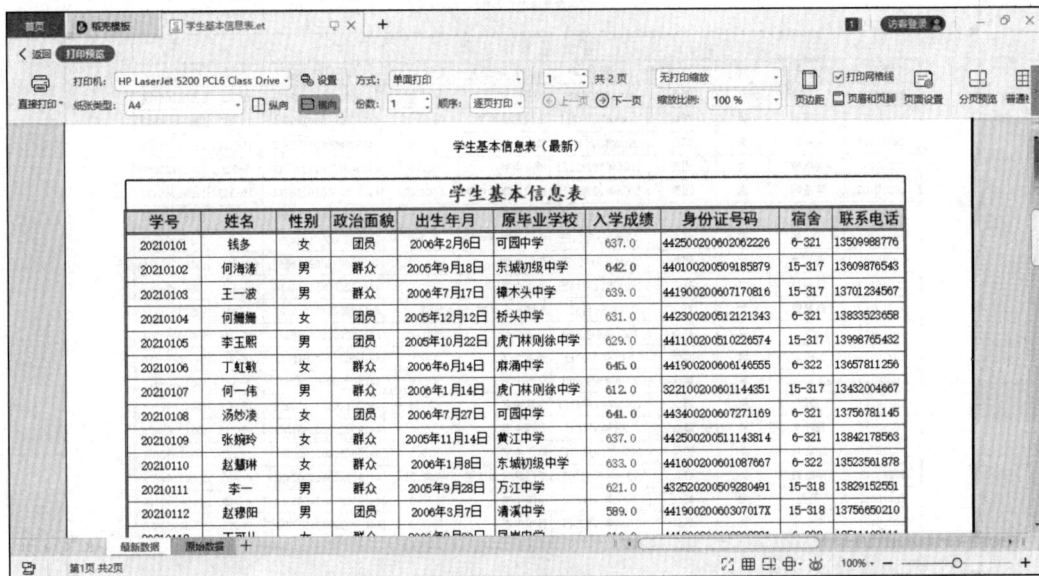

图 5-7-10 "打印预览"视图

知识链接

（1）"打印预览"工具中的主要命令功能

① 直接打印：单击"直接打印"按钮，按设置好的打印区域将文档打印出来；单击下拉按钮，在弹出的下拉列表中选择"打印"选项，弹出"打印"对话框，可设置打印选项；选择"打印整个工作簿"选项，打印所有工作表的内容。

② 页面设置：进入"页面设置"对话框，可以再次设置打印选项。

③ 纸张类型：选择纸张大小。

④ 纵向：设置页面方向为纵向。

⑤ 横向：设置页面方向为横向。

⑥ 上一页：显示要打印的上一页。

⑦ 下一页：显示要打印的下一页。

⑧ 关闭：关闭"打印预览"视图，并返回当前工作表之前的显示状态。

（2）"打印预览"工具

在"打印预览"工具中可以重新进行页面设置，包括纸张方向、大小、页边距、页眉和页脚、打印方式、打印份数、打印顺序、缩放比例、打印网格线等。

以设置"页边距"为例，单击"页边距"按钮，打印预览视图中将显示出上、下、左、右边距，如图 5-7-11 所示，可以通过拖曳的方式将边距调整为所需的高度和宽度。

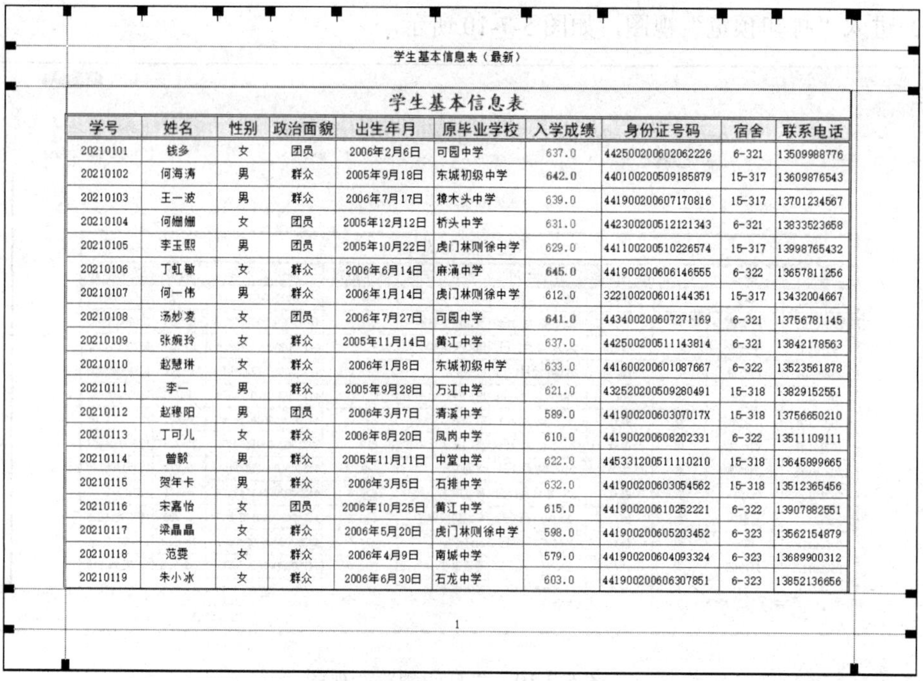

学生基本信息表（最新）

学生基本信息表

学号	姓名	性别	政治面貌	出生年月	原毕业学校	入学成绩	身份证号码	宿舍	联系电话
20210101	钱多	女	团员	2006年2月6日	可园中学	637.0	442500200602062226	6-321	13509988776
20210102	何海涛	男	群众	2005年9月18日	东城初级中学	642.0	440100200509185879	15-317	13609876543
20210103	王一波	男	群众	2006年7月17日	樟木头中学	639.0	441900200607170816	15-317	13701234567
20210104	何姗姗	女	团员	2005年12月12日	桥头中学	631.0	442300200512121343	6-321	13833523658
20210105	李玉照	男	团员	2005年10月22日	虎门林则徐中学	629.0	441100200510226574	15-317	13998765432
20210106	丁虹敏	女	团员	2006年6月14日	麻涌中学	645.0	441900200606146555	6-321	13657811256
20210107	何一伟	男	群众	2006年1月14日	虎门林则徐中学	612.0	322100200601144351	15-317	13432004667
20210108	汤妙凌	女	团员	2006年7月27日	可园中学	641.0	443400200607271169	6-321	13756781145
20210109	张婉玲	女	群众	2005年11月14日	黄江中学	637.0	442500200511143814	6-321	13842178563
20210110	赵慧琳	女	群众	2006年1月8日	东城初级中学	633.0	441600200601087667	6-322	13523561878
20210111	李一	男	群众	2005年9月28日	万江中学	621.0	432520200509280491	15-318	13829152551
20210112	赵穆阳	男	团员	2006年3月7日	清溪中学	589.0	441900200603070017X	15-318	13756650210
20210113	丁可儿	女	群众	2006年8月20日	凤岗中学	610.0	441900200608202331	6-322	13511109111
20210114	曾毅	男	群众	2005年11月11日	中堂中学	622.0	445331200511110210	15-318	13645899665
20210115	贺年卡	男	群众	2006年3月5日	石排中学	632.0	441900200603054562	15-318	13512365456
20210116	宋嘉怡	女	团员	2006年10月25日	黄江中学	615.0	441900200610252221	6-322	13907882551
20210117	梁晶晶	女	群众	2006年5月20日	虎门林则徐中学	598.0	441900200605203452	6-323	13562154879
20210118	范雯	女	群众	2006年4月9日	南城中学	579.0	441900200604093324	6-323	13689900312
20210119	朱小冰	女	群众	2006年6月30日	石龙中学	603.0	441900200606307851	6-323	13852136656

1

图 5-7-11　显示页边距

预览窗口将以黑白模式显示（无论工作表是否包括颜色），除非已配置使用彩色打印机进行打印。单击"打印预览"工具右侧的"关闭"按钮，或者单击"打印预览"工具左上角的"返回"按钮，即可退出"打印预览"视图。

7. 打印

李老师查看了打印预览后，认为符合打印的外观要求，可以将"学生基本信息表"打印出来。选择"文件"→"打印"→"打印"命令，打开"打印"对话框，如图 5-7-12 所示。单击"确定"按钮，即可将当前工作表的数据打印出来。

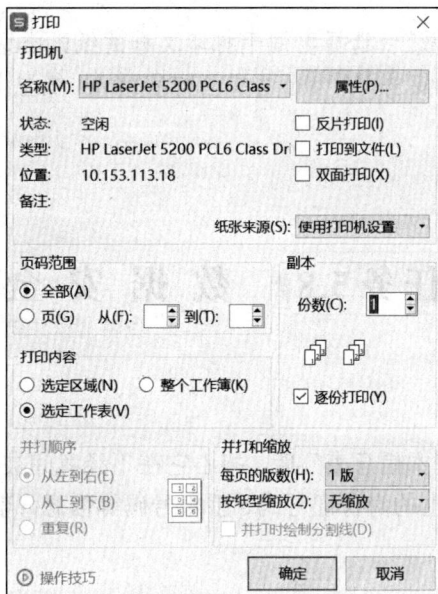

图 5-7-12　"打印"对话框

知识链接 ■

（1）设置打印机

如果配置了多台打印机，可以在"打印"对话框中单击"打印机"栏"名称"右侧的下拉按钮，在弹出的下拉列表中选择一台合适的打印机。

（2）设置页码范围

① 选择"全部"：打印所有页。默认情况下打印范围为"全部"。

② 选择"页"：打印指定范围的页。

（3）设置打印内容

① 选择"选定区域"：打印工作表中选定的单元格区域和对象。

② 选择"选定工作表"：打印选定的工作表，如果工作表有"打印区域"，则打印该区域。

③ 选择"整个工作簿"：打印当前工作簿中含有数据的所有工作表，如果工作表中有选中或定义好的打印区域，则只打印该工作表中选定的区域。

（4）设置打印份数

① 设置"份数"：在"份数"文本框中输入打印的份数。

② 选择"逐份打印"：将打印范围从头到尾打印一遍，再打印下一份。

（5）设置并打和缩放

① 设置"每页的版数"：选择所需的版数。例如，在一张纸上打印四页文档内容，可以选择"4版"选项。

② 设置"按纸型缩放"：选择要用于打印文档的纸张类型。例如，用户可以通过缩小字体和图形大小，指定将 B4 大小的文档打印到 A4 纸型上。此功能类似于复印机的缩小/放大功能。

任务5.8 数 据 安 全

■ 任 务 描 述 ●

李老师制作好"学生基本信息表"后，担心它在不经意间被破坏或被非法修改，另外，"学生基本信息表"中有学生的身份证号码、手机号码等信息，李老师要保护这些信息不被他人查看。

■ 任 务 实 现 ●

李老师要完成这个任务，需要对工作簿/工作表中的数据进行保护和隐藏操作，从而保护数据的安全。

1. 保护工作簿

李老师为了保护工作簿中的信息不被他人非法查看和非法修改，要对工作簿进行加密，操作步骤如下。

1）打开"学生基本信息表.et"工作簿文件。

2）选择"文件"→"另存为"命令，打开"另存文件"窗口。

3）单击"另存文件"窗口右下角的"加密"按钮，打开"密码加密"对话框，如图 5-8-1 所示。

4）在"打开文件密码"文本框中输入密码，在"再次输入密码"文本框中再次输入同样的密码，以确认输入无误。

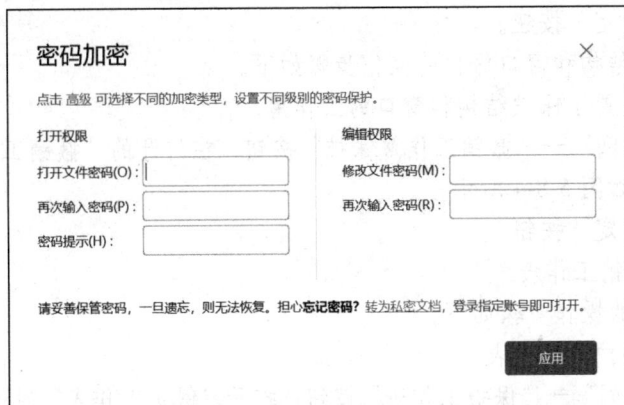

图 5-8-1 "密码加密"对话框

5）单击"应用"按钮，返回到"另存文件"窗口，单击"保存"按钮即可。

知识链接

（1）修改/删除工作簿密码

如果要修改工作簿密码，在用旧密码打开工作簿文件后，重复给工作簿进行加密操作的第 2）～4）步，输入新密码，单击"应用"按钮后，再单击"保存"按钮即可。

如果要取消密码，重复给工作簿进行加密操作的第 2）～4）步，删除密码框中的密码，单击"应用"按钮后，再单击"保存"按钮即可。

（2）保护/撤销工作簿的结构和窗口

通过保护工作簿的结构和窗口，可以防止更改工作簿的结构，这样工作表不会被删除、移动、隐藏、取消隐藏或重新命名，也不会被插入新的工作表，还可以防止窗口被移动或被调整大小。操作步骤如下。

① 打开要保护结构和窗口的工作簿文件。

② 单击"审阅"→"保护工作簿"按钮。

③ 在打开的"保护工作簿"对话框中输入密码，如图 5-8-2 所示。在打开的"确认密码"对话框中再次输入同样的密码，如图 5-8-3 所示。

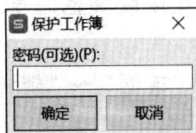

图 5-8-2 "保护工作簿"对话框

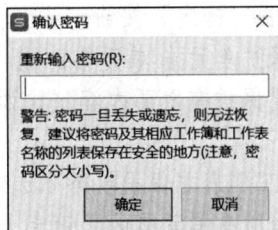

图 5-8-3 "确认密码"对话框

④ 单击"确定"按钮。

撤销工作簿结构和窗口保护的操作步骤如下。

① 打开已设置了保护结构和窗口的工作簿。

② 单击"审阅"→"撤销工作簿保护"按钮，在打开的"撤销工作簿保护"对话框中输入密码，如图 5-8-4 所示。

③ 单击"确定"按钮。

（3）保护/撤销工作表

保护工作表的操作步骤如下。

① 选中要保护的工作表。

② 单击"审阅"→"保护工作表"按钮，打开"保护工作表"对话框，如图 5-8-5所示。

图 5-8-4　"撤销工作簿保护"对话框　　　　图 5-8-5　"保护工作表"对话框

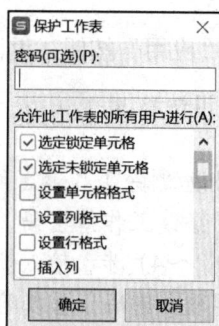

③ 在"密码"框中输入密码。在打开的"确认密码"对话框中再次输入同样的密码。

④ 在"允许此工作表的所有用户进行"列表框中选择允许用户进行的操作。

⑤ 单击"确定"按钮。

撤销工作表的操作步骤如下。

① 选中要撤销保护的工作表。

② 单击"审阅"→"撤销工作表保护"按钮，在打开的"撤销工作表保护"对话框中输入密码。

③ 单击"确定"按钮。

（4）保护单元格/单元格区域

用户要保护有重要内容（比如公式）的单元格，还要允许修改其他的单元格，操作步骤如下。

① 在工作表非保护状态下选定工作表所有单元格，单击"审阅"→"锁定单元格"按钮，取消所有单元格的"锁定"格式。

② 选定工作表需要保护的单元格或单元格区域，单击"审阅"→"锁定单元格"按钮，给需要保护的单元格或单元格区域设置"锁定"格式。

③ 打开"保护工作表"对话框，在"允许此工作表的所有用户进行"列表框中取消选中"选定锁定单元格"复选框，可同时设置保护密码，单击"确定"按钮。

这时，工作表中锁定的单元格为保护单元格，其他未锁定的单元格根据保护工作表时的选择进行相应的操作。

2. 隐藏工作表

李老师对工作簿设置密码后，还要把工作表隐藏起来，以达到双重保护的目的。操作步骤如下。

① 选定要隐藏的工作表，比如选定"最新数据"工作表。

② 选择"开始"→"工作表"→"隐藏与取消隐藏"→"隐藏工作表"选项；或在"最新数据"工作表标签上右击，在弹出的快捷菜单中选择"隐藏"命令。这两种方法都可以隐藏选定的工作表。

⊂━⊃　知识链接 ▪

(1) 显示工作表

显示工作表的方法有以下两种。

方法一：选择"开始"→"工作表"→"隐藏与取消隐藏"→"取消隐藏工作表"选项，打开"取消隐藏"对话框，如图 5-8-6 所示，在该对话框中选择要取消隐藏的工作表标签，单击"确定"按钮。

方法二：在任意一个工作表标签上右击，在弹出的快捷菜单中选择"取消隐藏"命令，打开"取消隐藏"对话框，在该对话框中选择要取消隐藏的工作表标签，单击"确定"按钮。

(2) 隐藏单元格内容/取消单元格隐藏

隐藏单元格内容可以使单元格的内容不在数据编辑区显示。例如，有公式的单元格被隐藏后只能在单元格中看到计算结果，在数据编辑区看不到公式。操作步骤如下。

① 选定要隐藏的单元格区域。

② 打开"单元格格式"对话框，在"保护"选项卡中选中"隐藏"复选框，如图 5-8-7 所示，单击"确定"按钮。

③ 单击"审阅"→"保护工作表"按钮，使隐藏特性起作用。

取消单元格隐藏的操作步骤如下。

① 取消工作表保护。

② 选定要取消隐藏的单元格区域。

③ 打开"单元格格式"对话框，在"保护"选项卡中取消选中"隐藏"复选框。

④ 单击"确定"按钮。

图 5-8-6　"取消隐藏"对话框 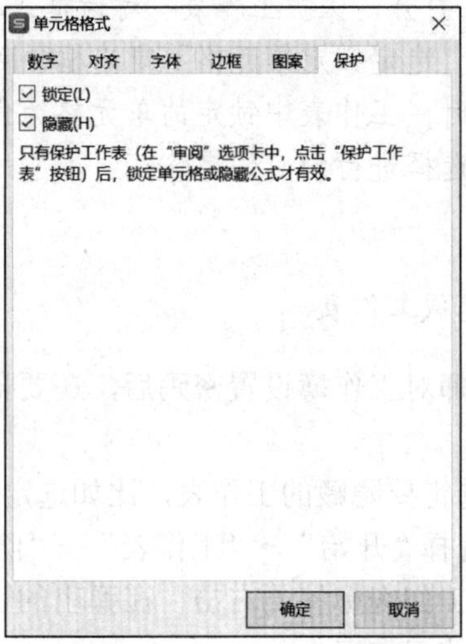　　　　　图 5-8-7　选中"隐藏"复选框

（3）隐藏行列/取消行列隐藏

隐藏行（列）的操作步骤如下。

① 选定要隐藏的行（列）。

② 选择"开始"→"行和列"→"隐藏与取消隐藏"→"隐藏行"或"隐藏列"命令；或在选定的行（列）上右击，在弹出的快捷菜单中选择"隐藏"命令。

取消行（列）隐藏的操作步骤如下。

① 选定已经隐藏的行（列）相邻的行（列）。例如，已经隐藏第 2 行，这时要选定第 1 行或第 3 行。

② 选择"开始"→"行和列"→"隐藏与取消隐藏"→"取消隐藏行"或"取消隐藏列"命令；或在选定的行（列）上右击，在弹出的快捷菜单中选择"取消隐藏"命令。

项目小结

本项目通过 8 个任务的学习，使读者能够学会使用 WPS 表格创建工作簿和工作表；学会运用公式和函数进行计算；学会分析、统计与处理数据；学会利用数据创建图表；学会打印工作表；学会保护/隐藏工作簿和工作表。

随着社会信息化的快速发展，在日常生活中经常会遇到对数据进行分析与处理的问题，如统计工资、统计学习成绩、统计产品销售等。如果能够熟练使用 WPS 表格来解决这些问题，能大大提高工作效率与精确性，从而提高个人的社会竞争力。

思考与练习

实操题

1. 新建工作簿并完成以下操作。

1）新建一个空白的工作簿，在 Sheet1 工作表中输入如图 1 所示的数据，并保存为"教职工信息表.et"。

	A	B	C	D	E	F	G	H	I	J	K
1	教职工信息表										
2	编号	姓名	性别	籍贯	教研室	职称	学历	年龄	何时入职	手机号码	基本工资
3	001	林婷婷	女	广东	计算机	高级讲师	本科	42	2002/7/1	13829167825	3823
4	002	谢凯纶	男	湖南	会计	讲师	研究生	37	2010/8/20	13756628944	3534
5	003	叶邱丽	女	广东	计算机	高级讲师	研究生	45	2000/7/1	13345699002	4212
6	004	梁丹峰	男	山东	物流	助教	本科	27	2015/6/30	13600778991	3208
7	005	李伟岸	男	湖北	会计	助教	本科	24	2019/8/22	13904475223	2776
8	006	谢思家	男	广东	会计	助教	大专	35	2009/8/1	18874455632	3115
9	007	赵小明	男	广东	计算机	讲师	本科	39	2005/7/20	18900045633	3567
10	008	林米儿	女	湖南	物流	高级讲师	研究生	37	2006/6/30	13450023567	3875
11	009	刘海波	男	广西	物流	教员	本科	26	2017/8/25	13056612360	2749
12	010	王可人	女	湖北	会计	高级讲师	本科	38	2003/7/1	13856645289	3776

图 1 教职工信息表

2）选择 Sheet1 工作表，将 A1:K1 单元格合并为一个单元格，文字居中对齐，设置字体为幼圆、20 号、深蓝色、加粗。

3）将 A2:K12 单元格区域的内容水平居中，垂直居中，并添加蓝色细实线边框。

4）设置列标题行（A2:K2 单元格区域）的字体为宋体、14 号、加粗，字体颜色为自定义蓝色（红 0，绿 0，蓝 204），单元格的填充颜色为自定义的浅蓝色（红 204，绿 236，蓝 255）。

5）设置所有记录（A3:K12 单元格区域）的字体为宋体，14 号。

6）设置第 1 行的行高为 32，第 2 行的行高为 24，第 3～12 行的行高为"最适合的行高"。

7）设置 I 列、J 列和 K 列的列宽为 16，C 列、F 列和 H 列的列宽为"最适合的列宽"。

8）设置 I3: I12 单元格区域的日期格式为"yyyy-mm-dd"，如 2006-07-01。

9）设置 K3:K12 单元格区域的数字格式为货币格式，并有千位分隔符，保留两位小数，如¥3,823.00。

10）利用条件格式图标集修饰"年龄"列（H3:H12 单元格区域），将年龄大于或等于 40 岁的用红色圆修饰，小于 30 岁的用绿色向上箭头修饰，其余用灰色侧箭头修饰。

11）将 Sheet1 工作表重命名为"教职工信息表"。

12）为 G2 单元格添加批注，批注为"第一学历"。

2. 打开"教职工任课情况表.et"，Sheet1 工作表数据如图 2 所示，完成以下操作。

	A	B	C	D	E	F	G
1	编号	姓名	教研组	职称	年龄	课程	班别
2	001	林婷婷	计算机	高级讲师	42	计算机基础	2001/2002/2003
3	002	谢凯伦	会计	讲师	37	成本会计	1903/1904
4	003	叶邱丽	计算机	高级讲师	45	程序设计语言	1913/1914
5	004	梁丹峰	物流	助教	27	物流基础	2007/2008
6	005	李伟岸	会计	教员	24	基础会计	2001/2002
7	006	谢思家	会计	助教	35	会计电算化	2001/2002
8	007	赵小明	计算机	讲师	39	网页设计	1913/1914
9	008	林米儿	物流	高级讲师	27	库存管理	2007/2008
10	009	刘海波	物流	教员	26	物流地理	2007/2008/2009
11	010	王可人	会计	高级讲师	38	企业财务会计	1903/1904

图 2　教职工任课情况表

1）将 Sheet1 工作表重命名为"上半学年"。

2）在第 1 行前插入一行作为表标题，表标题为"20—21 学年第一学期教师任课情况表"，设置为宋体、16 号、加粗，将 A1:G1 单元格合并为一个单元格，文字居中对齐。

3）删除"年龄"列（E 列）的数据，在"班别"列（F 列）前插入一列，列标题为"周课时"，单元格的内容分别为 12、10、12、12、16、8、12、12、12、10。

4）将所有职称为"助教"的替换为"助理讲师"。

5）设置 A2:G12 单元格区域的内容水平居中，垂直居中，并添加细实线边框。

6）为工作表添加页眉和页脚：页眉为"专业教师任课分表"，居左；页脚为页码，居右。

7）新建 Sheet2 工作表，并将 Sheet2 工作表重命名"下半学年"。

8）将"上半学年"工作表中的所有数据全部复制到"下半学年"工作表中，并修改表标题为"20—21 学年第二学期教师任课情况表"。

9）将"上半学年"工作表的标签颜色设置为标准色中的"绿色"，"下半学年"工作表的标签颜色设置为标准色中的"红色"。

3. 打开"教职工八月工资表.et"，Sheet1 工作表数据如图 3 所示，完成以下操作。

图 3　教职工八月工资表

1）使用 VLOOKUP 函数，依据"岗位津贴对照表"工作表，填写 Sheet1 工作表中的岗位津贴（G 列）。

2）使用 IF 函数，计算每位教职工的节课时费（H 列）：高讲每节课的课时费为 8 元，讲师每节课的课时费为 6 元，其他职称每节课的课时费为 4 元。

3）计算每位教职工的应发工资（I 列）：应发工资=基本工资+岗位津贴+课时费。

4）计算每位教职工要交纳的医疗保险费用（J 列），医疗保险费用占基本工资的 2%。

5）计算每位教职工要交纳的养老保险费用（K 列），养老保险费用占基本工资的 8%。

6）计算每位教职工要交纳的住房公积金（M 列），住房公积金占基本工资的 12%。

7）计算每位教职工要扣除总和（N 列）：扣除总和=医疗保险+养老保险+失业保险+住房公积金。

8）计算每位教职工的实发工资（O 列）：实发工资=应发工资-扣除总和，该列数据设置为数值型 2 位小数。

9）使用 RANK.EQ 函数，计算每位教职工的实发工资由高到低的排名（P 列）。

10）在 E13: O13 单元格区域计算各项的总和。

11）在 E14: O14 单元格区域计算各项的平均值。

12）在 E15: O15 单元格区域计算各项的最高值。

13）在 E16: O16 单元格区域计算各项的最低值。

14）在 E17 单元格计算该表的教职工总人数。

15）计算统计表 1 中的各数据：各教研组的人数（COUNTIF）、月课时节数总计（SUMIF）和平均应发工资（AVERAGEIF，数值型 2 位小数）。

16）计算统计表 2 中的各数据：各教研组职称为"高讲"的人数（COUNTIFS）和平均实发工资（AVERAGEIFS，数值型 2 位小数）。

17）将 Sheet1 工作表重命名为"教职工八月工资统计表"。

4. 打开已完成的"教职工八月工资表.et"工作簿，完成以下操作。

1）插入 7 个工作表，将插入的工作表依次重命名为"排序""自动筛选 1""自动筛选 2""自动筛选 3""高级筛选""分类汇总""数据透视表"。

2）将"教职工八月工资统计表"工作表的 A1:P12 单元格区域的数据复制到"排序""自动筛选 1""自动筛选 2""自动筛选 3""高级筛选""分类汇总""数据透视表"7 个工作表以 A1 为左上角的区域。

3）在"排序"工作表中，先按"职称"升序排序，如职称相同，再按基本工资降序排序。

4）在"自动筛选 1"工作表中，使用自动筛选将职称为"高讲"并且实发工资大于等于 4000 元的记录筛选出来。

5）在"自动筛选 2"工作表中，使用自动筛选将职称为"助教"或"教员"的记录筛选出来。

6）在"自动筛选 3"工作表中，使用自动筛选将姓林且是"高讲"的记录筛选出来。

7）在"高级筛选"工作表中，使用高级筛选将职称为"高讲"或者节课时费大于等于 6 的记录筛选到以 A18 单元格为左上角的区域，条件区域设在以 A14:P16 单元格区域（在对应字段列内输入条件）。

8）在"分类汇总"工作表中，按"教研组"为分类字段，计算"月课时节数""基本工资""岗位津贴""节课时费""应发工资""医疗保险""养老保险""失业保险""住房公积金""扣除总和""实发工资"各项平均值的分类汇总，汇总结果显示在数据下方。（提示：分类汇总前，先按分类字段进行排序。）

9）在"数据透视表"工作表中，利用工作表内数据清单的内容建立数据透视表，行区域为"职称"，列区域为"教研组"，求平均值计算"实发工资"，将表置于现工作表 A14 单元格为左上角的单元格区域内。

5. 打开"2013～2020 年脱贫攻坚数据统计.et"，Sheet1 工作表中数据如图 4 所示，完成以下操作。

	A	B	C	D
1	2013～2020脱贫攻坚数据统计			
2	年份	贫困县数量（个）	农村贫困人口（万人）	贫困地区人均可支配收入（元）
3	2013年	832	8249	6079
4	2014年	832	7017	6852
5	2015年	832	5575	7653
6	2016年	804	4335	8452
7	2017年	679	3046	9377
8	2018年	396	1660	10371
9	2019年	50	551	11567
10	2020年	0	0	12588

图 4　2013～2020 年脱贫攻坚数据统计

1）将 A1:D1 单元格区域合并为一个单元格，文字居中对齐。

2）根据工作表的 A2:A10 和 C2:C10 单元格区域的数据创建"簇状条形图"图表，水平轴为各年份，垂直轴为农村贫困人口数量，生成的图表放在 A12:D25 单元格区域。在图表上方添加图表标题为"脱贫攻坚以来农村贫困人口变化情况"，字体为"浅绿，着色 6，深色 50%"的 14 号黑体；图例在显示图表上方；为图表添加"数据标签外"的数据标签；为图表区填充颜色为"浅绿，着色 6，浅色 80%"；设置数据系列的颜色为"浅绿，着色 6，浅色 40%"；图表区的轮廓为"浅绿，着色 6，深色 50%"的实线边框。

3）根据工作表的 A2:A10 和 D2:D10 单元格区域的数据创建"带数据标记的折线图"图表，生成的图表放在 E12:L25 单元格区域。修改图表上方的图表标题为"贫困地区农村居民人均可支配收入"，字体为 15 号、深蓝色、华文楷体；图例在显示图表下方；数据标签设置为"上方"；为图表区填充颜色为"矢车菊蓝，着色 1，浅色 80%"；为绘图区设置"点菱形"的图案填充；设置垂直轴的最小值为 6000，最大值为 140000，主要单位为 2000，次要单位为 500。

项目6 WPS 演示的使用

项目背景

WPS 演示是 WPS Office 办公软件中的一部分，是三大组件之一，也是一款功能很强的编辑、制作和管理演示文稿的办公软件，使用它可以制作动感十足、画面精美的演示文稿。演示文稿可以把演讲的主题、要点和所引用的数据、图表甚至动画、音频、视频片段组合成一体，既便于讲解，又有利于观众理解，能够起到引人入胜、增强活动效果的目的。

目前，演示文稿的应用领域广泛，在公开演讲、商务沟通、页面报告、公务会议、教学演示、技术交流、广告片制作、页面报告制作、个人相册制作、视频动画制作及一些公益片制作等领域占着举足轻重的地位，演示文稿正成为人们工作生活的重要组成部分。

能力目标

※ 掌握新建演示文稿的多种方法，熟练编辑演示文稿，并使用不同的视图方式浏览演示文稿。

※ 熟练使用幻灯片的版式，会使用幻灯片母版，会设置幻灯片背景、配色方案，会使用幻灯片模板。

※ 熟练处理幻灯片中的文字，熟练使用形状、艺术字和智能图形，会插入图片、音频、视频等对象，会在幻灯片中建立表格与图表，会创建幻灯片的超链接。

※ 熟练设置幻灯片的动画效果，熟练设置幻灯片切换方式。

※ 掌握幻灯片放映操作，会打包、打印演示文稿。

素养目标

1. 培养学生好学敏求、善于思考的态度。

2. 培养学生价值正确、品行端正的涵养。

3. 培养学生自主探究、自我展示、勇于创新的精神。

4. 通过演示文稿的制作，培养学生的家国情怀，坚定文化自信。

任务6.1 认识 WPS 演示

任务描述

信息技术课堂上李老师要求同学们认识演示文稿制作软件 WPS 演示，学会制作演示文稿，请同学们使用 WPS 演示创建"我的第一个演示文稿.pptx"。

任务实现

打开 WPS 演示，认识 WPS 演示的启动和退出、WPS 演示的工作界面、WPS 演示的视图模式，然后创建一个简单的演示文稿文件。

1. WPS 演示的启动和退出

（1）WPS 演示的启动方法

方法一：单击任务栏左侧的"开始"按钮，依次选择"所有程序"→"WPS Office 个人版"→"WPS 演示"。

方法二：双击桌面上的"WPS 演示"快捷图标。注意，WPS Office 默认的窗口管理模式为"整合模式"，此模式下，可以双击桌面上的"WPS Office 教育考试"快捷图标。选择顶部标签栏的"+新建"→顶部菜单"WPS 演示"来启动 WPS 演示。

方法三：双击后缀名为.dps（WPS 演示文件）、.ppt、.pptx（微软 PowerPoint 演示文件）的文件。如当前操作系统同时安装了微软 Office 和 WPS Office，可以右击演示文件，在弹出的快捷菜单中选择"打开方式"→"WPS 演示"选项。

（2）WPS 演示的退出方法

方法一：单击 WPS 演示窗口标题栏右侧"关闭"按钮 ✕ 。

方法二：选择 WPS 演示"文件"菜单中的"退出"命令。

方法三：按 Alt+F4 快捷键。

知识链接

WPS Office 的窗口管理模式

新版本的 WPS Office 的窗口管理模式分整合模式和多组件模式。整合模式是默认模式，支持多窗口多标签自由拆分与组合，支持标签列表保存为工作区跨设备同步。多组件模式能按文件类型分窗口组织文档标签，不支持工作区特性。

更改 WPS Office 的窗口管理模式方法是，打开 WPS Office，选择左上角"WPS演示"图标→ ⚙ →"设置"命令，选择"切换窗口管理模式"命令，在弹出的"切换窗口管理模式"窗口中选择一种切换窗口管理模式后单击"确定"按钮，然后重启WPS Office 即可，如图 6-1-1 和图 6-1-2 所示。

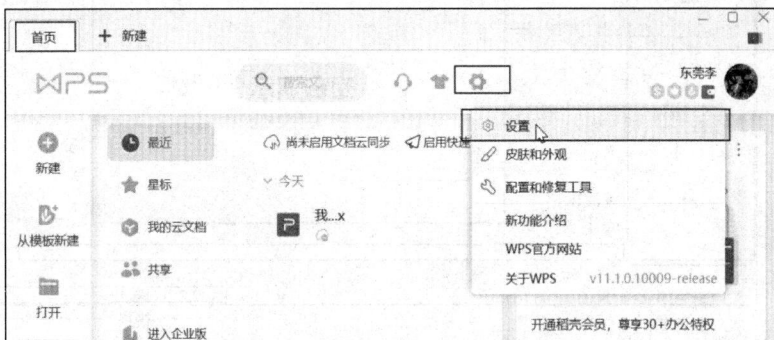

图 6-1-1 WPS Office 进入全局设置方法

图 6-1-2 "切换窗口管理模式"窗口

2. WPS 演示的工作界面

WPS 演示启动后，单击顶部标签栏"+新建"按钮或单击左侧快捷菜单"新建"→"新建空白文档"按钮，打开如图 6-1-3 所示的 WPS 演示的工作窗口。

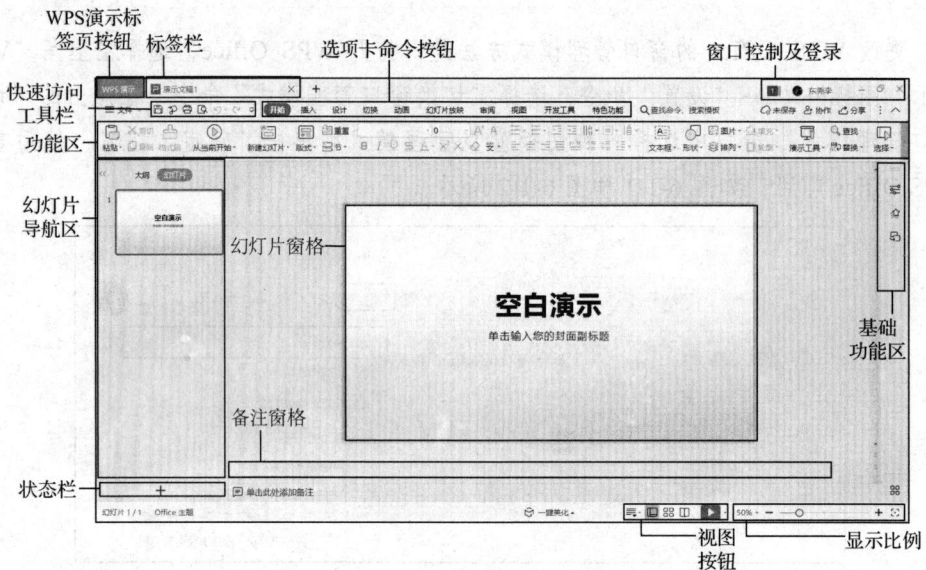

图 6-1-3　WPS 演示工作窗口

WPS 演示的工作窗口说明如表 6-1-1 所示。

表 6-1-1　WPS 演示工作窗口说明

名称	说明
WPS 演示标签页按钮	对 WPS 演示进行全局设置，进入"应用""最近""常用"等功能菜单
快速访问工具栏	在该工具栏中集成了多个常用的按钮，如"保存""打印""撤销"等按钮
标签栏	显示演示文稿文件标签，新建标签等功能
窗口控制及登录	使窗口最小化、最大化/还原、关闭以及登录账号的控制按钮
选项卡命令按钮	单击不同的选项卡命令按钮，能进入对应命令的功能区
功能区	在功能区中包括了很多组，并集成了 WPS 演示的大部分功能按钮
幻灯片导航区	显示幻灯片文本的大纲或幻灯片的缩略图
幻灯片窗格	显示当前幻灯片，用户可以在该窗格中对幻灯片内容进行编辑
备注窗格	用于添加与幻灯片内容相关的注释，供演讲时参考
状态栏	用于显示当前文件的信息
视图按钮	用于切换视图页面的按钮，其中包括普通视图、阅读视图、幻灯片浏览、幻灯片播放 4 个按钮
显示比例	用于设置工作区的显示比例
基础功能区	用于快速进入自定义动画、幻灯片切换、对象属性等功能

3. 新建演示文稿的方法

（1）新建空白演示文稿

WPS 演示启动后，单击顶部标签栏"+新建"或左侧快捷菜单"新建"按钮进入新建演示文稿界面，单击推荐模板中的"新建空白文档"即可新建一个背景色为灰色渐变的空白演示文稿，也可以选择下方的白色、黑色按钮分别新建白色、黑色背景的空白演示文稿，如图 6-1-4 所示。

图 6-1-4 "新建空白文档"按钮

（2）使用 WPS 提供的模板新建演示文稿

WPS 演示提供了职场通用、教育教学、生活休闲等品类的模板供用户免费或付费购买后使用，用户登录 WPS 会员后即可使用该功能，如图 6-1-5 所示。

图 6-1-5 WPS 提供的模板

4. WPS 演示的视图模式

WPS 演示为用户提供了普通、幻灯片浏览、备注页、幻灯片放映视图、阅读视图和母版视图等多种视图，每种视图都有特定的工作区、工具栏、相关的按钮及其他工具。不同的视图应用场合不同，但在每一种视图下对演示文稿的任何改动都会对文稿生效，并且所有改动都会反映到其他视图中。WPS 演示的视图切换方法有以下几种，如图 6-1-6 所示。

方法一：单击"视图"选项卡，在该选项卡中单击所需视图按钮。

方法二：通过下方状态栏右侧的视图按钮区域进行切换。

方法三：按 F5 键可"从头开始"（即第一张幻灯片）进入幻灯片放映视图；按 Shift+F5 快捷键可"从当前开始"（即当前幻灯片）进入幻灯片放映视图。

图 6-1-6　视图切换

WPS 演示提供了以下几种视图。

（1）普通

普通视图是主要的编辑视图，可用于撰写和设计演示文稿。

普通视图是演示文稿的默认视图，该视图有四个工作区域：幻灯片导航区（包括幻灯片选项卡、大纲选项卡）、幻灯片编辑区、幻灯片任务窗格和备注窗格。这些窗格使用户可以在同一位置使用演示文稿的各种特征。拖动窗格边框可调整窗格的大小。在幻灯片导航区的大纲选项卡中可以输入演示文稿中的所有文本，然后重新排列项目符号点、段落和幻灯片；在幻灯片编辑区可以查看每张幻灯片中的文本外观，可以在单张幻灯片中添加图形、影片、声音和动画，并创建超级链接；备注窗格使用户可以添加与观众共享的演说者备注或信息。

（2）幻灯片浏览

幻灯片浏览视图是缩略图形式的幻灯片视图，幻灯片浏览视图中可以对幻灯片进行复制、剪切、粘贴、移动、新建、删除、切换、隐藏等操作。

（3）备注页

在这个视图中，用户可以添加与幻灯片相关的说明内容。"备注"窗格位于"幻灯片"

窗格下，可以输入要应用于当前幻灯片的备注，备注可以被打印出来。

（4）幻灯片放映视图

幻灯片放映视图是幻灯片放映状态显示出来的视图，可以从顶部"幻灯片放映"选项卡中的"从头开始""从当前开始"等按钮进入，也可以从底部"视图按钮"中的"播放"按钮 ▶ 进入。幻灯片放映视图会占据整个计算机屏幕。图形、计时、电影、动画效果和切换效果在幻灯片放映视图中就是实际演示的效果。按 Esc 键即可退出幻灯片放映视图。

（5）阅读视图

阅读视图与放映视图类似。如果要在一个设有简单控件以方便审阅的窗口中查看演示文稿，而不想使用全屏的幻灯片放映视图，则可以使用阅读视图。

（6）母版视图

母版视图包括幻灯片母版视图、讲义母版视图和备注母版视图。

母版是存储有关演示文稿信息的主要幻灯片，其中包括背景、颜色、字体、效果、占位符大小和位置。使用母版视图的一个主要优点在于，在幻灯片母版、备注母版或讲义母版上，可以对与演示文稿关联的每个幻灯片、备注页或讲义的样式进行全局更改。

5．创建一个简单的演示文稿文件

（1）制作标题幻灯片

新建的演示文稿中默认有一张幻灯片，这张幻灯片上已经预设好了几个占位符（占位符是一种带有虚线或阴影线边缘的框，绝大部分幻灯片版式中都有这种框。在这些框内可以放置标题、正文、图表、表格和图片等对象），用户可以直接在占位符中输入文字，这种预先设置好的幻灯片排版布局称为幻灯片的版式。当前幻灯片的版式为"标题幻灯片"，如图 6-1-7 所示。

图 6-1-7　标题幻灯片

标题幻灯片通常用在演示文稿的首页，相当于书本的封面，可以在其上的两个占位符中分别输入演示文稿的标题和副标题。通常标题就是演讲的主题，副标题起补充说明的作用。在本任务中，标题是"我的第一个演示文稿"，副标题为"这是最简单的演示文稿"，具体操作方法如下。

① 单击"单击此处添加标题"占位符，这时虚线方框的四周就会出现 8 个尺寸柄，光标如图 6-1-8（a）所示。

② 向其中输入文字"我的第一个演示文稿"。使用同样的方法，向"单击此处添加副标题"占位符输入文字"这是最简单的演示文稿"，如图 6-1-8（b）所示。

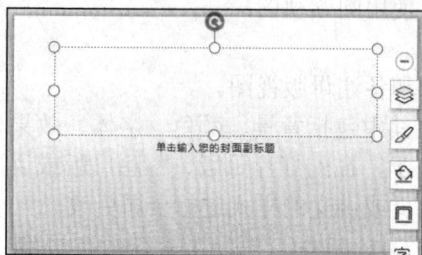

（a）8 个尺寸柄 　　　　　　　　　　　（b）输入主标题和副标题后效果

图 6-1-8　向标题幻灯片输入文字

演示文稿的封面是第一张幻灯片，也是本次演讲的主题。下面要制作的是演示文稿的其他内容，即演讲的正文。

（2）添加 3 张"标题和内容"版式幻灯片

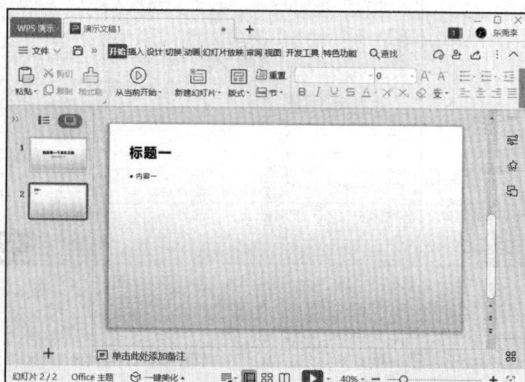

添加新幻灯片的方法是在"开始"选项卡下选择"新建幻灯片"命令，新建的幻灯片版式默认为"标题和内容"，如图 6-1-9（a）所示。在占位符"单击此处添加标题"中输入"标题一"，在占位符"单击此处添加文本"中输入"内容一"，如图 6-1-9（b）所示。

（a）"标题和内容"幻灯片 　　　　　　　（b）在幻灯片中输入文字

图 6-1-9　添加"标题和内容"版式幻灯片

按照同样的方法新建第 3 张和第 4 张幻灯片后，单击底部状态栏右侧视图按钮中的"幻灯片浏览"按钮，幻灯片浏览视图如图 6-1-10 所示。

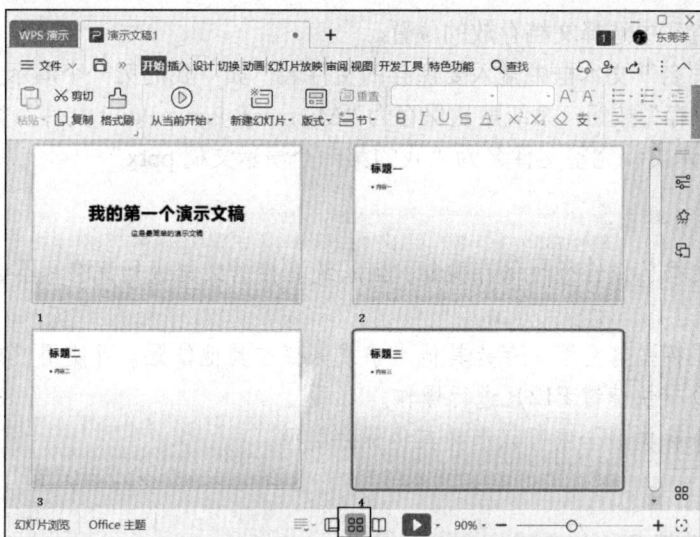

图 6-1-10　添加幻灯片后切换至幻灯片浏览视图

6. 保存演示文稿

完成了以上幻灯片的添加及编辑后，将此演示文稿保存为"我的第一个演示文稿.pptx"，操作步骤如下。

1）单击快速访问工具栏中的"保存"按钮或选择"文件"→"保存"命令或按 Ctrl+S 快捷键。

2）如果是第一次保存，则会弹出如图 6-1-11 所示的"另存文件"窗口。

图 6-1-11　"另存文件"窗口

3）在"位置"中选择文档存放的位置。

4）在"文件名"文本框中输入要保存的文件名，如"我的第一个演示文稿"。

5）单击"保存"按钮，系统默认保存为"Microsoft PowerPoint 文件"类型，扩展名为".pptx"，最终演示文稿完整文件名为"我的第一个演示文稿.pptx"。

⚠ 注意

1）如果文档已经进行过保存操作，则系统直接对文档进行保存，不会弹出"另存文件"窗口。

2）如果要将当前文档保存为其他名字或保存在其他位置，可使用"文件"菜单的"另存为"命令（快捷键 F12）进行操作。

3）在"保存类型"中可以选择其他保存类型。

🔗 知识链接 ■

演示文稿的文件类型

文件类型是指计算机为了存储信息而使用的特殊编码方式，是用于识别内部存储的资料。可以通过扩展名（也称为后缀名）来判断文件类型。*.dps 为 WPS 演示文稿文件，*.pptx 为 Microsoft PowerPoint 演示文稿文件。演示文稿常见文件类型及扩展名如表 6-1-2 所示。

表 6-1-2　演示文稿常见文件类型及扩展名

文件类型	扩展名
WPS 演示文稿文件	.dps
WPS 演示模板文件	.dpt
Microsoft PowerPoint 97-2003 文件	.ppt
Microsoft PowerPoint 97-2003 放映文件	.pps
Microsoft PowerPoint 97-2003 模板文件	.pot
Microsoft PowerPoint 2007 或以上版本文件	.pptx
Microsoft PowerPoint 2007 或以上版本放映文件	.ppsx
Microsoft PowerPoint 2007 或以上版本模板文件	.potx

7. 退出 WPS 演示

完成保存后，可以选择下列操作方法退出 WPS 演示。

方法一：单击 WPS 演示窗口标题栏右侧的"关闭"按钮 ✕ 。

方法二：选择 WPS 演示"文件"菜单中的"退出"命令。

方法三：按 Alt+F4 快捷键。

任务 6.2　幻灯片的基本操作

■ 任务描述 ■

李老师在班上开展主题为我的家乡的演讲活动，请同学们介绍自己的家乡。来自东莞的小明同学决定向同学们介绍东莞的情况，他将为本次演讲制作"我的家乡东莞.pptx"演示文稿文件。

■ 任务实现 ■

使用任务 6.1 完成的"我的第一个演示文稿.pptx"为操作案例，学习幻灯片的基本操作，然后制作"我的家乡东莞.pptx"演示文稿文件。

1．选定幻灯片

（1）普通视图模式下的操作

1）单击视图切换工具栏中的普通视图按钮，切换到普通视图模式，在"幻灯片"选项卡下的窗格中单击即可选中此张幻灯片。

2）如需选中连续的几张幻灯片，可单击要选中的第一张幻灯片，按住 Shift 键再单击要选中的最后一张幻灯片，即可以选中两张幻灯片之间连续的幻灯片。

3）如需选中多张不连续的幻灯片，可单击要选中的第一张幻灯片，按住 Ctrl 键同时单击要选中的各张幻灯片，即可选中多张不连续的幻灯片。

4）如需选中所有幻灯片，按 Ctrl+A 快捷键即可。

（2）幻灯片浏览视图模式下的操作

单击视图切换工具栏中的"幻灯片浏览视图"按钮，切换到幻灯片浏览视图，其余的操作和普通视图模式下的操作完全一致。

2．插入和删除幻灯片

（1）插入幻灯片

插入幻灯片主要有以下几种方法。

1）在幻灯片的普通视图模式下，找到要添加幻灯片的位置并单击，出现幻灯片占位符后右击，在弹出的快捷菜单中选择"新建幻灯片"命令，即可插入一张新的幻灯片。

2）单击选中幻灯片后，右击，在弹出的快捷菜单中选择"新建幻灯片"命令，即可在选中的幻灯片后插入一张新的幻灯片。

3）选中要插入幻灯片的位置，出现幻灯片占位符，或选中幻灯片之后，按回车键直接创建一张新的幻灯片。

4）选中要插入幻灯片的位置，出现幻灯片占位符，或选中幻灯片之后，在"开始"选项卡中单击"新建幻灯片"按钮，插入一张新的幻灯片。

5）选中要插入幻灯片的位置，出现幻灯片占位符，或选中幻灯片之后，在"开始"选项卡中单击"新建幻灯片"下拉按钮，在弹出下拉列表中选择需要的母版或配套模板新建幻灯片。

6）单击幻灯片导航区底部的"+"按钮，在弹出的展示页中选择需要的母版或配套模板新建幻灯片。

------- ⚠️ 小提示 -------

前三种方法都可利用鼠标完成操作，也可以通过 Ctrl+C 快捷键复制，Ctrl+V 快捷键粘贴，完成相同幻灯片的复制和插入。

（2）删除幻灯片

一般在普通视图和幻灯片浏览视图中进行删除操作，两种视图下的操作方法基本相同，主要有以下几种。

① 选中要删除的幻灯片，右击，在弹出的快捷菜单中选择"删除幻灯片"命令。

② 选中要删除的幻灯片，在"开始"选项卡下单击"剪切"按钮。

③ 选中要删除的幻灯片，按 Delete 键。

④ 选中要删除的幻灯片，按 Backspace 键。

⑤ 选中要删除的幻灯片，按 Ctrl+X 快捷键。

3. 改变幻灯片版式

（1）幻灯片版式简介

幻灯片版式由占位符组成，用户可补充文字、图片等内容。WPS 演示文稿每一套新建模板在默认情况下包含 11 种版式（标题幻灯片、标题和内容、节标题、两栏内容等），每个版式幻灯片中都显示了可以在其中添加的文本或图形、图标、图片等对象的占位符，以及占位符所分布的位置。

（2）改变幻灯片版式操作

① 在默认幻灯片普通视图下，单击选中左侧幻灯片导航区中需要更改版式的幻灯片。

② 在"开始"选项卡中单击"版式"按钮。

③ 在弹出的"版式"下拉列表中选择替换的版式，如图 6-2-1 所示。

4. 调整幻灯片的顺序与复制幻灯片

（1）调整幻灯片的顺序

① 在普通视图中包含"大纲"和"幻灯片"选项卡的窗格上，单击"幻灯片"选项卡。

② 单击要移动的幻灯片（一张或多张），按住鼠标左键不放。

③ 将其拖动到所需的位置后松开鼠标。

（2）复制幻灯片

如果要创建多张布局和内容都类似的幻灯片，可以先做好一张幻灯片，复制该幻灯片，然后再进行修改，方法如下。

① 在普通视图中包含"大纲"和"幻灯片"选项卡的窗格上，单击"幻灯片"选项卡，右击要复制的幻灯片，在弹出的快捷菜单中选择"复制"命令。

② 在"幻灯片"选项卡下，右击要添加幻灯片的新副本的位置，在弹出的快捷菜单中选择"粘贴"命令。

图 6-2-1　改变幻灯片版式

5. 制作"我的家乡东莞.pptx"演示文稿文件

在制作演示文稿之前，小明同学写好了演讲的文案，如图 6-2-2 所示。

我的家乡——东莞

　　东莞市位于广东省中南部，珠江口东岸，北靠广州，南连深圳，东邻惠州。东晋咸和六年（公元 331 年）立县，初名宝安。唐至德二年（公元 757 年）更名东莞。因在广州之东，境内盛产莞草而得名。

　　东莞是中国近代史的开篇地。1839 年，林则徐在东莞虎门销烟，揭开了中国近代史的序幕。1985 年 9 月撤县建市，1988 年 1 月升格为地级市，现直辖 4 个街道、28 个镇。全市陆地总面积 2460.1 平方千米。截至 2020 年末，全市常住人口 1046 万人。

　　东莞是改革开放的先行地。1978 年，全国第一家"三来一补"企业太平手袋厂在东莞诞生。改革开放以来，东莞坚持以外向带动起步，以制造产业立市，城乡一体发展，从一个传统的农业县发展成为新兴的国际制造业名城。目前汇集了近 1.2 万家外资企业，形成了电子信息、电气机械及设备、纺织服装鞋帽等支柱产业，培育出太阳能光伏等新兴产业集群。"东莞制造"驰名中外，尤其是 IT 制造业在全球占有重要地位，成为世界知名的制造业基地。

　　东莞是经济强市，2018 年东莞实现地区生产总值 8818.11 亿元，比上年增长 7.5%；2019 年东莞实现地区生产总值 9474.43 亿元，比上年增长 7.4%；2020 年东莞实现地区生产总值 9756.77 亿元，比上年增长 1.1%。

　　近年来，东莞围绕"加快转型升级、建设幸福东莞、实现高水平崛起"的核心任务，加快重大项目建设，打造粤海高端装备产业园、松山湖大学创新城、水乡特色发展经济区"三个增长极"，推进科技金融产业"三融合"，积极营造法治化国际化营商环境，全面提升开放型经济水平，发展创新型经济，实现了高水平崛起的良好开局。

图 6-2-2　我的家乡东莞演讲文案

东莞是文化体育强市。东莞是一座篮球文化氛围极为浓厚的体育城市，东莞本土球队"广东宏远男篮队"曾经9次夺得CBA总冠军。位于东莞寮步的东莞篮球中心已然成为东莞地标建筑。东莞也是曾经的中国斯诺克之乡。著名斯诺克巨星丁俊晖早些年在东莞东英台球俱乐部练球，全国超过70%的斯诺克职业选手都是东莞训练过走出去的，这便是东莞斯诺克辉煌的最好证明。

除了这些现代化项目，每年端午时节水乡片区的"龙舟景"赛龙舟也是东莞的名片之一，其中以东莞中堂镇、沙田镇最为出名，被授予"中国龙舟之乡"称号。东莞龙舟队曾多次参加国内外比赛并屡获佳绩。

东莞地理位置优越，经济发达，生态文明建设也名列前茅，多次被评为全国文明城市。东莞拥有全国最多的公园，多达1221个。宜居东莞，生态东莞，是每一位东莞人的生活环境，也是城市的发展态度。

东莞是美食之都，美食遍布32个镇街，有大岭山荔枝柴烧鹅、石龙豆皮鸡、厚街烧鹅濑粉、道滘肉丸粥、望牛墩牛蹄、石龙麦芽糖柚皮、客家碌鹅和旗峰腊肠等美食，令人垂涎三尺。

图 6-2-2（续）

小明同学按照文案的结构，将演讲主题"我的家乡——东莞"作为演示文稿封面的主题，其他各个段落都制作成单独的幻灯片，并概括出各段的标题分别为：地理位置、中国近代史的开篇地、改革开放的先行地、经济强市、转型升级、文体强市、中国龙舟之乡、宜居都市、美食之都。初步确定演示文稿的基本结构，完成后效果如图 6-2-3 所示。

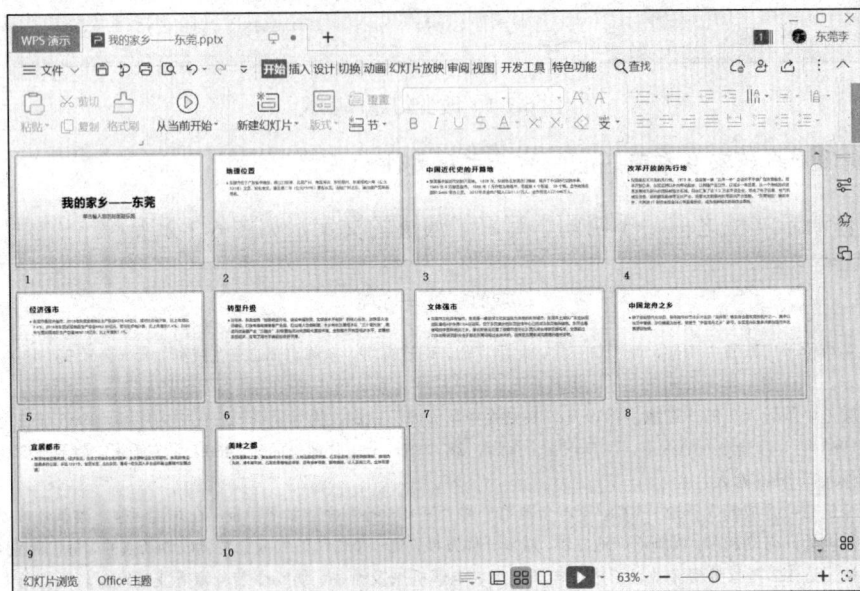

图 6-2-3　完成效果

知识链接

WPS 演示文稿小知识

WPS 文字文稿中，基本的元素是页面、段落和文字；WPS 表格工作簿中，基本的元素是工作表和单元格；WPS 演示文稿中，基本的元素是幻灯片。

在 WPS 演示中，演示文稿和幻灯片的概念是不同的，区别如下。

1）利用 WPS 演示做出来的是演示文稿，是一个文件。

2）演示文稿中的每一页是幻灯片。

每张幻灯片在演示文稿中既相互独立又相互联系。如果把演示文稿看作一本书，幻灯片就是书里的每一页，与书本中每一页不同的是，幻灯片中可以插入图画、动画、备注和讲义等丰富的内容，图表和文字都能够清晰、快速地呈现出来，利用幻灯片可以更生动直观地表达内容。所以，演示文稿和幻灯片之间是包含与被包含的关系：演示文稿包含幻灯片，是幻灯片的组合，制作演示文稿先要制作其中的每一张幻灯片。

任务 6.3　修饰演示文稿

任务描述

在完成演示文稿的基本结构后，小明同学决定对幻灯片中的文字进行提炼，对版式进行简单设计，向其中添加一些对象，使演示文稿内容更丰富、更有吸引力，这些对象包括表格、图片、图表、音频、视频等。为此，他搜集了一些素材，并将素材分类，然后规划如何使用这些素材，预期效果如图 6-3-1 所示。

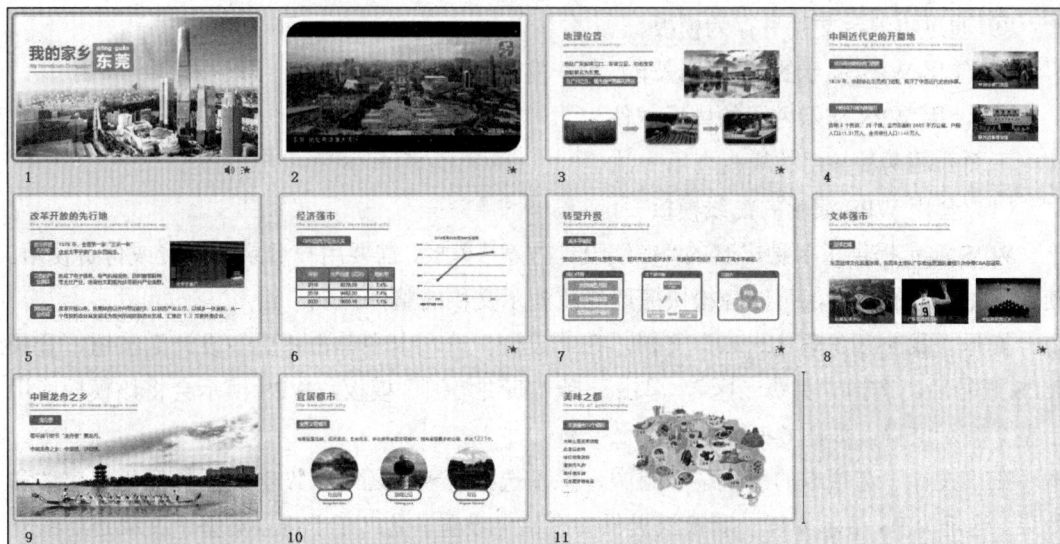

图 6-3-1　预期效果

这次的改变包括以下几个方面。

① 应用设计模板。

② 设置幻灯片背景。

③ 用母版统一幻灯片的外观。

④ WPS 演示中文字的处理。

⑤ 插入形状、表格、图表、艺术字和智能图形。

⑥ 插入图片、视频和音频。

⑦ 设置动画效果。

⑧ 设置切换效果。

任务实现

1. 应用设计模板

设计模板是包含演示文稿样式的文件，包含项目符号及字体的类型和大小、占位符大小和位置、背景设计和填充、配色方案以及幻灯片母版和可选的标题母版。

好的设计模板可以省去很多烦琐的工作，使制作出来的演示文稿版式更合理、主题更鲜明、界面更美观、字体更规范、配色更标准，迅速提升演示文稿的形象和可观赏性。

可通过以下几种方法获得设计模板。

① 从网上搜索并下载设计好的模板。

② 自制设计模板。

③ 通过将演示文稿另存为模板。

④ 使用 WPS 演示的"在线设计方案"模板。

⑤ 使用 WPS 演示内置的模板文件。

下面介绍两种常用的模板套用方法。

（1）套用 WPS 演示的在线模板

WPS 演示提供了多种丰富的"在线设计方案"模板，需要用户登录后免费或付费使用。使用预先设计的模板，可以轻松快捷地更改演示文稿的整体外观。

打开"我的家乡东莞.pptx"文档，在"设计"选项卡中单击"更多设计"按钮，登录WPS 账号后，选择"免费专区"，单击选择"演讲培训"模板，WPS 演示会将该模板应用于整个演示文稿，如图 6-3-2 所示。

在"设计"选项卡的"主题"组中，除了选择模板，还可以设置模板的颜色、字体和效果。这是 WPS 演示为每一套模板提供的个性化设置，优点在于可以对整个文稿进行统一的改变。

小明同学认为"演讲培训"模板的默认颜色配置过于平淡，因此，在"配色方案"里改选了更显眼的"流畅"配色，如图 6-3-3 所示。

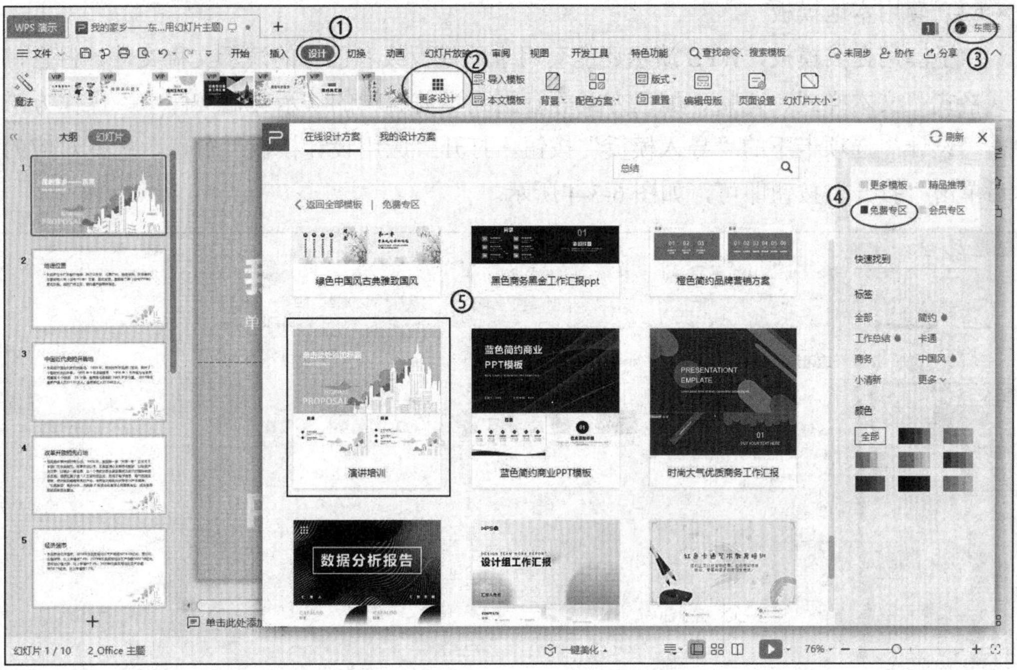

图 6-3-2　套用"演讲培训"模板

图 6-3-3　改选"流畅"配色

（2）套用本地模板

除了套用在线模板，WPS 演示还能套用本地模板或者已有的演示文稿文件，将它们的版式格式、文本样式、背景、配色方案等套用到当前编辑的演示文稿文件中。操作方法为单击"设计"选项卡下的"导入模板"按钮，打开"应用设计模板"窗口，选择对应的文件后单击"打开"按钮即可，如图 6-3-4 所示。

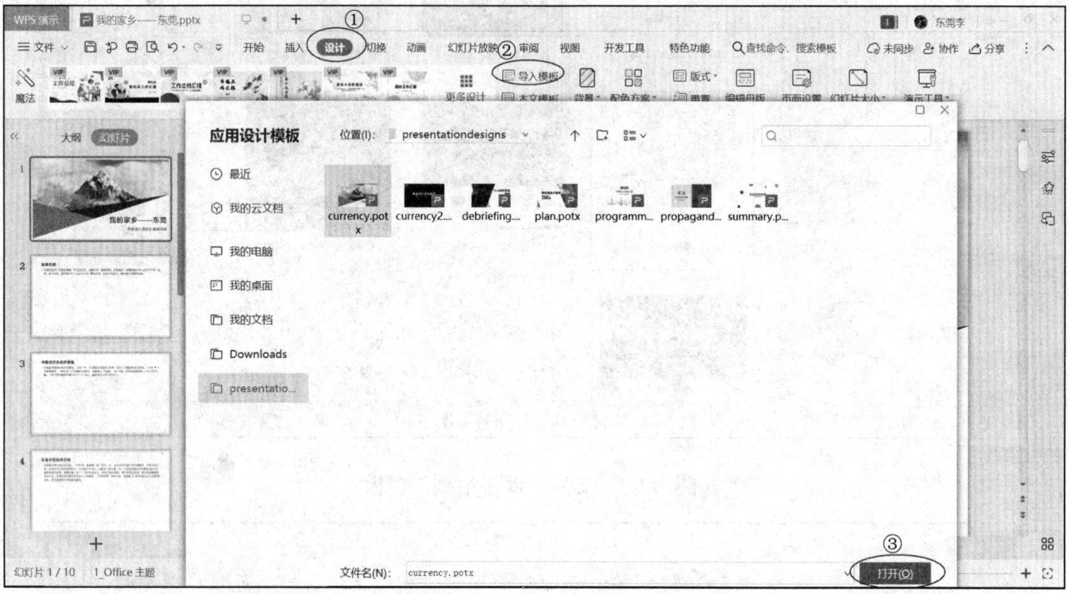

图 6-3-4　套用本地模板步骤

🔗 **知识链接** ■

WPS 演示中的在线模板、模板文件、幻灯片母版、版式的区别。

① 在线模板：在线模板又称为"在线设计方案"，是 WPS 演示提供的特色功能，包含其他用户或专业设计人员制作好的线上模板文件。这些模板包含多种行业、多种题材的幻灯片主题设计方案，用户只需要登录 WPS 账号，便可免费或购买使用。

② 模板文件（*.dpt 或*.potx 文件）：一个记录了幻灯片母版、版式和主题设计的本地文件。依据模板文件，用户可方便快速地制作出主题风格一致的演示文稿。

③ 幻灯片母版：存储演示文稿幻灯片子版式（如标题版式、内容和标题版式、两栏内容版式），以及这些子版式中字形、占位符大小和位置、背景设计和配色方案的特殊幻灯片。

④ 版式：幻灯片的排版布局方式，包含幻灯片上显示的所有内容的格式、位置和占位符框，还包含颜色、字体、效果和背景主题。

2. 设置幻灯片背景

优美的页面设计及漂亮、清新、淡雅的幻灯片背景，可以将幻灯片打造得更有创意、更好看。

小明同学认为"在线设计方案"模板以及本地模板的效果都不太符合要求，决定尝试自行设计幻灯片的外观。清除之前套用的模板效果，可以单击快速访问工具栏中的"撤销"按钮；如无法撤销，可新建一个空白演示文稿，将该空白演示文稿作为本地模板导入即可清除之前套用的模板效果，操作步骤如图 6-3-5 所示。

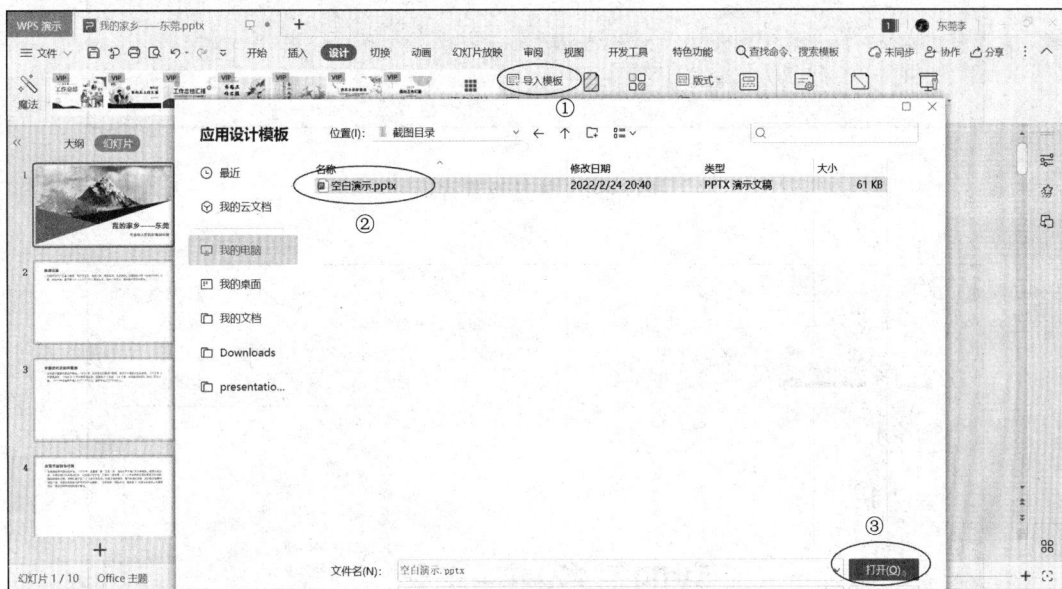

图 6-3-5　导入空白演示文稿清除模板步骤

快速设置背景颜色，可单击"设计"→"背景"下拉按钮，在弹出下拉列表中选择背景颜色（光标悬停在颜色方块上会显示该颜色的名称），如图 6-3-6 所示；或单击"设计"→"背景"按钮（或右击幻灯片，在弹出的快捷菜单中选择"设置背景格式"命令）打开"对象属性"面板，对背景进行设置，如图 6-3-7 所示。

WPS 演示新建的空白演示文稿默认背景为白色至浅灰色渐变填充，小明同学依照演讲的主题以及所找到的图片素材，决定将所有的幻灯片背景色设置为自定义的浅蓝色（红色 243、绿色 251、蓝色 254），具体操作步骤如图 6-3-8 所示。

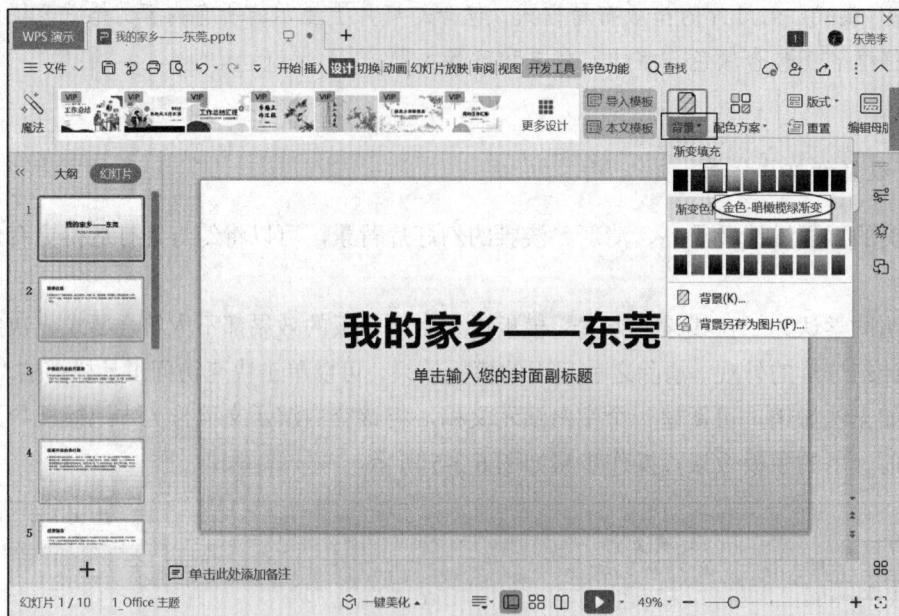

图 6-3-6　快速设置背景

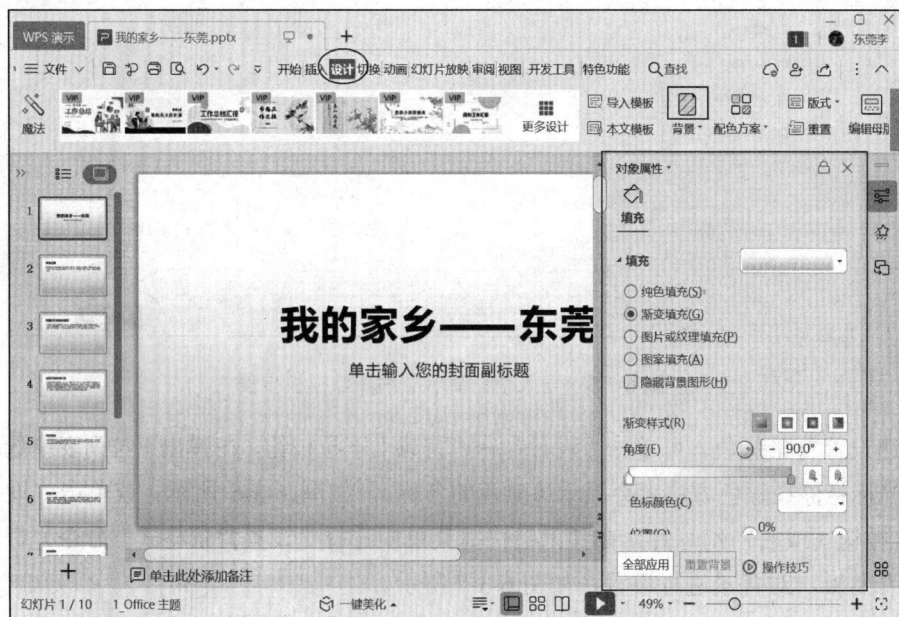

图 6-3-7　"对象属性"面板设置背景

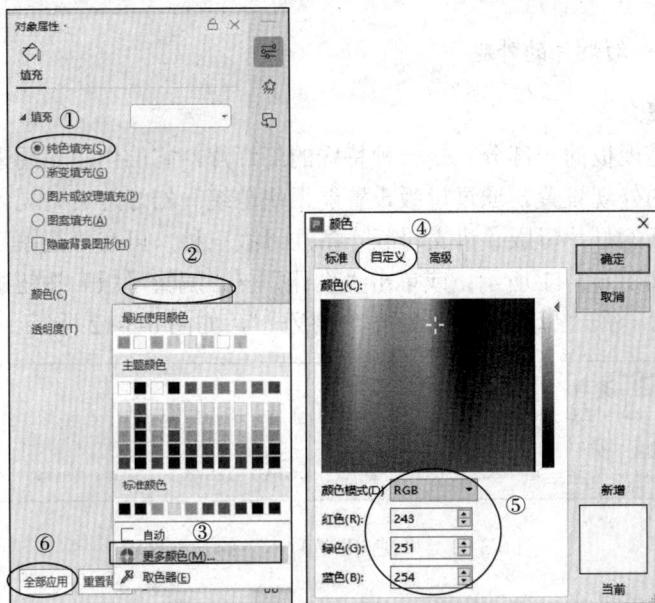

图 6-3-8　设置自定义颜色

🔗 **知识链接** ▪

　　设置背景填充，可以选择"纯色填充""渐变填充""图片或纹理填充""图案填充"
中的任意一种。"纯色填充"和"图片或纹理填充"这两种方式都能设置透明度。"渐变
填充"可设置渐变样式、角度、色标等，如图 6-3-9 所示。"图片或纹理填充"可以填充
本地图片或在线图片，可设置纹理填充、放置方式、位置偏移量等，如图 6-3-10 所示。

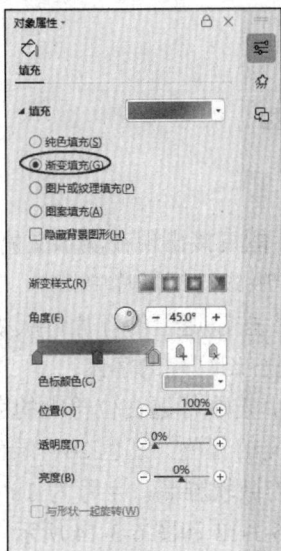

图 6-3-9　"渐变填充"设置

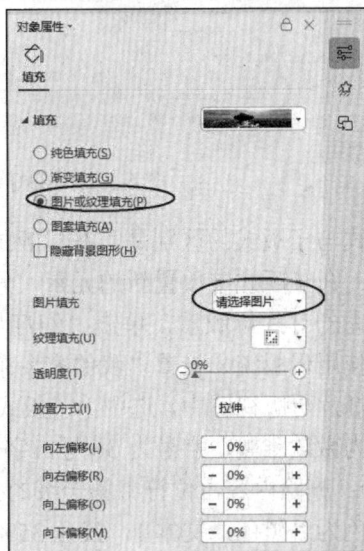

图 6-3-10　"图片或纹理填充"设置

3. 用母版统一幻灯片的外观

（1）母版的概念

幻灯片母版是模板的一部分，是一种特殊的幻灯片，它的作用是用来保存幻灯片的各种版式以及相应的外观设置。通过母版设置能很快地统一幻灯片的外观，提高幻灯片的制作效率。母版包括幻灯片母版、讲义母版、备注母版三种，可在"视图"选项卡下进行三种母版的选择，如图 6-3-11 所示；或单击"设计"→"编辑母版"按钮进入幻灯片母版。幻灯片母版中包含一张"母版式"和多张"子版式"，如图 6-3-12 所示。

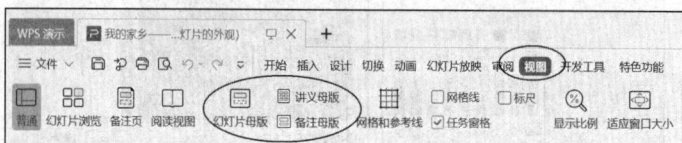

图 6-3-11　"视图"选项卡下的三种母版

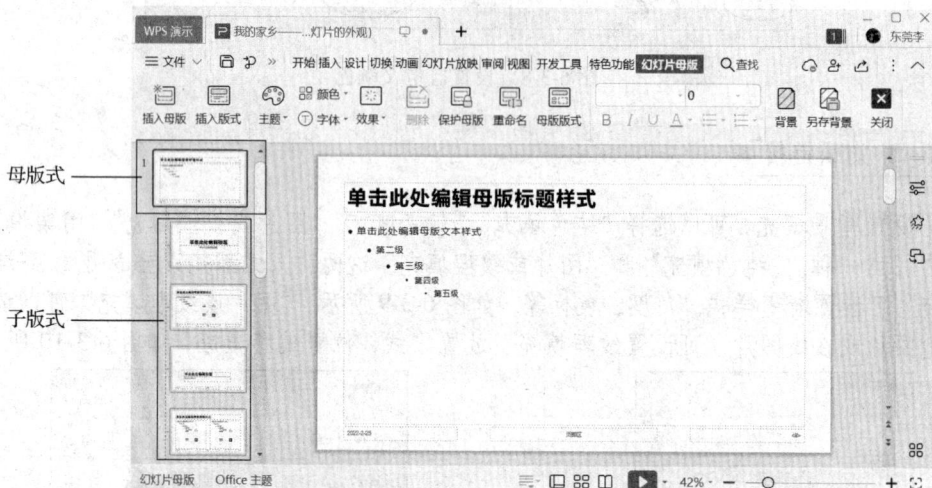

图 6-3-12　幻灯片母版中的母版式和子版式

母版式与子版式的区别是，在母版式中放置新的元素，能直接出现在演示文稿的所有幻灯片中；在子版式中放置新的元素，只出现在应用了该子版式的幻灯片中。

编辑完幻灯片母版后，单击"幻灯片母版"→"关闭"按钮退出幻灯片母版视图。

（2）使用母版统一设置"我的家乡东莞.pptx"标题和内容幻灯片的字体

在幻灯片母版视图中，选中"子版式"中的标题与内容，选中标题占位符中的字体后，设置字体为微软雅黑，字号为 36 号，字体填充颜色为自定义的蓝色（红色 26、绿色 171、蓝色 213）；删除内容占位符中第一级的列表符，设置字体为微软雅黑，字号为 18 号，字体填充颜色为"黑色，文本 1，浅色 35%"，操作过程如图 6-3-13 和图 6-3-14 所示。

图 6-3-13　通过母版设置各段落标题颜色

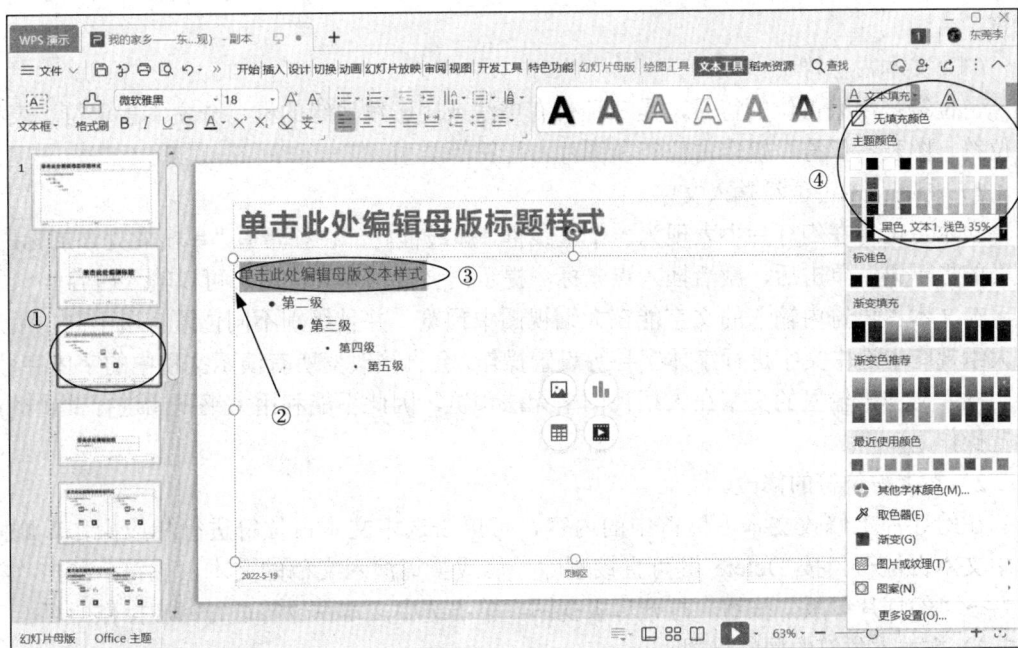

图 6-3-14　通过母版设置各段落内容字体

> **知识链接**
>
> WPS 演示的幻灯片母版的其他功能。
>
> WPS 演示支持多母版操作，可以插入多个母版式及子版式，每插入一个新的母版式，会自动生成配套的子版式。可以利用编辑母版功能组中的按钮完成母版的添加、删除、保护、重命名、母版版式设置等操作。母版设置完毕要单击"关闭母版视图"按钮或在"视图"选项卡中单击"普通视图"按钮，回到幻灯片普通视图模式。
>
> 使用母版还能统一设置幻灯片的日期、页码，操作方法如下。
>
> ① 在母版视图下，选择母版式或子版式幻灯片，单击"插入"→"日期和时间"按钮，弹出"页眉和页脚"对话框，在"幻灯片"选项卡下可对"日期和时间""幻灯片编号""页脚"内容，以及是否在标题幻灯片中显示等进行设置，选中对应复选框后单击"应用"或"全部应用"即可，单击"取消"按钮则此次设置无效。
>
> ② 选中"标题幻灯片不显示"复选框，则标题幻灯片不显示此次设置的内容。

4．WPS 演示中文字的处理

WPS 演示中的文字主要有四种形式出现：占位符文本、文本框中的文本、插入的图形中的文本、艺术字文本。可以通过不同的方式将文字插入演示文稿编辑区并对文字进行设置。

（1）文本占位符

占位符是用来占位的符号，是一种带有虚线或阴影线边缘的框，分文本占位符、表格占位符、图表占位符、媒体占位符和图片占位符等类型。

1）利用文本占位符输入文字。

文本占位符在幻灯片中表现为一个虚线框，虚线框内部往往带有"单击此处添加标题"之类的提示语，单击后，激活插入点光标，提示语会自动消失，用户可以输入内容。

在文本占位符内输入的文字能在大纲视图中预览，并且级别不同位置有所不同。用户在大纲视图中选中文字进行字体字号等设置操作，会直接改变所有演示文稿中的字体字号；利用插入文本框输入的文字在大纲视图中无法预览，因此不能利用大纲视图进行批量格式设置操作。

2）文本占位符的修改。

在幻灯片上修改文本占位符中的内容，可单击选中文本占位符进行相应操作。删除选中文本占位符，按 Delete 键可直接删除；修改整篇演示文稿的文本占位符，单击"视图"→"幻灯片母版"按钮，打开母版视图，单击选中文本占位符进行相应操作即可。

3）文本占位符的属性设置。

选中文本占位符后双击，打开"对象属性"面板，可以对占位符的"填充与线条""效果""大小与属性"等进行相应的设置，如图 6-3-15 所示。

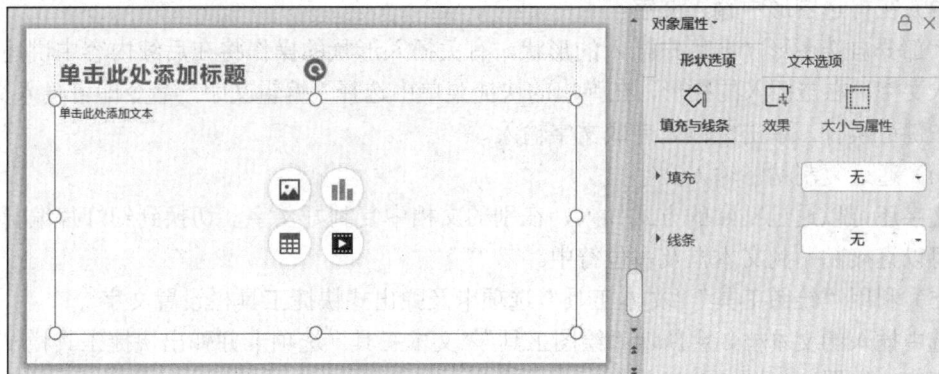

图 6-3-15　文本占位符的属性设置

（2）文本框

可以通过插入文本框的形式完成文本内容的输入，较文本占位符更为方便、灵活。在幻灯片中插入文本框并输入文字的步骤如下。

① 选择"插入"→"文本框"→"横向文本框"或"竖向文本框"命令，如图 6-3-16 所示。

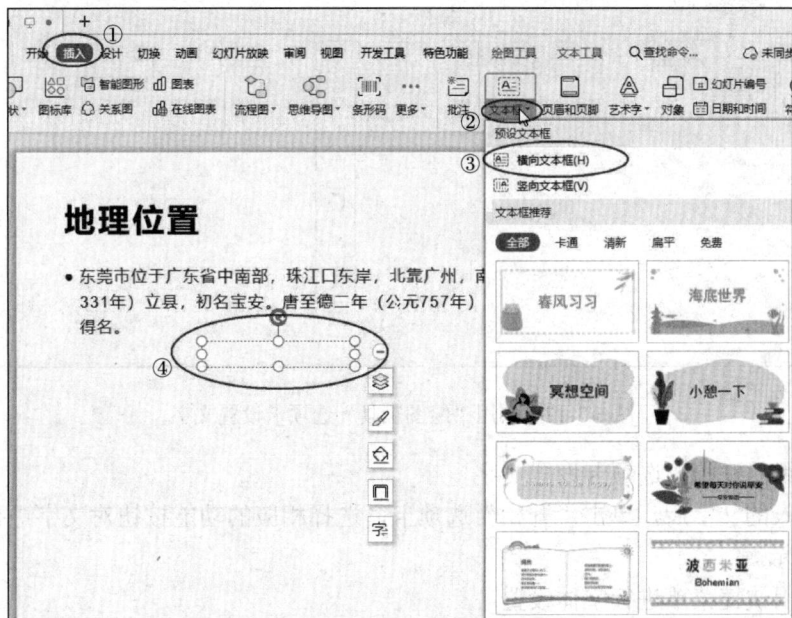

图 6-3-16　插入文本框操作步骤

② 此时幻灯片编辑区中的光标变成十字形状，单击后按住鼠标左键向右下拖动，会预览到文本框大小，满意后释放鼠标，幻灯片编辑区就会出现一个文本框及闪烁的输入文字提示符号，输入文字后单击回车键即可；或右击插入的文本框，在弹出的快捷菜单中选择"编辑文字"命令，输入文字后单击回车键即可，其余操作和文本占位符基本相同。

（3）在自选图形中输入文字

大部分自选图形（即用户插入的形状，有关插入形状的操作将在后续内容中讲述）都能输入文字。右击插入的图形，在弹出的快捷菜单中选择"编辑文字"命令即可输入文字，按回车键可换行，单击空白处完成文字输入。

（4）通过复制粘贴输入文字

文字还可以通过粘贴的方式插入，在别的文档中复制好文字，切换到幻灯片编辑窗口中，可以直接粘贴到文本框及占位符中。

（5）利用"绘图工具""文本工具"选项卡及弹出式快捷工具栏设置文字

选中插入的文本框，会新增"绘图工具""文本工具"选项卡并弹出快捷工具栏，可以进行相应的设置，如图 6-3-17 所示。

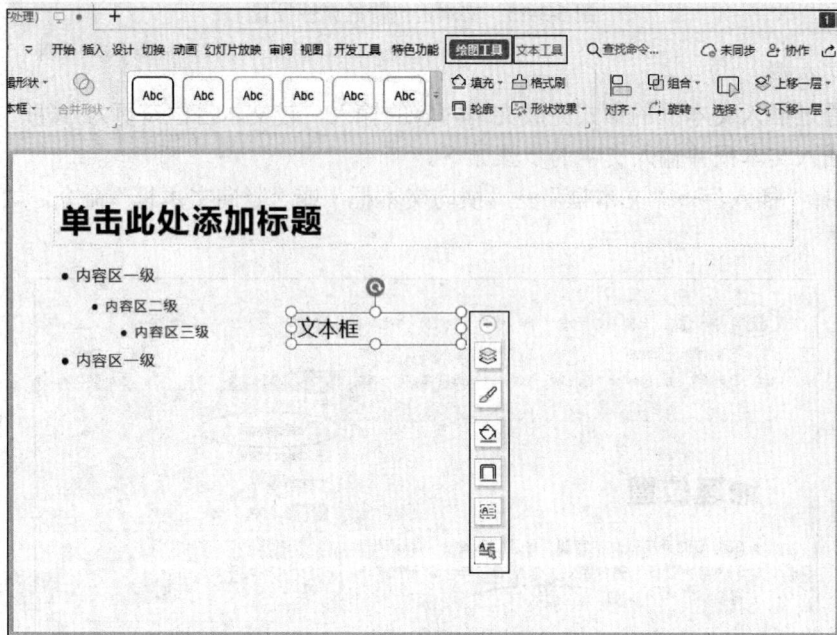

图 6-3-17　利用"绘图工具"选项卡设置文字

（6）利用"开始"选项卡设置文字

选中插入的文字后，单击"开始"选项卡，选择相应的功能按钮对文字进行设置，如图 6-3-18 所示。

（7）利用快捷菜单进行字体设置

右击插入的文字，在弹出的快捷菜单中选择"字体"命令，打开"字体"对话框，可以对字体、字形、字号、字体颜色、下划线类型、偏移量等进行设置，如图 6-3-19 所示。

（8）项目符号和编号

右击插入的文字，在弹出的快捷菜单中选择"项目符号和编号"命令，在打开的"项目符号与编号"对话框中可对项目符号和编号进行设置。合理使用项目符号和编号可以使文字显示更清晰、更有条理性。

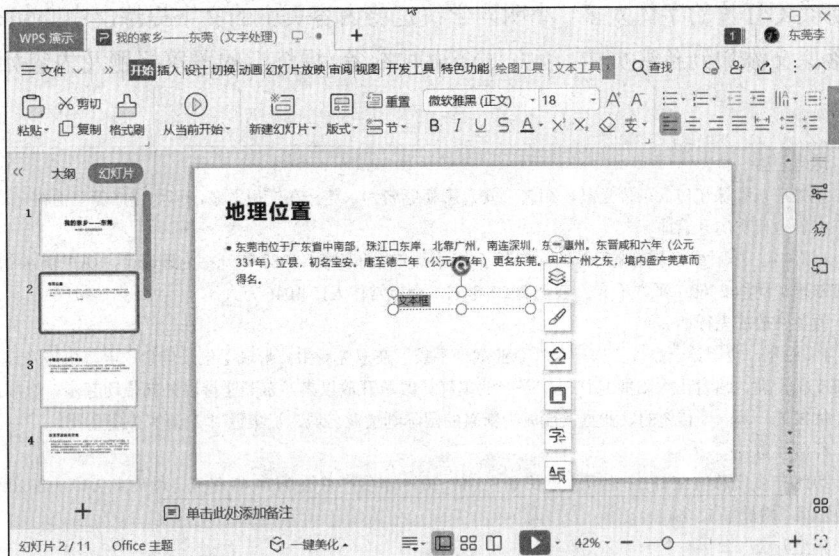

图 6-3-18　利用"开始"选项卡设置文字

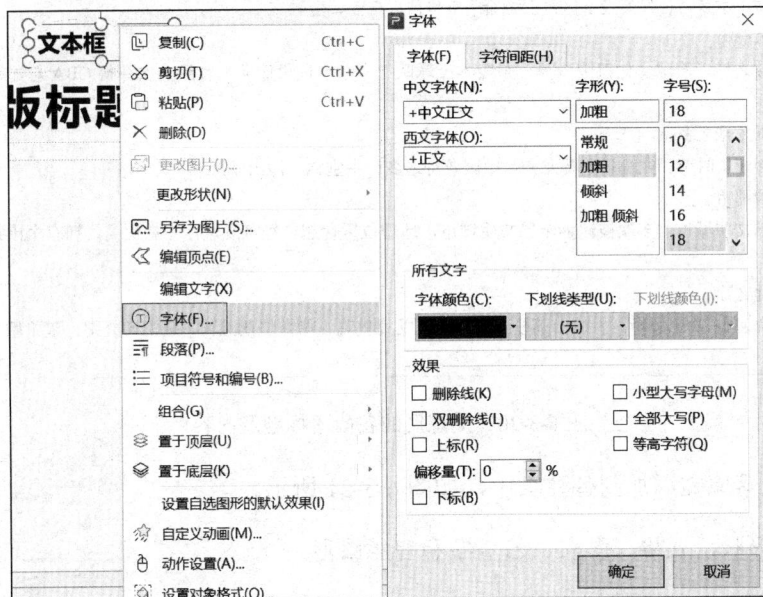

图 6-3-19　字体设置

（9）设置对象格式

双击插入的文本框，打开"对象属性"对话框，单击其中的颜色和线条、尺寸、位置、文本框等标签，进行进一步的设置。

学习了以上 WPS 演示中文字处理的方法，小明开始处理"我的家乡东莞.pptx"各内容页的文字。

因演讲类幻灯片的字体太多，小明同学决定将内容页中的文字提炼出中心句、关键句，同时将段落原文添加到备注页中，以方便演讲时参考。提炼后的段落标题及内容如图 6-3-20 所示。

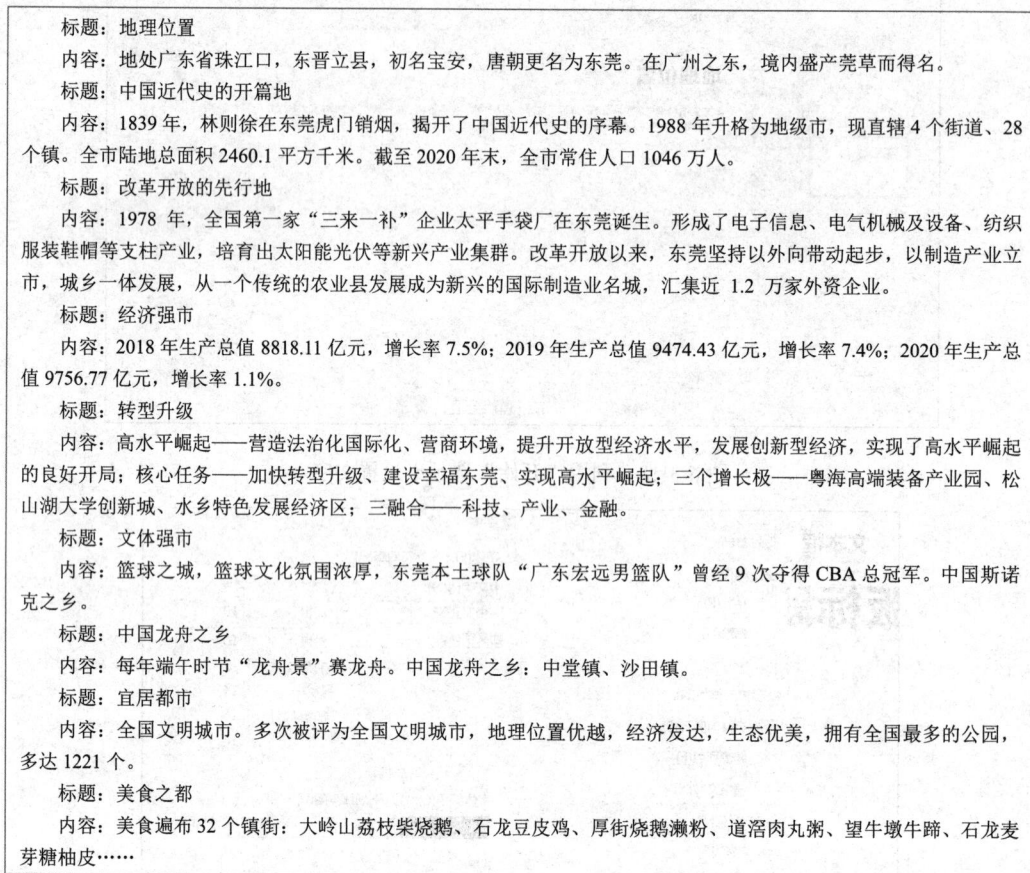

标题：地理位置
内容：地处广东省珠江口，东晋立县，初名宝安，唐朝更名为东莞。在广州之东，境内盛产莞草而得名。
标题：中国近代史的开篇地
内容：1839 年，林则徐在东莞虎门销烟，揭开了中国近代史的序幕。1988 年升格为地级市，现直辖 4 个街道、28 个镇。全市陆地总面积 2460.1 平方千米。截至 2020 年末，全市常住人口 1046 万人。
标题：改革开放的先行地
内容：1978 年，全国第一家"三来一补"企业太平手袋厂在东莞诞生。形成了电子信息、电气机械及设备、纺织服装鞋帽等支柱产业，培育出太阳能光伏等新兴产业集群。改革开放以来，东莞坚持以外向带动起步，以制造产业立市，城乡一体发展，从一个传统的农业县发展成为新兴的国际制造业名城，汇集近 1.2 万家外资企业。
标题：经济强市
内容：2018 年生产总值 8818.11 亿元，增长率 7.5%；2019 年生产总值 9474.43 亿元，增长率 7.4%；2020 年生产总值 9756.77 亿元，增长率 1.1%。
标题：转型升级
内容：高水平崛起——营造法治化国际化、营商环境，提升开放型经济水平，发展创新型经济，实现了高水平崛起的良好开局；核心任务——加快转型升级、建设幸福东莞、实现高水平崛起；三个增长极——粤海高端装备产业园、松山湖大学创新城、水乡特色发展经济区；三融合——科技、产业、金融。
标题：文体强市
内容：篮球之城，篮球文化氛围浓厚，东莞本土球队"广东宏远男篮队"曾经 9 次夺得 CBA 总冠军。中国斯诺克之乡。
标题：中国龙舟之乡
内容：每年端午时节"龙舟景"赛龙舟。中国龙舟之乡：中堂镇、沙田镇。
标题：宜居都市
内容：全国文明城市。多次被评为全国文明城市，地理位置优越，经济发达，生态优美，拥有全国最多的公园，多达 1221 个。
标题：美食之都
内容：美食遍布 32 个镇街：大岭山荔枝柴烧鹅、石龙豆皮鸡、厚街烧鹅濑粉、道滘肉丸粥、望牛墩牛蹄、石龙麦芽糖柚皮……

图 6-3-20 提炼后的各段落标题及内容

同时将段落原文添加到备注页中，如图 6-3-21 所示。

5. 插入形状、表格、图表、艺术字和智能图形

恰当使用形状、表格、图表、艺术字和智能图形，能为幻灯片增色不少。WPS 演示提供的形状类型有：线条、矩形、基本形状、箭头总汇、公式形状、流程图、星与旗帜、标注、动作按钮。这些形状既可以点缀页面，又能呈现特定内容，还能起到强调、展现内容逻辑等功能。WPS 演示能插入普通表格和内容型表格，一般用来呈现幻灯片中的数据，使幻灯片中的数据更清晰易读。WPS 演示提供了预设样式艺术字、稻壳艺术字供用户使用，一般用于突出标题文字、强调关键的文字信息。

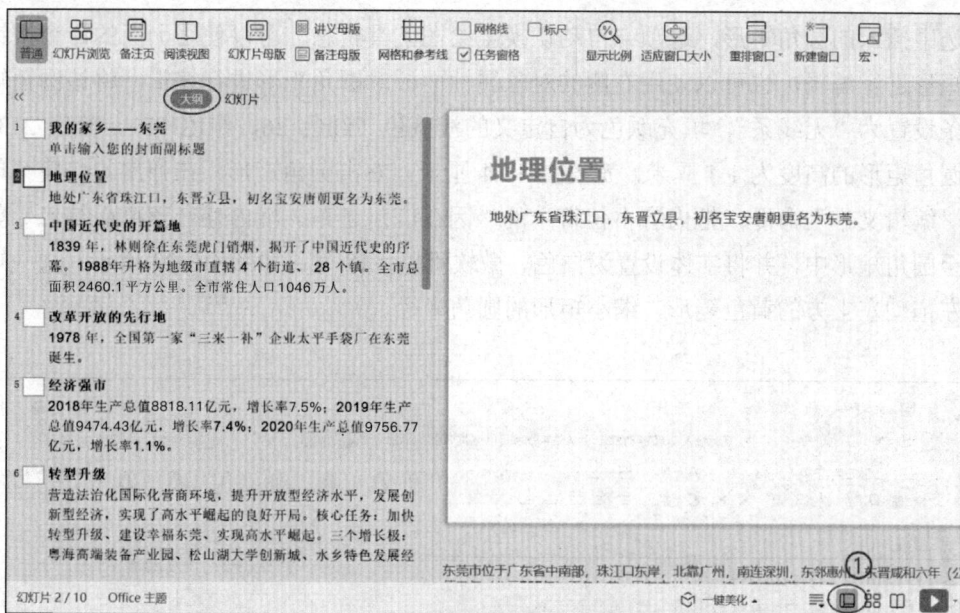

图 6-3-21　提炼内容文字及备注

（1）使用圆角矩形修饰"我的家乡东莞.pptx"中的内容文字

选中"地理位置"页幻灯片，单击"插入"→"形状"→圆角矩形图标，幻灯片窗格编辑区指针变为十字形，按住鼠标左键并拖动到合适的位置后松开，即可插入一个圆角矩形（拖动鼠标的同时按住 Shift 键可绘制出圆角正方形），如图 6-3-22 所示。

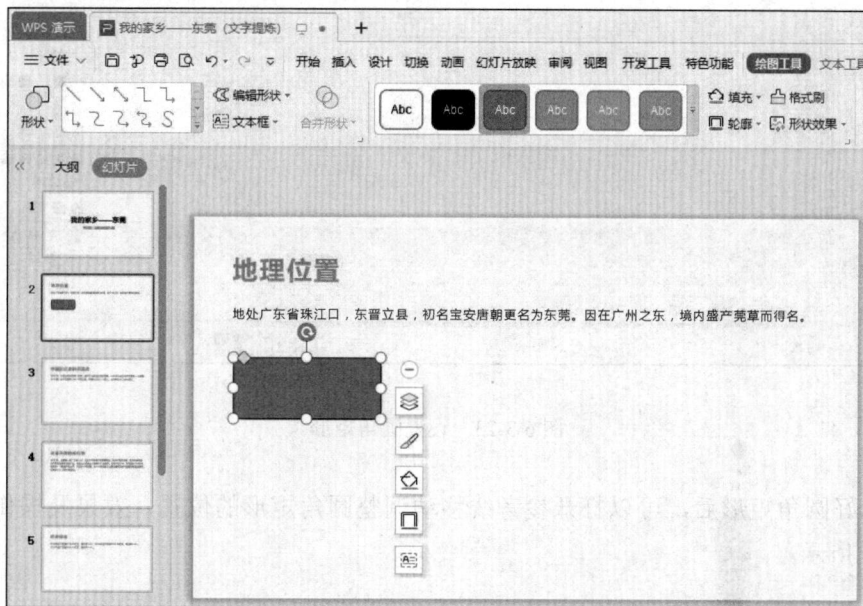

图 6-3-22　插入圆角矩形

选中插入的圆角矩形，选项卡自动切换至绘图工具状态，可以使用上面的命令按钮对圆角矩形进行编辑，也可以使用右侧的对象属性面板对圆角矩形进行编辑。将该圆角矩形的线条设置为"无线条"，填充颜色为自定义的浅蓝色（红色 26、绿色 171、蓝色 213），设置圆角矩形的高度为 1.4 厘米，宽度为 10.4 厘米。右击圆角矩形，在弹出的快捷菜单中选择"编辑文字"命令，把内容占位符中的"因在广州之东，境内盛产莞草而得名"剪切粘贴至圆角矩形中，并将字体设置为白色、微软雅黑、18 号，如图 6-3-23 所示。选中矩形后往左拖动左上方的黄色菱形，缩小矩形的圆角半径。

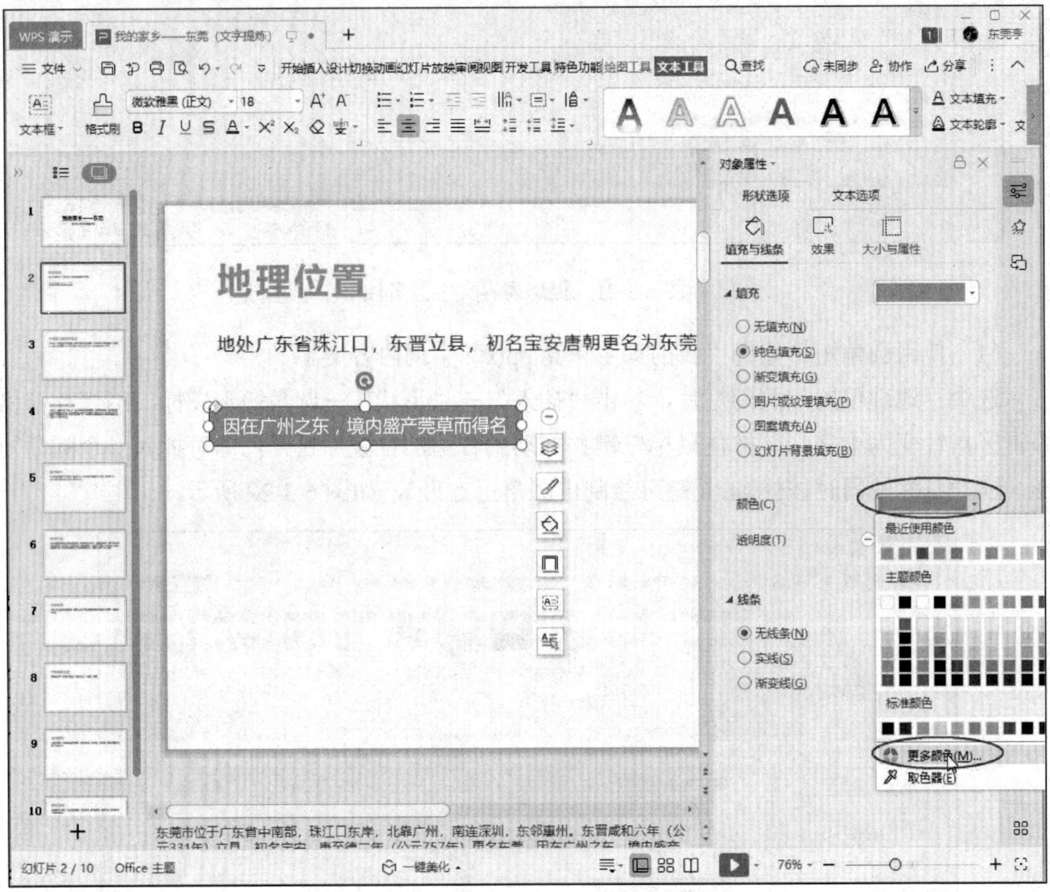

图 6-3-23　设置圆角矩形

编辑好圆角矩形后，可以打开参考线移动调整圆角矩形的位置，效果及操作步骤如图 6-3-24 所示。

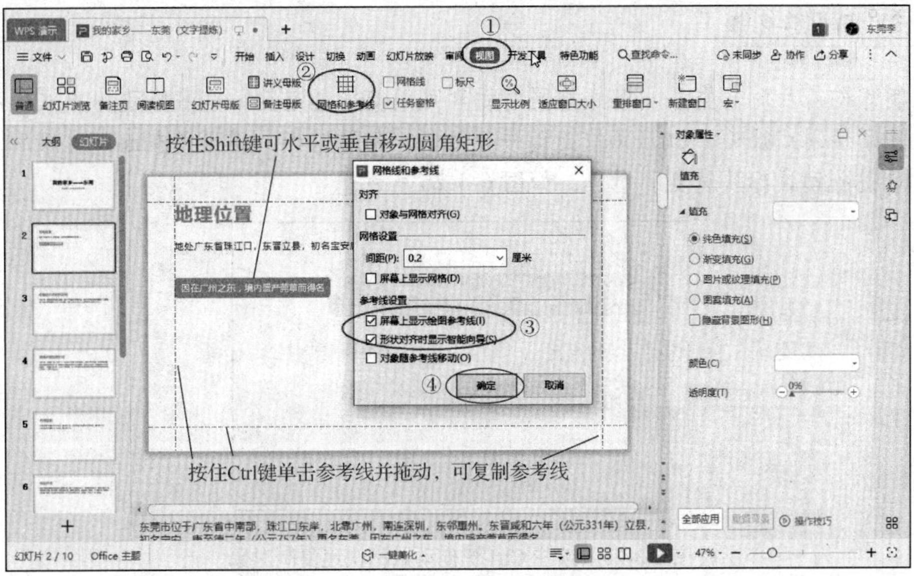

图 6-3-24　使用参考线

按照同样的方法插入并制作其他幻灯片中的圆角矩形，并调整内容占位符的大小和位置，效果如图 6-3-25 所示。

图 6-3-25　使用圆角矩形修饰幻灯片效果

制作幻灯片时，类型、格式相同的元素可以使用复制粘贴然后修改的方式提高效率。除了使用 Ctrl+C、Ctrl+V 快捷键进行复制、粘贴以外，还可以在选中对象后，按住 Ctrl 键拖动鼠标快速复制对象，如图 6-3-26 所示。

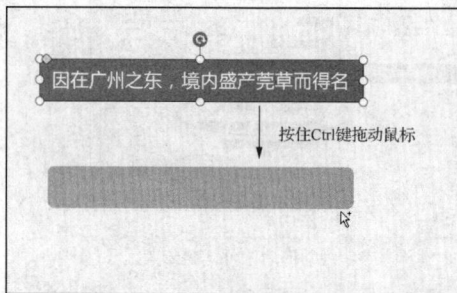

图 6-3-26　按住 Ctrl 键拖动鼠标快速复制对象

（2）使用直线和英语修饰"我的家乡东莞.pptx"中的标题

页面中的标题一般要加一些修饰，小明决定在标题下方增加一条浅灰色的直线。

选中"地理位置"页幻灯片，单击"插入"→"形状"→直线图标，幻灯片窗格编辑区指针变为十字形，按住 Shift 键水平拖动光标到合适的位置（即直线的终点）后松开 Shift 键和鼠标，即可画出一条水平方向的直线，如图 6-3-27 所示。

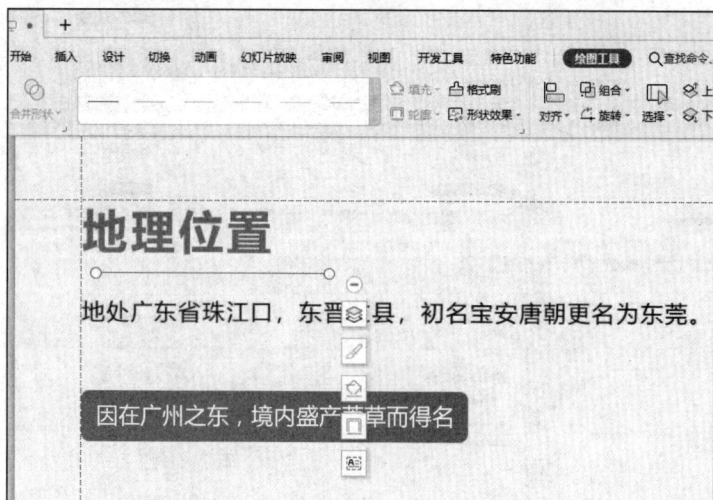

图 6-3-27　直线的绘制

考虑到修饰元素颜色不能太显眼，将其设置为自定义的浅灰色（红色181、绿色198、蓝色204），线条宽度为 2.25 磅，如图 6-3-28 所示。

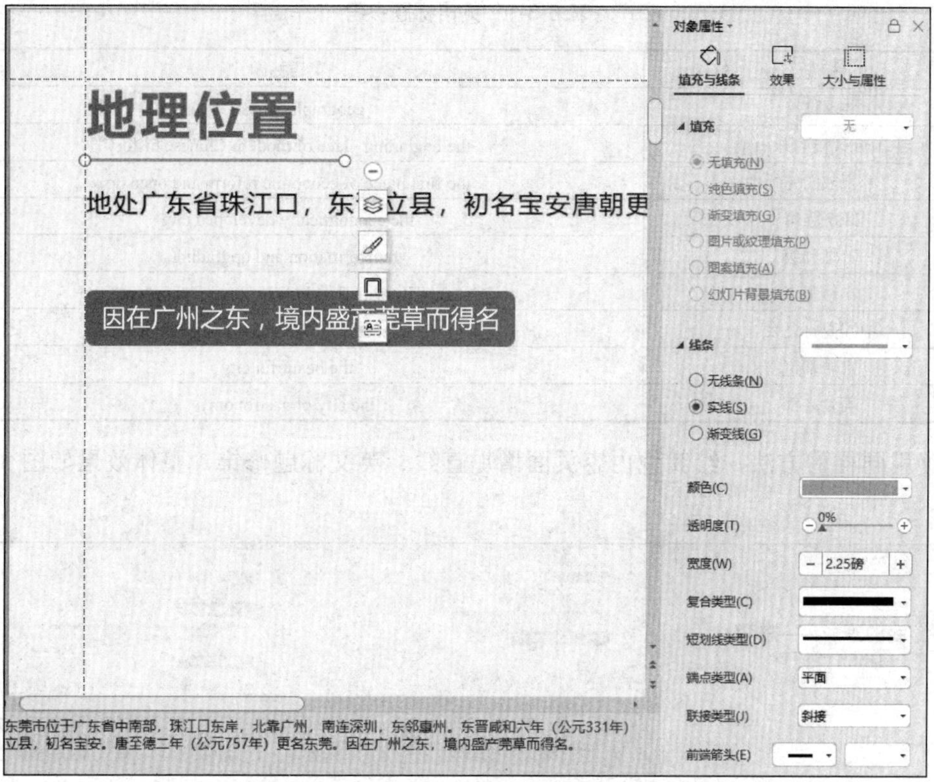

图 6-3-28　直线的设置

　　增加直线后，可在标题下方添加一行浅灰色的英文标题，以增加幻灯片标题的设计感。方法是复制粘贴页面中的标题占位符，输入对应的英文后将字体设置为微软雅黑 18 号字，颜色为自定义的浅灰色（红色 181、绿色 198、蓝色 204），效果如图 6-3-29 所示。

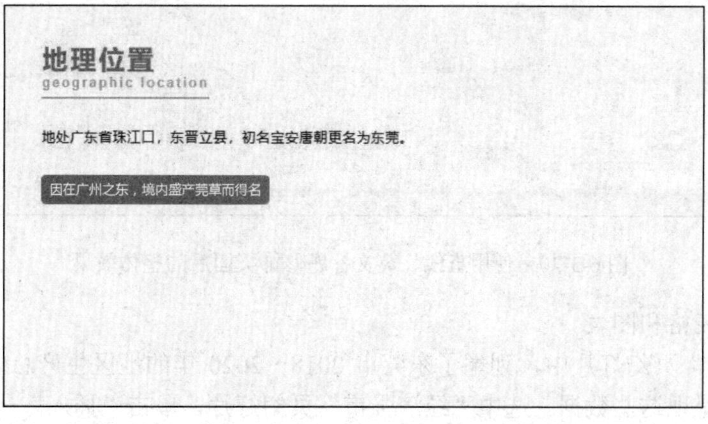

图 6-3-29　增加浅灰色的英文标题后效果

各段落的英语标题参考表 6-3-1。

表 6-3-1　英语标题参考

标题	英语标题
地理位置	geographic location
中国近代史的开篇地	the beginning place of modern Chinese history
改革开放的先行地	the first place of economic reform and open up
经济强市	the economically developed city
转型升级	transformation and upgrading
文体强市	the city with developed culture and sports
中国龙舟之乡	the hometown of Chinese dragon boat
宜居都市	the beautiful city
美食之都	the city of gastronomy

使用同样的方法，给其他内容页面增加直线、英文标题修饰，整体效果如图 6-3-30 所示。

图 6-3-30　使用直线、英文标题修饰页面后的整体效果

（3）添加表格和图表

"经济强市"页幻灯片中，列举了东莞市 2018～2020 年的地区生产总值以及增长率，可以使用表格呈现这些数据。选中"经济强市"页幻灯片，单击"插入"→"表格"按钮，在网格中移动光标，选择行数和列数后单击即可插入表格。拖动表格控制点，可改变表格大小；拖动表格边框，可改变表格位置。选择网格下方的"插入表格"命令，在弹出的"插入表格"对话框中输入行数和列数后也可插入表格，如图 6-3-31 和图 6-3-32 所示。

图 6-3-31 通过网格插入表格

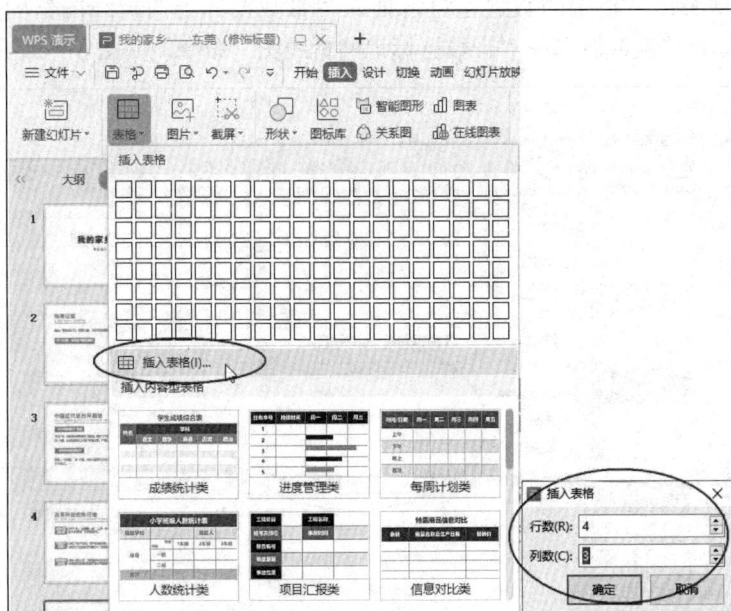

图 6-3-32 通过对话框插入表格

插入表格并填充文字内容后对表格样式进行设置。选中表格后选择"表格样式"→预设样式中的"中度样式 1-强调 2",并设置表格的边框线颜色为标准色中的浅蓝色,步骤及效果如图 6-3-33 所示。

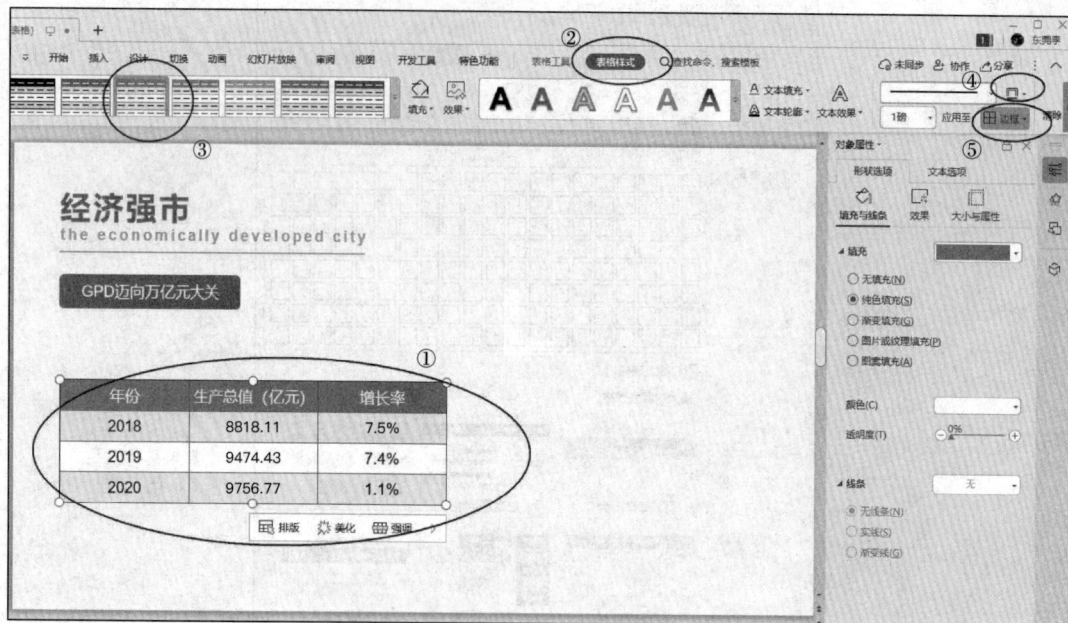

图 6-3-33　插入表格步骤及效果

为了更好地突出表格中的数据趋势，插入"带数据标记的折线图"图表。选择"插入"→"图表"→"折线图"→"带数据标记的折线图"命令，如图 6-3-34 所示。

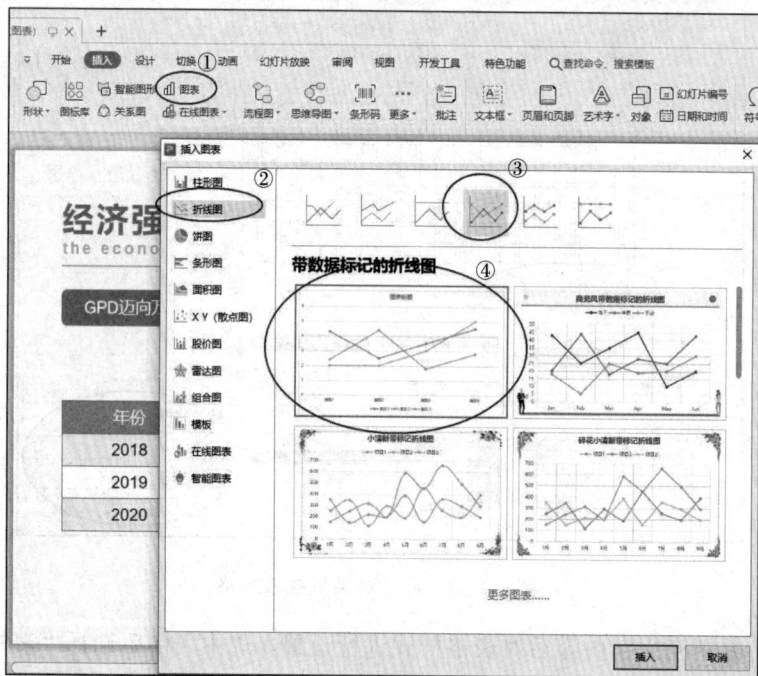

图 6-3-34　插入"带数据标记的折线图"图表

选中插入的图表，单击"图表工具"→"编辑数据"按钮，WPS 演示会打开一个"WPS 演示中的图表"电子表格，将电子表格中的数据换成幻灯片中表格的数据，并设置图表的显示数据项和标题，操作步骤及完成后的效果如图 6-3-35 和图 6-3-36 所示。

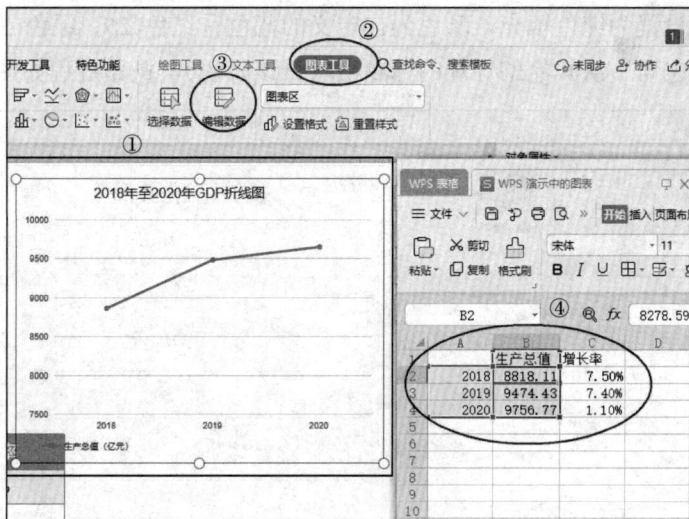

图 6-3-35　编辑图表数据操作步骤

图 6-3-36　增加完表格及图表的效果

（4）添加艺术字

艺术字是一种文字样式库，用户可以将艺术字添加到演示文稿中，制作出富有艺术性的文字，不同于普通文字的特殊文本效果。利用这种艺术字进行各种操作，达到最佳演示效果。小明尝试在标题幻灯片使用艺术字。

选中标题幻灯片，删除主、副标题占位符后，单击"插入"→"艺术字"按钮，在弹出的对话框中选取预设样式中的"填充-矢车菊蓝，着色1，阴影"样式，即可插入艺术字占位符，在占位符中输入"我的家乡东莞"。在"对象属性"面板中选择"文本选项"选项卡，把文本填充设置为纯色填充，颜色为自定义的蓝色（红色26、绿色171、蓝色213，也可以通过"取色器"从其他幻灯片的标题中取得该蓝色），操作过程如图6-3-37所示。

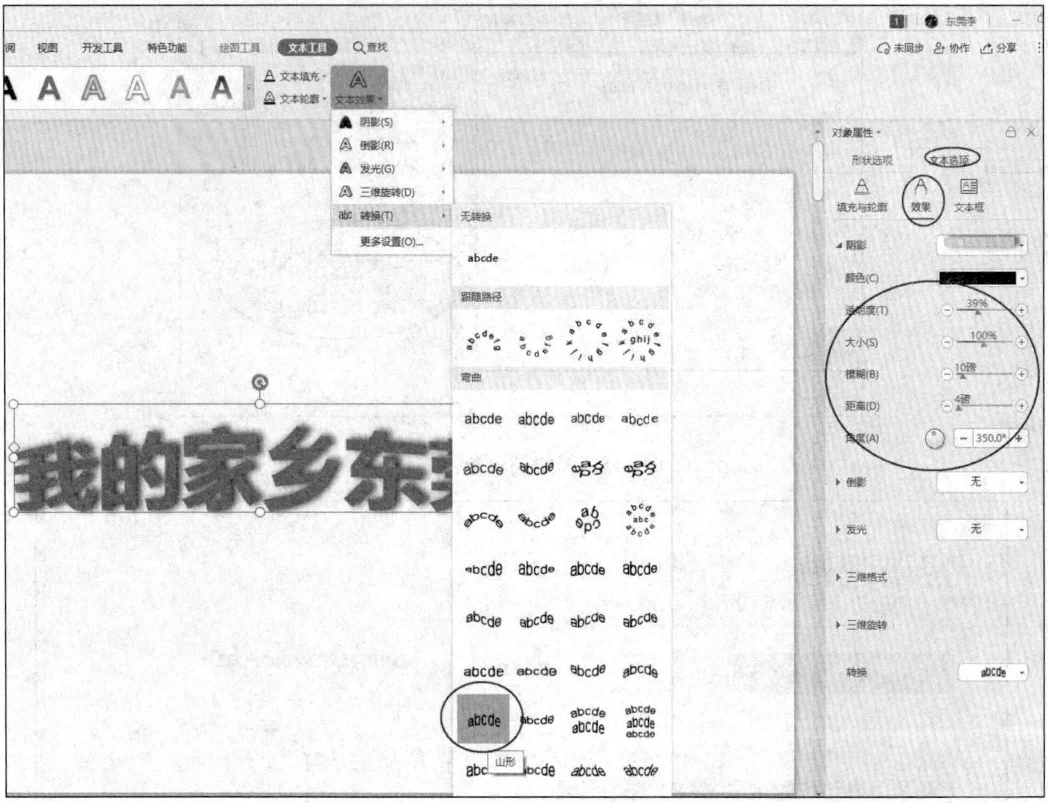

图6-3-37　设置艺术字效果

（5）插入智能图形

智能图形能以直观的方式显示信息，WPS演示的智能图形包括图形列表、流程图以及更为复杂的图形，如维恩图和组织结构图。小明决定在"转型升级"页幻灯片增加智能图形。

选中"转型升级"页幻灯片，单击"插入"→"智能图形"按钮，在弹出的对话框中选取"循环"选项卡下的"多向循环"命令，即可插入智能图形。将该页幻灯片中的"三个增长极"的内容填入智能图形的文本框中，并设置文本框的背景颜色分别为自定义浅蓝色（红色88、绿色182、蓝色229）、自定义浅绿色（红色143、绿色220、蓝色187）、自定义浅橙色（红色251、绿色207、蓝色141），操作过程如图6-3-38所示。

图 6-3-38　设置智能图形

为了让智能图形的表达更清晰，增加两个圆角矩形，将它们移动到一起，如图 6-3-39 所示。

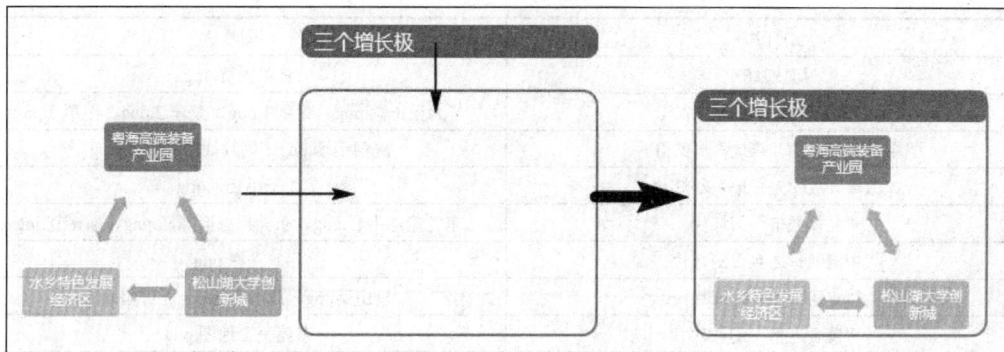

图 6-3-39　增加两个圆角矩形

继续插入圆角矩形和圆形，将该幻灯片的"核心任务"和"三融合"的文字内容放入这些形状中，将该幻灯片做成如图 6-3-40 所示的效果（插入圆形的方法：单击"插入"→"形状"→基本形状中的"椭圆"，按住 Shift 键并拖动鼠标即可绘制出圆形。为了使得圆形具有叠加效果，设置圆形的透明度为 35%）。

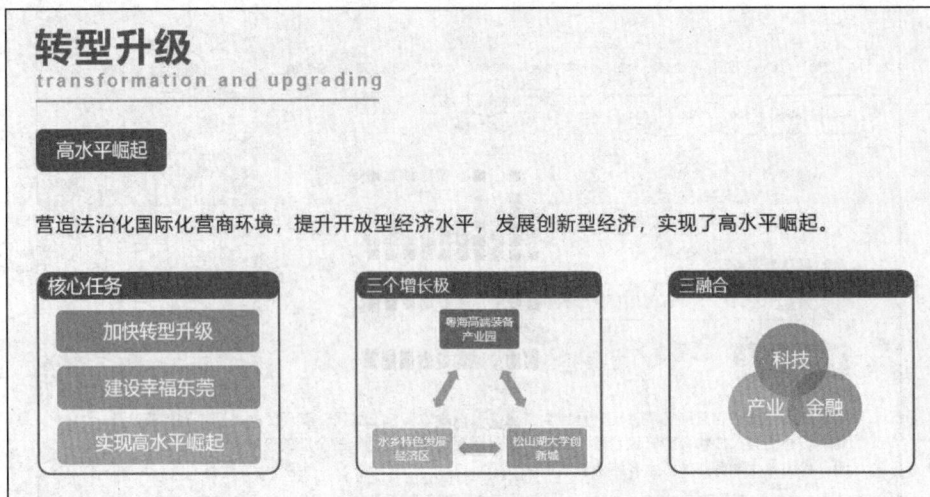

图 6-3-40 "转型升级"页效果

6. 插入图片、视频和音频

（1）插入图片的方法

图片作为演示文稿中的重要元素，起着辅助表达和修饰的作用，它能在一定程度上决定画面基调、引导视觉流程、平衡多段文字信息的枯燥性，让阅读变得轻松容易。小明按照本次演讲文案准备的图片素材如表 6-3-2 所示。

表 6-3-2　图片素材

幻灯片	图片
封面幻灯片	东莞国贸.png
"地理位置"页幻灯片	华为松山湖.png、莞草 1.png、莞草 2.png、莞草 3.png
"中国近代史的开篇地"页幻灯片	虎门销烟.png、鸦片战争博物馆.png
"改革开放的先行地"幻灯片	太平手袋厂.jpg
"文体强市"幻灯片	东莞篮球中心.png、东莞银行篮球队.png、斯诺克.jpg
"中国龙舟之乡"幻灯片	龙舟赛.png
"宜居都市"幻灯片	松山湖.jpg、旗峰公园.jpg、可园.png
"美食之都"幻灯片	东莞美食地图.png

新建一个空白演示文稿，新建"标题与内容"版式幻灯片，单击"插入"→"图片"按钮，选择图片进行插入；或直接单击内容占位符中的插入图片图标插入图片。插入的图片会替换掉幻灯片中的内容占位符。插入图片的方法和效果如图 6-3-41 和图 6-3-42 所示。

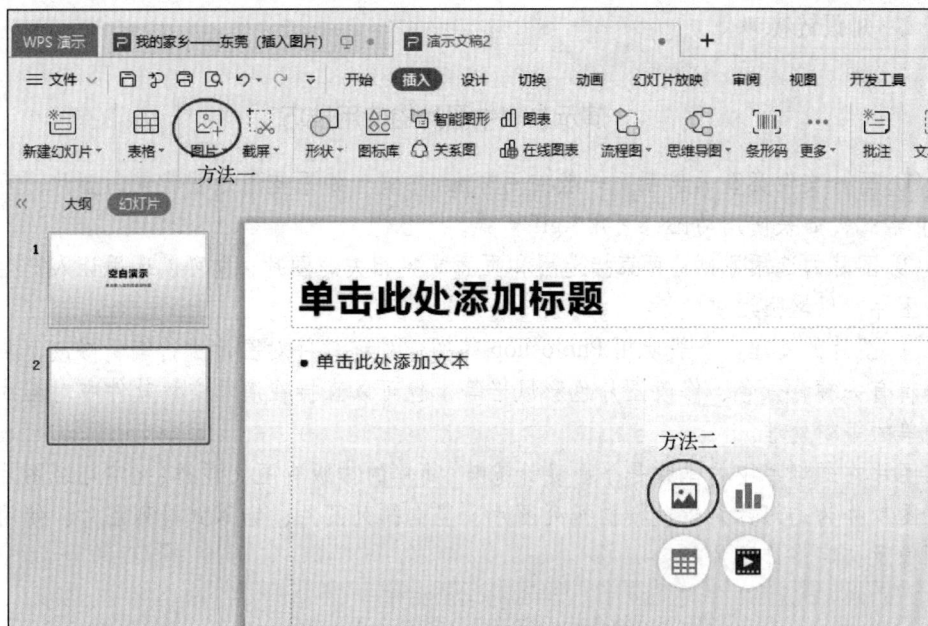

图 6-3-41　插入图片的方法

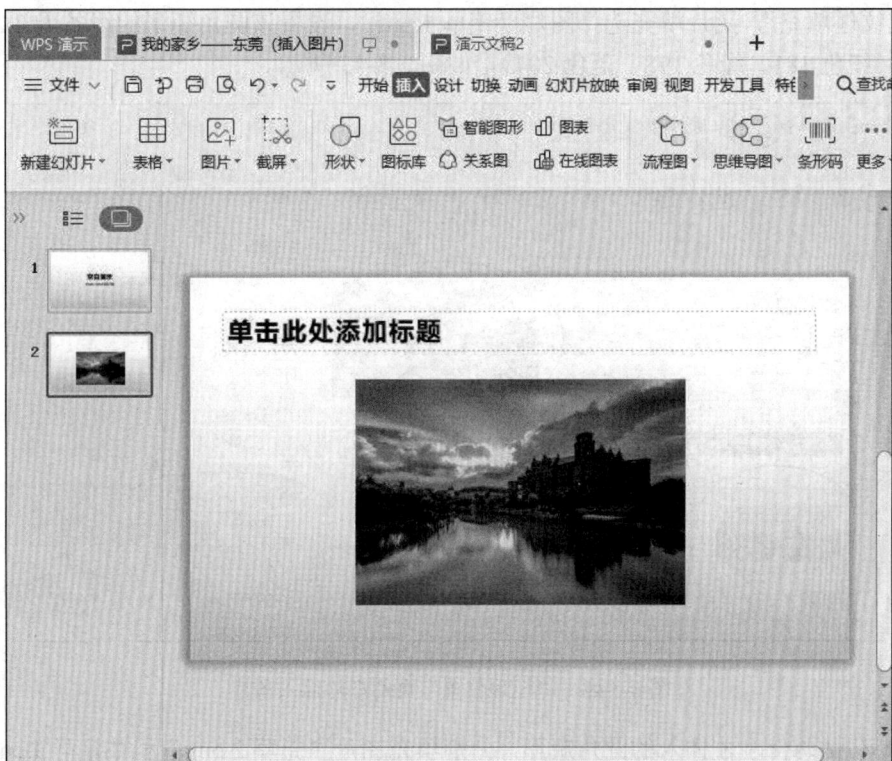

图 6-3-42　插入图片的效果

知识链接

演示文稿中图片的使用技巧

① 图片文件类型的选用：一般使用 *.jpg 格式，如果使用透明背景的图片，可用 *.png 格式，如果使用动画，可用 *.gif 格式。

② 图片的选用原则：可直接选用和页面文字相关的图片，也可以选用让人产生联想的图片，以增强演讲效果。

③ 图片的处理：一般使用 Photoshop 等图像处理软件对图片进行编辑修改，常见的编辑有去掉背景色、修改图片色彩风格等，也可以直接在演示文稿软件中对图片进行简单的编辑处理。

图片在幻灯片中的排版是平面设计范畴，简单的排版有图文混排（文字环绕图片）、单张图片作为幻灯片背景、横向排列图片、竖向排列图片、错落式排列图片、使用形状图像及文字修饰图片等。

（2）在"地理位置"和"美食之都"页幻灯片中插入图片

打开参考线，将"华为松山湖.jpg"插入幻灯片的右上方；插入圆角矩形，设置填充为"图片或纹理填充"，图片填充选择图片"莞草 1.png"，设置该圆角矩形的线条为 2.25 磅的浅灰色（红色 181、绿色 198、蓝色 204），如图 6-3-43 所示。

图 6-3-43　"地理位置"页幻灯片插入图片

复制粘贴两份刚才插入的圆角矩形，分别填充图片"莞草 2.png"和"莞草 3.png"，完成后效果如图 6-3-44 所示。

在"美食之都"页幻灯片插入图片"东莞美食地图.png"，效果如图 6-3-45 所示。

图 6-3-44 　"地理位置"页幻灯片完成效果

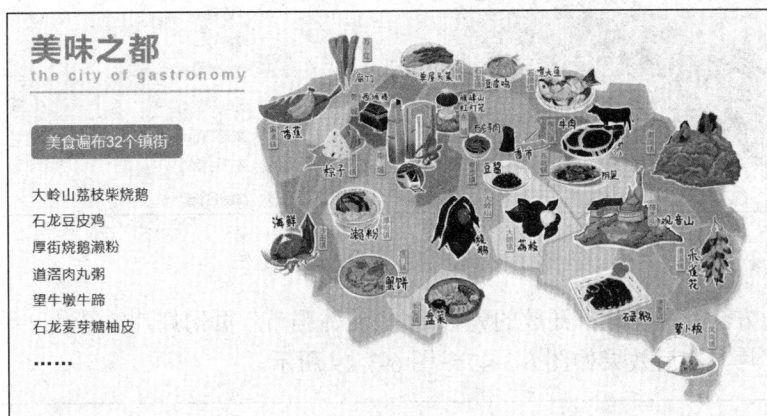

图 6-3-45 　"美食之都"页幻灯片完成的效果

（3）在"中国近代史的开篇地""改革开放的先行地""文体强市"页幻灯片中插入图片

① 在"中国近代史的开篇地"页幻灯片插入图片"虎门销烟.png"。

② 插入一根竖向直线（按住 Shift 键往下拖动鼠标），颜色为"黑色，文本 1，浅色 50%"。

③ 插入一个矩形，颜色为"黑色，文本 1，浅色 50%"，透明度为 45%，右击矩形，在弹出的快捷菜单中选择"编辑文字"命令，在矩形中输入"林则徐虎门销烟"。

④ 将矩形和竖线移到图片底部。

⑤ 同时选中图片、竖向直线和矩形（按住 Shift 键用鼠标逐一点选）。

⑥ 右击选择"组合"→"组合"选项，即可将三者组合成一个整体。

①～⑥操作过程如图 6-3-46 所示。

图 6-3-46　插入图片及形状修饰

用同样的方法处理"改革开放的先行地""文体强市"页幻灯片的图片，并适当调整排版，三页幻灯片完成后效果如图 6-3-47～图 6-3-49 所示。

图 6-3-47　"中国近代史的开篇地"页幻灯片插入图片后效果

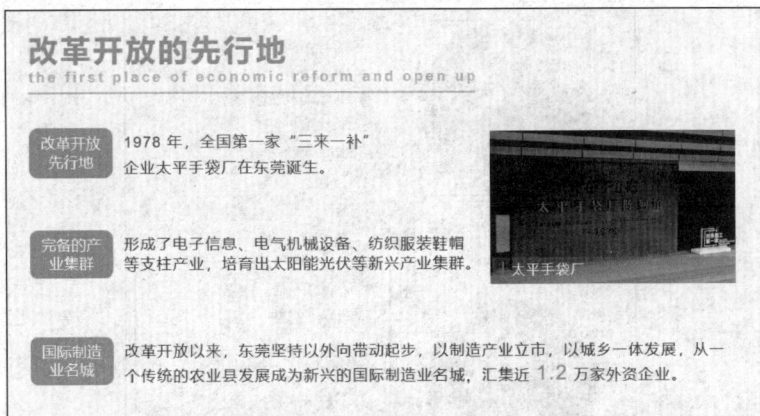

图 6-3-48　"改革开放的先行地"页幻灯片插入图片后效果

图 6-3-49　"文体强市"页幻灯片插入图片后效果

（4）在"宜居都市"页幻灯片中插入图片

① 在"宜居都市"页幻灯片插入圆形形状，填充图片"松山湖.jpg"。

② 设置圆形透明度为 15%，放置方式为平铺，偏移量 Y 为 1 磅，缩放比例 X 和 Y 均为 55%，左上对齐，无线条边框。

③ 插入一个圆角矩形，填充颜色为白色，线条颜色为自定义色（红色 26、绿色 171、蓝色 213），线条宽度为 2 磅，编辑文字为"松山湖"，适当调整圆角矩形的圆角半径。

④ 插入一个横向文本框，字体为 Arial，字体大小为 14 号，字体颜色为"黑色，文本 1，浅色 50%"，输入文字 Songshan lake。

⑤ 将圆角矩形和文本框移到圆形的底部，全选后将它们组合，操作步骤如图 6-3-50 所示。

重复以上步骤，完成"宜居都市"幻灯片的图片插入，完成后效果如图 6-3-51 所示。

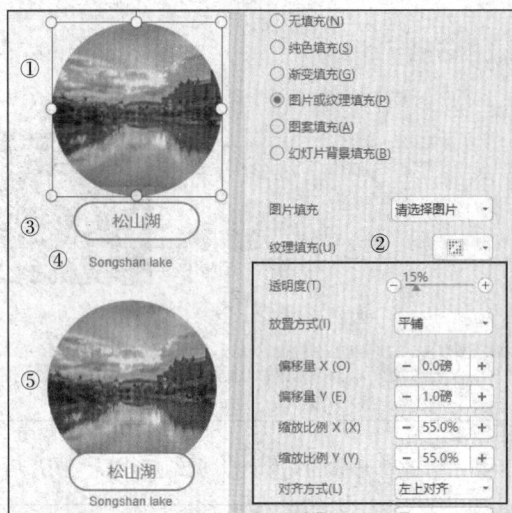

图 6-3-50　"宜居都市"页幻灯片插入图片步骤

图 6-3-51　"宜居都市"页幻灯片插入图片后效果

知识链接

如何处理幻灯片中对象的叠放顺序

在同一张幻灯片中，多个对象层叠放在一起，上层的对象会遮挡住下层的对象。更改对象的叠放顺序方法如下。

① 将光标移动到对象的边框并右击，弹出如图 6-3-52 所示的快捷菜单。

② 若要上移一层，则在弹出的快捷菜单中，选择"置于顶层"→"上移一层"命令。

③ 若要上移至顶层，则在弹出的快捷菜单中，选择"置于顶层"→"置于顶层"命令。

④ 若要下移一层，则在弹出的快捷菜单中，选择"置于底层"→"下移一层"命令。

⑤ 若要下移至底层，则在弹出的快捷菜单中，选择"置于底层"→"置于底层"命令。

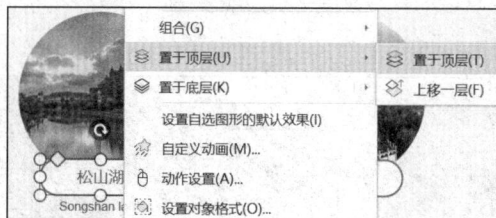

图 6-3-52 调整叠放顺序

（5）在"中国龙舟之乡"页和封面页幻灯片中插入图片

① 在"中国龙舟之乡"页幻灯片插入图片"龙舟赛.png"。因为该图片为高清大图，体积较大，WPS 提示压缩如图 6-3-53 所示，单击"是"按钮并设置压缩图片后，单击"确定"按钮，如图 6-3-54 所示。按住 Shift 键拖动鼠标等比例调整图片的大小，调整位置，调整图片的叠放顺序为"置于底层"，适当调整该页幻灯片的字体，最终效果如图 6-3-55 所示。

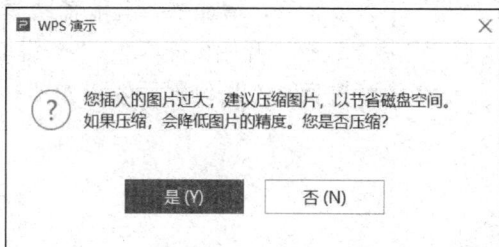

图 6-3-53 压缩图片提示框

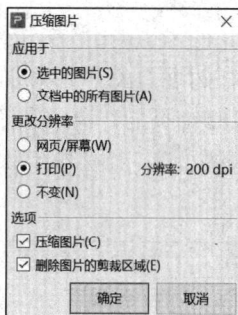

图 6-3-54 压缩插入的图片

图 6-3-55 "中国龙舟之乡"页幻灯片插入图片效果

② 在封面页幻灯片插入图片"东莞国贸.png"。由于该图片作为封面图，可不进行压缩，WPS 提示压缩时选择否即可。调整图片的大小和位置，将图片的叠放顺序设置为"置于底层"，删除之前添加的艺术字，增加文本框、线条和圆角矩形作为封面标题，完成后效果如图 6-3-56 所示。

图 6-3-56　封面页幻灯片插入图片和标题效果

③ 在封面页幻灯片添加拼音修饰。由于"莞"字为多音字，增加拼音既能辅助演讲内容，又能修饰页面。选中圆角矩形中的文本"东莞"后，选择"开始"→变→"一键取音"命令插入拼音字体，操作步骤如图 6-3-57 所示，适当调整拼音文本框位置后效果如图 6-3-58 所示。

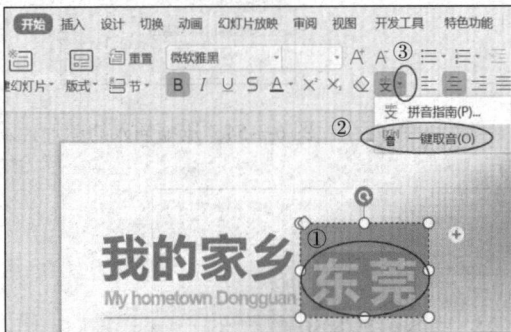

图 6-3-57　封面插入拼音步骤

图 6-3-58　插入拼音效果

④ 在封面页幻灯片添加光束效果。新建一张空白幻灯片，填充背景为黑色，插入一个梯形，设置为渐变填充，从白色（透明度 0%）渐变到白色（透明度 85%），设置效果中的柔化边缘大小为 30 磅。复制出两个梯形，旋转后组合成光束。将光束移到封面中，将莞字所在的圆角矩形置于顶层。操作步骤及效果如图 6-3-59～图 6-3-61 所示。

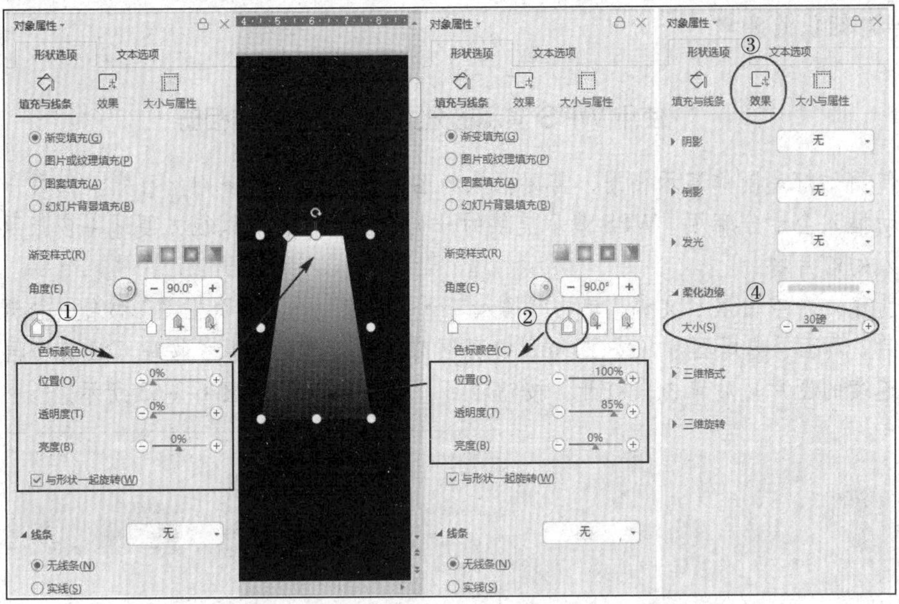

图 6-3-59　白色渐变梯形

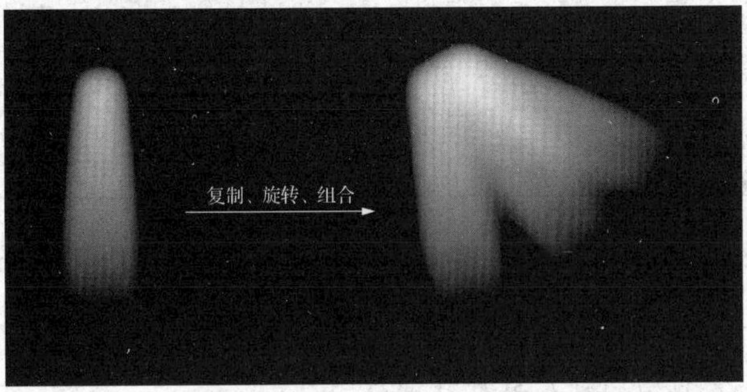

图 6-3-60　旋转、组合成光束

图 6-3-61　封面页幻灯片完成效果

┏━━┓ 知识链接 ■

使用 WPS 演示的分页插图功能制作相册

　　使用幻灯片制作演示相册，需要插入的图片少则十几张多则上百张，如果一张一张手动插入会十分麻烦。WPS 演示提供的分页插图功能，可以很方便地将多张照片批量插入幻灯片中。

　　新建一个空白演示文稿，单击"插入"→"图片"→"分页插图"按钮，打开"插入图片"页面，选择图片（按住 Shift 键可同时选中连续的图片，按住 Ctrl 键可同时选中不连续的图片）后单击"打开"按钮即可，如图 6-3-62 和图 6-3-63 所示。

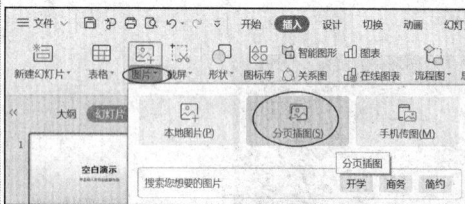

图 6-3-62　分页插图步骤 1　　　　　　　　　　图 6-3-63　分页插图步骤 2

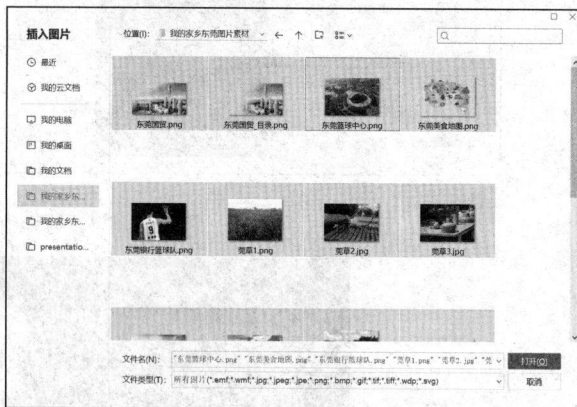

　　"分页插图"完成后效果如图 6-3-64 所示，每张幻灯片会依次插入一张图片，若幻灯片页数不足，会自动新建幻灯片并插入图片。

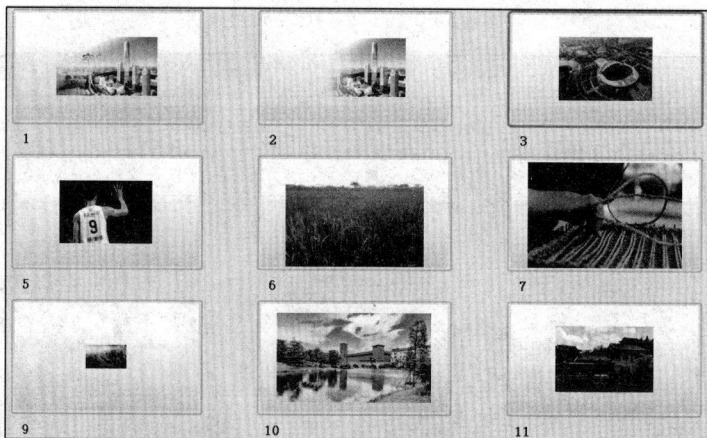

图 6-3-64　"分页插图"完成后效果

（6）在演示文稿中添加视频

视频在演示文稿中起辅助说明的作用，WPS 演示支持 ASF、ASX、WMX、AVI、MOV、MP4 等多种格式的视频。插入视频的方式有嵌入本地视频、链接到本地视频、插入网络视频、插入开场动画视频，其中插入网络视频需要安装 Flash 插件，插入开场动画视频需要登录 WPS 账号。小明决定在封面页幻灯片之后嵌入一个本地视频"东莞城市形象宣传片.wmv"，以增加演示文稿的吸引力。具体操作步骤如下。

① 在封面幻灯片后，插入一张"空白"幻灯片，选择"插入"→"视频"→"嵌入本地视频"命令。

② 在弹出的"插入视频文件"对话框中，选中视频"东莞城市形象宣传片.wmv"，单击"打开"按钮即可插入视频，利用鼠标调整视频播放画面的大小和位置。

③ 在"视频工具"选项卡中可对视频进行设置。选中"全屏播放"复选框，"开始"下拉选项选择"自动"，当跳转到此幻灯片时，将自动全屏播放视频。可以为视频指定封面图片，也可以单击视频播放按钮，选择将当前画面设为视频封面，如图 6-3-65 所示。

图 6-3-65　设置视频

④ 单击"视频工具"→"裁剪视频"按钮，在弹出的"裁剪视频"对话框中，移动左右两端的标尺或设置"开始时间"和"结束时间"，完成后单击"确定"按钮，即可完成视频的裁剪，如图 6-3-66 所示。

⑤ 视频对象与图片对象一样可以设置格式，方法与图片的格式设置相同。选中视频后，选择"图片工具"→"图片轮廓"→"图片边框"命令，选择合适的图片边框，如图 6-3-67 所示。如果视频设置了全屏自动播放，则设置的视频轮廓无效。

图 6-3-66　裁剪视频

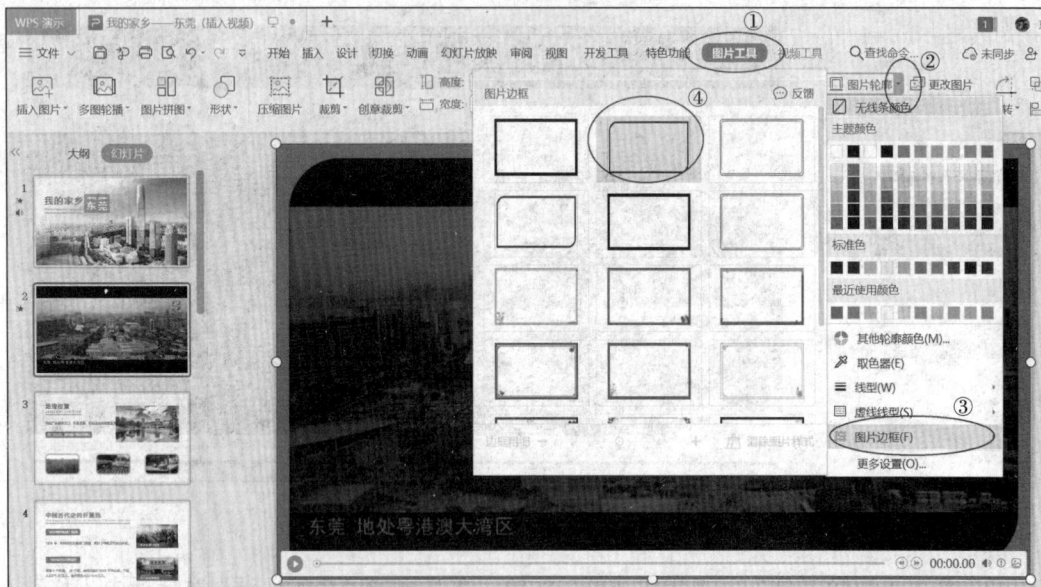

图 6-3-67　设置视频轮廓

（7）在演示文稿中添加音频

在演示文稿中添加音频，能烘托演讲气氛，增强演讲的情感表达。插入音频的方式有嵌入音频、链接到音频、嵌入背景音乐、链接背景音乐、通过在线音频库插入音频。前 4 种方式都是使用本地音频文件，在线音频库需要登录 WPS 账号并购买会员才能使用。音频只在插入页幻灯片播放，背景音乐从插入页幻灯片至后续幻灯片播放。

小明将在封面页幻灯片插入音频"城市航拍.mp3"，在第 3 张幻灯片插入音频"瞬间的永恒钢琴曲.mp3"作为第 3 张幻灯片至末尾页幻灯片的背景音乐。操作步骤如下。

① 选中封面幻灯片，选择"插入"→"音频"→"嵌入音频"命令，在弹出的对话框中选择"城市航拍.mp3"插入音频。

② 在幻灯片中选中插入的音频图标可打开"音频工具"选项卡，可以对音频进行设置，如裁剪音频，设置淡入淡出和播放开始方式等。单击"设为背景音乐"按钮或选中"跨幻灯片播放"单选按钮，插入的音频将变成从该页幻灯片开始至末尾页幻灯片的背景音乐。

③ 选中"当前页播放"单选按钮，音频将只在本页幻灯片播放。选中"循环播放，直至停止"和"放映时隐藏"复选框，完成在封面页幻灯片插入音频"城市航拍.mp3"的操作，如图 6-3-68 所示。

图 6-3-68　封面页幻灯片插入音频

④ 选中"地理位置"页幻灯片，选择"插入"→"音频"→"嵌入背景音乐"命令，在弹出的对话框中选择"瞬间的永恒钢琴曲.mp3"插入，WPS 将会询问是否从第一页幻灯片开始插入背景音乐，单击"否"按钮，如图 6-3-69 所示。

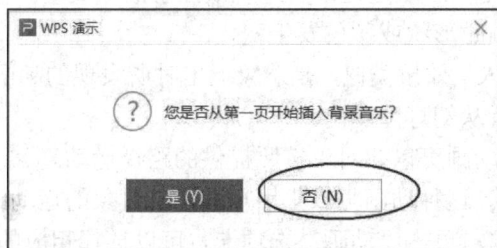

图 6-3-69　插入背景音乐询问窗

⑤ 选中插入的音频图标可打开"音频工具"选项卡，可以看到"设为背景音乐"按钮

为灰色按下状态且"跨幻灯片播放"被选中，设置淡入淡出为 1 秒，选中"循环播放，直至停止"和"放映时隐藏"复选框，完成从"地理位置"页幻灯片开始至末尾页幻灯片播放的背景音乐的插入，如图 6-3-70 所示。

图 6-3-70　插入背景音乐

7．设置动画效果

动画是指播放演示文稿时，幻灯片中的对象（如占位符、文本框、形状、图片）能显示的动态效果。动画可以辅助演讲的进度推进，强调重点，展现元素间的顺序逻辑等。

WPS 演示中的动画分为自定义动画和智能动画。自定义动画是由用户自己定义的动画，智能动画是由 WPS 演示程序根据用户选择的对象而自动推荐使用的动画。

（1）WPS 演示中的自定义动画类型

① 进入。这是最基本的自定义动画效果，即幻灯片里面的对象（包括文本、图形、图片、组合及多媒体素材）从无到有、陆续出现的动画效果。

② 强调。这种动画是在放映过程中引起观众注意的一类动画，它不是从无到有，而是一开始就存在，播放动画时形状或颜色发生变化。

③ 退出。它与"进入"效果类似，是对象退出时所表现的动画形式，如让对象飞出幻灯片、从视图中消失或者从幻灯片旋出。

④ 动作路径。这种动画可以让对象按照提供的路径运动。

⑤ 绘制自定义路径。这种动画可以由用户自定义对象的运动路径。

选中幻灯片中的对象，单击"动画"选项卡，可以选择相应的动画效果，如图 6-3-71 和图 6-3-72 所示。

图 6-3-71 动画选项卡

图 6-3-72 自定义动画类型

在幻灯片中选中一个或多个对象，单击以上任意一个自定义动画就能应用到对象上。同一个对象可以应用一个自定义动画，也可以应用多个自定义动画。

（2）应用"进入"型自定义动画

方法一：直接在选项卡动画类型面板中选择并应用自定义动画。

选中"地理位置"页幻灯片中的"因在广东之东，境内盛产莞草而得名"所在的圆角矩形，单击"动画"选项卡，选择"飞入"动画，单击"自定义动画"按钮打开动画窗格，设置方向为"自左侧"，速度为"非常快"，如图 6-3-73 所示。

方法二：在自定义动画窗格使用"添加效果"按钮，选择并应用自定义动画。

选中"莞草 1.jpg"所在的圆角矩形，单击自定义动画窗格中的"添加效果"按钮，在弹出的窗口中选择"飞入"动画，如图 6-3-74 所示。

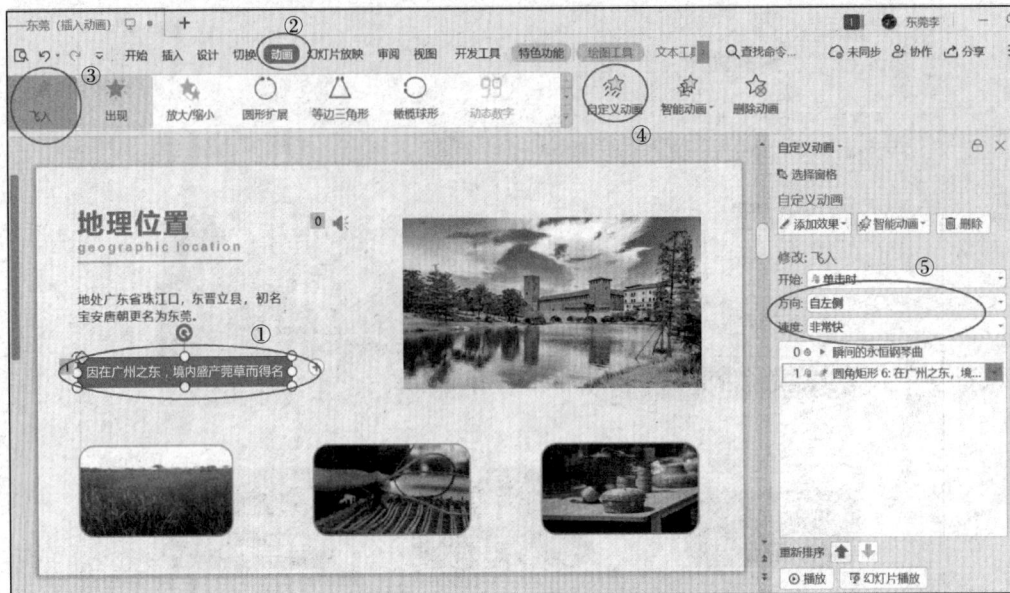

图 6-3-73　应用"进入"型自定义动画方法一

图 6-3-74　应用"进入"型自定义动画方法二

以上两种方法的区别是，方法一只能对同一个对象应用或修改一种动画类型，方法二可以对同一个对象添加多个动画类型（一个对象应用多种动画类型）。添加动画后，可单击自定义动画窗格下方的"播放"按钮观看动画效果。

（3）应用"强调"型自定义动画

选中"地理位置"页幻灯片中的图片对象，单击"动画"→ →选中"放大/缩小"动画，在自定义动画窗格中修改尺寸为120%，单击自定义动画窗格下方的"播放"按钮观看动画效果，如图 6-3-75 所示。

图 6-3-75 应用"强调"型自定义动画

（4）应用"退出"型自定义动画

① 选中"地理位置"页幻灯片，单击"插入"→"形状"下拉按钮，插入两个箭头。

② 修改箭头为无线条，填充和标题相同的浅蓝色，调整透明度为 45%。

③ 同时选中这两个箭头，单击"动画"→ ⊡ →选择"退出"型中的"消失"动画，如图 6-3-76 所示。

图 6-3-76 应用"退出"型自定义动画

（5）应用"动作路径"型自定义动画

选中"转型升级"页幻灯片中"科技"所在的圆形，单击"动画"→ ⊡ →"动作路径动画"型中的"圆形扩展"动画，调整路径为圆形，如图 6-3-77 所示。

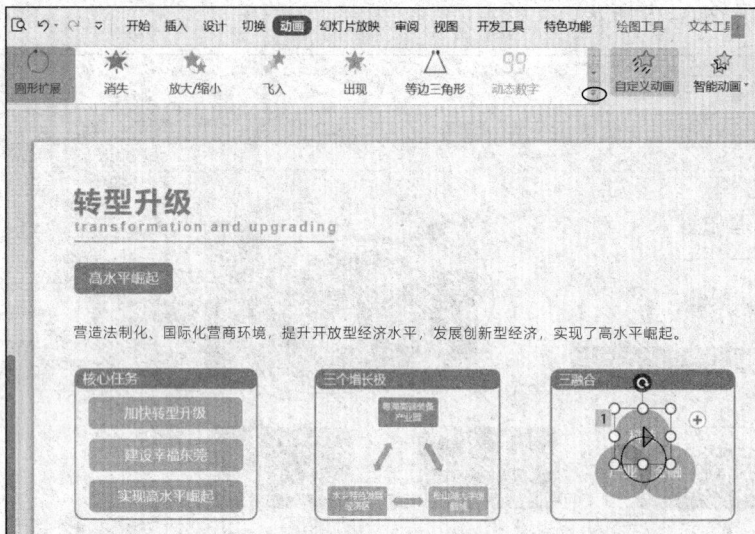

图 6-3-77　应用"动作路径"型自定义动画

（6）应用"绘制自定义路径"型自定义动画

① 选中"经济强市"页幻灯片，在幻灯片视野外插入一个右侧箭头，填充颜色设置为橙色。

② 选中该箭头，单击"动画"→ 图 →"绘制自定义路径"型中的"直线"动画。

③ 沿着幻灯片中的折线图画直线路径，如图 6-3-78 所示。

④ 单击自定义动画窗格下方的"播放"按钮观看动画效果。

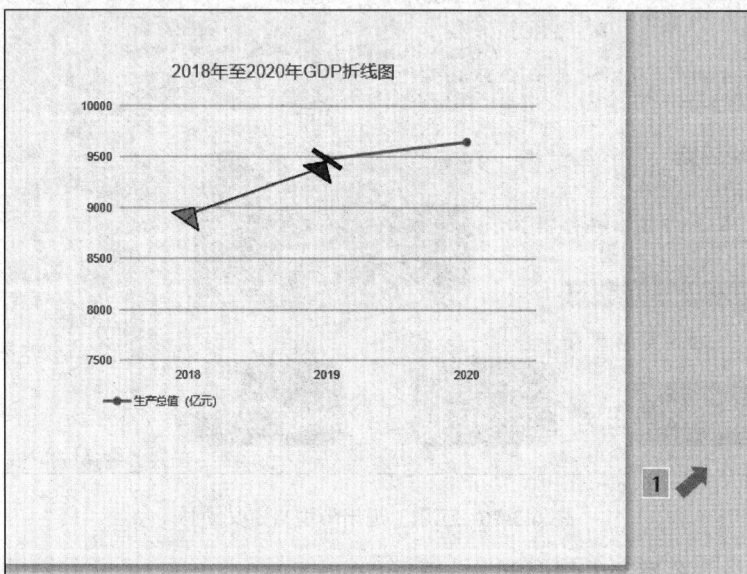

图 6-3-78　应用"绘制自定义路径"型自定义动画

（7）同一个对象应用多个自定义动画

前面的操作中，"地理位置"页幻灯片中"因在广东之东，境内盛产莞草而得名"所在的圆角矩形已添加了"飞入"动画，下面以其为对象应用多个自定义动画。

选择"因在广东之东，境内盛产莞草而得名"所在的圆角矩形→"动画"→"自定义动画"→"添加效果"→"强调"下的"放大/缩小"选项，可在"自定义动画"窗格查看同一个对象应用多个自定义动画的效果，如图 6-3-79 和图 6-3-80 所示。

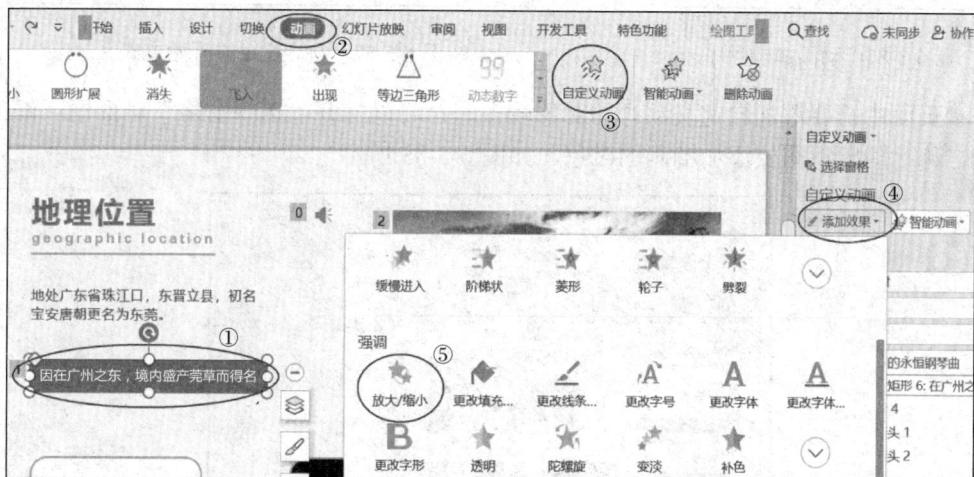

图 6-3-79　同一个对象应用多个自定义动画步骤

图 6-3-80　同一个对象应用多个自定义动画效果

（8）在"自定义动画"窗格中调整动画的顺序和开始方式

自定义动画是自上而下播放的，默认情况下，上一个播完才播放下一个，可以按动画窗格下方的重新排列箭头调整各动画的顺序，也可以用鼠标拖曳来调整顺序。动画的开始方式有"单击开始""从上一项开始""从上一项之后开始"，如图 6-3-81 和图 6-3-82 所示。

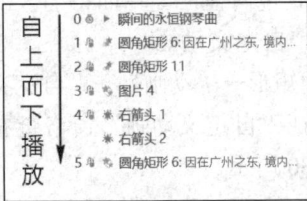

图 6-3-81　动画播放顺序

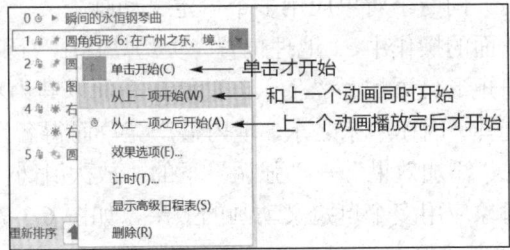

图 6-3-82　自定义动画开始方式

当页面中需要添加自定义动画的对象较多时，可以打开"选择窗格"对话框，修改对象的名称，隐藏不需要添加动画的对象，如图 6-3-83 所示。

图 6-3-83　"选择窗格"对话框

设置"地理位置"页的自定义动画类型、顺序、开始方式如图 6-3-84 所示。

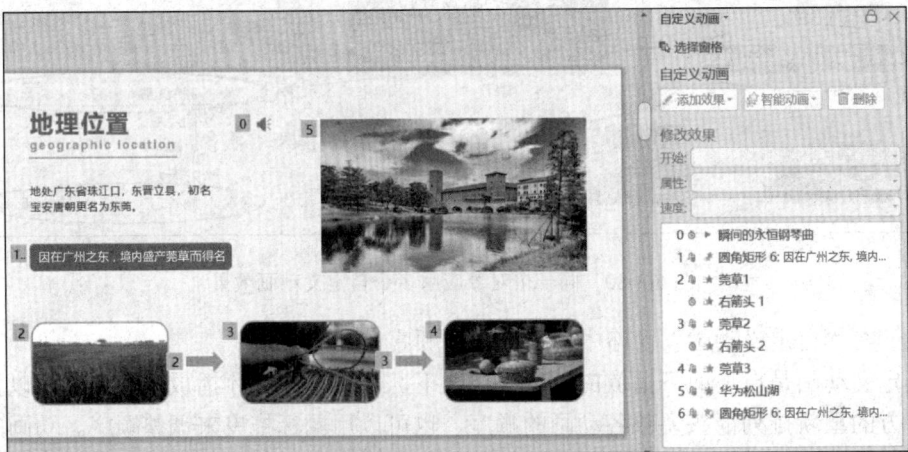

图 6-3-84　"地理位置"页幻灯片自定义动画整体效果

"经济强市"页幻灯片多插入一个右箭头，右箭头 1 先沿着折线图中的第一段直线移动，然后右箭头 1 消失，最后右箭头 2 沿着折线图中的第二段直线移动，步骤及效果如图 6-3-85 和图 6-3-86 所示。

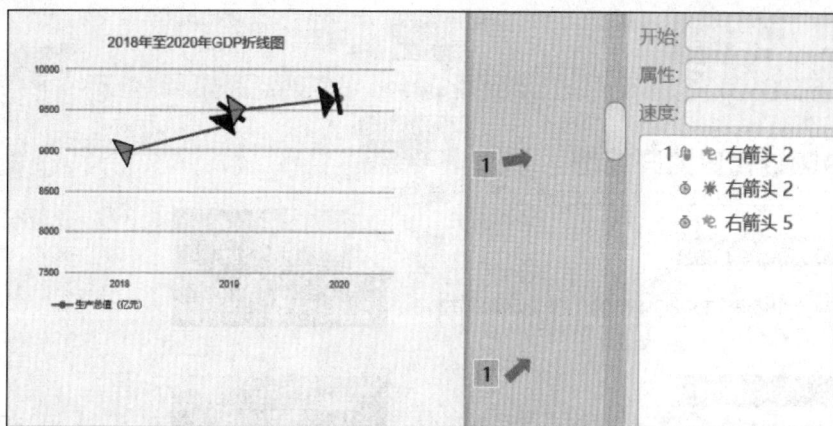

图 6-3-85　"经济强市"页幻灯片自定义路径动画

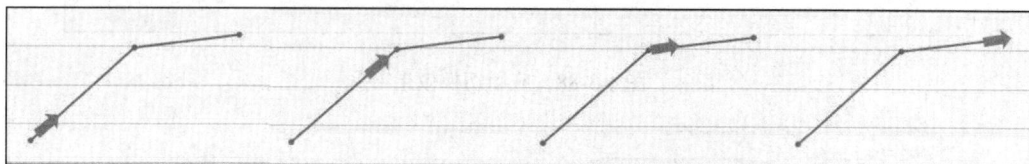

图 6-3-86　"经济强市"页幻灯片自定义路径动画效果

8. 设置切换效果

切换效果是演示文稿放映时从一张幻灯片切换到下一张幻灯片时的动画效果，适当的切换效果既能让观众注意到幻灯片内容的更换，又能使得演示文稿播放时更炫酷。WPS 演示提供了平滑、淡出、切出、擦除等切换效果，如图 6-3-87 所示。

图 6-3-87　"切换"选项卡

过多的切换效果会分散观众的注意力，使演示文稿文件显得混乱，因此使用切换效果应遵循"宁缺毋滥"的原则。

在"我的家乡东莞.pptx"中应用切换效果，如图 6-3-88 所示。

① 选中该演示文稿中的任意一张幻灯片，单击"切换"→ ▮ →"推出"选项。

② 选择"效果选项"→"向左"命令。

③ 设置切换声音为"单击"。

④ 单击"应用到全部"按钮完成设置。

图 6-3-88　应用切换效果

任务 6.4　放映演示文稿

✎ 任务描述

在本项目的任务 6.2 和任务 6.3 中，小明同学已经完成了演示文稿"我的家乡.pptx"的创作，下一步就是考虑演示文稿的放映问题了。为了演讲的圆满完成，小明认为需掌握以下的操作技能。

1）放映配合演讲用的幻灯片。

2）打包演示文稿文件和录制视频。

3）在演讲现场分发纸质的演示文稿。

任务实现

1. 认识 WPS 演示的幻灯片放映

在 WPS 演示中，管理幻灯片放映所需的全部工具都在"幻灯片放映"选项卡中，如图 6-4-1 所示。

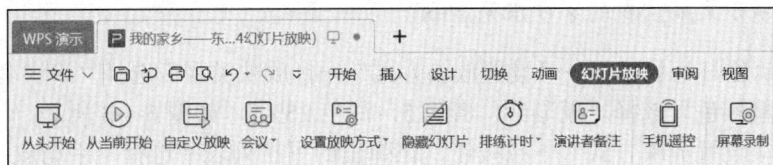

图 6-4-1 "幻灯片放映"选项卡

常用命令介绍如下。

从头开始：从第一张幻灯片开始顺序播放幻灯片。

从当前开始：从当前选中的幻灯片开始顺序播放幻灯片。

自定义放映：从当前演示文稿中选择部分幻灯片进行放映。

会议：可以发起会议，通过接入码，快速邀请多人加入会议，同步观看放映（需要使用 WPS 云端增值服务）。

设置放映方式：单击后弹出"设置放映方式"对话框，可详细设置放映方式，如图 6-4-2 所示。

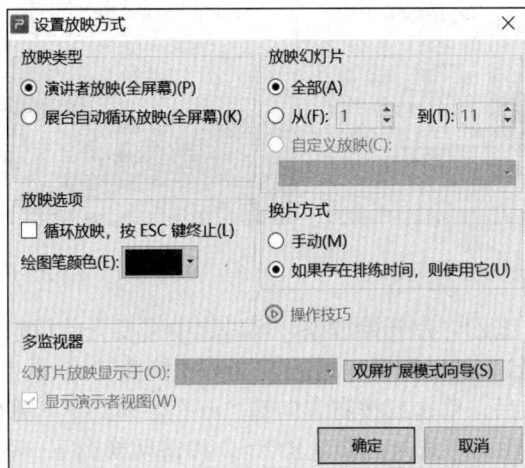

图 6-4-2 "设置放映方式"对话框

隐藏幻灯片：选中某张幻灯片后单击该命令，可在放映时跳过该幻灯片，但不会删除该幻灯片。

排练计时：用于正式演讲前的排练，从头开始放映幻灯片，记录每张幻灯片所使用的时间，也可以保存用于自动放映。

演讲者备注：给当前幻灯片添加备注。在放映幻灯片时想记录内容但不想退出放映的时候，右击屏幕，选择"演讲者备注"命令，便可把内容记录到当前幻灯片下方的备注窗格。

手机遥控：播放幻灯片时，可以用手机遥控翻页，该功能需要下载。

屏幕录制：该功能是 WPS 演示的一项新功能，提供多种模式录制屏幕操作，可以轻松制作教学视频。

2. 放映演示文稿"我的家乡东莞.pptx"

1）单击"幻灯片放映"→"设置放映方式"→"放映类型"选择"演讲者放映（全屏幕）"，"绘图笔颜色"选择"珊瑚红，着色 5，深色 25%"，如图 6-4-3 所示。

2）单击"设置放映方式"下拉按钮，在弹出的下拉列表中选择"手动放映"选项。

3）设置完放映方式后，单击"幻灯片放映"→"从头开始"放映按钮（或按快捷键 F5），从第一张幻灯片开始放映，如图 6-4-4 所示。

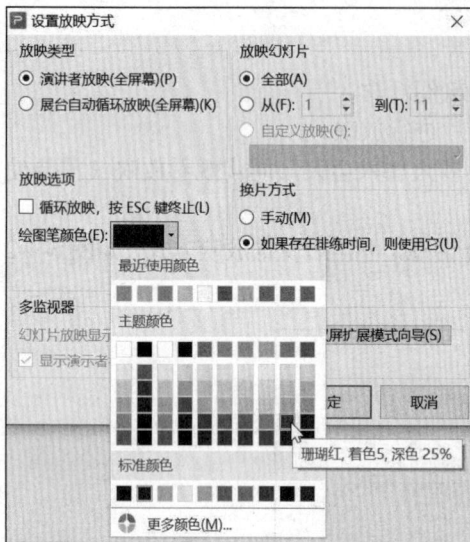

图 6-4-3　设置演讲者放映和绘图笔颜色

图 6-4-4　从第一张幻灯片开始放映

4）如果不想从第一张幻灯片开始放映，可以选中需要开始放映的幻灯片，单击"幻灯片放映"→"从当前开始"放映按钮（或按 Shift+F5 快捷键），从当前选幻灯片开始放映。

5）开始放映幻灯片后，单击或按右方向键"→"切换到下一张幻灯片（或播放下一个动画）。如果有翻页笔，也可以通过翻页笔的">"按钮切换到下一张幻灯片或下一个动画。

6）幻灯片放映过程中，如果需要跳转到某一页幻灯片，右击，在弹出的快捷菜单中选择"定位"→"按标题"命令，选择需要跳转到的幻灯片页面，如图 6-4-5 所示。

7）幻灯片放映过程中，可以打开圆珠笔、水彩笔、荧光笔等工具辅助演讲。水彩笔的快捷键为 Ctrl+P，按 Esc 键退出辅助演讲工具，如图 6-4-6 所示。

8）所有幻灯片放映完毕后，将会提示"放映结束，单击退出。"，如果要提前结束幻灯片放映，按 Esc 键结束放映。

3. 完善演示文稿的放映体验

为了顺利地放映演示文稿，给观众提供良好的体验，演讲前还应考虑适配放映设备（LED 屏幕、投影仪、电视机）的尺寸比例、增加目录页幻灯片、设置多监视器（显示器）放映等。

图 6-4-5　幻灯片跳转

图 6-4-6　指针选项

（1）适配放映设备的尺寸比例

小明确定了教室讲台电视的屏幕比例为 16：10，因此将幻灯片的比例设置为 16：10，步骤如下。

① 单击"设计"→"页面设置"按钮（或"幻灯片大小"下拉按钮→"自定义大小"命令），打开"页面设置"对话框。

② 选择"幻灯片大小"为全屏显示（16：10），单击"确定"按钮。

③ 因为 WPS 演示默认的幻灯片尺寸比例为宽屏（16：9），因此将其修改为 16：10后弹出"页面缩放选项"对话框，单击"确保适合"按钮，如图 6-4-7 所示。

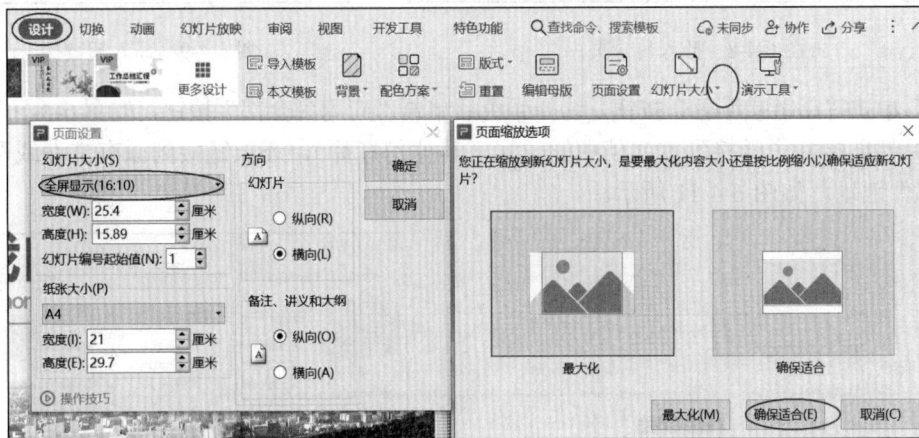

图 6-4-7　设置幻灯片大小

-----💡 **提示** --

设置了全屏显示 16：10 后，封面页、视频页、中国龙舟之乡页需要对背景进行调整，以适配该尺寸比例。因此，最好在制作幻灯片之初就定好幻灯片尺寸比例。

（2）增加目录页幻灯片

演示文稿增加目录页能帮观众快速了解演讲的整体内容结构，还可以增加超链接以获得更佳的导航效果。增加目录页的步骤如下。

① 在封面页幻灯片后插入一张空白幻灯片，插入图片"东莞国贸_目录.png"作为背景图，在其他内容页复制大标题、英文标题、直线，粘贴到该幻灯片上。增加矩形、文本框作为导航目录文字，效果如图 6-4-8 所示。也可以在新建幻灯片时，选择推荐模板中的"目录"版式幻灯片，快速插入一张目录幻灯片。

② 在文本框中输入"东莞城市宣传片"后，选中文字并右击，在弹出的快捷菜单中选择"超链接"命令，打开"插入超链接"对话框，单击"本文档中的位置"按钮选择视频所在的幻灯片，单击"确定"按钮，如图 6-4-9 所示。

图 6-4-8　插入目录页

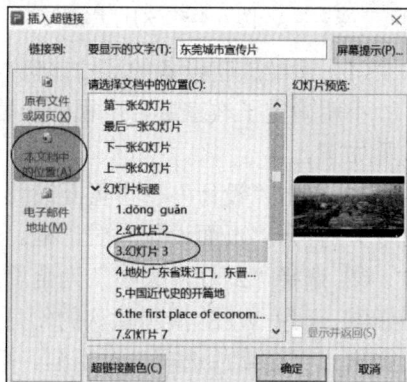

图 6-4-9　插入超链接

③ 单击"超链接颜色"按钮，选择颜色后单击"应用到全部"按钮，如图 6-4-10 所示。

④ 超链接除了链接到本文档中的位置（其他幻灯片），还能链接到原有文件或网页、电子邮件地址，如图 6-4-11 所示。

图 6-4-10　超链接颜色设置

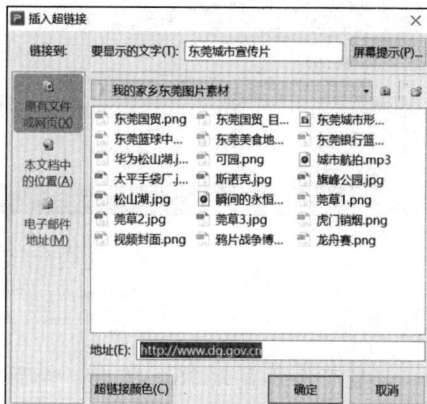

图 6-4-11　链接到原有文件或网页

⑤ 按同样的方法完成其他的目录文字，效果如图 6-4-12 所示。

图 6-4-12　目录页效果

⑥ 调整目录页背景图的位置，给背景添加自定义路径动画，让背景图在播放时自动水平右移，效果如图 6-4-13 所示。

图 6-4-13　目录页添加自定义路径动画效果

（3）设置多监视器（显示器）放映

小明希望演讲过程中能通过备注来提醒自己，但不希望观众看到这些备注，这就要用到 WPS 演示的多监视器（显示器）放映方式。

多显示器放映需要两台或以上显示设备。一台为演讲者所看显示设备，用于显示演讲者视图；另一台为观众所看显示设备，用于显示幻灯片放映视图。

小明决定带一台笔记本电脑到教室，使用笔记本电脑显示演讲者视图供自己观看（监视器 1），使用教室讲台黑板墙上的大屏幕（监视器 2）显示幻灯片放映视图供观众观看。使用多显示器放映步骤如下。

① 将教室讲台黑板墙上的大屏幕（监视器 2）通过 HDMI 或者其他方式接入笔记本电脑。

② 在笔记本电脑桌面空白处右击，在弹出的快捷菜单中选择"显示设置"命令，查看大屏幕接入情况，如图 6-4-14 所示。多显示器设置为"扩展这些显示器"，如图 6-4-15 所示。

③ 打开演示文稿，查看幻灯片设置放映方式，确定幻灯片放映显示于"监视器 2"，也就是教室讲台黑板墙上的大屏幕，如图 6-4-16 所示。

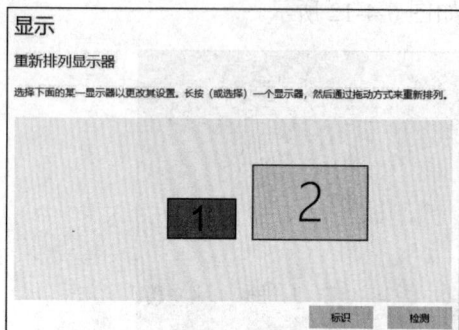

图 6-4-14　教室大屏幕接入笔记本电脑

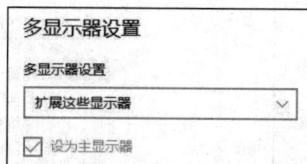

图 6-4-15　多显示器设置为"扩展这些显示器"

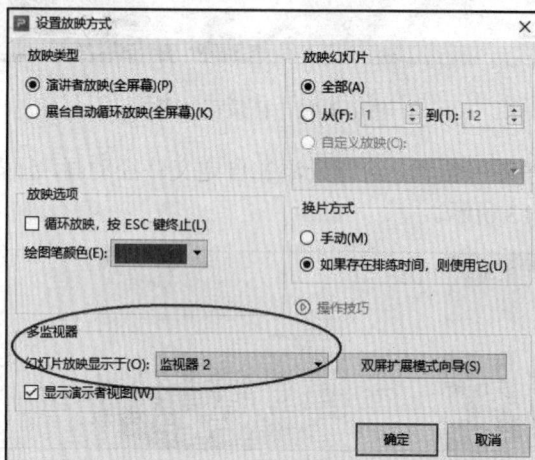

图 6-4-16　查看设置放映方式

④ 以上设置完成以后，按 F5 键播放幻灯片。通过单击目录页的超链接，跳转到"中国近代史的开篇地"页幻灯片，笔记本电脑屏幕上显示的是演讲者视图，能显示演讲者备注，教室大屏幕显示的是幻灯片放映视图，只显示幻灯片内容，如图 6-4-17 和图 6-4-18 所示。

图 6-4-17　监视器 1（笔记本电脑屏幕）显示演讲者视图

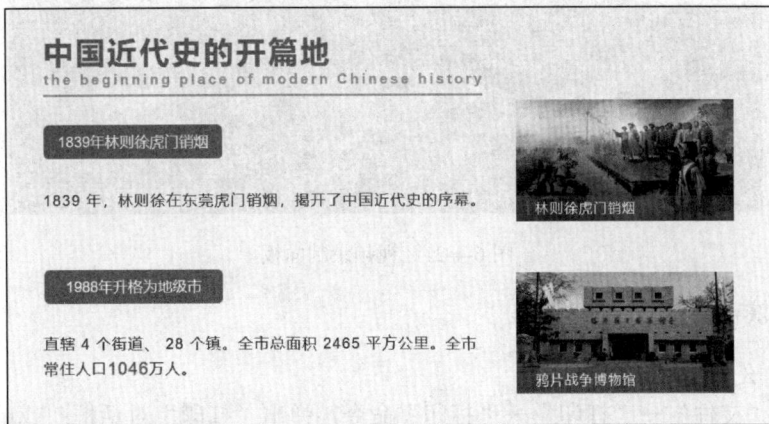

图 6-4-18　监视器 2（教室大屏幕）显示幻灯片放映视图

4. 打包演示文件和录制视频

（1）打包演示文件

如果演示文件中使用了链接式的视频、音频（即插入视频或音频时选择的是"链接到本地视频"或"链接到音频"），在移动、传输演示文件之前，需要打包演示文件，方法如下。

单击"文件"→"文件打包"→"打包成文件夹"命令，弹出如图 6-4-19 所示的对话框。若选择"文件"→"文件打包"→"将演示文档打包成压缩文件"，则弹出如图 6-4-20 所示的对话框。

图 6-4-19　将演示文件打包成文件夹

图 6-4-20　将演示文件打包成压缩文件

（2）录制视频

WPS 2019 提供了"屏幕录制"功能，该功能为 WPS 增值服务。小明决定在自己的笔记本电脑上一边放映幻灯片，一边演讲，并用"屏幕录制"录制下来，供同学们网上播放，步骤如下。

① 单击"幻灯片放映"→"屏幕录制"按钮，打开 WPS 屏幕录制面板，如图 6-4-21 所示。

② 设置好全屏或区域录制，选择"系统&麦克风"，单击 REC 按钮，按 F5 键放映幻灯片并开始演讲，就能把演讲过程屏幕和声音录制下来。录制过程按 F7 键可以开始/停止录制，按 F8 键暂停/回复录制。

图 6-4-21　视频录制面板

5. 打印演示文稿

（1）打印幻灯片

① 选择"文件"→"打印"→"打印"命令，弹出"打印"对话框；或单击快速访问工具栏中的 🖨 按钮；或按 Ctrl+P 快捷键打开"打印"对话框，如图 6-4-22 所示。

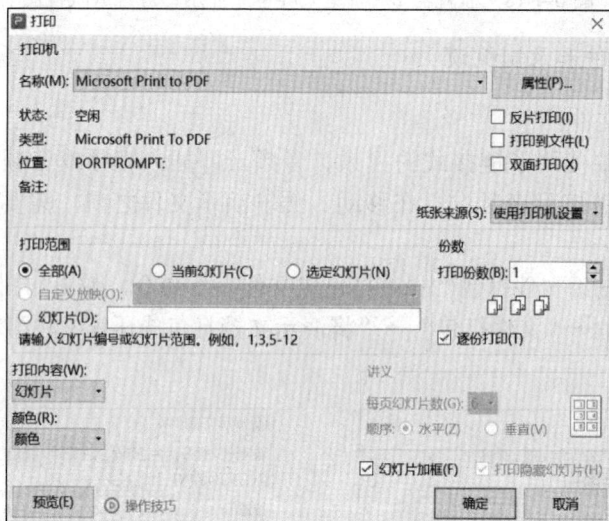

图 6-4-22　"打印"对话框

② 在"打印"对话框中，可以选择和设置打印机、设置打印范围（全部或部分页）、打印内容（包括幻灯片、讲义、备注页、大纲视图）、打印份数、打印颜色以及幻灯片加框等。

③ 按实际打印环境选择具体的打印机名称。

④ 由于要打印全部幻灯片，"打印范围"选择"全部"，打印内容选择"幻灯片"，选中"幻灯片加框"复选框，单击"确定"按钮即可开始打印。

------ ⚠️ **提示** ------

为了避免打印错误浪费纸张，在打印之前可以选择"导出为 WPS PDF"或虚拟打印机"Microsoft Print to PDF"，导出 PDF 文件，检查无误后再进行打印。

（2）将多张幻灯片打印在一张纸上

为了节约纸张，可将打印内容设置为"讲义"，实现多张幻灯片打印在一张纸上，步骤如下。

① 单击"视图"→"讲义母版"按钮，进入讲义母版编辑页面。

② 选择"讲义方向"→"横向"命令，打开"页面缩放选项"对话框，单击"确保合适"按钮。

③ 可以按实际情况设置幻灯片大小，每页幻灯片数量以及页眉、页脚、日期、页码、颜色、字体、效果等，如图 6-4-23 所示。

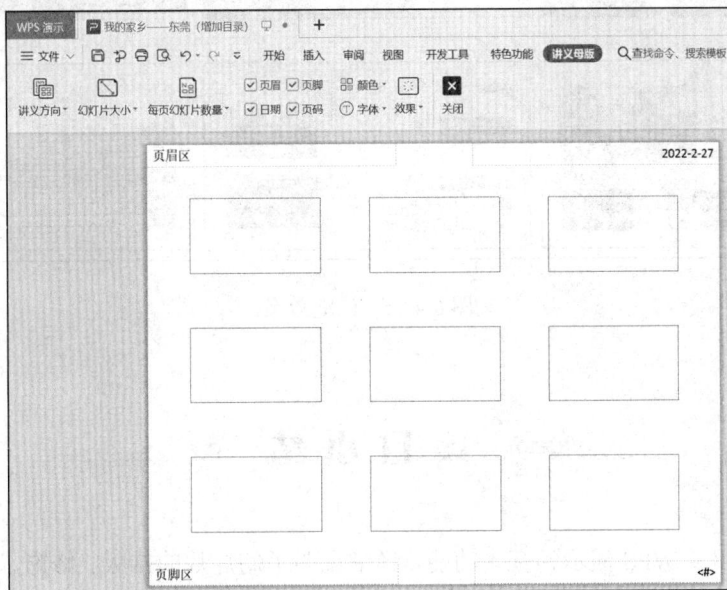

图 6-4-23 讲义母版设置

④ 使用 Ctrl+P 快捷键打开"打印"对话框，打印机选择"Microsoft Print to PDF"，打印内容为"讲义"，每页幻灯片片数为 9，选中"幻灯片加框"复选框，单击"确定"按钮，如图 6-4-24 所示。

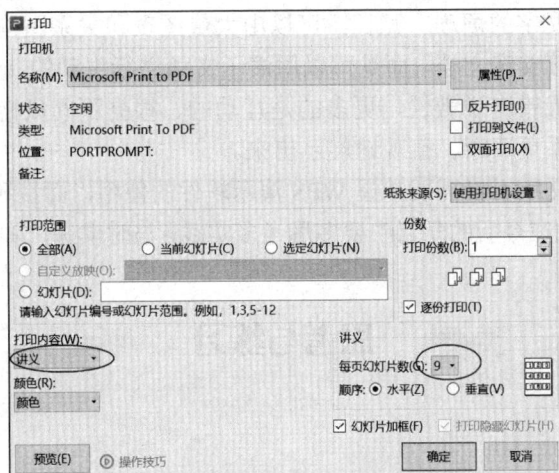

图 6-4-24 设置打印内容为讲义

⑤ 生成的 PDF 效果如图 6-4-25 所示，确认无问题后再选择真实打印机打印。

图 6-4-25　PDF 效果

项 目 小 结

本项目介绍了 WPS 演示的基本功能，详细说明了幻灯片的排版、修饰、动画和放映的操作方法，通过"我的家乡东莞"演示文稿的制作，学生能够学习 WPS 演示的操作方法，体会演示文稿从文案写作到幻灯片版式设计、美化修饰，从自定义动画设置到放映、打印输出的全过程，为后续的深入学习打下坚实基础。

WPS 演示是一款非常好用的演示文稿制作工具，是一种可视化、多媒体化沟通的载体，是一种新的交流媒介。使用 WPS 演示制作的演示文稿不再是以往呆板、枯燥的，可以是"动起来"的；不再是全文字的烦琐、冗长，可以由大量图表和关系图构成；报告会、演讲不需要再像以往照本宣读文案文档，而是可以用演示文稿进行生动的、全方位的展示、演绎；演示文稿不再像板书般带有说教性，更多的是互动的、根据不同风格进行展现的；演示文稿能将复杂的逻辑关系更清晰、直观地展示出来。

制作优秀的演示文稿不仅需要掌握 WPS 演示软件的使用，而且还要从思路、内容、设计等方面着手。同学们在今后的学习中要多思考多实践，与时俱进，掌握更多的信息化技能。

思考与练习

实操题

习近平新时代中国特色社会主义思想是全党全国人民为实现中华民族伟大复兴而奋斗

的行动指南。青少年是祖国的未来和希望，少年强则国强，少年智则国智。作为新时代的青少年，要认清历史机遇，勇担时代重任，用习近平新时代中国特色社会主义思想武装自己。为此，李老师计划在班上开展"习近平新时代中国特色社会主义思想学习问答"演讲活动，请根据《习近平新时代中国特色社会主义思想学习问答》读本的内容，挑选一个主题，撰写一份演讲文案，制作一份演示文稿。具体要求如下。

1）根据《习近平新时代中国特色社会主义思想学习问答》读本内容，挑选一个主题，结合自己的理解与实际情况撰写一份演讲文案，字数控制在 1000 字左右。

2）概括出演讲文案各段的标题，提炼出各段的中心句、关键字，制作出演示文稿的基本结构，幻灯片张数控制在 10 张左右。

3）应用在线模板修饰演示文稿或自行设计幻灯片版式与色彩搭配。

4）通过搜索引擎查找相关图片、音视频素材应用到幻灯片中。

验收标准如表 1 所示。

表 1　《习近平新时代中国特色社会主义思想学习问答》演示文稿作品评分标准

项目	评分要素	评分标准	评分
内容	论点明确清晰，观点正向充满正能量；论据充分，贴近主题；文字表达流畅，逻辑结构清晰，内容结构完整；幻灯片之间具有层次性和连贯性；模板、版式、作品的表现方式能够恰当地表现主题内容	31～40 分　很好 21～30 分　好 11～20 分　一般 0～10 分　差	
技术	作品中使用了文本、图片、表格、图表、图形、动画、音频、视频等表现工具；作品中可使用超链接或动作功能，但不是必选项，不使用不扣分；作品中使用的上述功能经过优化处理，可以快速载入；整部作品播放流畅，运行稳定、无故障	19～25 分　很好 12～18 分　好 6～11 分　一般 0～5 分　差	
艺术	整体界面美观，布局合理，层次分明，模板及版式设计生动活泼，富有新意，总体视觉效果好，有较强的表现力和感染力；作品中色彩搭配合理协调，表现风格引人入胜；文字清晰，字体设计恰当	16～20 分　很好 11～15 分　好 6～10 分　一般 0～5 分　差	
创意	整体布局风格（包括模板设计、版式安排、色彩搭配等）立意新颖，构思独特，设计巧妙，具有想象力和表现力；作品原创成分高，具有鲜明的个性	12～15 分　很好 7～11 分　好 4～6 分　一般 0～3 分　差	

项目7 因特网基础与简单使用

项目背景

　　因特网（Internet）是世界范围的计算机网络。使用 TCP/IP 协议栈提供多种类型的互联网服务，并且对于拥有公用 IP 地址的任何用户都是开放的，它缩短了人们的生活距离，把世界变得更小了。人们利用电子邮件可以在极短的时间内与世界各地的亲朋好友联络，接入 Internet 可以漫游世界各地，可以获取各类（如商业的、学术的、生活的）有用的信息。

　　在 Internet 已经非常普及的今天，掌握基本的网络常识并快速地连接到 Internet，能够利用网络快速地查找并获取所需的信息资源，可以在网络上发送、接收邮件，能够使用常见的网络软件方便自己日常的工作、学习及娱乐活动等是非常重要的。

能力目标

　　※　掌握计算机网络的基本概念。
　　※　了解接入 Internet 的方法及相关设备。
　　※　了解 IP 地址和域名的概念。
　　※　掌握如何获取网络信息。
　　※　掌握电子邮件的收发。
　　※　了解即时通信工具的使用。
　　※　了解计算机犯罪和相关法律法规。

素养目标

　　1. 培养学生小组合作、自主探究的能力。
　　2. 培养学生实践能力、创新精神和劳动精神。
　　3. 树立学生的信息安全意识，普及相关法律法规，培养学生面对信息技术创新所产生的新观念和新事物时积极的学习态度。

任务 7.1　计算机网络基本概念

任务描述

大明是一名时尚的青年，他发现在快节奏的生活中，人们对信息传播与交流的需求促进了信息技术的高速发展，Internet 已经成为现代获得信息最快的手段，各种与计算机网络相关的名词也经常出现在日常生活当中。为了紧跟时代步伐，大明需要学习计算机网络的概念、分类、组网的硬件设备等基础知识，以便更好地利用计算机网络为自己的工作、学习、生活服务。

任务实现

1. 计算机网络的基本概念

计算机网络是利用通信设备和线路将功能独立的多个计算机连接在一起，实现信息传递功能的系统。计算机网络系统具有丰富的功能，其中最重要的是资源共享和快速通信。

2. 计算机网络的分类

按网络覆盖的地理范围（距离）进行分类，可以将计算机网络分为局域网、城域网和广域网。

局域网（local area network，LAN）是一种在小区域内使用的网络，其传送距离一般在几千米之内，最大距离不超过 10 千米，适合于一个部门或一个单位组建的网络，如在一个办公室、一幢大楼或校园内。

广域网（wide area network，WAN）也称远程网络，覆盖地理范围比局域网要大得多，可从几十千米到几千千米。广域网覆盖一个地区、国家或横跨几个洲，可以使用电话线、微波、卫星等信道进行通信，Internet 就是典型的广域网，广域网的结构如图 7-1-1 所示。

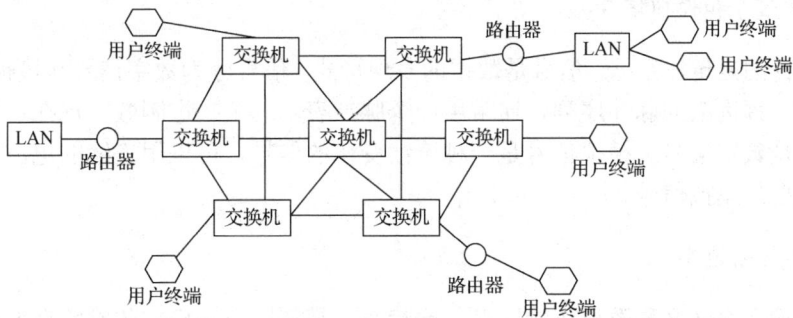

图 7-1-1　广域网的结构

城域网（metropolitan area network，MAN）是在一个城市范围内所建立的计算机通信网，属于宽带局域网。

3. 网络的拓扑结构

网络的拓扑结构是指网络结点（如工作站）通过信道连接起来所具有的结构形式。网络的拓扑结构主要有星形、环形和总线形。

1）星形。星形是最早的通用网络拓扑结构形式，其中每个站点都通过连线（如电缆）与主机相连。星形结构是一种集中控制方式的结构，要求主控机有很高的可靠性。星形结构的优点是结构简单，控制处理简单，增加工作站点容易；缺点是一旦主控机出现故障，会引起整个系统的瘫痪，可靠性较差。星形结构如图 7-1-2（a）所示。

2）环形。环形结构网络中的各个工作站通过中继器连接在一个闭合的环路上，信息沿环形线路单向（或双向）传输，由目的站点接收。环形结构适合那些数据都不需要在中心主控机上集中处理而主要在各自站点处理的情况。环形结构的优点是结构简单、成本低；缺点是环中任意一点的故障都会引起网络瘫痪，可靠性低。环形结构如图 7-1-2（b）所示。

3）总线形。总线形结构网络中各个工作站均经一根总线相连，信息可沿两个不同的方向由一个站点传向另一站点。这种结构的优点是工作站连入或从网络中卸下都非常方便，系统中某个工作站出现故障也不会影响其他站点之间的通信，系统可靠性高，结构简单，成本低。总线形结构如图 7-1-2（c）所示。

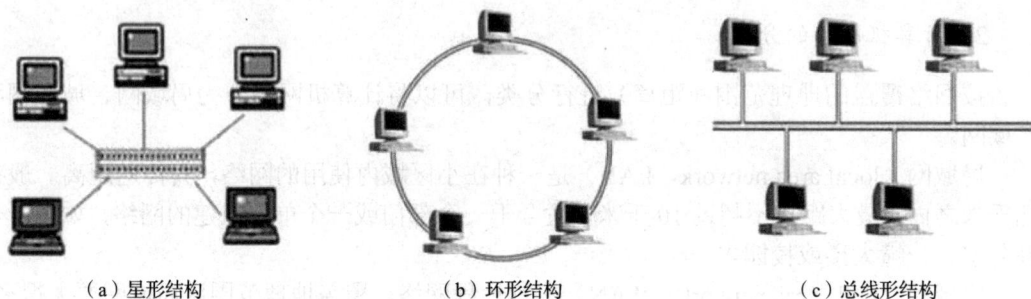

（a）星形结构　　　　　　　　（b）环形结构　　　　　　　　（c）总线形结构

图 7-1-2　网络的拓扑结构

4. 数字信号和模拟信号

通信的目的是传输数据，信号是数据的表现形式。信号分为数字信号和模拟信号两类。数字信号是一种离散的脉冲序列，通常用一个脉冲表示一个二进制数。现在计算机内部处理的信号都是数字信号。模拟信号是一种连续变化的信号，可以用连续的电波表示，声音就是一种典型的模拟信号。

5. 信息传输速率

信息传输速率（又称数据传输速率、比特率）是在以数字格式传输数据的系统中单位时间内传输的信息量，单位为位/秒（bit/s）。所述的数据传输系统，包括数字通信系统、数据传输设备以及计算机总线、板级数据传输线和片内数据传输通道等。信息传输速率在数值上等于符号传输速率（单位为波特）与单个符号所承载的信息量（单位为比特）之乘积。

6. 误码率

误码率是在数字传输过程中，错误的比特数与传输的总比特数之比值。误码率是数据通信系统的主要技术指标之一，是通信系统的可靠性指标。

7. 局域网的组网设备

（1）通信介质

通信介质是指计算机网络中发送方与接收方之间的物理通路，是计算机与计算机之间传输数据的载体。常见的有线通信介质有同轴电缆、双绞线和光纤等，如图 7-1-3 所示；无线通信介质有微波、卫星通信等。在常见的有线通信介质中抗干扰能力最强的是光纤。

（a）同轴电缆　　　　　　　（b）双绞线　　　　　　　（c）光纤

图 7-1-3　有线通信介质

（2）网络接口卡

网络接口卡（简称网卡）是构成网络必需的基本设备，用于将计算机和通信电缆连接在一起，以便经电缆在计算机之间进行高速数据传输。因此，每台连接到网络上的计算机都需要安装一块网卡，网卡如图 7-1-4 所示。

（3）集线器（hub）

集线器是局域网的基本连接设备。在传统的局域网中，连线的结点通过双绞线与集线器连接，构成物理上的星形拓扑结构。集线器如图 7-1-5 所示。

图 7-1-4　网卡

图 7-1-5　集线器

8. 网络互联设备

（1）路由器（outer）

处于不同地理位置的局域网通过广域网进行互联是当前网络互联的一种常见的方式。

路由器是实现局域网与广域网互联的主要设备。路由器如图 7-1-6 所示。

（2）调制解调器（modem）

调制解调器是计算机通过电话线接入 Internet 的必备设备，它具有调制和解调两种功能。通信过程中，信道的发送端与接收端都需要调制解调器。发送端的调制解调器将数字信号调制成模拟信号，接收端的调制解调器再将模拟信号解调还原为数字信号进行接收和处理。调制解调器的主要技术指标是数据传输速率。

调制解调器分为外置和内置两种，外置调制解调器是在计算机机箱之外使用，一端用电缆连接在计算机上，另一端与电话插口连接，外置调制解调器如图 7-1-7 所示。内置调制解调器是一块电路板，插在计算机或终端内部。

图 7-1-6　路由器

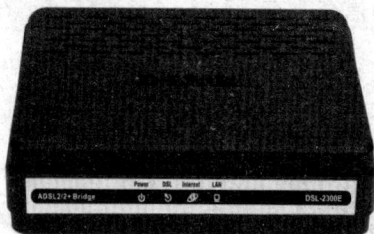

图 7-1-7　外置调制解调器

9. 客户-服务器（C/S）体系结构

计算机网络中的每台计算机都是"自治"的，既要为本地用户提供服务，也要为网络中其他主机的用户提供服务。因此每台联网计算机的本地资源都可以作为共享资源，提供给其他主机用户使用。网络上大多数服务是通过一个服务程序进程来提供的，这些进程要根据每个获准的网络用户请求执行相应的处理，提供相应的服务，以满足网络资源共享的需要，实质上是进程在网络环境中进行通信。

在因特网的 TCP/IP 环境中，联网计算机之间进程相互通信的模式主要采用客户机/服务（client/server）模式，简称为 C/S 结构。在这种结构中，客户机和服务器分别代表相互通信的两个应用程序进程。客户机向服务器发出服务请求，服务器响应客户机的请求，提供客户机所需要的网络服务。提出请求，发起本次通信的计算机进程称为客户机进程，而响应、处理请求，提供服务的计算机进程称为服务器进程。

知 识 拓 展

什么是开放系统互连参考模型（open system interconnection reference model，OSIRM）？

OSI 是国际标准化组织（ISO）和国际电报电话咨询委员会（CCITT）联合制定的开放系统互连参考模型，为开放式互连信息系统提供了一种功能结构的框架。OSI 七层网络模型从低到高分别是物理层、数据链路层、网络层、传输层、会话层、表示层和应用层，如图 7-1-8 所示。

图 7-1-8　OSI 七层网络模型

任务 7.2　将计算机接入 Internet

任务描述

　　个人上网接入方式从最早速度较慢的电话拨号接入逐渐被宽带所代替，目前国内用户接入 Internet 的方式较常用的有非对称数字用户线（ADSL）、小区宽带等。随着无线通信技术的发展，越来越多拥有笔记本电脑的用户将无线上网作为一种常用的 Internet 接入方式。为了方便工作和学习、生活，很多单位与家庭都需要将现有的计算机连接到 Internet。

　　大明在东莞市城区一家贸易公司做管理工作，办公室新购进了一台计算机，为了与公司内部信息沟通，需要将这台计算机连接到公司的局域网上。另外，公司在长安镇成立了一个办事处，需要给该办事处的计算机安装 ADSL 宽带，并将该计算机连接到 Internet。公司经理把这两项工作都安排给大明，大明就开始了把计算机接入网络的工作。

任务实现

1. 采用局域网方式连接 Internet

1）将网线插入到网卡接口中，保证计算机与网络的连接。

2）右击桌面上的"网络"图标，在弹出的快捷菜单中选择"属性"命令，打开"网络和共享中心"窗口，如图 7-2-1 所示。

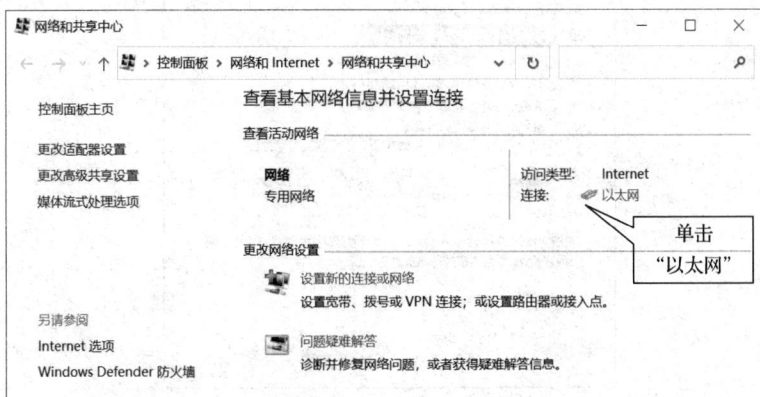

图 7-2-1　"网络和共享中心"窗口

3）在图 7-2-1 中单击右侧"以太网"选项，弹出"以太网 状态"对话框，如图 7-2-2 所示。

图 7-2-2 "以太网 状态"对话框

4）单击图 7-2-2 中的"属性"按钮，弹出"以太网 属性"对话框，拖动右侧滚动条，选中"Internet 协议版本 4（TCP/IPv4）"复选框，如图 7-2-3 所示。

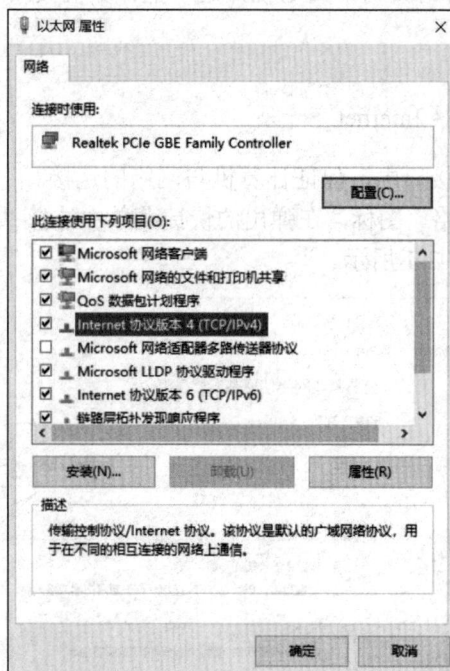

图 7-2-3 "以太网 属性"对话框

5）单击图 7-2-3 中的"属性"按钮，弹出"Internet 协议版本 4（TCP/IPv4）属性"对话框，如图 7-2-4 所示。普通个人用户在一般情况下都是使用自动获得的动态 IP 地址，所以在这个对话框中默认的选项是"自动获得 IP 地址"。如果想要人为地设置，可以选择"使用下面的 IP 地址"单选按钮，并在对话框中输入 IP 地址、子网掩码、默认网关和 DNS 服务器地址。

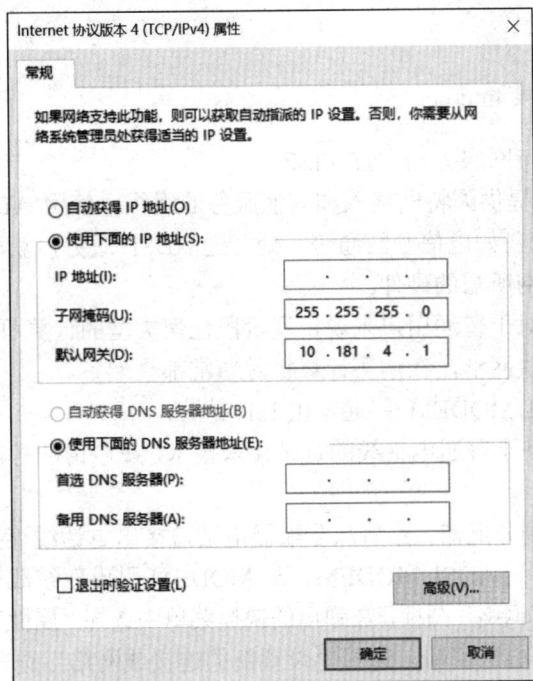

图 7-2-4　"Internet 协议版本 4（TCP/IPv4）属性"对话框

6）完成相应设置后，单击"确定"按钮即可完成设置。

知识链接

1．IP 地址

IP 地址是区分网上不同计算机最有力的标识，每一台计算机只有一个 IP 地址与它相对应，这类似我们的身份证号码。

IP 地址用二进制数来表示，长度有 32 位与 128 位之分，目前主要采用 32 位，分成 4 段，每段 8 位，用十进制数字表示，每段数字范围为 0～255，段与段之间用"."分隔，如 192.160.233.10。

由于网络中的 IP 地址很多，所以又将它们分为不同的类，即把 IP 地址的第一段进一步划分为五类：0～127 为 A 类；128～191 为 B 类；192～223 为 C 类，D 类和 E 类留作特殊用途。

2．TCP/IP 协议

网络中的信息要确保顺利地传输且不产生冲突，还需要一定的规则，这就是TCP/IP协议。TCP/IP 协议中文译名为传输控制协议/互联网协议，是 Internet 最基本的协议，它规范了网络上所有通信设备，尤其是一个主机与另一个主机之间的数据来往格式以及传送方式。

2．通过 ADSL 连接 Internet

1）选择相应的因特网服务提供方（ISP）。

ISP 指的是为用户提供因特网接入和其他服务的组织。使用 ADSL 方式接入网络，用户首先要在网络运营商（如电信、网通等）处开通 ADSL 服务，获取用户名和密码。

2）准备计算机上网所需的硬件。

① 一台计算机。对于普通用户来说，现阶段任何类型的计算机都可以适应上网要求。

② 准备并安装一块网卡，在购买计算机时通常都会配备。

③ 准备一台 ADSL MODEM ，通常由 ISP 提供。

④ ADSL 技术是基于普通电话线的宽带接入技术，在申请业务前需具备一条可以拨打外线的电话线路。

3）将电话线连接到分配器，然后从分配器电话口接出电话线连接到电话机，同时从网络接口接出电话线连接到 ADSL MODEM，从 MODEM 引出双绞线连接到计算机。

4）右击桌面上的"网络"图标，在弹出的快捷菜单中选择"属性"命令，打开如图 7-2-5 所示的"网络和共享中心"窗口，选择"设置新的连接或网络"选项。

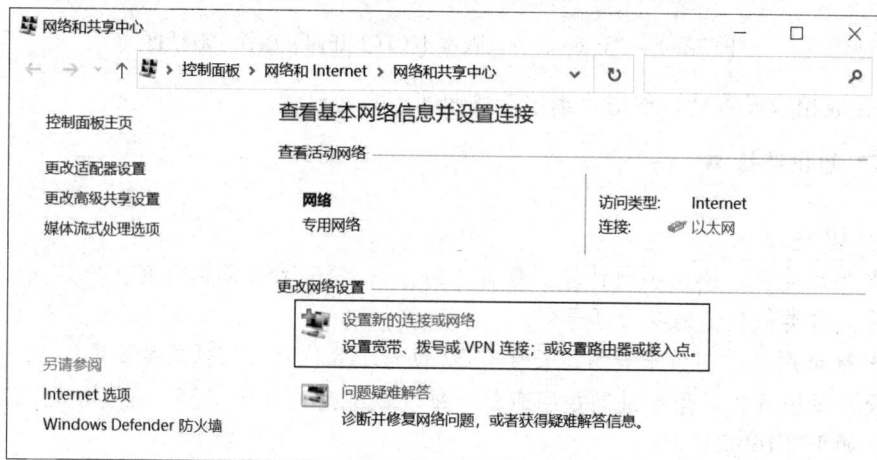

图 7-2-5 "网络和共享中心"窗口

5）弹出"设置连接或网络"窗口，如图 7-2-6 所示，选择"连接到 Internet"选项，单击"下一步"按钮。

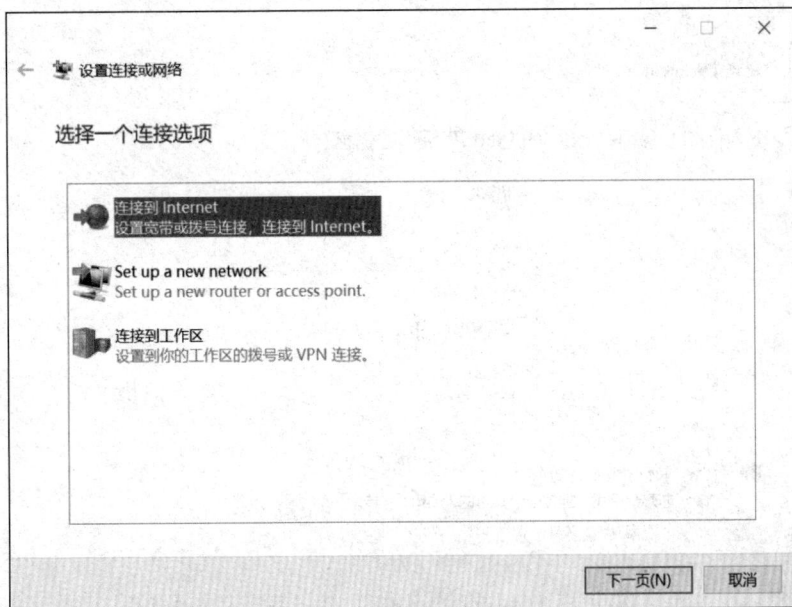

图 7-2-6 "设置连接或网络"窗口

6）弹出"连接到 Internet"窗口，如图 7-2-7 所示，选择"宽带(PPPoE)"选项，弹出如图 7-2-8 所示窗口，要求输入由 ISP 提供的用户名、密码及连接名称，"连接名称"是为该连接命的名字，如输入"宽带连接"，最后单击"连接"按钮，就可以连接到 ADSL 网络。

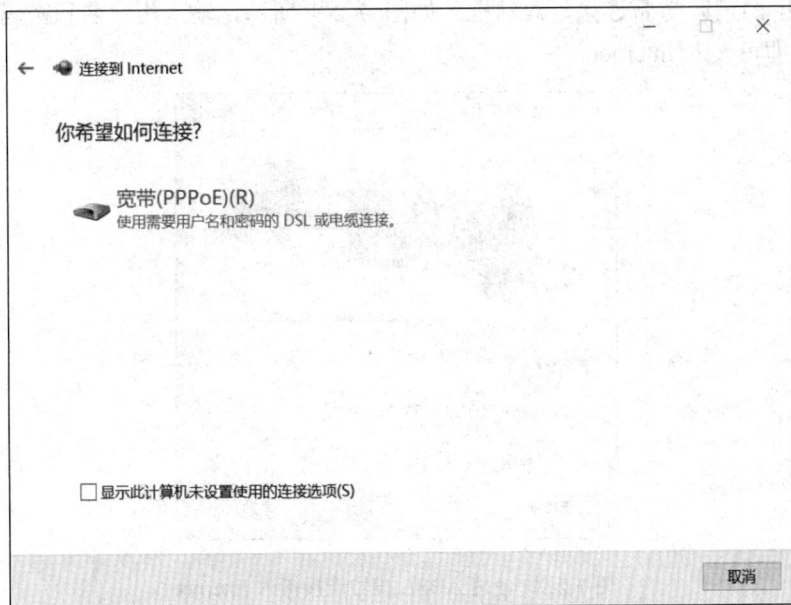

图 7-2-7 "连接到 Internet"窗口

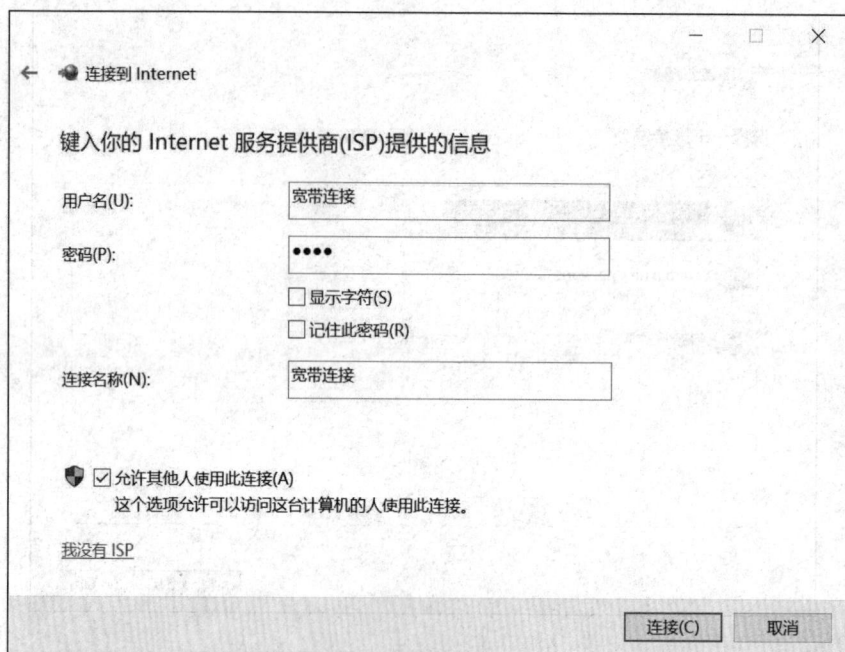

图 7-2-8　输入用户名、密码窗口

7）建立好 ADSL 拨号连接后，单击桌面右下角的网络图标，就可以看到刚才创建的"宽带连接"图标，单击该图标后单击"连接"按钮。

8）弹出"连接 宽带连接"对话框，如图 7-2-9 所示，输入用户名和密码后单击"连接"按钮，即可接入 Internet。

图 7-2-9　使用 ADSL 拨号连接接入 Internet

知识链接

1. 域名

IP 地址对一个普通用户来说是难记忆的，因此 Internet 采用了域名管理系统（domain name system，DNS），入网的每台主机都具有类似于下列结构的域名：计算机名.机构名.二级域名.一级域名。

国际上，一级域名采用通用的标准代码，它分组织机构和地理模式两类。由于 Internet 诞生在美国，所以美国一级域名采用组织机构域名，美国以外的其他国家都用主机所在地名称（由两个字母组成）为一级域名，例如，CN 中国，JP 日本，KR 韩国，UK 英国等。常用一级域名的标准代码如表 7-2-1 所示。

表 7-2-1　常用一级域名的标准代码

域名代码	意义
com	商业组织
edu	教育机构
gov	政府机关
mil	军事部门
net	主要网络支持中心
org	其他组织
int	国际组织
\<country code\>	国家代码（地理域名）

例如，pku.edu.cn 是北京大学的一个域名，其中 pku 是该大学的英文缩写，edu 表示教育机构，cn 表示中国。

一个 IP 地址可对应多个域名，而某一个域名只能对应一个 IP 地址。例如，rol.com.cn、readchina.com、Rol.cn.net 三个不同的域名对应的 IP 地址都是 168.160.233.10。

2. ADSL 接入

ADSL 技术，以现有普通电话线作为传输介质，只需要在 ADSL 线路两端加 ADSL 设备，即可使用 ADSL 提供的宽带上网服务。ADSL 和固定电话使用同一条线路实现宽带上网和语音通信，在上网的同时也可以使用语音通信服务，上网和接听、拨打电话互不干扰。

知识拓展

1. Internet 的发展

Internet 的中文名称是因特网，又称国际互联网，是一种全球性的、开放的计算机网络。它起源于 20 世纪 60 年代末，雏形是美国国防部建立的一个用于军事实验的网络 ARPAnet，其主导思想是网络必须能够经受住故障的考验而维持正常工作，一旦发生战争，当网络的某一部分因遭受攻击而失去工作能力时，网络的其他部分应能够维持正常通信。今天的 Internet 已不再只是计算机技术人员和军事部门进行科研的领域，而变成了一个开发和使用信息资源的、覆盖全球的信息海洋。Internet 的应用已渗透到各个领域，从学术研究到股票交易、从学校教育到娱乐游戏、从联机信息检索到在线居家购物等，都有了长足的进步。

2. Internet 在中国的发展状况

我国在 1994 年正式加入了 Internet。目前，在我国同时存在着几个与 Internet 相连的网络，它们是中国公用计算机互联网（ChinaNet）、中国科技网（CSTNET）、中国教育和科研计算机网（CERNET）、中国金桥信息网（ChinaGBN）。

3. Internet 提供的主要服务

1）电子邮件（E-mail）：电子邮件是 Internet 提供的最常用、便捷的通信服务。

2）文件传输（FTP）：文件传输为 Internet 用户提供在网上传输各种类型文件的功能，是 Internet 的基本服务之一。将文件从 FTP 服务器传输到客户机的过程称为下载，反之则称为上传。

3）远程登录（telnet）：远程登录是一台主机的 Internet 用户使用另一台主机的登录账号和口令与该主机实现连接，作为它的一个远程终端使用该主机资源的服务。

4）万维网（WWW）交互式信息浏览：WWW 是 Internet 的多媒体信息查询工具，是 Internet 上发展最快的服务。它使用超文本和链接技术，使用户能以任意的次序自由地从一个文件跳转到另一个文件，浏览或查阅所需的信息。

任务 7.3 浏览和保存网页信息

任务描述

大明在业余时间喜欢上网"冲浪"，浏览网页的主要目的是从 Internet 中获取自己需要的信息，有时不仅要浏览网页信息，还需要将网页的内容保存在自己的计算机中，这样即使在没有接入 Internet 的情况下，仍然可以浏览或使用保存过的信息。Internet 中的网页很多，如果用户知道将要浏览的网页域名，可以在浏览器的地址栏中输入域名，快速地转到相应的网页中。在该任务中大明主要进行以下三方面的学习。

1）浏览东莞阳光网的网页。

2）将东莞阳光网的网站徽标作为图片文件保存到计算机磁盘中。

3）将东莞阳光网的主页保存在计算机磁盘中。

任务实现

1. 打开东莞阳光网网站的主页

浏览 WWW 必须使用浏览器。下面以 360 安全浏览器为例，介绍浏览器的常用功能及操作方法。在 360 安全浏览器的地址栏中输入东莞阳光网网站的域名 http://www.sun0769.com 然后按回车键，浏览器主窗口中出现东莞阳光网的主页，如图 7-3-1 所示。

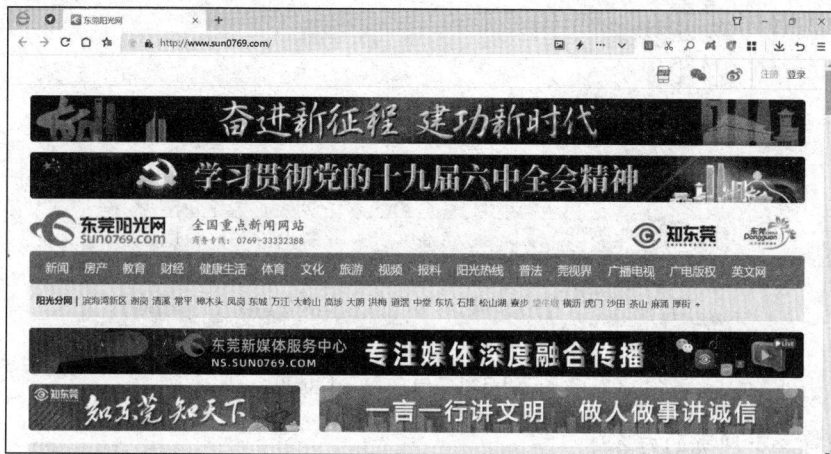

图 7-3-1　东莞阳光网主页

2. 保存网站的徽标图片

如果要将网站的徽标保存到自己的计算机中，可以执行下列操作。

1）右击网站的徽标图片，在弹出的快捷菜单中选择"图片另存为"命令，如图 7-3-2 所示。

图 7-3-2　"图片另存为"命令

2）在弹出的"另存为"对话框中选择保存的位置及保存后的文件名及类型，如图 7-3-3 所示。单击"保存"按钮后即可将网页中的图片保存在自己的计算机磁盘中。

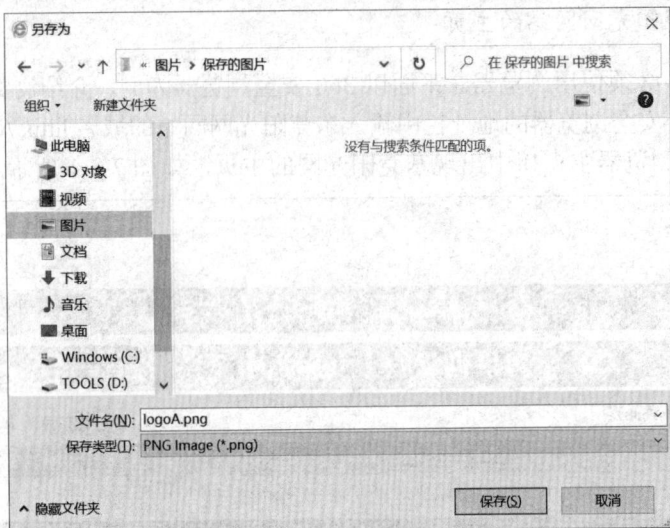

图 7-3-3　"另存为"对话框

3. 保存整个网页的内容

当浏览到喜欢的网页时，可以将其保存下来。在本任务中需要将东莞阳光网的主页保存在计算机磁盘中。保存网页的操作步骤如下。

1）单击浏览器右上角 ☰ 图标，在弹出的下拉列表中选择"保存（网页、截图、打印）"→"保存网页"命令，如图 7-3-4 所示。

图 7-3-4　"保存网页"命令

2）在弹出的"另存为"对话框中选择保存的位置及保存后的文件名及类型，如图 7-3-5 所示。单击"保存"按钮后即可将网页保存在计算机磁盘中。

图 7-3-5　"另存为"对话框

🔗 **知识链接** ▪

1）单击浏览器右上角的 ☰ 图标，在弹出的下拉列表中选择"设置"命令，打开如图 7-3-6 所示的"界面设置"窗口，在该窗口可以自定义浏览器界面显示。

图 7-3-6　"界面设置"窗口

2）网页文件的保存类型有多种，可以根据保存后的不同用途选择保存类型。

① 网页，全部。按原始格式保存显示网页时所需的所有文件，包括图片、框架和样式表。保存后即使计算机没有接入网络也可以看到联网时的效果。保存下来的文件包括一个 HTML 文档和一个同名的图片文件夹。

② Web 档案，单个文件。将网页信息、超链接等压缩成.mht 文件，其中有些图片、超链接等只是一个定向，要想看到完整效果还需要接入网络。

③ 网页，仅 HTML。只保存.html 或.htm 静态页面，可以看到网页的基本框架、文本等，但不包括图片、Flash、声音和其他文件。

④ 文本文件。将网页中的文本信息保存成.txt 文本文件。

如果只想保存网页中的部分文本，则可以只选中这些文本，将其复制到 Word 文档或文本文档中进行保存。

知识拓展

1. 浏览器

360 安全浏览器安装在客户端，主要作用是接受用户的请求，到相应的网站获取网页并显示出来。

360 安全浏览器并不是唯一的浏览器，还有 Google Chrome、Safari、Opera、火狐（Firefox）浏览器、腾讯 QQ 浏览器、傲游（Maxthon）浏览器等。

2. 万维网（WWW）

WWW（World Wide Web）简称 3W，也称为万维网，它拥有图形用户界面，使用超文本结构链接。WWW 系统也叫作 Web 系统，是一种基于超文本（hypertext）方式的信息查询工具，是目前 Internet 上最方便、最受用户欢迎的信息检索服务系统，它把 Internet 上现有的资源都联系起来，使用户能在 Internet 上访问已经建立了 WWW 服务的所有站点提供的超文本媒体资源。

3. 统一资源定位符 URL

URL（uniform resource locator）通常称为网址，由所使用的传输协议、主机域名、访问资源的路径和名称三部分组成。例如，http://news.163.com/special/syrian/diplomatism.html。

1）http://表示超文本传输协议。

2）news.163.com 表示主机域名。

3）special/syrian/diplomatism.html 表示被访问的文件的路径及名称。

URL 并不仅限于 http 协议，它还包括 ftp、gopher 及新闻 URL 等。

4. 流媒体

流媒体是指采用流式传输技术在互联网或局域网播放多媒体内容的一种传输方式。流式传输时，音/视频文件由流媒体服务器向用户计算机连续、实时地传送，用户不必等到整个文件全部下载，而只需要经过几秒或很短时间的启动延时即可进行收听或观看，即边下载边播放，这样当下载的一部分播放时，后台也在不断下载文件的剩余部分，使播放延时大大缩短。

流媒体服务器通过流协议及 TCP/UDP 传输协议将音/视频数据传输给客户机程序，一旦数据到达客户机，客户机程序就可以进行播放。目前的流媒体格式有很多，如.asf、.rm、.ra、.mpeg、.flv 等，不同格式的流媒体文件需要不同的播放软件来播放。常见的流媒体播放软件有 RealNetworks 公司出品的 RealPlayer、微软公司的 Media Player、苹果公司的 QuickTime 和 Macromedia 的 Shockwave Flash。其中 Flash 流媒体技术使用矢量图形技术，使得文件下载播放速度明显提高。

任务 7.4　使用搜索引擎检索信息

任务描述

如果不知道网站的域名，用户可以使用网页的搜索功能对网站的名称或内容进行搜索。目前功能强大的网页搜索服务工具很多，它们被称为搜索引擎。在本任务中通过学习认识搜索引擎，并利用关键字检索方式在网页浏览过程中快速地找到有用的信息，并将其从 Internet 中保存到自己的计算机磁盘上。

在本任务中主要进行以下三方面的学习。

1）利用搜索引擎搜索冰心的作品《纸船》。

2）搜索并下载、安装"迅雷"软件。

3）使用"迅雷"软件下载卢米埃尔（1864.10.5—1948.6.6）的电影《火车进站》。

任务实现

1. 认识搜索引擎

Internet 中的信息量非常庞大，用户要在信息的海洋中查找自己需要的信息，就像大海捞针一样。为了解决如何快速查找信息，出现了搜索引擎。搜索引擎是指根据一定的策略、运用特定的计算机程序从 Internet 上搜集信息，在对信息进行组织和处理后，为用户提供检索服务，并将相关的信息展示给用户的系统。

搜索引擎在 Internet 上检索网络资源的方式主要有分类目录式检索和关键字检索两种方式，这里用常用的关键字检索方式搜索冰心的作品《纸船》。

2. 搜索冰心的作品《纸船》

在浏览器的地址栏中输入搜索引擎"百度"的域名 http://www.baidu.com 然后按回车键，浏览器主窗口中出现百度主页，输入关键字"纸船"，单击"百度一下"按钮，搜索结果如图 7-4-1 所示。从页面中可以看到搜索结果大多与冰心的作品《纸船》无关，为了更快、更准确地找到所需的信息，可以把关键字改为"纸船 冰心"，搜索结果如图 7-4-2 所示，可见关键字的选择是非常重要的。

图 7-4-1　搜索"纸船"网页

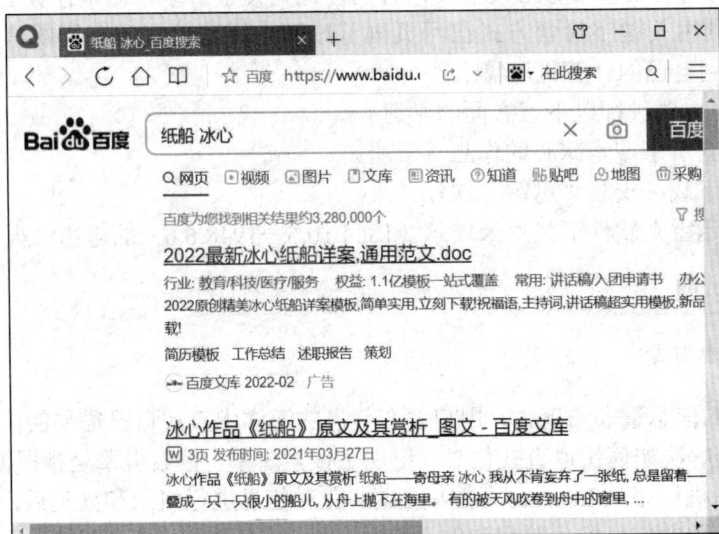

图 7-4-2　搜索"纸船 冰心"网页

⊂⊃ 知识链接 ■

1. 超文本传输协议

超文本传输协议（hyper text transfer protocol，HTTP）是一种发布和接收 HTML 页面的方法，是用于从 WWW 服务器传输超文本到本地浏览器的传输协议，包含了一套客户端请求和服务器端应答的规范。HTTP 定义了信息如何格式化、如何被传输，以及在各种命令下服务器与浏览器所采用的响应。

2. 搜索信息时使用的关键字

关键字是指能表达将要查找的信息主题的单词或短语。用户以一定逻辑的组合方式输入各种关键字，搜索引擎根据这些关键字查找用户所需资源的地址，再以一定的规则将包含这些关键字的网页链接提供给用户。使用关键字的操作方法如下。

1）给关键字加双引号（半角形式）可实现精确的查询。

2）组合的关键字用加号连接，表明查询结果应同时具有各个关键字。

3）组合的关键字用减号连接，表明查询结果中不会存在减号后面的关键字内容。

3. 搜索并下载"迅雷"软件

对于在网络中检索到的文本和图片信息，可以采用前面介绍过的方法进行保存，但如果是其他的文件，则需要下载。从网上搜索并下载"迅雷"软件的操作步骤如下。

1）打开浏览器，进入百度主页。输入关键字"迅雷下载"，开始搜索，如图 7-4-3 所示。

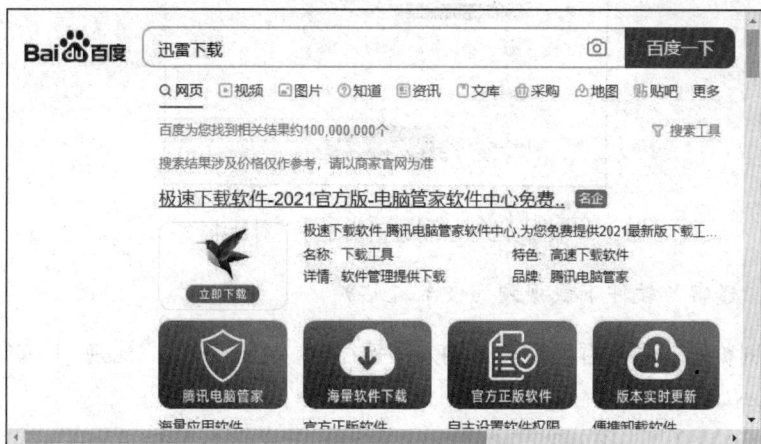

图 7-4-3　"迅雷下载"搜索页面

2）选择可提供该软件下载的相关网站，找到下载链接，如图 7-4-4 所示。

3）在弹出的"新建下载任务"对话框中，设置保存位置，单击"下载"按钮进行软件下载，如图 7-4-5 所示。

4. 安装迅雷软件

1）打开刚才设置的保存位置，找到已经下载的文件，如果下载的文件是压缩文件则还需要先进行解压缩。

2）双击安装文件。

3）根据提示，选择适当的安装路径，一步一步进行安装。

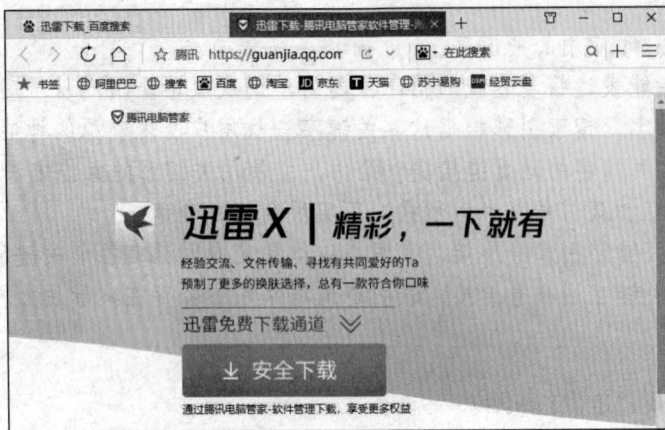

图 7-4-4　下载链接

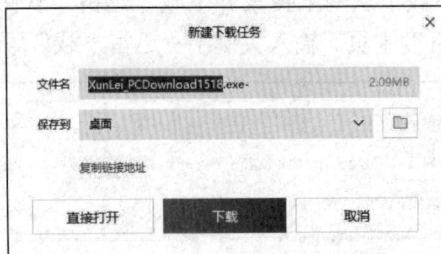

图 7-4-5　"新建下载任务"对话框

5. 使用"迅雷"软件下载视频《火车进站》

1）打开浏览器，进入百度主页。输入关键字"《火车进站》 视频 下载"，开始搜索，如图 7-4-6 所示。

图 7-4-6　搜索视频《火车进站》

2）找到合适的视频链接，在链接处右击，在弹出的快捷菜单中选择"使用迅雷下载"命令。

3）弹出"新建任务"对话框，输入保存路径后单击"立即下载"按钮，开始下载视频，如图 7-4-7 所示。

图 7-4-7　迅雷"新建任务"对话框

知识拓展

FTP（file transfer protocol，文件传输协议）是因特网提供的基本服务。FTP 在 TCP/IP 协议体系结构中位于应用层。使用 FTP 协议可以在因特网上将文件从一台计算机传送到另一台计算机，无论这两台计算机位置相距多远，使用的是什么操作系统，也无论它们通过什么方式接入因特网。

FTP 使用 C/S 模式工作，一般在本地计算机上运行 FTP 客户机软件，由这个客户机软件实现与因特网上 FTP 服务器之间的通信。在 FTP 服务器上运行 FTP 服务器程序，它负责为客户机提供文件的上传、下载等服务。

在 FTP 服务器程序允许用户进入 FTP 站点并下载文件之前，必须使用一个 FTP 账号和密码进行登录，一般专有的 FTP 站点只允许使用特许的账号和密码登录。还有一些 FTP 站点允许任何人进入，但是用户也必须输入账号和密码，这种情况下，通常可以使用 anonymous 作为账号，使用用户的电子邮件地址作为密码即可，这种 FTP 站点被称为匿名 FTP 站点。

任务 7.5　申请免费电子邮箱及收发电子邮件

任务描述

李老师负责今年毕业生的实习跟踪，学校要求实习的同学每个月填写一份信息表格，分布在全市各地的实习生不可能都回学校填写。因此李老师需要将制作好的空表格通过电子邮件发给所有实习生，让他们把表格填写好后再通过电子邮件发送过来。

李老师需要先申请一个免费邮箱，然后通过邮箱进行邮件的发送与接收。提供免费邮箱的网站很多，国内较著名的有网易的 163 邮箱和 126 邮箱，李老师选择用 126 邮箱。

任务实现

1. 申请免费电子邮箱

（1）网络查找，选择网站

利用搜索引擎，如在"百度"中输入要查找的内容"免费电子邮箱申请"，提供免费电

子邮箱的网站很多，常见的有 163.com、126.com、sina.com.cn、qq.com 等，在搜出的免费
电子邮箱网站中选择喜欢的网站，如 126 网易免费邮网站。

（2）注册邮箱

① 在 126 网易免费邮网站主页中单击"注册网易邮箱"链接进行注册，如图 7-5-1 所示。

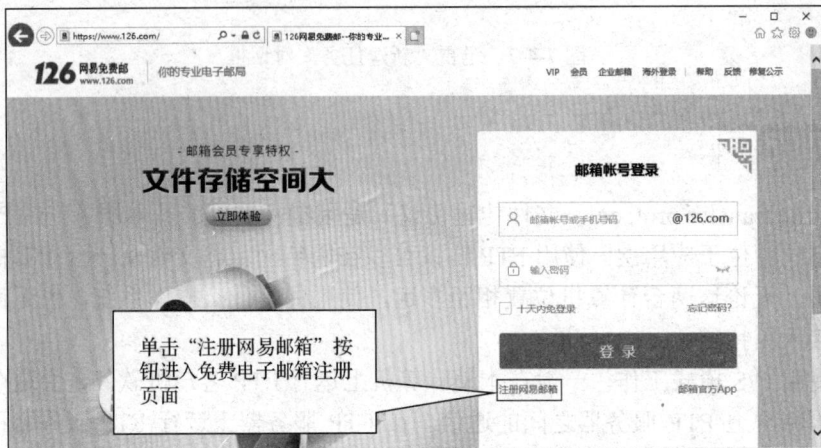

图 7-5-1　126 网易免费邮网站主页

② 126 网易免费邮注册页面如图 7-5-2 所示，在邮箱地址框中创建邮箱地址，即用户
名，如 llfeifandg，网站会自动判断输入的用户名是否可用，用户名必须是该网站邮箱中唯
一的。在注册用户的页面上，填写密码、手机号码后，选中"同意《服务条款》、《隐私政
策》和《儿童隐私政策》"复选框，最后单击"立即注册"按钮完成邮箱注册。注册成功提
示页面如图 7-5-3 所示。

图 7-5-2　126 网易免费邮注册页面

图 7-5-3　邮箱注册成功提示页面

🔗 **知识链接** ∎

1）电子邮件是一种通过 Internet 进行信息交换的通信方式，这些信息可以是文字、图像、声音等各种形式。电子邮件是 Internet 应用最广的服务之一，通过网络的电子邮件系统，用户可以用非常低廉的价格（不管发送到哪里，都只需负担电话费和网费即可），以非常快速的方式（几秒钟之内可以发送到世界上任何你指定的目的地），与世界上任何一个角落的网络用户联系。

2）电子邮件地址由三部分组成，如上述注册的 llfeifandg@126.com，llfeifandg 是用户名，由用户申请时自行设定，通常由英文、数字、下划线组成，一般不能用中文；@是电子邮件地址的专用标识符；126.com 是保存邮件的计算机名称（域名）。

2．编辑电子邮件并发送

1）登录免费邮箱。启动 IE 浏览器，进入 www.126.com，输入账号和密码，进入 126 免费邮箱。

2）单击"写信"按钮，进入编辑窗口。

3）在"收件人"一栏中输入收件人的邮箱地址如 xiaomajm@126.com，并在正文框填写邮件内容，如图 7-5-4 所示。用"添加附件"功能可以在邮件中增加文件或图片，当单击"添加附件"链接时，将出现图 7-5-5 所示的对话框，可以在不同的目录中选择要发送的文件，当邮件内容写好并且附件添加完毕后，单击图 7-5-4 中的"发送"按钮即可发送邮件。

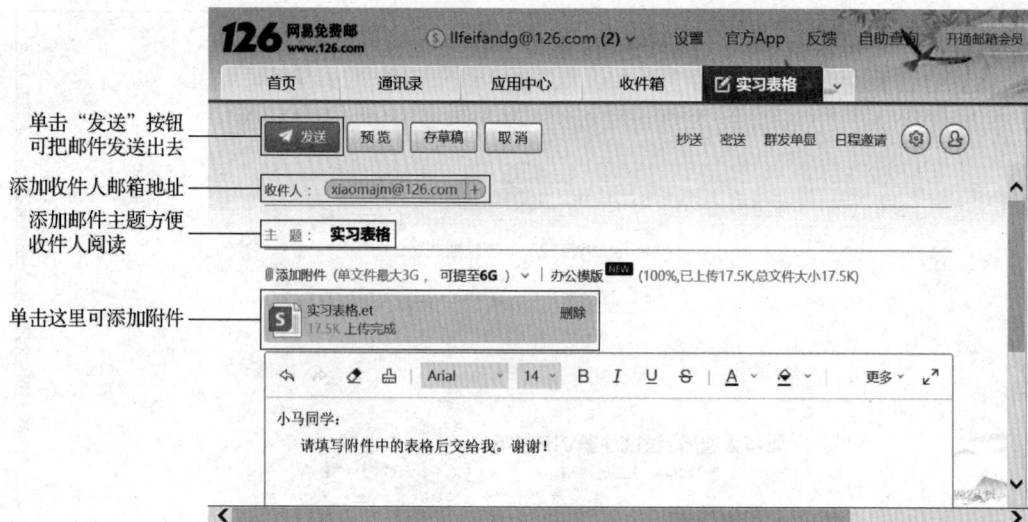

图 7-5-4　邮件编辑窗口

单击"发送"按钮可把邮件发送出去

添加收件人邮箱地址

添加邮件主题方便收件人阅读

单击这里可添加附件

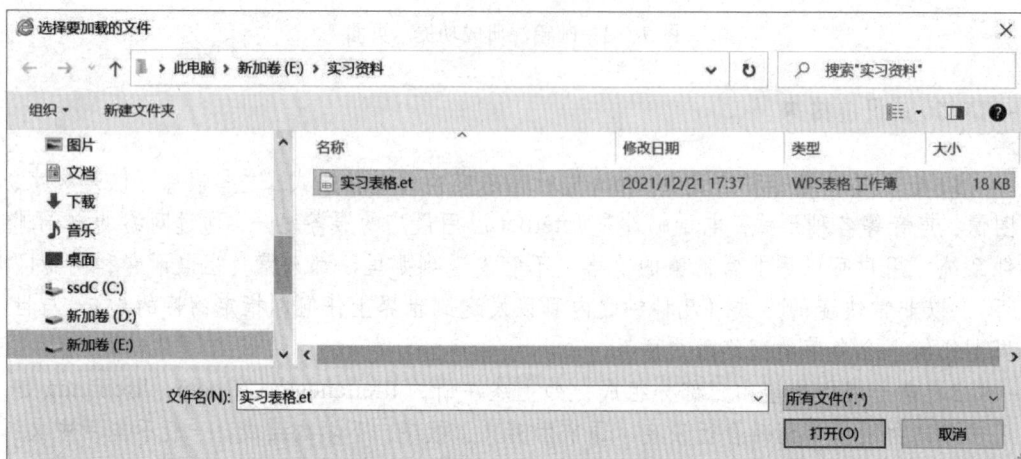

图 7-5-5　选择添加附件的对话框

3. 接收一封添加了附件的电子邮件

1）登录免费邮箱。启动 IE 浏览器，进入 www.126.com，输入账号和密码，进入 126 免费邮箱。

2）单击"收信"按钮，进入收件箱窗口。双击收件箱邮件列表中的邮件可以阅读邮件内容，如第一封"xiaomajm"发过来的邮件，如图 7-5-6 所示。

3）打开的邮件如图 7-5-7 所示，邮件中有一个附件"实习表格.xlsx"，单击"查看附件"链接，可以对该附件进行下载操作。

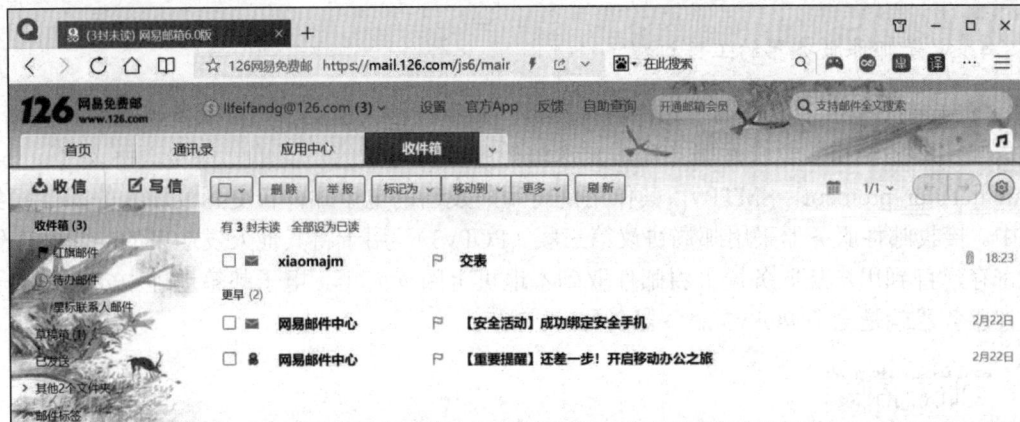

图 7-5-6 收件箱窗口

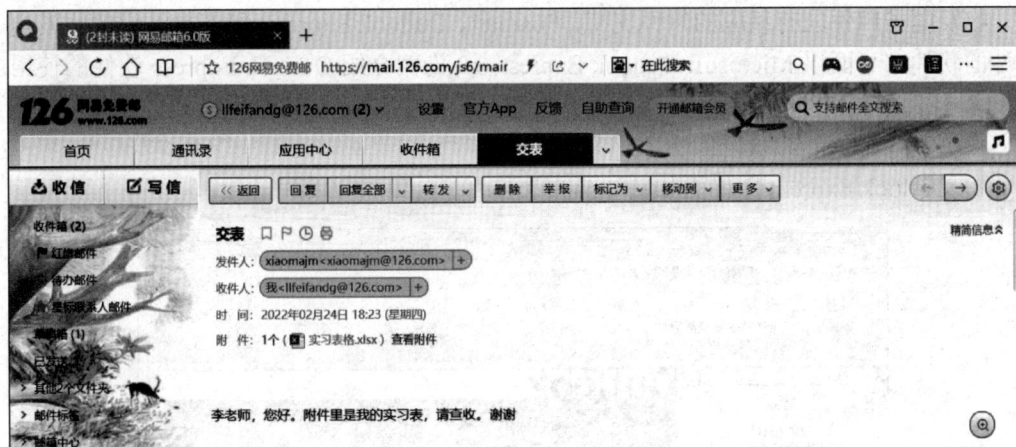

图 7-5-7 阅读邮件窗口

🔗 知识链接 ■

电子邮件的格式

电子邮件有两个基本部分：信头和信体，信头相当于信封，信体相当于信件内容。

（1）信头

信头中通常包括如下几项。

收件人：收件人的电子邮箱地址。多个收件人之间用分号（;）或逗号（,）隔开。

抄送：表示同时可接到此信的其他人的电子邮箱地址。

主题：类似一本书的章节标题，它概括描述信件内容的主题，可以是一句话或一个词。

（2）信体

信体是希望收件人看到的正文内容，有时还可以包含附件。

4. 电子邮件服务器的工作过程

Internet 上有很多处理电子邮件的计算机，和用户相关的电子邮件服务器有两种类型：发送邮件服务器和接收邮件服务器。发送邮件服务器遵循的是简单邮件传送协议（simple mail transfer protocol，SMTP），其作用是将用户发出的电子邮件转交到收件人的邮件服务器中。接收邮件服务器采用邮局协议第三版（POPv3），用于将其他人发送来的电子邮件暂时寄存，直到用户从服务器上将邮件取到本地机上阅读为止。电子邮箱地址中@后的电子邮件服务器就是一个 POPv3 服务器名称。

知识拓展

Outlook Express 的使用

收发电子邮件应有相应的软件支持，Foxmail、Outlook Express 等都是常用的收发电子邮件的软件。下面以 Microsoft Outlook Express 6.0 为例介绍 Outlook Express 软件的使用。

1. 创建及发送邮件

1）Outlook Express 主界面如图 7-5-8 所示。

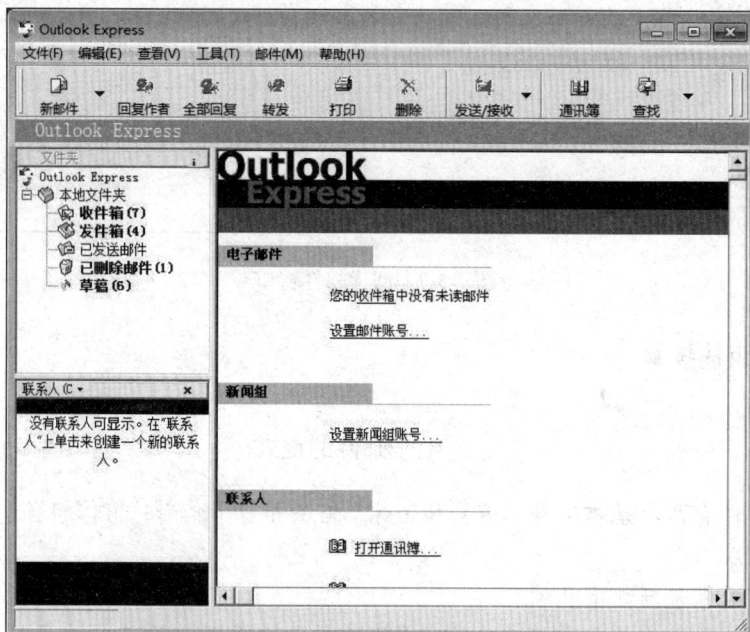

图 7-5-8　Outlook Express 主界面

2）在图 7-5-8 中单击"新邮件"按钮，出现如图 7-5-9 所示"创建新邮件"对话框。

3）在图 7-5-9 的"收件人"里填写对方的邮箱地址，若需要同时发送给多个收件人，邮箱地址之间用"，"或"；"分隔。

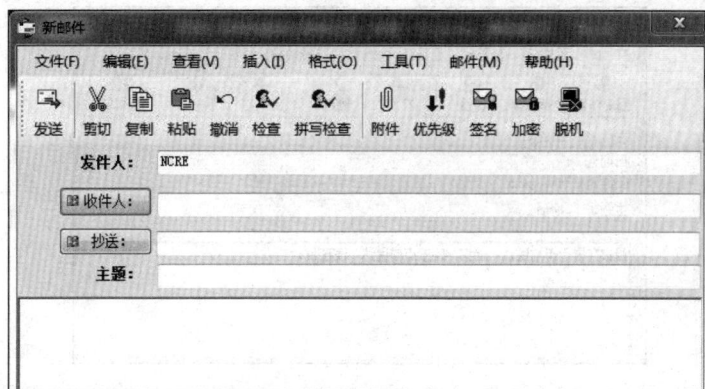

图 7-5-9　"创建新邮件"对话框

4）"主题"栏里是对这封信内容的一个简短描述。

5）对话框下方的空白区是正文区，在这里输入信件内容。

6）若需要在邮件中添加附件，可单击"附件"按钮，在弹出的对话框中选择需要添加到邮件中的文件。

7）最后单击"发送"按钮发送邮件。

2. 接收和阅读邮件

1）将机器连入 Internet 后，打开 Outlook Express，单击"发送/接收"按钮就可以把邮件服务器上的邮件接收到本地磁盘。如果接收到新的邮件，Outlook Express 会提示收件箱中有未读邮件。

2）打开收件箱，如图 7-5-10 所示，选中需要阅读的邮件，双击可打开并阅读相应邮件，打开的邮件窗口如图 7-5-11 所示。

3）在图 7-5-11 中，单击"回复作者"按钮，可以对原邮件进行回信，单击"转发"按钮可以把该邮件转发给其他人。

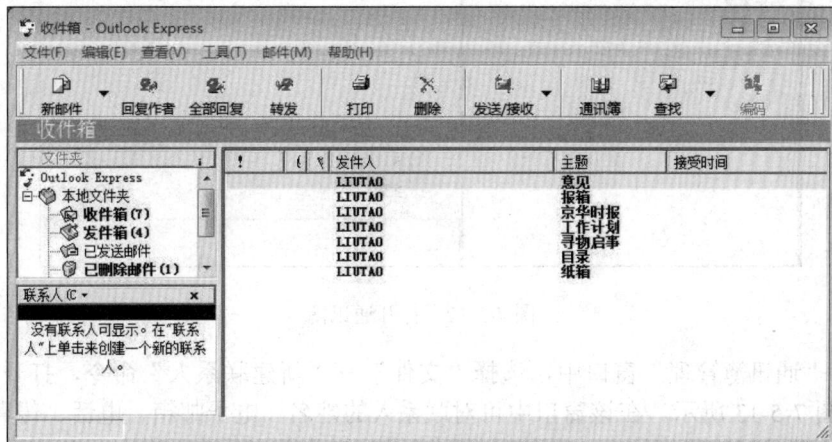

图 7-5-10　"收件箱"窗口

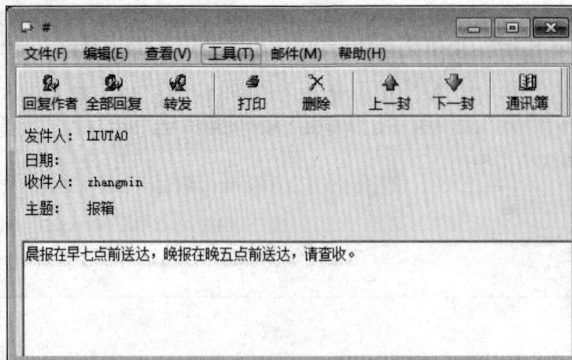

图 7-5-11　显示邮件内容的窗口

3. 联系人的使用

联系人是 Outlook 中十分有用的工具。利用它不但可以保存联系人的 E-mail 地址、邮编、通信地址、电话和传真号码等信息，而且还可以自动填写电子邮件地址、电话拨号等。下面简单介绍联系人的创建和使用。

添加联系人信息的具体步骤如下。

① 选择"工具"→"通讯簿"命令，如图 7-5-12 所示，打开"通讯簿管理"窗口。

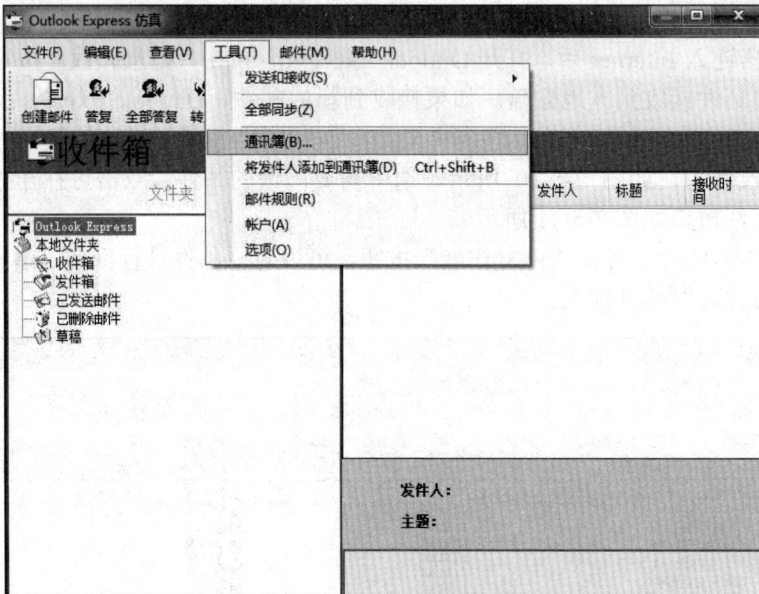

图 7-5-12　打开通讯簿

② 在"通讯簿管理"窗口中，选择"文件"→"新建联系人"命令，打开"属性"窗口，如图 7-5-13 所示。在该窗口中可对联系人的姓名、电子邮箱、电话、传真、邮编、公司名称信息进行填写。

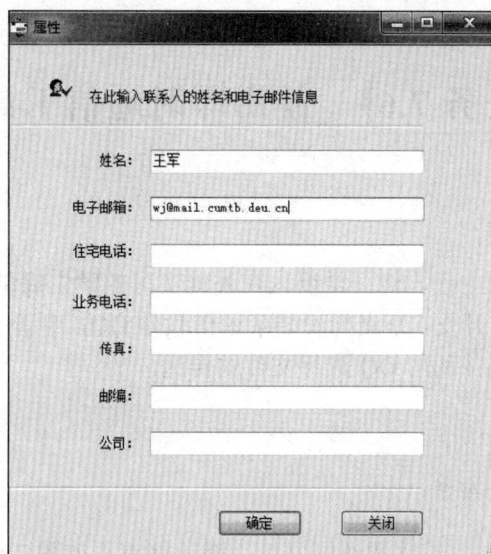

图 7-5-13 "属性"窗口

③ 信息填写完毕后，单击"关闭"按钮。

完成上述 3 步，可将联系人的信息建立在通讯簿中。

----- ⚠ 提 示 -----

在邮件的预览窗口中，选择"工具"→"将发件人添加到通讯簿"命令，可将发件人电子邮件地址添加到联系人中，如图 7-5-14 所示。

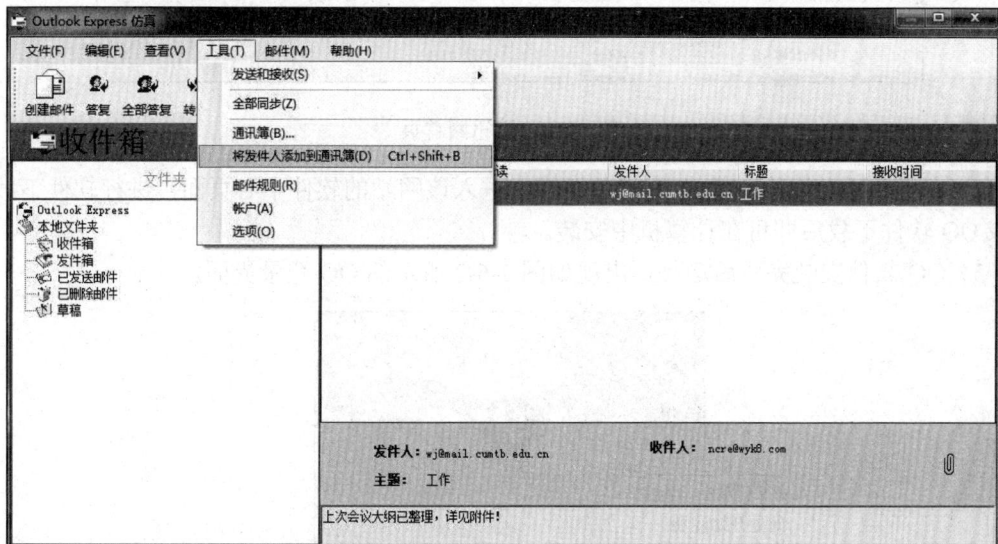

图 7-5-14 "将发件人添加到通讯簿"命令

任务7.6 使用即时通信工具

任务描述

李老师是毕业班的班主任，他经常要为在外地实习的学生提供咨询，为了方便学生、提高工作效率和降低通信开支，李老师安装了通信软件QQ，申请了QQ号码，开始和同学们在网上进行即时通信，并利用QQ进行文件的传送。

任务实现

1. QQ软件的下载与安装

1）在浏览器地址栏中，输入腾讯网网址，腾讯网首页如图7-6-1所示。

图7-6-1　腾讯网首页

2）在腾讯网首页中，单击"QQ"链接，进入该网站的软件中心页面，进行软件下载；完成QQ软件下载后即可在计算机中安装。

3）QQ软件安装完成后运行，出现如图7-6-2所示的QQ登录界面。

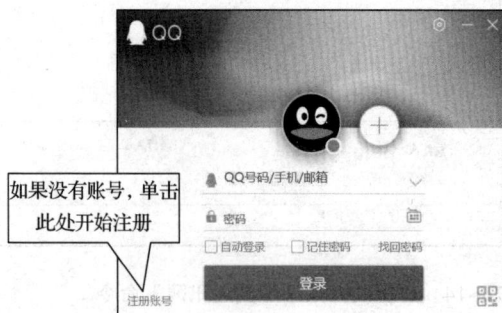

图7-6-2　QQ登录界面

2．申请 QQ 账号，实现信息交流

要使用 QQ 软件还要获取 QQ 账号，然后通过查找同学或朋友的 QQ 号码，建立联系，实现一对一或一对多的聊天或信息传递。申请 QQ 账号的操作步骤如下。

1）在图 7-6-2 中单击"注册账号"，出现图 7-6-3 所示的界面，填写相关信息后，单击"立即注册"按钮完成新账号注册。注册时的昵称和密码应谨记。

图 7-6-3　申请 QQ 账号的界面

2）注册成功后出现如图 7-6-4 所示的界面，界面中的一串数字即新注册账号的 QQ 号码。

图 7-6-4　QQ 申请成功界面

3）有了 QQ 账号后，在如图 7-6-2 所示的 QQ 登录界面中填上该号码，并填写注册时设置的密码，就可以登录 QQ 了，登录后界面如图 7-6-5 所示。

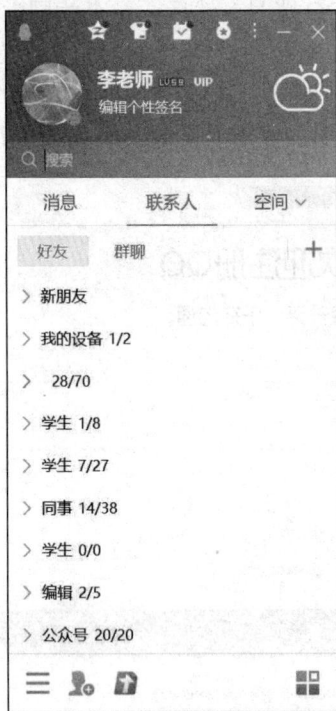

图 7-6-5　QQ 界面

4）利用 QQ 进行收发消息，可双击界面上好友的头像，在弹出的聊天窗口中输入有关消息，单击"发送"按钮，即可进行即时信息传递，同时好友发送过来的信息也将在窗口中显示出来。

3. 传输文件

打开与好友的聊天窗口，单击"传送文件"按钮，然后根据提示选择要传送的文件，如果对方接收就可以进行文件的传输。接收时可以设定保存位置，传输的时候可以看到传输的进度和速度。

4. QQ 网络硬盘的使用

登录 QQ 后在 QQ 主菜单中单击"文件助手"按钮，在"文件助手"窗口中选择"微云文件"选项，然后单击窗口下方的"查看所有微云文件"链接，打开如图 7-6-6 所示的窗口，在该窗口中可以看到已存于网络硬盘中的文件或文件夹。若要向网络硬盘中添加新的内容，只需单击"上传"按钮，选择相关选项即可进行上传。

图 7-6-6　"腾讯微云"窗口

任务 7.7　计算机犯罪和法律法规

任务描述

　　计算机技术是当代发展速度较快的高新技术之一，计算机已成为人们不可或缺的工具。对计算机的依赖程度越高，使用的计算机越多，计算机犯罪活动造成的损失就越大。在使用计算机的同时，应当增强安全意识、提高安全保障水平；建立符合标准的硬件运行环境；加强对软件系统的管理，预防计算机犯罪活动的发生。为了了解计算机犯罪的有关问题，本任务将学习有关计算机犯罪的知识和相对应的法律法规。

任务实现

1. 什么是计算机犯罪

计算机犯罪（computer crime）是利用计算机知识和技能进行的违法活动。

2. 计算机犯罪的特点

（1）智能性
计算机犯罪手段的技术性和专业化使得计算机犯罪具有极强的智能性。实施计算机犯罪，罪犯要掌握相当的计算机技术，需具备较高的计算机专业知识并擅长使用操作技术，才能逃避安全防范系统的监控，掩盖犯罪行为。许多计算机犯罪的犯罪主体是掌握计算机技术和网络技术的人士。他们洞悉网络的缺陷与漏洞，运用计算机及网络技术，借助四通八达的网络，对网络系统及各种电子数据、资料等信息发动进攻，进行破坏。计算机犯罪有高技术支撑，网上犯罪作案时间短，手段复杂隐蔽，许多犯罪行为的实施可在瞬间完成，而且往往不留痕迹，给网上犯罪案件的侦破和审理带来了极大的困难。

（2）隐蔽性

网络的开放性、不确定性、虚拟性和超越时空性等特点，使得计算机犯罪具有极高的隐蔽性，增加了计算机犯罪案件的侦破难度。

（3）复杂性

计算机犯罪的复杂性主要表现在两个方面。第一，犯罪主体的复杂性。任何罪犯只要通过一台联网的计算机便可以在终端与整个网络合成一体，调阅、下载、发布各种信息，实施犯罪行为。由于网络的跨国性，罪犯可来自不同的国家，网络的"时空压缩性"特点为犯罪集团或共同犯罪提供了极大的便利。第二，犯罪对象的复杂性。有盗用、伪造客户网上支付账户的犯罪；电子商务诈骗犯罪；侵犯知识产权犯罪；非法侵入电子商务认证机构、金融机构计算机信息系统犯罪；破坏电子商务计算机信息系统犯罪；恶意攻击电子商务计算机信息系统犯罪；虚假认证犯罪；网络色情、网络赌博、洗钱、盗窃银行、操纵股市等。

（4）严重性

计算机犯罪始于 20 世纪 60 年代，70 年代迅速增长，80 年代形成威胁。美国因计算机犯罪造成的损失已在千亿美元以上，年损失达几十亿，甚至上百亿美元。我国从 1986 年开始，每年出现至少几起或几十起计算机犯罪，1993 年一年就发生了上百起，近几年利用计算机犯罪的案件还在每年递增，其中金融行业发案比例占多数，金额多在几十万元以上，每年造成巨大的直接经济损失。

3. 计算机犯罪的类型

（1）非法侵入计算机信息系统罪

根据《中华人民共和国刑法》第二百八十五条规定，违反国家规定，侵入国家事务、国防建设、尖端科学技术领域的计算机信息系统的，处三年以下有期徒刑或者拘役。非法侵入计算机信息系统，就是非法进入自己无权进入、限制进入的计算机系统，表面看起来似乎危害性不大，仅仅是进入了无权进入的计算机信息系统，而且是一部分人为了证实自己的能力而实施的，其主观上并没有什么恶意，而且也没有造成什么伤害，但是其潜在的危害却是巨大的。当某个计算机信息系统被非法侵入后，其安全系统就可能受到破坏，从而为其他人的侵入打开一条通道，使整个系统的安全处于不确定状态，很容易造成重大的损失。

（2）破坏计算机信息系统罪

根据《中华人民共和国刑法》第二百八十六条规定违反国家规定，对计算机信息系统进行删除、修改、增加、干扰，造成计算机信息系统不能正常运行，后果严重的，处五年以下有期徒刑或者拘役；后果特别严重的，处五年以上有期徒刑。破坏计算机信息系统可能针对软件，也可能针对硬件。破坏计算机信息系统罪，是计算机犯罪中最严重、危害性最大的一种犯罪，它所造成和可能造成的损害，无法估量。

（3）窃取计算机系统数据及应用程序罪

窃取计算机系统数据及应用程序罪是指违反国家规定，非法窃取计算机系统中的数据及应用程序的行为。其首先要进入计算机，对无权进行观看或复制的数据、应用程序进行观看及复制，以获取不属于共享的数据和应用程序。其目的大多是为了获取财物，也有一部分是为了满足好奇心和虚荣心。无论其目的如何，其行为都令被窃取数据及应用程序的政府公司企业遭受巨大的损失。本罪往往伴随着违反计算机软件保护及信息系统安全保护制度等法规，侵害与计算机数据及应用程序有关权利人的利益。

（4）利用计算机进行经济犯罪

利用计算机进行经济犯罪是指利用计算机实施金融诈骗、盗窃、贪污、挪用公款的行为。通常很难找到计算机罪犯留下的犯罪证据，这导致经济领域计算机高技术犯罪案件的发生。计算机经济犯罪的低风险高效益对犯罪分子具有极强的诱惑力，盗窃、诈骗、贪污、挪用公款等传统犯罪被犯罪分子移植到计算机网络后，高科技给这类犯罪带来了更大的欺骗性和隐蔽性。利用计算机进行经济犯罪，是计算机犯罪中最广泛、增长率最高的犯罪。

4. 我国有关计算机犯罪的法律法规

从 1991 年开始，我国制定了一系列的法律法规来保护计算机软件著作权、计算机系统安全保护、互联网管理安全、域名注册管理、多媒体通信管理、信息系统保密、软件产品管理和金融安全等涉及计算机和互联网的各个方面。

下面列出和公民个人关系比较密切的法律法规。

（1）《中华人民共和国刑法》中有关计算机犯罪的条款

第二百八十五条第一款规定："违反国家规定，侵入国家事务、国防建设、尖端科学技术领域的计算机信息系统的，处三年以下有期徒刑或者拘役。"

第二百八十六条规定："违反国家规定，对计算机信息系统功能进行删除、修改、增加、干扰，造成计算机信息系统不能正常运行，后果严重的，处五年以下有期徒刑或者拘役；后果特别严重的，处五年以上有期徒刑。

违反国家规定，对计算机信息系统中存储、处理或者传输的数据和应用程序进行删除、修改、增加的操作，后果严重的，依照第一款的规定处罚。

故意制作、传播计算机病毒等破坏性程序，影响计算机系统正常运行，后果严重的，依照第一款的规定处罚。

单位犯前三款罪的，对单位判处罚金，并对其直接负责的主管人员和其他直接责任人员，依照第一款的规定处罚。"

第二百八十七条规定："利用计算机实施金融诈骗、盗窃、贪污、挪用公款、窃取国家秘密或者其他犯罪的，依照本法有关规定定罪处罚。"

（2）《中华人民共和国治安管理处罚法》中有关计算机犯罪的条款

第二十九条规定："有下列行为之一的，处五日以下拘留；情节较重的，处五日以上十日以下拘留：（一）违反国家规定，侵入计算机信息系统，造成危害的；（二）违反国家规定，对计算机信息系统功能进行删除、修改、增加、干扰，造成计算机信息系统不能正常运行的；（三）违反国家规定，对计算机信息系统中存储、处理、传输的数据和应用程序进行删除、修改、增加的；（四）故意制作、传播计算机病毒等破坏性程序，影响计算机信息系统正常运行的。"

（3）《计算机病毒防治管理办法》

2000 年 3 月 30 日公安部部长办公会议通过，2000 年 4 月 26 日发布施行。

（4）《互联网电子公告服务管理规定》

信息产业部（现已整合划入工业和信息化部）2000 年 10 月 8 日第四次部务会议通过，2000 年 11 月 6 日发布。

（5）《互联网信息服务管理办法》

2000 年 9 月 25 日国务院令第 292 号公布。

5. 使用计算机网络应该遵守的行为规范

网络行为和其他社会行为一样，需要一定的规范和原则，因而一些计算机和网络组织为其用户制定了一系列相应的规范。这些规范涉及网络行为的方方面面，在这些规则和协议中，比较著名的是美国计算机伦理研究所为计算机伦理学所制定的十条戒律，这些规范是一个计算机用户在任何网络系统中应该遵循的最基本的行为准则，它对网民的要求如下。

① 不应该用计算机去伤害别人。
② 不应该干扰别人的计算机工作。
③ 不应该窥探别人的文件。
④ 不应该用计算机进行偷窃。
⑤ 不应该用计算机作伪证。
⑥ 不应该使用或复制你没有付钱的软件。
⑦ 不应该未经许可而使用别人的计算机资源。
⑧ 不应该盗用别人的智力成果。
⑨ 应该考虑你所编的程序的社会后果。
⑩ 应该以深思熟虑和慎重的方式来使用计算机。

国外有些机构还明确划定了那些被禁止的网络违规行为，即从反面界定了违反网络规范的行为类型，如南加利福尼亚大学网络伦理声明（the Network Ethics Statement University of Southern California）指出了以下六种不道德网络行为类型。

① 有意地造成网络交通混乱或擅自闯入网络及其相连的系统；
② 商业性地或欺骗性地利用大学计算机资源；
③ 偷窃资料、设备或智力成果；
④ 未经许可接近他人的文件；

⑤ 在公共用户场合做出引起混乱或造成破坏的行动；

⑥ 伪造函件信息。

作为一个奉公守法的互联网用户，在网络世界中必须具有正确的信息伦理道德修养，对媒体信息进行判断和选择，自觉地选择对学习有用的内容，不利用计算机网络从事危害他人信息系统和网络安全、侵犯他人合法权益的活动，当大家都文明上网、相互尊重，互联网世界定会变得更和谐。

项 目 小 结

Internet 是一组全球信息资源的总汇，是符合 TCP/IP 协议的多个计算机网络组成的一个覆盖全球的网络。我们生活在 Internet 的世界里，必须要掌握一定的网络知识，这会帮助我们更好地学习、工作、娱乐。在完成本项目的 7 个学习任务后，我们应该达到以下要求。

1）掌握常用计算机网络的基本概念。

2）熟悉接入 Internet 的方法，掌握 IP 地址域名的概念、了解 Internet 提供的服务。

3）能够通过 Internet 搜索资料，下载图片、文件、软件等。

4）认识搜索引擎，并利用关键字检索方式在网页浏览过程中快速地找到有用的信息。

5）能够熟练收发电子邮件。

6）能够在网络上与朋友即时聊天、传递信息。

7）了解有关网络的法律法规，防范计算机犯罪。

思 考 与 练 习

一、选择题

1. 计算机网络最突出的优点是（　　　）。

　　A．精度高　　　　　B．容量大　　　　　C．运算速度快　　　D．共享资源

2. 计算机网络分局域网、城域网和广域网，（　　　）属于局域网。

　　A．ChinaDDN 网　　　　　　　　　B．Novel 网

　　C．ChinaNet 网　　　　　　　　　　D．Internet

3. 将计算机与局域网互联，需要（　　　）。

　　A．网桥　　　　　　B．网关　　　　　　C．网卡　　　　　　D．路由器

4. 下列各指标中，（　　　）是数据通信系统的主要技术指标之一。

　　A．误码率　　　　　B．重码率　　　　　C．分辨率　　　　　D．频率

5. 下列各项中，（　　　）不能作为 Internet 的 IP 地址。

　　A．202.96.12.14　　　　　　　　　B．202.196.72.140

C. 112.256.23.8　　　　　　　　　　D. 201.124.38.79

6. 根据 Internet 的域名代码，域名中的（　　）表示商业组织的网站。

　　A. .net　　　　　B. .com　　　　　C. .gov　　　　　D. .org

7. 电话拨号连接是计算机个人用户常用的接入 Internet 的方式。称为"非对称数字用户环路"接入技术的英文缩写是（　　）。

　　A. ADSL　　　　B. ISDN　　　　　C. ISP　　　　　D. TCP

8. 下列关于电子邮件的说法，正确的是（　　）。

　　A. 收件人必须有 E-mail 账号，发件人可以没有 E-mail 账号

　　B. 发件人必须有 E-mail 账号，收件人可以没有 E-mail 账号

　　C. 发件人和收件人均必须有 E-mail 账号

　　D. 发件人必须知道收件人的邮政编码

9. 下列各项中（　　）能作为电子邮箱地址。

　　A. L202@263.NET　　　　　　　　B. TT202#YAHOO

　　C. A112.256.23.8　　　　　　　　D. K201&YAHOO.COM.CN

10. 在计算机网络中，通常把提供并管理共享资源的计算机称为（　　）。

　　A. 服务器　　　　B. 工作站　　　　C. 网关　　　　　D. 网桥

11. 下列四项内容中，哪项不属于 Internet 基本功能？（　　）

　　A. 电子邮件　　　B. 文件传输　　　C. 远程登录　　　D. 实时监测控制

12. 调制解调器（modem）的主要技术指标是数据传输速率，它的度量单位是（　　）。

　　A. MIPS　　　　B. Mb/s　　　　　C. dpi　　　　　D. KB

13. 假设 ISP 提供的邮件服务器为 bj163.com，用户名为 XUEJE 的正确电子邮件地址是（　　）。

　　A. XUEJY@bj163.COM　　　　　　B. XUEJY&bj163.COM

　　C. XUEJY#bj163.COM　　　　　　D. XUEJY$bj163.COM

14. 下列的英文缩写和中文名字的对照中，错误的是（　　）。

　　A. WAN——广域网　　　　　　　B. ISP——因特网服务提供商

　　C. USB——不间断电源　　　　　　D. RAM——随机存取存储器

15. 在计算机网络中，英语缩写 LAN 的中文名是（　　）。

　　A. 局域网　　　　B. 城域网　　　　C. 广域网　　　　D. 无线网

16. 要想把个人计算机用电话拨号方式接入 Internet 网，除性能合适的计算机外，硬件上还应配置一个（　　）。

　　A. 连接器　　　　B. 调制解调器　　C. 路由器　　　　D. 集线器

17. Internet 实现了分布在世界各地的各类网络的互联，其基础和核心的协议是（　　）。

　　A. HTTP　　　　B. FTP　　　　　C. HTML　　　　　D. TCP/IP

18. 下列传输介质中，抗干扰能力最强的是（　　）。

　　A. 双绞线　　　　B. 光缆　　　　　C. 同轴电缆　　　D. 电话线

19．Internet 中，主机的域名和主机的 IP 地址两者之间的关系是（   ）。

    A．完全相同，毫无区别   B．一一对应

    C．一个 IP 地址可对应多个域名   D．一个域名对应多个 IP 地址

20．modem 的主要作用是（   ）。

    A．发送数字信号

    B．接收数字信号

    C．实现数字信号与模拟信号之间的相互转换

    C．进行电信号匹配

21．TCP/IP 协议是 Internet 中计算机之间通信所必须共同遵循的一种（   ）。

    A．信息资源   B．通信规定   C．软件   D．硬件

22．中国教育科研网的缩写为（   ）。

    A．ChinaNet   B．CERNET   C．CNNIC   D．ChinaEDU

23．在因特网上，一台计算机可以作为另一台主机的远程终端，使用该主机的资源，该项服务称为（   ）。

    A．telnet   B．BBS   C．FTP   D．WWW

24．根据域名代码规定，表示政府部门网站的域名代码是（   ）。

    A．.net   B．.com   C．.gov   D．.org

25．TCP 协议的主要功能是（   ）。

    A．对数据进行分组   B．确保数据的可靠传输

    C．确定数据传输路径   D．提高数据传输速度

26．用"综合业务数字网"（一线通）接入因特网的优点是上网通话两不误，它的英文缩写是（   ）。

    A．ADSL   B．ISDN   C．ISP   D．TCP

27．以下关于电子邮件的说法，不正确的是（   ）。

    A．电子邮件的英文简称是 E-mail

    B．加入因特网的每个用户通过申请都可以得到一个电子信箱

    C．在一台计算机上申请的电子信箱，以后只有通过这台计算机上网才能收信

    D．一个人可以申请多个电子信箱

28．Internet 网中不同网络和不同计算机相互通信的协议是（   ）。

    A．ATM   B．TCP/IP   C．Novell   D．X.25

29．下列关于电子邮件的叙述中，正确的是（   ）。

    A．如果收件人的计算机没有打开时，发件人发来的电子邮件将丢失

    B．如果收件人的计算机没有打开时，发件人发来的电子邮件将退回

    C．如果收件人的计算机没有打开时，当收件人的计算机打开时再重发

    D．发件人发来的电子邮件保存在收件人的电子邮箱中，收件人可随时接收

30．写邮件时，除了发件人地址之外，另一项必须要填写的是（   ）。

    A．信件内容   B．收件人地址   C．主题   D．抄送

31. 上网需要在计算机上安装（　　）。
   A. 数据库管理软件　　　　　　　　　　B. 视频播放软件
   C. 浏览器软件　　　　　　　　　　　　D. 网络游戏软件

32. 计算机网络中常用的传输介质中传输速率最快的是（　　）。
   A. 双绞线　　　　B. 光纤　　　　C. 同轴电缆　　　　D. 电话线

33. 通常网络用户使用的电子邮箱建在（　　）。
   A. 用户的计算机上　　　　　　　　　　B. 发件人的计算机上
   C. ISP 的邮件服务器上　　　　　　　　D. 收件人的计算机上

34. 接入因特网的每台主机都有一个唯一可识别的地址，称为（　　）。
   A. TCP 地址　　　　B. IP 地址　　　　C. TCP/IP 地址　　　　D. URL

35. 若网络的各个节点均连接到同一条通信线路上，且线路两端有防止信号反射的装置，这种拓扑结构称为（　　）。
   A. 总线形拓扑　　　　B. 星形拓扑　　　　C. 树形拓扑　　　　D. 环形拓扑

36. 计算机网络中常用的有线传输介质有（　　）。
   A. 双绞线、红外线、同轴电缆　　　　　B. 激光、光纤、同轴电缆
   C. 双绞线、光纤、同轴电缆　　　　　　D. 光纤、同轴电缆、微波

二、实操题

大明从中专毕业后一直在一家公司上班，随着工作经验和客户资源的增多，准备自己成立一家销售文具的公司，通过 QQ 及邮件方式与客户联系，并在 QQ 空间上展示公司的产品。根据大明的情况和要求，完成以下操作。

1）为公司申请一部电话，并将计算机连接入 Internet。

2）从网络上搜索建立公司的相关流程。

3）下载注册公司的相关表格。

4）申请 QQ 账号，并把公司的产品介绍放在 QQ 空间上。

5）通过 QQ 与客户进行交流。

6）通过电子邮件的方式，发送公司的业务范围与产品介绍等资料给客户。

参 考 文 献

林康平，王磊，2017．云计算技术[M]．北京：人民邮电出版社．

肖犁，汤淑云，叶爱英，2014．计算机应用基础（Windows 7+Office 2010）[M]．北京：人民邮电出版社．

张敏华，史小英，2022．计算机应用基础（Windows 7+Office 2016）[M]．2版．北京：人民邮电出版社．